JN409684

생각이 필요한 임상영양학

CLINICAL NUTRITION

생각이 필요한 임상영양학

권순형 · 김성환 · 윤옥현 · 이애랑
이정실 · 이혜숙 · 최경순 · 최향숙

수 학 사

머리말

모든 질병의 원인은 직·간접적으로 식생활이나 영양과 관련이 있다. 특히 최근에는 영양불균형이나 영양과잉으로 인한 질병과 수명연장으로 생활습관병이 증가하면서 식생활과 영양의 중요성이 더욱 강조되고 있다.

임상영양학은 환자를 대상으로 한 영양관리를 다루는 학문으로 각 질병의 병리와 증상을 이해하고 식사요법을 통한 질병의 치료, 진행방지 및 예방을 위한 건강과학의 한 분야이다. 임상영양학을 이해하기 위해서는 영양학, 식품학, 생리학, 병리학, 해부학, 생화학, 약리학, 면역학, 유전학 등의 관련지식이 필요하다. 그러나 식품영양관련학과에서 이들 과목을 모두 다루는 데는 한계가 있으므로 저자들은 이러한 내용을 이해할 수 있도록 기초를 다루면서 임상영양학을 쉽게 공부할 수 있는 교과서를 만들고자 하였다.

본 교재에서 임상영양의 개요와 영양관리과정 및 환자의 영양소 필요량 산정, 병리학의 이해를 다루고, 질환별로 질병의 원인, 증상 및 영양관리를 설명하였다. 본 교재가 식품영양관련학과에서 전공을 공부하는 학생들을 위한 교재로써 뿐만 아니라 질병을 예방 및 치료하고자 하는 개인이나 임상영양사, 보건의료전문인 및 영양학에 관심을 가진 모든 사람에게 도움이 될 수 있도록 최근의 충실한 정보를 제공할 수 있는 참고서로서도 활용될 수 있으리라 생각한다.

집필진 모두가 최신의 연구결과를 토대로 전력을 기울였으나 부족한 부분이 많으리라 생각한다. 이런 점은 점차 보완하여 더 좋은 교재가 될 수 있도록 노력할 것을 약속드리며 독자 여러분의 아낌없는 조언과 충고를 부탁드린다.

끝으로 이 책의 발간을 위해 정성을 다해 주신 수학사 이영호 사장님과 편집부의 노고에 깊이 감사드린다.

2013년 3월

저자 일동

차례

CHAPTER 01 임상영양관리

CHAPTER 05 순환기계 질환

CHAPTER 11 선천성 대사장애

CHAPTER 12 골격계 질환

CHAPTER 15 신경계 질환

CHAPTER 01

임상영양관리

학습목표

- 영양관리과정(NCP)의 개념을 설명할 수 있다.
- 영양판정법의 종류를 설명할 수 있다.
- 환자의 영양관리를 위한 의무기록 중 SOAP note를 작성할 수 있다.
- 병인을 분류할 수 있다.

임상영양관리는 임상영양사나 영양전문인에 의하여 이루어지는 체계적인 영양관리로 질병이나 상해의 치료를 목적으로 하는 총체적인 영양치료 활동이다. 적절한 임상영양관리는 개인과 집단의 질병을 예방하고 질병의 치료기간을 단축시켜 질병으로 인한 사망률과 질병합병증을 줄일 수 있다. 의료기관에서는 환자의 입원기간을 단축시켜 병상회전율을 높이고 의료시설을 효율적으로 활용할 수 있으며 국가적인 측면으로는 질병의 유병률을 낮추고 의료비의 지출을 감소시키는 효과가 있다.

제1절 임상영양의 개요

1. 임상영양학

임상영양학(clinical nutrition)은 인체의 생리와 질병에 대하여 이해하고 질병의 원인, 증상, 진단, 의학적 처치나 식사요법, 운동요법 등의 지식을 다루는 학문이다. 영양소의 과잉과 결핍 또는 대사적 불균형으로 인하여 발생되는 질병을 진단하고 건강상태에서 질병상태가 되었을 때 나타나는 여러 가지 영양문제를 연구하여, 질병을 치료하고 예방하기 위하여 영양대책의 이론을 확립하고 실천하는 것을 목적으로 한다. 즉 임상영양학은 질병에 처해 있을 때 의학적으로 필요한 영양치료를 실시하여 질병을 치료하거나 예방을 목적으로 하는 의학영양치료법에 관한 학문이다.

2. 임상영양사

임상영양사라는 명칭은 2012년 3월 국민영양관리법 시행 이후부터 사용하게 되었다. 임상영양사가 되려면 영양사 면허 취득 후, 보건복지부로부터 지정된 임상영양사교육기관에서 2년 이상의 교육과정(대학원과정)을 이수해야 하며, 3년 이상의 영양사 실무경력을 쌓아야 임상영양사 자격시험에 응시 자격이 주어진다.

임상영양사 자격시험은 실제로 현장에서 업무를 수행할 때 필요로 하는 지식·윤리·업무 전문능력을 갖추었는지를 판단할 수 있도록 임상영양사 교육기관의 과목별 교육과정 및 학습목표와 임상영양사 직무분석을 통한 업무중심 평가를 시험에 반영하여, 통합적인 지식 및 실무능력을 평가할 수 있도록 하고 있다. 임상영양사 국가시험은 국민영양관리법 시행규칙 제28조에 의거하여 보건복지부 장관이 시행하고, 시험의 관리를 맡길 수 있도록 규정하고 있다. 현재는 한국 영양교육평가원이 보건복지부로부터 시험관리 기관으로 위탁받았고 국가시험의 운영은 국시원의 시험운영에 근거하여 운영된다.

임상영양사라는 명칭의 정식 사용과 임상영양사의 업무 등이 법에 명시됨에 따라 앞으로 보건 의료분야 및 지역사회 영양분야에 있어 임상영양사의 업무 및 진출 확대로 임상영양사의 지위 및 영역 확대가 기대되고 있다.

임상영양사는 영양사의 업무 중에서 특히 임상영양과 관련된 분야인 의료기관이나 기타 영양상담 분야의 업무를 하는 영양사이다. 개인이나 집단의 영양관련 자료를 수집, 검토, 분석하여 영양상태를 평가하며, 영양판정을 하고 이에 따른 영양진단 후 개개인에 적합한 영양상담 및 교육, 조정 등의 영양중재를 시행하며, 타 의료진과의 협업, 관련 자료의 모니터링 등의 피드백을 통해 종합적인 영양관리를 제공하는 전문인이다. 즉, 임상영양사는 질병으로 인한 병리를 이해하고, 여러 가지 검사로부터 얻은 기초자료를 분석하고 평가하여 그 병리에 적합한 영양관리계획을 세우고 임상영양관리를 실시함으로써 질병치료와 합병증 예방, 재원일수 감소, 사망률 감소, 의료비 절감, 삶의 질 향상 등을 도모한다.

국민영양관리법 **제23조(임상영양사)**

임상영양사가 되려는 사람은 다음 각 호의 어느 하나에 해당하는 사람으로서 보건복지부 장관이 실시하는 임상영양사 자격시험에 합격하여야 한다.

1. 보건복지부장관은 건강관리를 위하여 영양판정, 영양상담, 영양소 모니터링 및 평가 등의 업무를 수행하는 영양사에게 영양사 면허 외에 임상영양사 자격을 인정할 수 있다.
2. 제1항에 따른 임상영양사의 업무, 자격기준, 자격증 교부 등에 관하여 필요한 사항은 보건복지부령으로 정한다.

국민영양관리법 시행규칙 **제22조(임상영양사의 업무)**

법 제23조에 따른 임상영양사(이하 "임상영양사"라 한다)는 질병의 예방과 관리를 위하여 질병별로 전문화된 다음 각 호의 업무를 수행한다.

1. 영양문제 수집·분석 및 영양요구량 산정 등의 영양판정
2. 영양상담 및 교육
3. 영양관리상태 점검을 위한 영양모니터링 및 평가
4. 영양불량상태 개선을 위한 영양관리
5. 임상영양 자문 및 연구
6. 그 밖에 임상영양과 관련된 업무

또한 임상영양사는 급식제공을 위해 식품을 선택·구매하고 조리원에게 조리법을 교육시키며 환자의 질병상태에 따라 최적의 식사형태를 제공한다. 급식관리를 위한 회계관리, 인사관리, 재무관리 등의 업무도 수행한다.

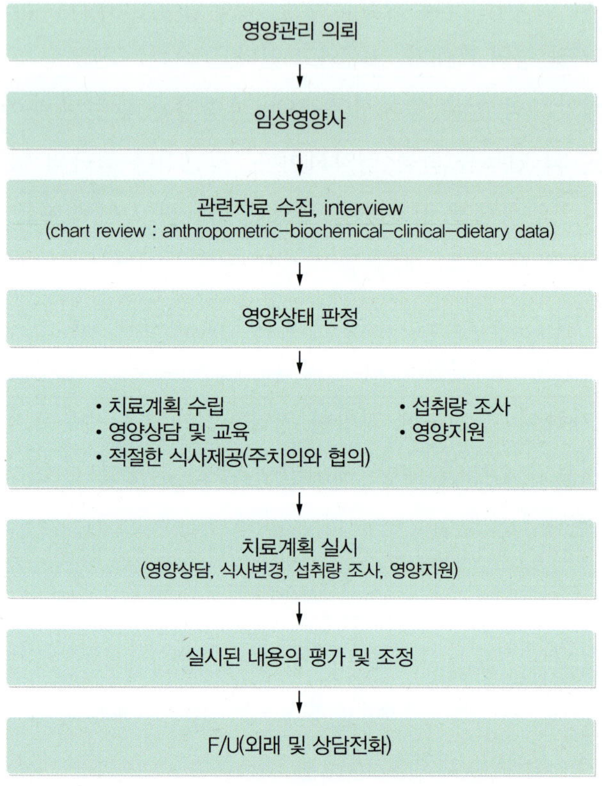

| 그림 1-1 | **임상영양사의 임상영양업무 흐름도**

제2절 환자의 영양관리를 위한 의무기록

의무기록은 진단명, 검사결과, 치료 내용 등을 파악하여 진료정보를 순서에 맞게 요약한 문서이다. 의무기록 방법에는 문제 중심형 의무기록이 권장된다. 이 기록의 기본 자료인 병력, 임상조사, 생화학검사, 식사력, 사회 환경 상태 등을 수집하고 목록을 작성한다. 이에 따르는 문제를 계획 수립하고 경과 일지 등을 기록하는 것을 모두 포함한다.

1. SOAP note

경과일지는 SOAP 형태로 기록되며, 내용은 다음과 같다.

(1) S(subjective data, 주관적 자료)

환자와의 대화를 통해 얻는 정보 중 주관적 자료로 예를 들면 식습관, 기호도, 식사요법의 시행 여부 등이 포함된다. 예 아침에 일어나면 배가 고프고 어지럽다고 호소함.

(2) O(objective data, 객관적 자료)

영양적 치료에 영향을 미칠 수 있는 객관적 자료로 예를 들면 체위조사 결과, 생화학 검사결과, 약물, 식사처방 등이 포함된다. 예 아침식사 전에 혈당 50 mg/100 mL 수준이었음.

(3) A(assessment, 평가)

주관적, 객관적 정보의 평가로 예를 들면 환자의 식사처방과 비교한 식습관 평가, 현재의 섭취 상황 및 문제점, 환자의 체중 증감에 대한 평가, 24시간 섭취한 영양소의 분석 등이 포함된다. 예 당뇨로 인한 저혈당증임.

(4) P(plan, 계획)

치료를 위한 목표설정 및 조언으로 예를 들면 영양관리 계획, 환자교육 등이 포함된다. 예 새벽에 혈당이 저하되지 않도록 야식을 제공할 것.

2. 영양지도 의뢰

영양지도 의뢰와 회신의 예는 표 1-1 및 1-2와 같다.

| 표 1-1 | 영양지도의뢰서의 예

영 양 지 도 의 뢰

영양과 ________________ 선생님 귀하

HOSP NO. 932242
NAME :
AGE : 29 SEX : F
DEPT : GI ROOM : 514

Diagnosis or Impression : Recurrent abdominal pain syndrome & obesity

식사명 :

의뢰사항 : 상기 환자의 Obesity로 영양과에 식사 의뢰하오니 고진 선처바랍니다.

2013. . . 의사 ________________

회 신

S. 1) Recurrent abdominal pain으로 입원하였고 평소 변비가 심함.
2) 과다한 식생활(1회 피자 라지 1판/ 라면 3봉지/ 프라이드치킨 1마리).
3) 운동은 전혀 하지 않고 간식으로 청량음료와 아이스크림 등을 섭취.
4) 물과 채소류는 거의 섭취하지 않는 편중된 식습관을 가지고 있음.

O. Ht 162 cm, Wt 84 kg, IBW 55.8 kg

Fasting glucose	128	ALT/AST	38/54
Glucose	134	Alk phosphatase	645
Ca/P	9.8/4.5	Total lipid	711
Uric acid	5.8	Phospholipid	223
BUN	15.3	Triglyceride	134
Creatinine	0.6	HDL-cholesterol	58
Total Pro/Alb	7.7/5.0	β-lipoprotein	557
Cholesterol	212		
Bilirubin	0.9		

2013. . . 영양사 ________________

영 양 지 도 의 뢰

OOO HOSP.

| 표 1-2 | 영양지도회신의 예

영 양 지 도 의 뢰

회 신

A. 1) Obesity

2) Ht 162, Wt 84, IBW 55.8

$$\text{Obesity Index } \frac{84}{55.8} \times 100 = 150.5\%$$

3) Now Measure Body Fat 39 %

Fat Wt 32.76 kg

Lean body(fat-free) Wt 51.2 kg

Total Body water 43.6 or 52%

※ Recommended maximum Wt 61.4 kg

※ Intermediate Wt goal 67.0 kg

P. 1) 상기 환자는 식사량이 많고 고열량식품을 자주 섭취하며 과일과 채소류는 거의 섭취하지 않으므로 환자에게 식사의 질과 영양소의 작용에 대하여 설명함.

2) 변비가 심하므로 아침 공복시에 생수 1컵을 먹도록 하고, 청량음료와 아이스크림 대신 과일과 우유를 먹도록 지도하고 식사 끼니마다 채소류를 섭취하도록 지도하였음.

3) 운동을 거의 하지 않으므로 출근시에 택시와 버스보다 전철을, 엘리베이터 대신 계단을 이용하도록 하고 점심시간에 간단한 훌라후프로 에너지를 소모하도록 하며 퇴근 시간에 전철 1정거장을 미리 내려 걷도록 지도하였음.

4) 인스턴트식품이나 배달식품의 섭취를 줄이고 직접 음식을 조리하여 양을 조절하면서 섭취할 수 있도록 지도하였음.

2013. . .　　　　영양사 ____________

영 양 지 도 의 뢰

OOO HOSP.

제3절 영양관리과정

영양관리란 영양불균형을 유발하는 요인을 관리하고 변화시켜서 건강한 영양상태를 회복시키고 향상시키기 위해 제공되는 모든 활동과 내용을 의미한다. 미국영양사협회는 1990년대에 의학영양치료(Medical Nutrition Therapy, MNT)의 개념을 도입하여 사용하였으나 수많은 시행착오와 영양관리업무의 전문성 결여로 고민하였다. 실무영양사가 환자에게 전문적인 영양관리를 제공하기 위하여 2003년 체계적인 업무수행절차인 영양관리과정(Nutritional Care Process, NCP) 및 모델을 개발하였다.

NCP는 임상영양관리와 관련된 업무의 전 과정을 표준화하여 임상영양과 영양관리영역을 체계적으로 연결시키는 바탕이 되었다. NCP는 영양판정, 영양진단, 영양중재, 영양모니터링 및 평가의 4단계로 구성되어 있고 각 단계는 서로 유기적으로 연관되어 있다(그림 1-2). NCP를 수행하며 타 의료진과 의견 및 정보를 공유 전달하는데 필요한 표준용어인 국제임상영양표준용어(IDNT)의 사용으로 임상영양관리의 전문성과 효율성을 높일 수 있다. 임상영양업무를 수행하기 위하여 의무기록 및 영양의뢰 등에 많이 이용되는 임상영양관련 의학용어는 부록의 표 1과 같다.

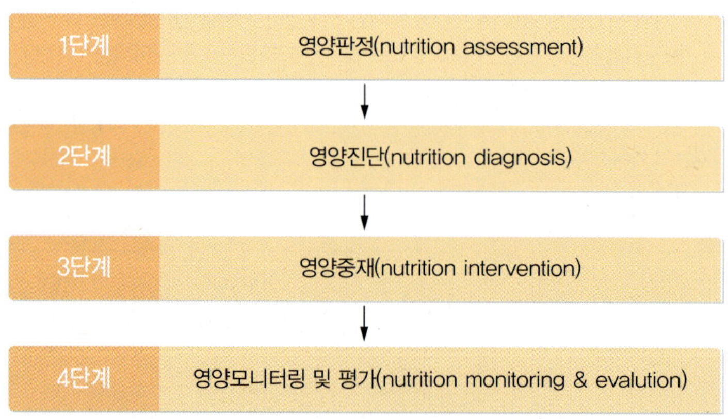

| 그림 1-2 | 영양관리과정

자료 : 국제임상영양표준용어지침서, 대한영양사협회, 2011

1. 영양판정

영양판정(nutrition assessment)은 NCP의 첫 단계로 영양과 관련된 문제와 그 원인을 결정하기 위하여 자료를 수집하고 확인하며 해석하는 과정이다. 초기의 자료 수집 외에도 환자의 상태를 계속 재평가하고 분석하는 일련의 작업이 필요하다. 환자의 영양판정에는 영양학적, 의학적, 약물복용에 대한 내력 및 신체검진과 생화학적 검사결과가 이용된다(그림 1-3). 다각적으로 수집한 자료는 표준치와 비교하면서 영양진단 및 영양중재과정의 목표설정에 이용된다.

임상영양사는 자료를 수집하면서 "why"(영양상태의 불균형 초래 원인)와 "what"(가능한 영양진단)에 대하여 계속 고려하여야 한다. 수집된 자료는 영양관리기준인 한국인영양섭취기준 및 과학적 근거가 있는 영양관리지표와 비교하여 판정한다.

영양판정 자료의 충족요건

- 개인의 영양상태 및 영양균형에 기여하는 가능한 모든 요인이 포함되어 있는가?
- 자료에 근거하여 영양진단을 내릴 수 있나?
- 예상되는 영양진단의 타당성을 위해 추가로 필요한 자료는 없나?

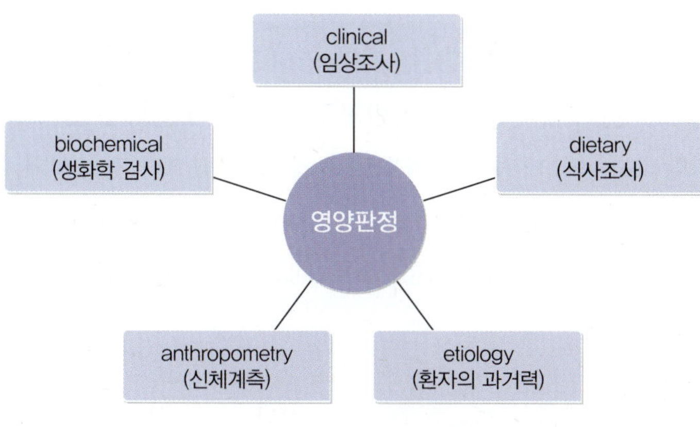

| 그림 1-3 | **영양판정 방법**

1) 환자의 사회력 및 병력 조사

환자의 과거력 및 병력(etiology)에 대한 정보는 영양학적 문제점을 정확하게 진단할 수 있게 한다. 영양불량 상태는 영양소의 섭취, 소화, 흡수, 대사, 배설 및 요구량의 변화로 유발된다. 병력조사를 통하여 영양불량을 초기에 파악하면 치료하는 데 도움이 된다. 과거력 및 병력 조사내용은 만성질환의 유무, 수술력, 약물치료, 약물중독, 건강보조제의 복용 여부, 배변습관 등의 임상적인 사항과 일반사항으로 교육수준, 직업, 종교, 수입 정도, 주거시설 상황, 나이, 성별, 가구구성, 흡연 여부, 일상활동, 영양과 건강에 대한 인식, 태도 등이다.

2) 신체계측

환자의 신체계측(anthropometric)은 신장, 체중, 상완둘레, 상완 삼두근 피부 두 겹 두께, 허리/엉덩이 둘레비, 체질량지수 등 신체의 크기와 신체구성비를 측정한다. 비교적 간단하고 비용이 적게 들며 단백질과 에너지의 영양상태 및 체조직을 판단하는 데 도움이 된다.

3) 생화학적 검사

환자의 생화학적(biochemical) 검사는 체단백, 내장단백, 면역기능, 질소균형 및 혈액학적 상태를 통하여 환자의 영양상태를 비교적 정확히 파악할 수 있다. 가장 객관적으로 환자의 영양상태를 나타내며 즉각적으로 측정할 수 있으나 영양상태 이외의 요인에 영향을 받을 수 있으므로 해석에 주의를 요구한다. 즉, 약물과 영양소 간의 상호작용, 환자의 질환, 체내 수화(hydration) 정도, 스트레스 등에 영향을 받을 수 있다.

4) 식사섭취 조사

환자의 식사(dietary)섭취 조사로 영양소 섭취 상태를 파악할 수 있다. 우선 면담을 통하여 환자의 음식섭취에 영향을 주는 요인을 분석하고, 영양소 섭취량을 확인하여 환자의 영양소 필요량과 비교한다. 24시간 회상법, 식품섭취량 조사, 식품섭취빈도 조사, 식사일기, 에너지계산 등의 방법을 이용한다. 또한 섭취량의 적절성 여부, 음주 여부, 의치 사용 여부, 유행식품의 섭취 여부, 질병에 따른 식사제한 정도, 신경성 식욕부진 여부, 입맛의 변화 및 미각의 상실 정도, 저작 및 연하문제, 문화와 종교에 따른 식품선택의 제한 여부, 외식의 빈도 및 약과 영양소의 상호작용 등을 조사한다.

5) 임상 조사

영양상태가 불량해지면 얼굴, 머리카락, 피부 및 근육 등의 신체 각 부위에 임상 증상으로 각화, 탈모와 탈색, 염증, 변형, 부종 통증과 조직의 손실 등의 이상증후가 나타난다. 따라서 역으로 임상(clinical) 조사를 실시하여 영양문제를 추정할 수 있다. 그러나 특이성이 낮고 영양결핍이 상당히 진전된 경우에만 신체 각 부위에서 증상을 발견할 수 있다. 임상 조사에 호흡수, 맥박, 체온, 혈압 등도 도움이 된다.

2. 영양진단

영양진단(nutrition diagnosis)은 영양판정에서 발견된 영양문제의 원인, 증상 등을 고려하여 환자의 문제점을 도출하는 단계이다. 임상영양사가 독립적으로 중재할 수 있는 영양문제를 규명하고 기술하는 것으로 의학적 진단과는 별개로 영양영역에서의 현상을 진단하는 것이다. 예를 들면 "당뇨병"의 임상적 진단은 전신적인 질병상태를 기술하는 용어로 영양진단이 될 수 없다. 그러나 "조절되지 않는 혈당"이라는 문제는 영양영역에서 책임을 가지고 관리하는 부분으로 영양진단이 될 수 있다. 영양진단은 크게 영양과 관련된 섭취영역, 임상영역, 행동·환경영역의 3개 영역으로 나뉘며 하부구조에 60여 가지의 영양진단 또는 영양문제 항목이 세분화되어 있다. 영양진단은 영양문제와 그 원인을 적절하게 정의할 수 있는 특징을 기술하는 영양진단문(problem, etiology, symptom/sign, PES) 형식으로 작성된다.

1) 국제임상영양표준용어

영양관리과정을 실시하면서 일원화된 의사소통과 의무기록을 작성하기 위하여 사용용어를 표준화하는 과정이 필요하다. 표준화된 용어는 임상영역과 영양관리영역을 체계적으로 연결할 수 있다. 현재 임상영양활동 업무에 영양관리과정(NCP)과 국제임상영양표준용어(International Dietetic & Nutrition Terminology, IDNT)를 채택하여 사용하고 있다. 국제임상영양표준용어의 섭취영역과 임상영역, 행동-환경영역은 부록의 표 2~표 4와 같다.

2) 영양진단문

영양진단은 문제와 그 원인을 적절하게 정의할 수 있는 특징을 기술하는 영양진단문(PES) 형식으로 작성한다. 영양진단 또는 영양문제(P)는 환자의 영양상태 변화를 기술한다. 병인(E)은 영양문제 또는 영양진단과 관련된 원인 또는 위험인자를 기술한다. 징후·증상(S)은 특정 영양진단을 내리는데 사용된 주관적, 객관적 자료를 기술한다. 영양진단문은 진단과 원인이 서로 연관이 있는지 그리고 증후와 증상은 근거가 있는지를 파악하여야 한다. 영양진단문 작성시 선택한 영양문제(P)는 영양사가 스스로 해결하거나 개선할 수 있는지 점검해본다. 병인(E)에 대한 질문은 근본적인 원인이 되는지 근본원인을 해결하고 긍정적인 변화를 가져올 수 있는 중재방법이 있는지를 점검해본다. 영양평가 자료가 영양진단을 입증하도록 진단에서 병인과 징후/증상(S)으로 사용되었는지도 점검한다. 영양진단문의 예는 표 1-3과 같다.

| 표 1-3 | 영양진단문(PES)의 예

진단(P)		원인(E)		징후·증상(S)
NI-5-6-1 지방의 과다섭취	related to	잦은 패스트푸드 섭취	as evidence by	혈청 콜레스테롤치 230 mg/100 mL 이상 프라이드치킨과 튀김 10회/주 이상 섭취
NI-1-5 에너지의 과다섭취		골절회복 중 식이섭취에는 변화가 없고 활동만 제한		추정된 필요량보다 500 kcal/일 초과 섭취하여 3주 동안 5 kg 체중증가
NB-1-5 잘못된 식사패턴		식품과 영양에 대한 해로운 신념		식사 후에 하제를 복용한 것으로 상담. 하제를 복용할 경우 열량이 흡수되지 않는다고 진술함
NC-1-1 연하장애		뇌졸중 후의 합병증		연하검사 결과 및 식사 중 음식물이 목에서 잘 넘어가지 않는다고 상담

자료 : 미국영양사협회, 2008

3. 영양중재

영양중재(nutrition intervention)란 개인이나 가족 또는 집단을 대상으로 영양관련 행동이나 주위환경, 건강상태의 긍정적인 변화를 목표로 계획하는 행위를 말한다. 영양중재는 각 개인에게 필요한 적절한 영양중재를 계획하고 시행하여 환자의 영양문제를 해결하거나 개선시키는 것을 목적으로 한다.

영양중재의 계획시 먼저 영양진단(문제)의 우선순위를 정한다. 환자에게 위중하고 급한 영양문제를 정하여 문제의 심각성, 안전과 관련된 문제, 영양중재 효과가 바로 반영될 수 있는 것, 환자가 좀 더 쉽게 행동의 변화를 일으킬 수 있는 것, 또 다른 문제를 유발시킬 수 있는 문제를 우선 결정한다.

바람직한 중재결과를 위하여 건강상태를 향상시키기 위한 과학적 근거를 중심으로 한 적절한 목표를 설정한다. 영양중재 계획에서 가장 먼저 구체적인 영양처방이 필요하며 환자의 건강상태와 영양진단에 따라 환자에게 개별적으로 권장되는 에너지, 영양소, 특정식품 등에 대하여 간결하게 기술한다. 목표를 정량화할 수 없으면 영양중재효과를 평가하기 어렵기 때문에 환자 중심으로 실현이 가능하도록 정량화, 정성화된 목표를 설정한다. 목표달성기간도 정하여 단기(다음 상담)나 장기(영양중재기간 중) 등으로 정확히 묘사한다.

영양중재의 시행과정은 타 부서와 정보를 공유하며, 상호 의사소통이 필요하다. 영양평가시에는 자료를 지속적으로 수집하고 영양중재 계획은 환자의 반응에 따라서 수정할 수도 있다.

일반적인 영양사는 영양중재를 폭넓고 다양하게 할 수 있는 반면, 전문영양사는 영양상담, 장관영양, 정맥영양, 영양과 관련된 약물관리 등 특정부분에 대하여 심도 있게 전문적인 영양중재를 수행할 수 있다.

영양중재의 4개 영역

① 식품/영양소 제공
② 영양교육
③ 영양상담
④ 영양관리를 위한 타 분야와의 협의

4. 영양 모니터링 및 평가

영양 모니터링 및 평가(nutrition monitoring & evaluation)는 영양관리의 진행정도를 평가하고 바람직한 결과를 달성하였는지 알아보는 과정이다. 어떤 일이 일어났는지 단순히 관찰하는 정도에서 더 나아가 영양진단의 징후·증상으로 언급된 지표의 결과를 측정하고 기록한다. 또한 계획된 일정에 맞추어 관찰하고 측정하며 평가를 진행한다. 영양관리과정(NCP) 중 부족한 부분에 대한 추가적인 정보수집이 필요하다. 추가적인 정보수집을 통하여 영양진단을 수정하거나 목표를 재설정하기도 한다. 영양관리과정의 결과 측정 자료는 모든 과정에서 수집한다.

영양판정을 위한 자료로 사용한 영양진단의 병인과 징후·증상은 측정 가능한 결과이다. 영양 모니터링 및 평가에 이용되는 표준용어는 영양판정의 구성요소 중 과거력을 제외한 4개 영역의 영양관련 지표를 이용한다. 영양중재로 어떤 변화가 일어났는지 결과를 측정한 후 이에 대한 평가가 필요하다.

영양관리과정에서 결과를 측정할 수 있는 지표

① 영양결과물 : 지식 습득 정도, 행동 변화, 식품과 영양소의 섭취 변화, 영양상태의 개선 등
② 임상과 건강상태 결과물 : 생화학수치, 신체계측과 체성분, 혈압, 위험지표 등
③ 환자중심의 결과물 : 삶의 질, 만족도, 스스로 느끼는 효과, 자가 관리능력 등 직접적인 영향
④ 건강관리 유용성과 비용 성과에 관한 결과물 : 약물의 교체, 특정절차, 내원횟수 등

제4절 환자의 영양소 필요량 산정

입원환자의 영양소 필요량을 산정하기 위해 영양상태를 평가한 후 영양치료계획을 세운다. 영양소 필요량을 산정하기 위해서는 정상인의 영양 요구량과 환자의 앓고 있는 질환의 종류, 체내 영양소 보유 능력, 피부나 소변 또는 장관을 통한 영양소 손실량 및 약물과 영양소와의 상호작용을 고려하여야 한다.

1. 에너지 요구량

에너지 공급은 체내 지방과 단백질 저장량을 적정수준으로 유지하기 위해서 필요하다. 에너지 필요량은 기초 대사량, 활동대사량, 식품 이용을 위한 에너지로 구성되며 여러 계산공식을 이용하여 산정할 수 있다.

1) 기초 대사량

기초 대사량은 12~14시간 공복으로 잠에서 깨어난 후 움직이기 전에 완전한 휴식상태에서 신체의 주요 장기기능을 유지하는 데 필요한 에너지이다. 일반적으로 기초 대사량을 구하기 위해 해리스-베네딕트(Harris-Benedict) 공식을 이용한다.

해리스-베네딕트 계산법

남자 : 기초 소비 에너지(kcal)=66.5+13.8×체중(kg)+5.0×키(cm)-6.8×나이(세)
여자 : 기초 소비 에너지(kcal)=655.1+9.6×체중(kg)+1.8×키(cm)-4.7×나이(세)

2) 질병으로 인한 스트레스

신체활동은 활동의 종류와 강도에 따라 에너지 소비량을 증가시킨다. 발열, 수술, 화상, 외상, 패혈증, 감염 등의 스트레스에 노출된 경우도 대사가 항진되고 에너지 소비량을 증가시킨다. 이러한 경우 에너지 요구량이 과다하게 산정될 위험이 있으므로 산소 소비량을 측정하여 정확한 에너지 요구량을 구하는 것이 바람직하다. 기초 에너지 소모량을 계산하려면, 활동량, 부상 정도를 알고 1일 필요 에너지를 산출한다(표 1-4).

1일 필요 에너지(kcal)=기초 대사×활동계수×상해계수
1일 필요 에너지(kcal)=기초 대사×스트레스계수

Ⅰ표 1-4Ⅰ 활동계수, 상해계수와 스트레스계수

활동계수	활동정도	상해계수	상해정도	스트레스계수	스트레스정도
1.2	누워 있는 환자	1.2	가벼운 수술	1.0	기아
1.3	거동이 가능한 환자	1.35	골격외상	1.3	가벼운 수술
1.5	보통의 활동도	1.44	수술	1.3~1.5	다발성외상, 패혈증, 호흡기질환
1.75	매우 활동적	1.6~1.8	패혈증	1.0~1.2	유지
		1.88	외상+스테로이드	1.4~1.6	동화
		2.1~2.5	심한 화상	1.3~1.5	급성췌장염
				1.0~1.3	만성췌장염

자료 : 대한영양사협회, 임상영양학 제3판, 2008

2. 단백질 요구량

건강한 성인의 경우 양질의 단백질일 때 0.8 g/kg/일을 권장한다. 발열, 패혈증, 수술, 외상 및 화상 등으로 입원한 환자의 경우 단백질 이화율이 증가하므로 질소평형을 위해 충분한 양의 단백질과 아미노산이 필요하다. 환자의 스트레스 정도에 따른 단위체중당 단백질 필요량은 표 1-5와 같다.

Ⅰ표 1-5Ⅰ 스트레스 정도에 따른 단백질 필요량

구 분	단백질 필요량(g/kg/일)
정상	0.8~1.0
중등도의 스트레스(감염, 골절, 수술)	1.0~2.0
심한 스트레스(화상, 다발성골절)	2.0~2.5

또한 단백질 필요량을 산정하기 위하여 24시간 동안 소변으로 배설된 질소량을 측정한다. 질소평형이 유지되는 상태라면 1일 단백질 필요량은 다음과 같이 계산된다.

$$1일\ 단백질\ 필요량(g) = \{24시간\ 소변\ 질소량(g) + 3\sim4(g)\} \times 6.25$$

위 공식에서 3~4 g의 질소 추가량은 대변이나 기타 경로를 통한 손실량을 고려한 것이며 설사나 누공이 있는 경우 더 증가할 수 있다. 동화작용을 위해서 질소평형을 +2~4로 유지하여야 한다.

에너지:질소 비율 일반적으로 비단백질 에너지:질소의 비율은 스트레스가 없는 환자의 경우 150:1, 스트레스가 있는 경우는 80~100:1을 적용한다. 동화작용을 위하여 에너지:질소의 비율은 150:1, 비단백 에너지:질소의 비율은 120~180:1을 권장한다. 에너지:질소 비율을 이용하여 단백질 필요량을 계산하는 방법은 다음과 같다.

$$1\text{일 질소 필요량(g)} = \frac{1\text{일 필요 에너지(kcal)}}{\text{에너지:질소 비율(kcal : N) 또는 비단백 에너지:질소 비율(kcal : N)}}$$

$$1\text{일 단백질 필요량(g)} = 1\text{일 질소 필요량(g)} \times 6.25$$

3. 비타민과 무기질 요구량

특정 질환에 따른 비타민과 무기질의 영양섭취기준은 설정되어 있지 않다. 따라서 일반인의 요구량에 준하며 질병에 따라 가감하여 제공한다. 비타민 및 무기질 보충은 영양섭취기준에 따라 공급하며, 충분한 무기질의 공급은 동화작용을 위해 필수적이다. 특히 칼륨과 인은 동화작용 중 새로운 세포에 저장되므로 체내 저장량이 충분하지 못할 경우 혈청 수치가 떨어질 수 있다. 칼슘, 마그네슘 및 아연의 경우 혈중에서 알부민과 결합하고 있으므로 혈청 알부민 감소시 해당 무기질 수준이 저하될 수 있다.

4. 수분 요구량

1일 수분 필요량은 체중을 기준으로 계산할 경우 체중 20 kg까지는 1일 1,500 mL, 체중 20 kg 초과시는 1일 1,500 mL에 초과체중 kg당 20 mL씩 추가로 제공한다. 에너지 섭취량을 기준으로 계산할 경우는 섭취 에너지 1 kcal당 1 mL의 수분을 제공하며 섭취 질소 1 g당 100 mL을 추가하여 수분을 제공한다. 화상이나 고열 등인 경우 수분 필요량은 증가하며 복수, 심부전, 신부전의 경우는 수분 요구량을 감소시킨다.

단위체중당 수분 필요량
보통 체격의 성인 : 30~35 mL/kg
연령별 수분 필요량 : 18~64세 : 30~35 mL/kg
50~55세 : 30 mL/kg
65세 이상 : 25 mL/kg

제5절 병리학의 이해

병리학(pathology)은 pathos(질병)+logos(학문)의 뜻으로 질병에 걸린 생체의 형태와 기능의 변화를 연구하여 질병의 원인, 발병기전, 형태적 변화와 기능적 장애를 밝히는 의학의 한 분야이다. 질병이 발생하면 세포, 조직 및 장기의 형태를 변화시키고 이는 곧 기능장애를 일으킨다. 예를 들어 감기에 걸렸다면 바이러스의 감염(병인)에 의해 점막의 염증반응(발병기전)이 일어나서 점막이 붓고 열이 나는 소견(형태적 변화)과 콧물, 재채기 등의 증상(기능적 장애)을 보이는데 이러한 질병 과정과의 인과관계를 밝히는 것이 병리학이다.

1. 병인

병인(etiology)이란 질병을 일으키는 병원체나 자극을 말하며, 인체가 병인에 대하여 반응하고 병이 진행되는 과정을 발병기전이라 한다. 병인에는 신체의 외부에서 침입하여 병을 유발시키는 외인과 신체 내부에서 작용하는 내인이 있다. 대개의 경우 내·외인이 상호작용하여 질병을 일으킨다.

1) 내적요인

소아는 감염성 질환이나 선천성 질환이 많이 발생한다. 연령이 증가할수록 각종 만성 퇴행성질병, 암 등이 많이 생긴다.

인종과 환경적 차이에 따라 잘 발생하는 질환이 다르다. 한국인은 위암, 간암이 많지만 서양인은 대장암과 유방암이 많다. 자가면역 질환은 백인종에 더 흔하다. 유전자의 차이에 따라 개개인이 동맥경화증, 당뇨병 등에 걸리는 위험도가 다르다.

한편 면역력이 저하되면 각종 감염성 질환, 암 등이 생기고 면역이 지나치게 항진되면 자가면역 질환이 생긴다.

2) 외적요인

외적요인에는 기계적 외상인 골절, 상처 등과 온도에 의한 화상이나 동상, 태양광선,

전기, 자외선 그리고 광선이나 방사선에 의한 손상이 있다. 기타 기압에 의한 잠함병이나 고산병 및 소음에 의한 고막파열 등의 물리적 인자도 질병발생 외인으로 작용한다.

화학물질은 접촉부위에 직접 상해를 주며 흡수된 후 전신 장애 및 중독을 유발한다. 강산이나 강알칼리, 중금속, 유기화합물 등의 각종 산업 유해물질, 약물, 공해물질 등은 질병을 유발한다.

바이러스, 세균, 진균, 기생충 등의 병원체는 감염성 질환을 일으킨다. 영양과잉은 비만, 당뇨병, 심장질환 등을 유발하며, 영양이 부족하면 영양실조 외에 각종 영양소의 결핍증을 유발한다. 수분결핍시 탈수증세가 나타나고 수분의 배설장애시 수분중독을 유발한다.

의료원성 질환 의료를 목적으로 행하는 검사, 수술, 투약 등이 원인이 되어 발생하는 병적 상태로 병인의 외인중 하나이다. 오염된 혈액제제에 의한 AIDS 감염이나 위절제 후 덤핑증후군, 악성빈혈 등의 수술로 인한 질환과 부신피질호르몬의 과잉 투여로 인한 부신기능상실, 항암제 사용 후의 골수기능 억제, 항생물질의 과다 사용에 의한 내성 증가 등이 의료원성 질환의 예이다.

2. 질병의 발현

세포, 조직, 전체기관에서 구조적 또는 기능적으로 비정상이 발생할 수 있다. 구조적인 비정상은 병변이라 하며 팔다리가 골절되는 것 등을 들 수 있다. 기능적인 비정상에는 인슐린 분비의 장애로 당뇨가 유발되는 경우를 들 수 있다. 질병의 발현은 구조적 혹은 기능적 비정상으로 판단할 수 있다. 질병의 발현은 다음과 같이 알 수 있다. "가슴이 답답해요"와 같이 환자가 비정상적인 상태를 말로 표현한 것은 증상(symptoms)이라 하며, 의사가 불규칙적인 심장박동을 듣는 것과 같이 인정된 시험자에 의하여 관찰되는 것은 증후(signs)라 한다. 또한 증상이나 증후 외에도 실험실적인 비정상 수치로도 판단할 수 있다. 진단(diagnosis)이란 비정상인 상태를 파악하여 원인을 지적하고 질병의 증후를 나타내는 반응을 확인하는 것을 말한다. 대부분의 질병은 통증, 발열, 종창, 발진 등의 비특이적 증후를 나타낸다.

3. 세포의 손상

세포는 자극을 받으면 이에 적응하여 항상성을 유지하려고 한다. 그러나 자극이 심하거나 세포가 적응할 수 없는 자극을 받으면 세포가 손상된다. 생리적 적응에는 운동선수의 근육이나 임신부의 자궁을 들 수 있으며, 병리적 적응에는 위축, 비대, 증식, 화생 등을 들 수 있다. 손상이 심하면 자극을 제거해도 정상으로 회복이 되지 않는 비가역적 손상이 일어나 세포는 사망한다.

환경적 스트레스에 대한 세포의 적응은 표 1-6과 같다.

| 표 1-6 | 환경적 스트레스에 대한 세포의 적응

세포의 적응	원인	형태학적 변화
위축(atrophy)	불용, 혈액공급 감소, 탈신경, 내분비자극 소실, 노화 등	기존에 있던 세포덩이가 줄어들어 장기나 조직의 크기가 감소됨(가역적)
비대(hypertrophy)	호르몬의 작용, 작업(부하)보성 비대	세포 크기의 증가로 인한 장기 또는 조직의 크기 증가, 가역적
증식(hyperplasia)	호르몬의 작용, 보상성 증식 등	세포 수의 증가로 인한 장기 또는 조직 크기의 증가, 가역적
화생(metaplasia)	만성 자극	기존의 분화된 한 세포가 다른 형태의 세포로 대체됨, 가역적
형성이상(dysplasia)	만성 자극	세포 분화, 성숙 모두에 이상(세포 수, 크기 증가, 형태, 배열의 이상), 부분적 가역적

1) 손상 원인

(1) 저산소증(hypoxia)

저산소증은 세포가 손상되는 가장 흔하고 중요한 원인이다. 구체적인 원인으로는 혈관이 막혀 혈액의 공급이 차단되는 경우, 심폐기능부전에 의해 혈액에 공급되는 산소가 불충분한 경우, 빈혈이나 일산화탄소 중독시와 같이 혈액의 산소운반능력이 감소하는 경우 등이 있다.

(2) 물리적 인자

외상, 과도한 고온이나 저온, 대기압의 급격한 변화, 방사선, 전기쇼크 등이 포함된다.

(3) 화학적 인자

중금속이나 독극물은 미량으로도 수 시간 내지 수 분 내 세포를 사망에 이르게 한다. 또한 포도당이나 소금과 같은 성분도 고농도에서는 세포손상을 일으킬 수 있다. 고농도의 산소에 오래 노출되어도 폐 조직이 손상된다.

(4) 감염성 인자

바이러스, 리케차, 세균, 진균, 기생충 등이 세포를 손상시킨다.

(5) 유전적 이상

대표적인 예로 다운증후군이 있다.

(6) 면역성 인자

면역계는 생물학적 인자에 대한 방어작용도 하지만 세포상해를 유발하기도 한다. 예를 들면 여러 물질에 대한 과민반응은 쇼크상태를 일으키기도 하고 천식과 같은 병변을 초래하기도 한다. 또 다른 경우로 자가면역 질환은 면역과정이 자신의 신체세포에 적대적으로 작용하여 발생한다.

(7) 영양

비타민, 무기질 및 단백질의 결핍에 의한 영양결핍증은 비교적 흔한 편이다. 한편 일부 영양소의 과잉섭취에 의한 중독증이 유발되며 에너지 과잉섭취로 비만이나 혈관계 질환이 유발된다.

2) 손상 기전

세포의 손상 원인이 여러 가지인 것처럼 세포의 사망과정도 다양하다. 세포의 손상기전은 그림 1-4와 같으며 세포는 다음의 4가지 세포 내 체계가 손상을 받는다.

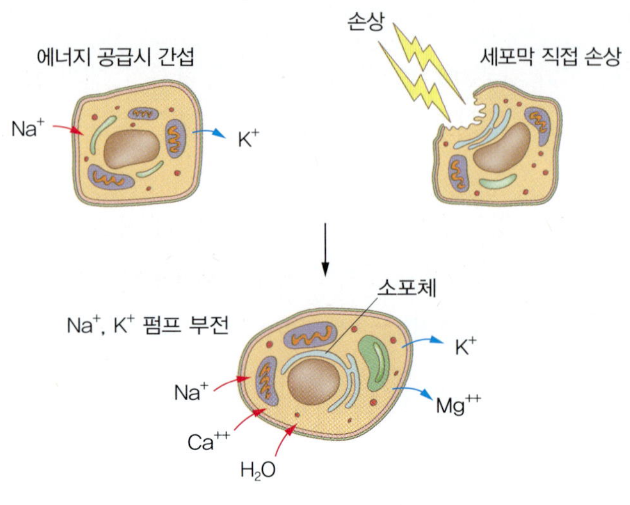

| 그림 1-4 | **세포의 손상기전**

① 세포의 형태를 유지하는 세포막

② 호흡을 통하여 에너지를 생산하는 사립체

③ 효소와 단백질의 합성기관인 리보솜, 과립성 형질내세망 및 무과립성 형질내세망

④ 유전자 저장기관인 핵

3) 세포괴사

세포 한 곳의 손상은 구조적, 생화학적 요소가 관련되어 인접기관으로 광범위하게 파급된다. 예로 세포호흡에 장애가 생기면 에너지 생산이 감소하고 이로 인해 나트륨 펌프(sodium pump)의 기능이 손상되어 세포의 이온과 수분평형이 깨지고 세포 내로 물이 들어와 세포에 종창(swelling)이 보인다(그림 1-4).

세포가 손상되어 기능적인 변화가 일어난 후 세포의 형태적 변화 관찰이 가능하다. 예를 들어 심근에 1시간 동안 혈액공급이 차단되어 비가역적 손상이 생겨도 광학현미경으로의 관찰은 12시간 후에야 가능하다. 동일한 자극이라도 세포 자체의 상태와 적응도에 따라 세포손상의 결과가 다르다. 뇌신경에 혈액공급이 차단된 경우 3~5분 후에 세포사가 일어나지만 간세포는 1시간이, 골격근은 수시간이 경과하면 세포사가 일어난다(표 1-7).

| 표 1-7 | 허혈성 괴사에 대한 세포의 감수성

세포의 종류	신경세포	심근세포, 간세포, 신상피세포	섬유아세포, 표피세포, 골격근세포
괴사에 이르는 시간	3~5분	0.5~2시간	수시간
감수성의 정도	높음	중간	낮음

세포에 주어진 자극이 적응능력의 한계를 초과하거나 적응반응이 불가능하면 세포가 손상된다. 세포손상(cell injury) 중에서 주어진 자극이 약하여 자극이 없어지면 세포가 다시 안정 상태로 돌아오는 것을 가역적 세포손상이라 한다. 한편 자극이 지속되거나 자극이 너무 커서 한계를 넘어서면 세포는 자극이 중단되어도 원상으로 회복될 수 없고 결국 죽게 되는데 이를 비가역적 세포손상 또는 세포사라 한다. 괴사(necrosis)는 세포의 사망형태로 비가역적 자극에 의하여 활성화된 세포 내 분해효소의 작용으로 일어난다. 괴사의 원인은 산소결핍, 단백질 침강, 삼투성 상해 및 대사물의 축적 등이며 괴사된 조직은 이물질로 취급되어 처리된다. 괴사 조직의 성상이나 크기, 개체의 상태에 따라 배출(disposal), 기질화(organization), 피막형성(encapsulation) 과정을 거친다(그림 1-5). 괴사조직이 작으면 식세포에 의하여 흡수된다. 이때 조직의 결손이 복구되지 않으면 공포화나 낭포가 형성된다. 괴사조직이 크면 주위에서 침입한 육아조직으로 대치되는데 이를 기질화라 하며 육아조직은 곧 흉터조직이 된다. 또한 흉터조직 외에 칼슘

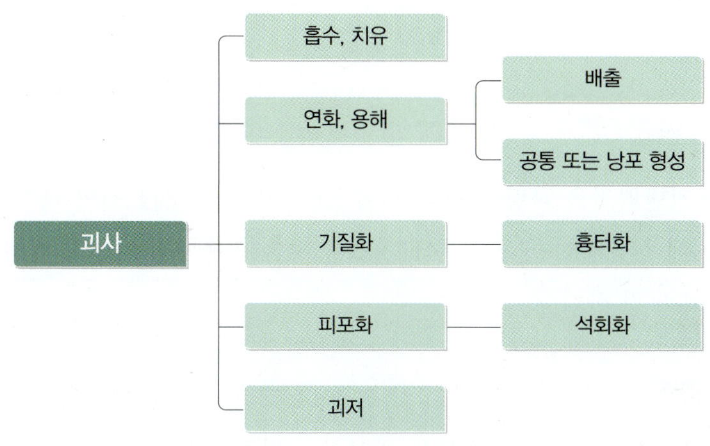

| 그림 1-5 | 괴사된 조직의 경과

염이 침착하여 석회화된다. 괴사조직이 쉽게 흡수되지 않거나 너무 큰 경우에는 기질화가 일어나지 않고, 괴사된 조직 주위는 육아조직에 싸여 정상조직에서 격리된다. 이 육아조직은 곧 섬유피막이 된다.

어떤 특수 환경에서 세포가 스스로 사망하는 것을 세포사멸(apoptosis)이라 한다. 예를 들면 물갈퀴와 같이 발생시 불필요해진 조직이 제거되는 것과 월경주기에 따른 자궁의 내막이 호르몬에 의해 조직이 퇴화되는 것 그리고 흉선의 발달시 자가반응 T-세포를 제거하는 면역세포의 세포사 등이 있다.

4. 염증

염증(inflammation)이란 생명체가 외부의 자극에 대한 자기보호를 목적으로 혈관, 신경, 체액 및 세포를 이용하여 손상을 국소화시키고 제거하는 것을 의미한다. 염증은 자극에 대한 혈관 반응이므로 혈관이 없는 곳에서는 염증이 나타나지 않는다. 염증의 5대 증후에는 발적(redness), 종창(swelling), 열(heat), 동통(pain) 및 기능상실(loss of function) 등이 있다.

1) 형태에 따른 염증 분류

(1) 장액성 염증

혈장성분이나 장막 중피세포의 분비물 등 단백질 성분이 적은 삼출물로 이루어진 염증으로 결핵에 의한 흉수증이나 2도 화상에서 볼 수 있다.

(2) 섬유소성 염증

섬유소와 혈장단백질을 다량 포함한 염증으로 심낭염이 대표적인 예이다. 섬유소는 흔히 응고되는데 심낭염이 마치 가운데 치즈를 넣은 식빵처럼 보인다 해서 'bread and butter pericarditis'라 한다.

(3) 화농성 염증

특징적으로 농 또는 화농성 삼출물이 생성되는 염증으로 흔히 포도상구균 등의 화농성 세균에 감염될 때 나타난다. 충수돌기염이나 피부의 농가진 같은 것이 좋은 예이다.

(4) 궤양

조직 표면의 결손을 특징으로 하는 염증으로, 염증에 의한 조직괴사로 조직이 탈락되어 나타난다. 대표적인 것으로 위궤양과 십이지장궤양이 있다.

2) 급성염증의 경과

(1) 완전복구(resolution, 용해)

염증부위가 흉터조직을 남기지 않고 완전히 정상상태로 회복된다. 세포사멸과 조직손상이 적을 때 화학염증 매개물의 중화, 세균 등의 원인물질 제거, 삼출액과 조직파편의 제거가 쉬운 국소상태에서 일어난다.

(2) 고름 형성(abscess, 농양)

고름 형성균 감염에 의하여 급성감염에서 고름집을 형성한다.

(3) 섬유화에 의한 치유(repair, 복구)

재생할 수 없는 조직에 염증이 발생했을 때 조직의 많은 부분이 파괴된 후 손상된 조직을 결합조직 성분으로 채우는 것으로 염증성 삼출액 내에 다량의 섬유소가 함유된 경우에 관찰된다.

(4) 만성염증으로 진행

급성염증이 복구되지 않고 지속되어 만성염증으로 진행된다. 수주일 또는 수개월 동

| 그림 1-6 | 급성염증의 경과

안 지속되는 염증반응으로 조직의 파괴와 치유과정이 동시에 관찰되는 염증반응으로 급성염증과 달리 염증의 원인인자가 완전히 소멸되지 않아 오랫동안 염증상태가 지속되는 것을 말한다.

3) 염증이 전신에 미치는 영향

염증이 발생하면 발열, 식욕부진, 단백질의 분해증가, 저혈압, 백혈구의 증가 등 전신에 다양한 변화가 나타난다.

인체가 감염원, 면역복합체, 독소 및 종양생성물 등에 반응하면 백혈구에서 인터루킨-1과 종양 괴사구인자를 생성하고 이 물질들은 시상하부의 열 조절 중추에 있는 혈관 수용체를 자극한다. 그 결과 교감신경의 자극, 피부혈관의 수축 및 열 분산이 감소되어 발열이 일어난다.

5. 치유와 복구

1) 재생

염증의 치유(healing)는 염증 초기 단계부터 시작되어 손상된 조직의 복구(repair)로 이어진다. 복구는 실질세포로 대치되는 재생(regeneration)과 결합조직으로 대치되는 경우가 있는데, 재생은 손상의 흔적이 남지 않으나 결합조직에 의한 복구는 흉터를 남긴다. 손상된 세포의 성격에 따라 재생에 차이가 있다.

① 안정세포 : 간, 신장, 췌장을 비롯한 선 장기의 실질세포, 섬유모세포, 간엽세포, 평활근세포, 골모세포, 혈관 내피세포 등은 세포분열 능력은 약하나 자극을 받으면 신속하게 세포분열이 일어난다.

② 불안정세포 : 피부, 구강, 질, 자궁경부 등의 상피세포와 각종 선 장기의 점막상피세포, 요도의 상피세포 등과 림프절의 림프구와 골수의 조혈세포 등은 정상상태에서도 일생동안 증식한다.

③ 영구세포 : 신경세포, 골격근세포, 심근세포 등은 재생능력이 거의 없어서 한 번 손상되면 영구적 결손을 초래한다.

2) 복구

염증의 초기부터 복구(repair)가 시작된다. 복구란 염증 부위에 침윤한 염증세포를 제거하고 일련의 생화학적 및 세포학적 변화로 인한 손실된 조직을 재생하여 정상상태로 돌아가게 하는 것으로 염증과 연관된다. 즉, 백혈구에 의한 세균이나 괴사조직의 탐식이 시작된다. 손상 받은 후 24시간이 되면 섬유모세포와 혈관 내피세포가 증식하여 육아조직(granulation tissue)을 형성한다. 이를 현미경으로 관찰하면 신생혈관과 섬유모세포가 증식하며 부종이 심한 것을 알 수 있다. 이때 신생혈관이 완전하지 못하여 혈관 내의 수분이 조직 내로 이동하면서 부종이 생긴다.

3) 창상

상처의 치유에는 손상 정도에 따라 일차유합(primary union)과 이차유합(secondary union)이 있다. 일차유합은 세균감염이 없는 손상의 치유로 외과적 수술과 같은 정교하게 절단된 상처에 나타난다. 봉합된 절개면 사이에 미량의 혈액으로 채워지고 표면에 가피(scab)가 형성되어 외부와 차단된다. 1~2일 내에 절개면의 표피의 기저세포가 증식하여 가피 밑으로 이동하면서 손상 부위를 덮는다. 3~4일이 되면 육아조직이 결손 부위를 채우며 상피층이 두터워진다. 5~6일이 되면 절개 간격은 육아조직으로 채워지며 신생혈관의 형성이 왕성해지고 교원섬유가 풍부해지면서 상피층은 정상과 같아진다. 2주가 되면 교원섬유의 축적과 섬유모세포의 증식이 계속되며 염증세포, 신생혈관 형성 및 부종이 사라지고 4주가 되면 반흔을 형성한다.

이차유합은 결손 부위가 큰 손상, 즉 궤양, 농양 등의 치유에서 나타난다. 일차유합과 달리 조직의 결손이 크기 때문에 괴사산물이 많아 더 심한 염증반응이 일어나며 육아조직이 더 많고 창상이 수축되기도 한다. 때로는 육아조직이 과잉 증식하여 상피의 재형성을 방해하기도 하며 더욱 심한 경우 교원질이 과잉 증식하여 피부 위로 돌출되기도 한다.

치유와 복구에 영향을 미치는 인자로는 연령, 영양상태, 비타민 C, 당뇨병 등의 질병이 있다. 감염 여부나 손상 부위 및 혈액공급의 적절성 여부 등도 치유하는 데에 영향을 미친다. 특히 비타민 C의 부족, 노화, 코르티코이드 약제의 투약 등도 치유를 방해한다.

참고문헌

이영남 · 노희경 · 임병순 · 김성환 · 이애랑 · 권순형 · 이정실 · 조금호, **임상영양학**, 수학사, 2008

경북대학교 병리학교실 편, **최신병리학**, 고문사, 1991

고려대학교 의과대학 병리학교실, **병리학**, 신광출판사, 2002

김명애 · 김복랑 · 김영경 · 김혜령 · 민혜숙 · 박상연 · 서부덕 · 서순림, **그림으로 보는 병리학**, 정담미디어, 2004

김상호 · 문형배 · 서재홍 · 정동규 · 정상우, **일반병리학**, 고문사, 1996

김춘원, **병리학**, 신광출판사, 1995

김화영 · 조미숙 · 장영애 · 원혜숙 · 이현숙 · 양은주, **임상영양학**, 신광출판사, 2010

대한지역사회영양학회, 임상영양사 교육에서 영양관리과정(NCP) 교육을 어떻게 할 것인가?, 대한지역사회영양사회 2012 춘계 심포지움, 2012

손숙미 · 임현숙 · 김정희 · 이종호, **임상영양학**, 교문사, 2011

윤소윤, 임상영양사를 위한 질환별 FOCUS viii - 당뇨병 환자의 영양관리 사례, **국민영양 35**(18):20~24, 2012

윤옥현 · 이영순 · 이경자 · 최경순 · 오순덕 · 이정실, **식사요법**, 교문사, 2012

이금주, 당뇨병환자의 Nutrition Care Process - 영양진단을 중심으로, **The Journal of Korean Diabetes 13**(1): 48~51, 2012

이미숙 · 이선영 · 김현아 · 정상진 · 김원경 · 김현주, **임상영양학**, 파워북, 2010

이선경 편, **최신병리학개론**, 청구문화사, 1995

이중달, **기본병리학**, 고려의학, 1991

장병수 · 김태전 · 김주성 · 황구연, **기초병리학**, 고려의학, 2001

장유경 · 변기원 · 이보경, **임상영양관리**, 효일, 2008

정영재 외, **알기 쉬운 인체병리학**, 정담미디어, 2009

주은정 · 이경자 · 박은숙 · 유현희, **질병맞춤형 임상영양학**, 교문사, 2012

최진, **병리학**, 수문사, 1992

히가시구치 다카시 저, 강은희 역, **보건의료인을 위한 임상영양학**, 의학서원, 2012

대한영양사협회 · 경희대학교 의학영양학과 공역, **국제임상영양 표준용어 지침서**, 2011

대한영양사협회, **임상영양관리지침서** 제3판, 2008

American Dietetic Association, *International Dietetics and Nutrition Terminology(IDNT) Reference Manual : Standardized Language for the Nutrition Care Process*, 1st ed., Chicago, IL: American Dietetic Association, 2008

Diem K, Lentner C, *Scientific tables*, 7th ed., Ciba Ltd, Basel, Switzerland,1970

Heimburger DC, Weinsier RL, *Handbook of Clinical Nutrition*. 3rd ed. Mosby, 1996, p.188~191

International Classification of Disease, 9th Revion, Clinical Modification, 2002

Merritt RJ (ed), *The ASPEN Nutrition Support Practice Manual*, 1998, p.9~6

Merritt R, et al., *The ASPEN nutrition support practice manual*, 2nd ed., ASPEN, 2006, p.55

한국영양교육평가원 www.kidee2011.or.kr

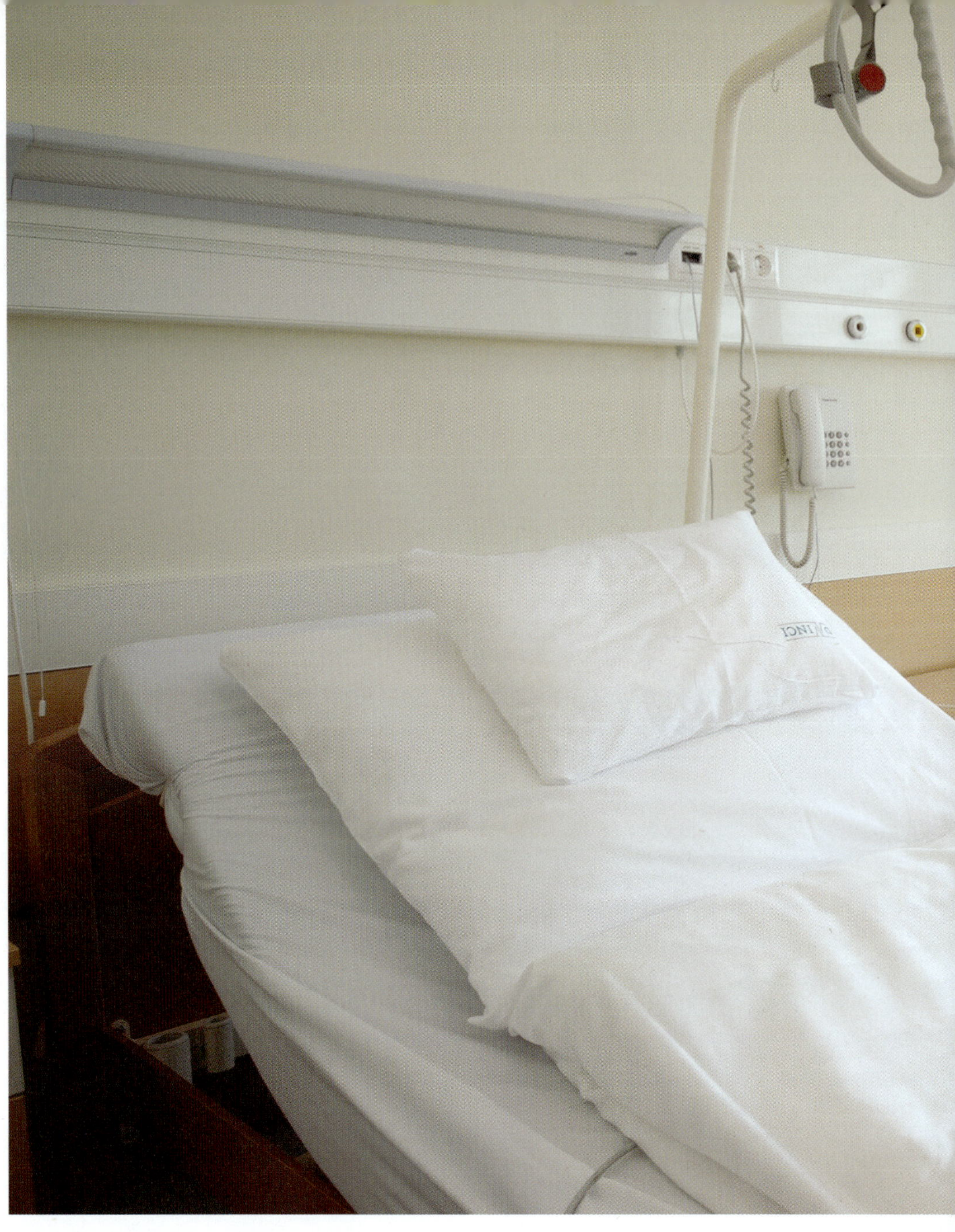

CHAPTER 02

병원식과 영양지원

제1절
병원식

제2절
영양지원

학습목표

- 병원식의 개념과 종류를 설명할 수 있다.
- 환자에게 맞는 병원식을 적용할 수 있다.

제1절 병원식

병원식은 병원에 입원한 환자에게 병의 신속한 치료와 재발방지를 목적으로 제공하는 식사를 말하며, 병인식 또는 환자식이라고도 한다. 병원식에는 일반치료식(general diet), 특별치료식(therapeutic diet), 검사식(test diet)이 있다.

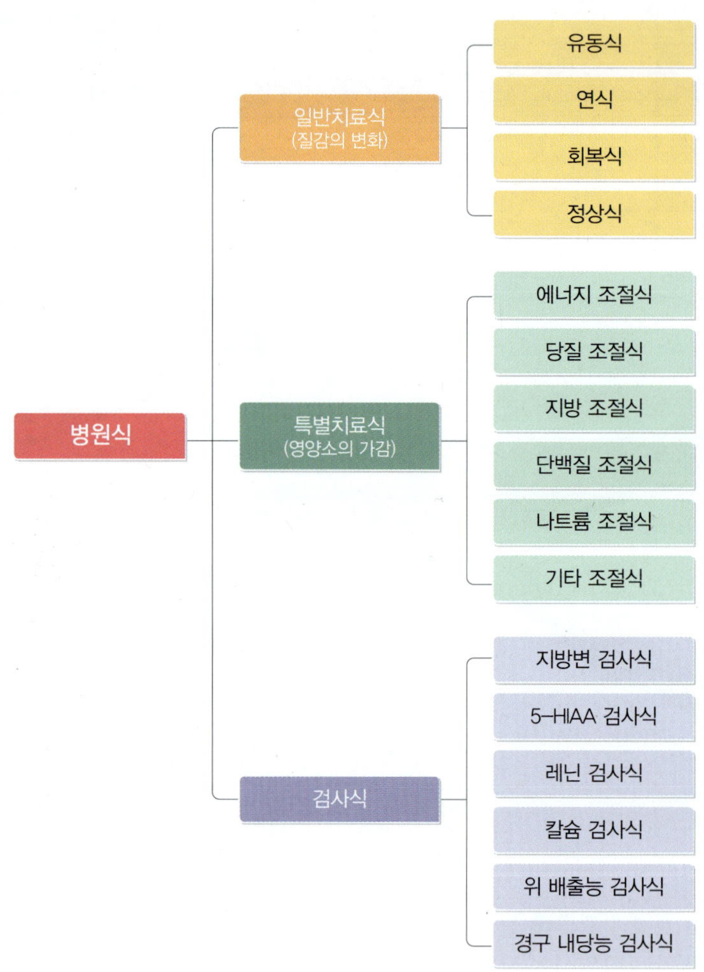

| 그림 2-1 | 병원식의 종류

1. 일반치료식

일반치료식은 특정영양소의 가감 없이 주식의 단단한 정도에 따라 질감을 조절하는 식사로 환자의 상태에 따라 유동식에서 연식, 회복식, 정상식으로 점진적으로 이행한다.

1) 유동식

(1) 맑은 유동식

맑은 유동식(clear liquid diet)은 갈증해소, 전해질 공급을 통한 탈수방지의 목적으로 수술 후 또는 정맥영양에서 구강식사로 이행하는 단계나 구강 내의 찰과상이 있는 경우에 적용한다. 쉽게 흡수되고 잔사가 거의 없도록 구성하며 맑은 액체 음료의 형태로 주로 당질과 물이 주성분이며 체온과 동일한 온도로 공급한다. 1일 필요에너지와 영양소 함량이 부족하여 1~2일 사용하는 것이 보통이고 그 이상을 사용하지 않도록 주의한다. 탄산음료나 탄산 주스, 지방질이 함유된 모든 식품류는 제외한다.

(2) 일반 유동식

일반 유동식(full liquid diet), 즉 전유동식은 미음을 주식으로 하며 고형식을 씹거나 삼키기 어렵고 소화기능이 떨어진 환자에게 구강으로 액상의 음식을 제공할 때 적용하는 식사이다. 수술 후 또는 정맥영양에서 연식으로 이행하기 전 단계의 회복기 환자, 위장관 염증, 머리와 목에 병적 증상, 식도 및 소화기 협착 등의 증세가 있는 환자에게 적용하며 정맥영양과 병행하기도 한다.

모든 영양소가 정상인이 요구하는 영양요구량에 미달하므로 가능한 한 빨리 고형식으로 진행하도록 한다. 전유동식을 3일 이상 제공할 경우 경장영양, 보충음료 또는 고단백 고에너지 유동식을 공급한다.

냉 유동식

냉(찬) 유동식(cold liquid diet)은 편도선 절제 또는 아데노이드 절제 수술을 받은 환자에게 인후에 화학·물리적으로 자극을 주지 않고 수술 부위의 출혈을 막기 위하여 제공되는 식사이다.
허용식품은 일반 유동식과 동일하나 차거나 미지근한 음식을 공급한다. 신 과일주스의 경우 개인에 따라 공급하지 못할 수도 있다. 빨대 사용은 출혈을 유발할 수 있으므로 금지한다.

위 내의 정체 시간이 짧은 당질식품을 주로 선택하되 소화하기 쉬운 단백질식품을 첨가하고 위에 부담을 주는 지방식품은 가급적 피한다.

2) 연식

연식(soft diet)은 주식이 죽처럼 부드러운 식사형태로 정상식을 하기 힘든 환자에게 제공한다. 수술 후 회복기 환자에게 유동식에서 정상식으로 옮겨가는 점진적 단계의 식사로 사용된다. 또한 위장장애 등 소화기능이 저하된 환자, 구강 장애 특히 치아상태가 좋지 않은 환자, 소화 흡수 능력이 저하된 급성 감염 환자에게 적용되며 환자의 상태에 따라 죽의 농도를 묽은 죽, 된죽으로 조절한다. 너무 뜨겁거나 차지 않게 제공하며 튀기거나 굽는 조리법은 피하고 삶거나 찌는 조리법을 사용한다.

저작보조식과 퓨레식

저작보조식은 음식을 씹기 어려운 환자에게, 퓨레식은 씹고 삼키기 어려운 환자에게 적용된다.

저작보조식(mechanical soft diet, 기계적 연식)

저작기능이 원활하지 못한 환자, 씹을 수 없을 만큼 심하게 쇠약한 환자, 신경장애, 식도나 구강인두의 장애, 수술로 인해 연하곤란이 있는 환자에게 제공된다. 씹지 않고도 음식을 삼킬 수 있도록 다져서 촉촉하고 부드러운 형태로 구성한 식사이다. 섬유소가 적은 식품을 사용하며 육류, 생선, 채소 반찬은 조리 후 다져서 공급한다. 부드러운 과일(바나나, 딸기)은 생것 그대로 사용해도 좋다.

퓨레식(pureed diet, 거른 연식)

구강이나 식도 내 염증이나 궤양으로 음식물의 기계적 자극이 통증을 유발하는 경우, 식도나 구강의 수술, 방사선 치료 후, 뇌혈관 사고로 삼키는 데 어려움이 있는 환자에게 제공된다. 퓨레식은 씹지 않고도 쉽게 삼킬 수 있도록 체에 거르거나 으깨어 농축시킨 식사이다.

모든 음식을 갈아서 실온의 부드러운 상태로 제공하며 삼키기 쉽도록 우유, 국 국물, 물 등을 첨가할 수 있다. 입천장에 달라붙는 음식이나 자극성 있는 음식은 제한하며 지방, 설탕, 꿀 등을 첨가하여 에너지를 보충한다.

3) 회복식

회복식(light diet)은 연식에서 병의 회복에 따라 정상식을 제공하기 전에 환자에게 공급되는 식사이다. 소화하기 쉽고 위장에 부담을 주지 않아야 하며 주식은 진밥 형태이다. 섬유소가 많은 생과일과 생채소, 지방이 많은 육류와 생선 및 단단한 음식을 제한하고 튀기거나 양념을 많이 사용하는 조리법은 피한다.

4) 정상식

정상식(normal diet, regular diet)은 일반식(geneal diet)이라고도 하며 환자의 영양상태를 양호하게 유지하면서 질병치료에 도움을 주는 식사를 말한다. 음식의 종류나 분량에 제한을 받지 않는 환자에게 적용되며 특별한 영양소 조절이 필요하지 않다. 건강인과 동일하게 환자의 연령, 성별, 체중에 따라 에너지 및 영양소 필요량을 충족하여 적절한 영양상태를 유지할 수 있도록 식사구성안 및 식품교환표를 활용하여 균형 잡힌 식사를 제공한다.

2. 특별치료식

특별치료식(therapeutic diet)은 질환의 종류 및 상태에 따라 특정 영양소를 가감하거나 혹은 점도 등을 조절한 형태로 제공하는 것이다. 특별치료식의 분류는 표 2-1과 같다.

| 표 2-1 | 특별치료식의 분류와 적용

분류	종류 및 적용질환
에너지 조절식	고에너지식 : 체중 부족, 감염, 화상 저에너지식 : 비만, 당뇨병, 고혈압, 고지혈증
당질 조절식	저당질식 : 당뇨병, 덤핑증후군 유당제한식 : 유당불내증 갈락토스제한식 : 갈락토스혈증
단백질 조절식	고단백식 : 만성 간질환, 소모성 질환, 화상 저단백식 : 간성 혼수, 신부전, 요독증
지방 조절식	저지방식 : 담낭, 췌장질환, 비열대성 스프루 저콜레스테롤식 : 고지혈증, 동맥경화
식이섬유 조절식	저섬유소식 : 게실염의 급성기, 궤양성 대장염, 경련성 변비 고섬유소식 : 이완성 변비, 다발성 게실증

(계속)

분류	종류 및 적용질환
무기질 조절식	저나트륨식 : 부종, 심장병, 고혈압, 신장병 저칼슘식 : 신결석, 고칼슘혈증 고칼슘식 : 골다공증 저칼륨식 : 고칼륨혈증, 신부전 고칼륨식 : 이뇨제 사용시 구리제한식 : 윌슨씨병
기타 조절식	퓨린제한식 : 통풍, 요산결석 글루텐제한식 : 글루텐 과민성 장질환

3. 검사식

검사식(test diet)은 질병의 진단과 임상 검사의 목적으로 환자에게 주는 특수식으로 시험식이라고 한다. 보통 검사 3일 전에 검사 목적에 따라 처방된 식사이다.

1) 지방변 검사식

지방변 검사식(steatorrhea test diet)은 위장관 내의 소화불량, 흡수불량을 확인하기 위한 식사이다. 검사 2~3일 전에 1일 100 g의 지방을 함유한 식사를 공급하고 정상변의 지방 함량을 아래의 공식에 의해 계산한다.

$$\text{분변지방(g)/24hr} = \{0.021 \times \text{식이지방(g)/24hr}\} + 2.93$$

2) 5-HIAA 검사식(세로토닌 검사식)

악성 종양이 의심되는 경우에 소변 내의 5-HIAA(5-hydroxy indole acetic acid) 함량을 측정하여 악성종양을 진단하기 위한 검사식이다. 검사 전 1~2일간 세로토닌이 다량 함유된 식품의 섭취를 제한한다. 5-HIAA 검사시 주의해야 할 식품은 표 2-2와 같다.

| 표 2-2 | 5-HIAA 검사시 제한해야 할 식품

식품 종류	제한 식품
과일류	바나나, 파인애플, 키위, 건포도
채소류	토마토, 가지, 아보카도
기타	땅콩, 호두, 알코올음료, 바닐라향료 사용 음식(아이스크림, 요구르트, 과자 등)
약제	감기약, 아세트아미노펜, 페나세틴

3) 레닌 검사식

레닌 검사식(renin test diet)은 고혈압 환자의 레닌 활성도를 평가하기 위해 사용되며 나트륨 섭취를 제한함으로써 레닌이 생성되도록 자극하기 위하여 계획된 식사이다. 검사 전 3일 동안 나트륨은 20 mg, 칼륨은 90 mg으로 제한한다.

4) 칼슘 검사식

칼슘 검사식(calcium test diet)은 결석이 있는 환자에게 적용되며 칼슘 섭취량을 증가시킴으로써 과칼슘뇨증을 진단하기 위한 검사식이다. 검사 전 3일 동안 식사 중 칼슘 공급을 400 mg으로 제한하고 글루콘산칼슘 600 mg을 보충하여 하루 칼슘 섭취량을 1,000 mg으로 증가시킨다.

5) 위배출능 검사식

위배출능 검사식(gastric emptying time test diet, GET test diet)은 위의 운동기능 부전과 폐색을 진단하기 위한 검사에 사용된다. 환자에게 방사선 물질이 함유된 유동식이나 고형식을 섭취시킨 후 2시간에 걸쳐 위장 내 방사능의 변화로서 위 배출능력을 평가한다.

6) 내당능 검사식

내당능 검사식(oral glucose tolerance test diet, OGTT diet)은 혈당에 대한 인슐린의 반응을 조사하는데 사용된다. 검사를 하기 전 최소한 3일간은 체중유지가 가능한 범위

내에서 적절한 에너지, 단백질과 함께 당질 함량이 높은 식사를 제공한다. 검사 시 당질 100~150 g을 제공하고 30분 간격으로 2시간까지 혈당을 측정하여 포도당 처리능력을 측정한다.

제2절 영양지원

영양지원(nutrition support)이란 일반식으로 필요한 영양소를 충분히 공급받지 못하는 상황일 때 임상경과의 호전을 목적으로 경구, 경장 혹은 정맥으로 필요한 영양소의 전부 또는 일부를 제공하는 의학적 치료행위이다.

영양지원은 경장영양과 정맥영양으로 크게 나누며 경장영양에는 경구보충영양과 경관급식, 정맥영양에는 중심정맥영양과 말초정맥영양이 있다.

심한 외상이나 대수술, 패혈증, 화상 등의 중환자는 대사항진으로 에너지 소비량과 단백질 이화작용이 급격하게 증가한다. 또한 골격근이 에너지원으로 이용되면서 단백질과 에너지 결핍증을 유발한다. 여기에 각종 장기 기능 및 면역학적 기능이 저하되고 결국에는 장기 기능이 복합적으로 저하되어 사망을 초래할 수 있으므로 치료 초기에 적절한 영양지원이 매우 필요하다.

영양지원 방법은 그림 2-2와 같이 분류할 수 있다.

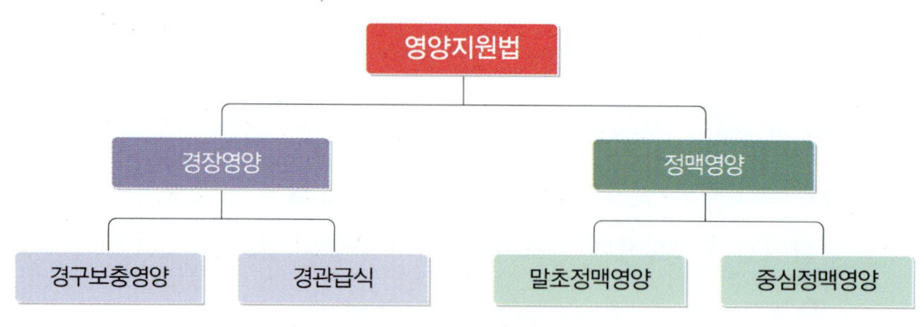

| 그림 2-2 | 영양지원방법

1. 경장영양

경장영양(enteral nutrition, EN)은 환자의 위·장관을 이용하는 형태의 영양지원이다. 일반적으로 구강을 통하여 음식물을 섭취하는 것이 가장 좋은 방법이지만 환자의 상태가 극도로 나빠지거나 음식섭취가 불가능할 때에는 관을 통하여 위, 십이지장 또는 공장에 직접 공급한다. 경장영양은 장 점막을 사용함으로써 정상적인 장관의 유지가 가능하고 정맥영양에 비해 감염 합병증이 적고 의료비의 부담도 적다.

1) 경구보충영양

경구보충영양(oral nutrition supplement, ONS)은 일반 음식으로는 에너지 필요량을 충족시키기 어려울 때 식사와 함께 경장영양액을 경구로 제공하는 것이다. 일종의 영양보충음료로 환자의 식사 섭취량에 따라 사용량이 달라진다.

2) 경관급식

경관급식(tube feeding, TF)은 환자의 상태가 극도로 나빠 식사섭취가 불가능하거나 머리나 목 부분의 수술, 식도암, 혼수상태 등으로 경구섭취가 불가능한 환자에게 관(tube)을 통하여 영양혼합물을 지원하는 것으로, 영양소를 소화·흡수할 수 있는 위장관 기능이 충분한 환자에게만 사용된다. 환자의 영양결핍과 예방을 위한 효과적인 지원방법이나 장관을 통해 음식물을 지원하기 때문에 심한 구토, 복막염, 장협착, 위장관 상부출혈, 호흡부전, 심한 설사가 있는 경우에는 중단하여야 한다. 투여할 때 적당한 속도와 농도를 유지하여 흡수가 충분히 되도록 해야 한다. 경관유동식은 정맥영양(parenteral nutrition)에 비해 가격이 경제적이고 생리기능을 정상적으로 유지할 뿐 아니라 쉽게 양(+)의 질소평형에 도달할 수 있고 패혈증, 폐기흉과 같은 합병증을 최소화할 수 있는 이점이 있다.

(1) 경관급식의 적용 대상

- 화상, 외상, 패혈증 등으로 단백질 및 에너지 필요량이 증가하여 경구로는 충분한 영양을 공급할 수 없는 경우
- 의식불명, 전신마비, 구강이나 인두의 심한 부상

• 신경계 질환으로 충분한 영양 섭취를 할 수 없을 때
• 식도질환으로 음식물 섭취가 불가능한 경우
• 화학치료 또는 방사선 치료를 받는 암 환자
• 수술 전후 영양 보충이 필요할 때
• 극심한 식욕부진 및 쇠약한 환자

(2) 경관급식의 공급경로

경관급식의 공급경로 및 공급경로별 특성은 그림 2-3, 표 2-3과 같다.

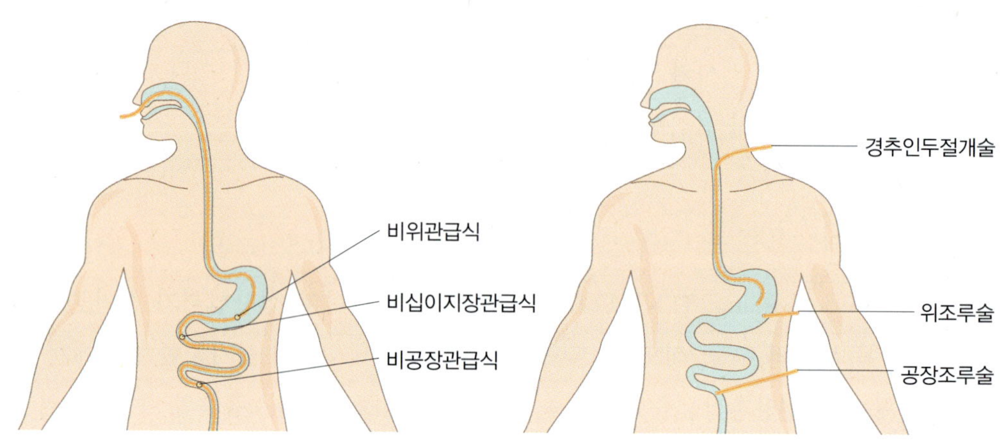

Ⅰ그림 2-3Ⅰ **경관급식의 투여경로**

경관급식이 3주 이하일 경우에는 비수술적 방법인 비위관 혹은 비장관으로 공급한다.

단기간 비수술 유문 전 삽입으로는 비위장관법이 가장 많이 사용하는 방법이나 심한 저혈소판증, 코나 얼굴의 골절, 식도폐쇄 등에는 사용하지 않는다. 구위장관법(oral gastro feeding)은 코나 얼굴의 상해, 머리 손상, 부비동염 등 코로 삽입이 어려운 경우 삽입한다.

단기간 비수술 유문 후 삽입으로는 비장관법으로 흡인 폐렴, 식도역류 또는 위배출 지연의 위험이 높은 경우에 좋은 방법이다. 유문 괄약근을 통과하여 장 아래쪽에 위치하게 하면 흡인 위험을 감소할 수 있다.

3주 이상 장기간의 경관급식이 예상되는 경우에는 내시경 위조루술, 경피적 내시경 공장조루술(percutaneous endoscopic gastrostomy), 위조루술(gastrostomy), 공장조루

술(jejunostomy) 등과 같이 식도를 통하지 않고 위장관으로 삽입하는 방법을 사용한다.

공급방법에 따라 합병증이 발생할 수 있으므로 환자의 상태에 맞추어 적절한 방법을 선택하여야 한다.

| 표 2-3 | 경관급식 투여경로에 따른 장단점

투여경로	적용대상	장점	단점
비위관 (nasogastric)	• 흡인의 위험이 적은 경우 • 식도 역류가 없고 위장관 기능이 정상인 경우 • 단기간의 경관급식이 예상되는 경우	• 튜브의 삽입이 비교적 쉽다.	• 흡인의 위험이 높다. • 환자에게 불편감을 준다.
비십이지장관 비공장관 (nasoduodenal nasojejunal)	• 흡인의 위험이 높은 경우 • 위무력이나 식도역류가 있는 경우 • 단기간의 경관급식이 예상되는 경우	• 흡인의 위험이 적다 • 수술 과정은 필요치 않으나 비위관급식에 비해 관의 삽입이 어렵다.	• 영양액의 주입속도, 삼투압 농도에 따라 부적응 발생 가능성이 있다. • 관의 위치 확인을 위해 X-ray 촬영 등 검사가 요망될 수 있다. • 환자에게 불편감을 준다.
위조루술 (gastrostomy)	• 흡인의 위험이 적은 경우 • 식도역류가 없고 위장관 기능이 정상인 경우 • 장기간 급식이 예상되는 환자 • 비강으로 관 삽입이 어려운 경우	• 환자의 불편감이 적다. • PEG[1]의 경우 수술과정이 없이 저렴한 비용으로 시술이 가능하다. • 관의 지름이 커서 관이 막힐 가능성이 적다.	• 수술과정이 필요하다. • 관 부위의 감염관리가 필요하다. • 소화액 유출로 인한 피부의 찰상이 발생한다. • 관 제거 이후 누공이 생길 수 있다.
공장조루술 (jejunostomy)	• 흡인의 위험이 높은 환자 • 위무력증이나 식도역류가 있는 경우 • 장기간의 경관급식이 예상되는 경우 • 상부 위장관으로 관 삽입이 어려운 경우	• 흡인의 위험이 적다. • 환자의 불편감이 적다. • PEJ[2]의 경우 수술과정이 없이 저렴한 비용으로 시술이 가능하다.	

[1] PEG : percutaneous endoscopic gastrostomy

[2] PEJ : percutaneous endoscopic jejunostomy

자료 : 대한영양사협회, KDA자료실

| 표 2-4 | 공급경로에 따른 합병증

공급경로	합병증
비위장관 및 비장관	비강 점막 궤양, 관의 막힘, 식도 천공, 기흉, 폐 삽관, 위장관 출혈, 비출혈, 중이염, 흡인 폐렴
위조루술	흡인, 관의 이탈, 관의 변형, 출혈, 기복증, 상처감염, 관 막힘, 기공누수
공장조루술	남성장기종, 출혈, 관 이탈, 관 변형, 장중첩, 장폐색, 관 막힘, 기공누수

자료 : 대한영양사협회, 임상영양관리지침서 제3판, KDA, 2008, 123쪽

(3) 경관급식의 주입방법

경장영양액의 주입방법은 중력에 의한 공급과 펌프를 이용하는 방법으로 구분된다. 주로 사용하는 공급방법은 중력에 의한 방법으로 비닐백 혹은 비닐통에 담긴 경장영양액을 주로 튜브 위치에 수액 세트와 같은 걸대를 이용하여 고정시킨 후 주입속도를 조절하도록 한다.

환자가 탈수되거나 부종이 생기지 않도록 수분의 균형을 잘 유지해야 한다. 정상 성인의 수분 요구량은 체중 kg당 30~35 mL이다. 상업용 경장영양액(1 kcal/mL인 경우)의 경우 수분이 75~85% 함유되어 있다. 볼루스 주입 또는 간헐적 주입시 영양액 공급 전후로 물을 25~50 mL씩 공급한다. 지속 주입의 경우 하루 동안 적당한 간격을 두고 공급하여야 하며 최소 6시간당 30 mL 이상 공급되도록 해야 한다.

① 지속적 주입(continuous feeding)

중력이나 주입펌프를 이용하여 시간당 주입용량을 일정하게 유지하며, 간헐 주입에 부적응시, 혈당 조절에 문제가 있거나 공장 주입시에 적용하게 된다. 중환자실 환자나 경장영양을 시작하는 초기에는 급식 적응도를 높이기 위해 지속주입을 사용하는 것이 필요하다.

② 간헐적 주입(intermittent feeding)

볼루스 주입과 지속적 주입의 중간 형태로 20분~1시간 이내에 1끼 분량을 주입하고 1일 4~6회 정도 공급하는 방법으로 자유로운 활동이 가능하나 부적응할 가능성이 있으므로 공장루로 주입할 때는 권장하지 않는다.

③ **볼루스 주입(bolus feeding)**

1분에 60 mL 이하로 주입했을 때 환자 순응도가 가장 좋았으며, 1,500 kcal/1,500 mL 영양액이 5분에 250 mL를 3시간 정도 간격으로 1일 6회 정도 공급한다. 오심, 구토, 설사, 복통의 염려가 있다.

④ **주기적 주입(cyclic feeding)**

주입펌프를 사용하여 밤 시간의 8~20시간마다 사용된다. 주로 밤 시간에만 사용하여 낮 동안에는 공복감을 느끼므로 구강섭취량을 늘리도록 한다.

(4) 주입시 주의사항

- 세균감염의 위험이 크므로 주위환경을 깨끗이 한다.
- 필요한 기구는 끓는 물에 20분 이상 열탕 소독 후 사용한다.
- 계량도구로 정확히 계량한다.
- 하루에 한 번 만들어 냉장보관하고, 사용시 실온으로 중탕 후 공급한다.
- 주입 전 튜브를 씻어내고 내용물을 천천히 주입한다.
- 공기가 들어가지 않도록 한다.
- 급식이 끝난 뒤에 튜브를 씻어낸다.
- 사용한 도구는 소독을 철저히 한다.
- 주입자세는 흡인을 예방하는데 좋으므로 환자의 상체가 30~45도가 되도록 한다.

(5) 경관급식의 부적응과 대책

급식관을 삽입하는데 잘못된 관의 삽입으로 부적응이 일어날 수 있다. 관의 삽입 후 X선상이나 pH, 담즙 또는 흡인량 측정, 청진검사로 가능하다.

관 삽입시 기도의 손상이나 비강의 출혈이 있을 수 있으며, 점성이 높은 영양액으로 인해 관의 막힘 현상이 나타날 수 있으므로 약물 주입 후 30 mL 정도의 물로 관을 세척해주도록 한다.

또한 흡인의 위험성이 높으므로 기침, 폐부종, 폐렴, 호흡부전이 나타나지 않도록 상체를 30도 이상 올려주도록 한다.

위장관 부적응에 대한 대책은 표 2-5와 같다.

| 표 2-5 | 위장관의 부적응과 대책

부적응	원인	대책
설사	우유 부적응(유당불내증)	우유 및 유제품을 다른 식품으로 대체한다.
	주입 속도가 너무 빠름	천천히 주입한다(기준 : 240 mL/20분).
	내용물의 온도가 차가움	실온으로 중탕하여 주입한다.
	부적절한 관의 위치	위치를 점검한다.
	세균 감염	사용기구 및 식품의 위생적 처리와 보관을 철저히 한다.
변비	내용물에 잔사가 부족함	잔사가 많이 함유된 식품(채소즙, 섬유음료)으로 대체한다.
	수분 섭취의 부족 또는 탈수	수분 섭취량을 늘린다(단, 섭취량이 배설량보다 500~1,000 mL를 넘지 않도록 한다).
	간기능 및 장운동 저하	최대한 모든 방법을 동원하여 운동량을 늘려준다.
메스꺼움	주입량이 너무 많음	적응할 수 있는 정도에 따라 주입량을 점차 늘려준다.
	환자가 긴장한 상태에서 주입	환자의 긴장을 풀어준 후 주입한다.
과수화 현상	주입 전후 관을 씻어내기 위해 너무 많은 물을 사용함	물의 사용을 적절하게 줄인다.

(6) 경관급식의 물리적 성질

① 삼투압

경장유동액의 삼투압(osmotic pressure)은 환자의 내성에 많은 영향을 준다. 삼투압이 높은 경장유동액이 주입될 경우 소화관 내강에는 내막으로부터 많은 양의 체액이 모여 설사를 일으키고 세포외액의 손실은 탈수를 유발시킨다. 또한 위장팽만감, 메스꺼움, 구토를 일으킨다.

② 신장용질부하

신장용질부하(renal solute load)가 유난히 높을 경우 용질을 내보내기 위하여 많은 양의 물을 지원해야 한다. 물이 충분히 지원되지 않으면 환자는 탈수를 일으킨다. 신장용질부하가 높은 경장유동액을 사용할 경우는 탈수 증상이 일어나는지 자세히 관찰하여야 한다. 특별히 조심해야 하는 환자는 신장 농축능력의 손상을 입은 유아나 구토, 설사, 화상, 열 등으로 체액손실이 많은 유아이다.

③ **잔사**

잔사(residue)가 적은 경관급식은 수술 전후 환자, 크론병(Crohn's disease)이나 장염 같은 위장관 장애가 있는 환자, 정맥 내 영양에서 경관급식으로 이행하는 환자 등에 유용하게 쓰이지만 저잔사 경장영양액은 변비를 일으키기 쉬우므로 환자의 상태에 맞게 잘 선택하여야 한다.

④ **점도**

영양액의 분자 형태가 큰 것은(예를 들면 아미노산 형태보다는 단백질 형태로 존재하는 영양액) 점도(viscosity)가 더 높다. 단위 부피당 함유된 열량 농도가 높은 영양액도 점도가 높다. 환자에게 주입하기 위해서는 점도가 높은 영양액일수록 튜브의 내경이 커야 하며, 튜브의 구경이 크면 클수록 환자는 더 불편함을 느낀다.

(7) 경관영양액의 영양소

① **에너지**

대부분의 경장영양액은 1 kcal/mL가 제공되지만 환자에 따라서는 1.5~2.0 kcal/mL의 농축 영양액이 필요할 수도 있다. 예를 들어 고열량을 필요로 하는 경우나 식욕이 없고 많은 용량을 감당하지 못하는 환자에게 사용된다. 에너지 밀도가 높은 영양액은 삼투압이 높고, 신장용질부하가 높다. 사용시에는 탈수가 일어나지 않도록 세심한 주의를 요하며, 고농도식은 덤핑 증상을 유발할 수 있으므로 초기 투여시나 설사를 하는 환자의 경우에는 삼투압이 낮은(300 mOsm/kg·H_2O) 저밀도식을 지원하다가 환자가 적응하면 차차 밀도를 높여간다.

② **당질**

일반적으로 경장유동액은 당질이 총열량의 약 55%를 차지한다. 당질의 급원으로는 미음, 미숫가루 등 다당류, 포도당 중합체, 이당류, 단당류 등이 사용된다.

경장유동액 중 당질의 함량이 똑같은 제품이라도 당질의 형태가 단당류와 같은 포도당으로 되어 있으면 포도당 중합체로 되어 있는 것보다 작은 입자가 많기 때문에 삼투압이 더 높다. 또한 단당류 이외의 형태로 되어 있는 당질은 소화과정을 거쳐야 하므로 소화기능이 떨어지는 환자는 이와 같은 경장유동액을 사용할 수 없다. 당질의 형태가 유당인 제품도 있는데, 유당불내성 환자는 사용할 수 없으므로 유당이 없는 제품을 사용한다. 또한 섬유소가 함유되어 있는 제품은 배변을 좋게 한다.

③ 단백질

단백질은 환자의 소화 가능 정도에 따라 순수결정아미노산, 가수분해단백질, 완전단백질 등 3가지 형태로 분류된다. 순수결정아미노산은 소화단계가 필요 없이 사용될 수 있으나 경장영양액의 삼투압을 현저하게 높인다.

가수분해단백질은 가수분해 효소에 의해서 펩타이드 또는 아미노산으로 가수분해된 상태로 사용될 수 있다. 트리펩타이드(tripeptides), 디펩타이드(dipeptides), 아미노산은 삼투압을 높인다. 펩타이드 형태의 경장유동액은 알부민(albumin)이 부족하면서 단백질 소화·흡수 기능에 이상이 있는 환자나 화상이나 두부 손상으로 인한 과대사환자에게 유용하게 쓰인다.

완전단백질은 달걀, 우유, 고기 등 자연 그대로의 식품 형태로 사용되는 것으로서 완전한 소화과정이 필요하다. 콩 단백이나 우유에서 추출한 락트알부민(lactalbumin), 카세인(casein), 난백에서 추출한 난백알부민(ovalbumin) 등이 사용된다.

일반적으로 스트레스가 없는 환자의 경우 체중당 0.8~1.0 g/kg가 요구된다. 수술이나 외상, 감염 등 스트레스가 있고 이화 상태일 경우 1.0~1.5 g/kg 공급을 목표로 한다.

④ 지질

경장영양액 제품의 지방 원료는 옥수수, 콩, 해바라기씨 등의 식물성 또는 버터 등을 사용한다. 이러한 지방은 장쇄지방(long chain triglycerides, LCT)으로 되어 있다. 장쇄지방을 소화하지 못하는 환자는 중쇄지방(medium chain triglycerides, MCT)을 사용하는데 중쇄지방은 7 kcal/g이다.

MCT는 가수분해가 빨리 되는 반면 삼투압을 높이고, LCT는 경장유동액의 삼투압을 높이지 않는다. 또한 MCT는 필수지방산을 함유하고 있지 않으며 환자에게 때때로 메스꺼움, 구토, 설사 등의 부작용을 일으키고 값이 비싸다. 때문에 환자가 특별히 MCT가 필요하지 않는 경우에는 사용하지 않는다.

⑤ 비타민과 무기질

미량 영양소 비타민과 무기질 필요량은 한국인 영양섭취기준을 참고로 한다. 상업용 제제의 경우 일반적으로 1,500~2,000 mL/일 이상 공급시 과일주스 등 비타민과 무기질 권장량의 100% 이상을 공급할 수 있다.

(8) 경장영양액의 종류

① 일반 경장영양액

가장 맛있고 쉽게 흡수되며 가격도 저렴하여 대사적 장애를 보이지 않는 환자에게 적용하며, 경관급식이나 구강섭취보충용으로도 가능하다. 일반 경장영양액은 약 300 mOsm/kg · H_2O, 농도는 1.0 kcal/mL의 농도이다.

② 농축 경장영양액

심장, 신장, 간장 질환자 등 수분제한이 요구되는 환자에게 적용하는 영양액이다. 삼투압은 400~700 mOsm/kg · H_2O로 농도는 1.5~2.0 kcal/mL이다.

③ 가수분해 영양액

단백질원은 아미노산이나 펩타이드 형태로, 당질은 포도당이나 덱스트린류로, 지방은 중쇄중성지방과 소량의 필수지방산으로 구성된 영양액이다. 흡수불량증이나 염증성 장질환 크론병 등 위장관의 기능이 완전하지 못한 경우나 대장의 잔사량을 최소화시켜야 하는 경우, 장기간 구강으로 음식을 섭취하지 않는 극심한 영양불량 환자에게 적용된다.

④ 고단백 경장영양액

단백질 손실이 있는 질병, 즉 화상, 누공, 외상이나 패혈증 환자에게 적용되는 제제이다. 삼투압은 300~650 mOsm/kg · H_2O로 단백질이 20% 이상이다.

⑤ 면역증강 경장영양액

암, 인체면역결핍바이러스(HIV), 후천성면역결핍증(AIDS), 외상, 패혈증, 화상, 수술 후 스트레스로 면역력이 현저히 저하된 상태의 환자에게 사용한다. 이 영양액은 오메가-3 지방산, 뉴클레오타이드, 아르기닌, 글루타민이 첨가된 면역증강 경장영양액이다.

⑥ 당뇨병, 혈당조절 경장영양액

일반 경장영양액은 혈당 조절이 어려울 수 있으므로 식이섬유를 첨가하고 저당질, 고지방의 특징을 가지고 있다.

⑦ 간질환 경장영양액

대부분의 간부전 환자에게 영양불량이 있으므로 영양집중지원을 통해 회복될 수 있다. 간 질환제는 1.2~1.5 kcal/mL로 농축되어 있고 암모니아 형성을 최소로 하기 위해 단백질은 적으며 지방 함량도 낮게 유지하고 있다.

⑧ **신장질환 경장영양액**

수분의 과다축적, 요독증 증상을 완화하기 위하여 만든 제품이다. 전해질 및 무기질 농도의 상승을 고려하여 2 kcal/mL로 에너지가 농축되고 최소한의 필수아미노산을 함유하며 전해질, 무기질 농도를 낮춘 영양액이다.

현재 국내에서 시판되고 있는 상업용 제품의 예는 그림 2-4와 같다.

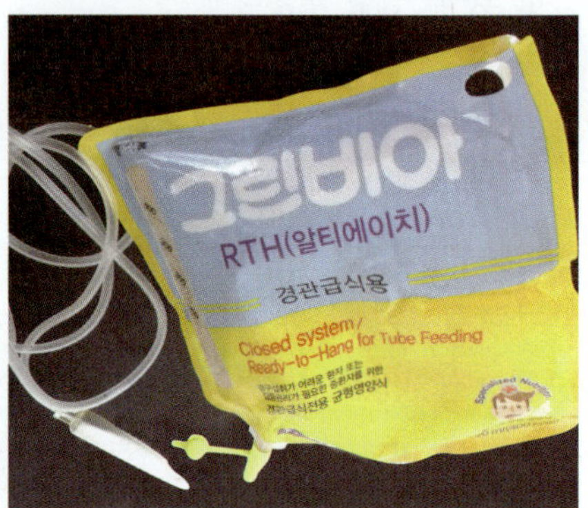

Ⅰ그림 2-4Ⅰ 시판중인 상업용 경장영양액의 예

2. 정맥영양

정맥영양(parenteral nutrition, PN)은 소화과정이 없이 정맥을 통하여 영양소를 공급하는 방법으로, 소화관이 비정상적이어서 영양불량이거나 영양불량 가능성이 있는 환자에게 영양을 지원하는 방법이다. 말초정맥을 통하는 말초정맥영양과 중심정맥을 통하는 중심정맥영양 방법이 있다.

1) 종류

(1) 중심정맥영양

중심정맥영양(central parenteral nutrition, CPN)은 포도당을 기본으로 하여 고농도(15~30%)의 영양수액을 혈류량이 많은 상대정맥이나 하대정맥으로 카테터(catheter)를 통해 투여하는 방법이다. 2주 이상 장기간 금식이 예상될 때 충분한 영양소 공급을 위해 시행한다. 또한 위와 장의 기능이 저하되고, 장 또는 말초정맥으로의 영양공급이 불충분할 때 이용한다.

> **중심정맥영양이 필요한 경우**
> - 7~10일 이내에 경장영양을 하지 못한다고 예상되는 경우
> - 광범위한 소장 절제, 위장관 협착, 장피 누공
> - 심한 췌장염, 염증성 장질환
> - 화학요법 및 방사선요법으로 치료 중인 암, 골수이식 환자
> - 수술을 한 경우
> - 심한 설사, 구토 및 흡수불량
> - 심한 영양불량

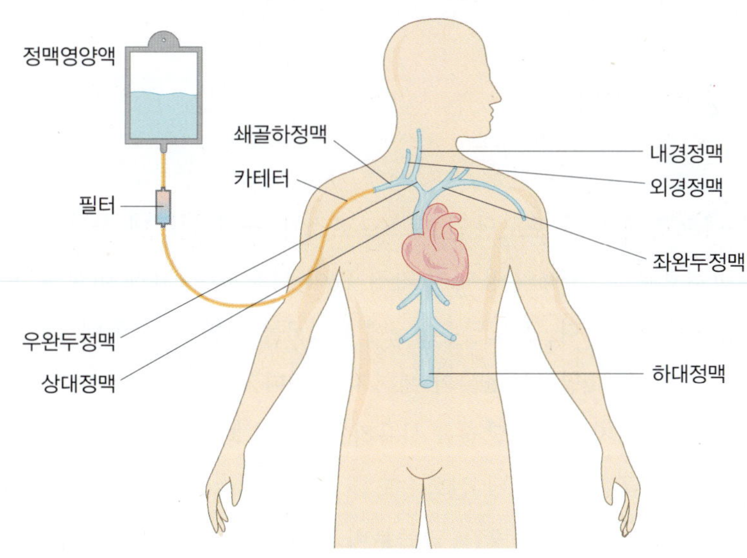

| 그림 2-5 | 중심정맥영양

(2) 말초정맥영양

말초정맥영양(peripheral parenteral nutrition, PPN)은 손이나 팔의 말초혈관을 통해 영양을 공급하는 방법이다. 일반적으로 단기간(10~14일) 정맥영양 공급이 예상되거나 수분 제한이 필요 없고 영양액 농도가 600~900 mOsm/L 이하인 경우 말초정맥영양이 권장된다. 말초정맥영양은 영양소의 농도가 제한되어 환자의 영양 요구량만큼 충분한 에너지 및 영양소를 공급하기 어렵다. 2주 이상 말초정맥영양 사용시 말초정맥염의 발생 위험이 있으므로 2주 이하로 사용기간을 제한하며, 2~3일마다 주입 부위를 바꾸어야 한다.

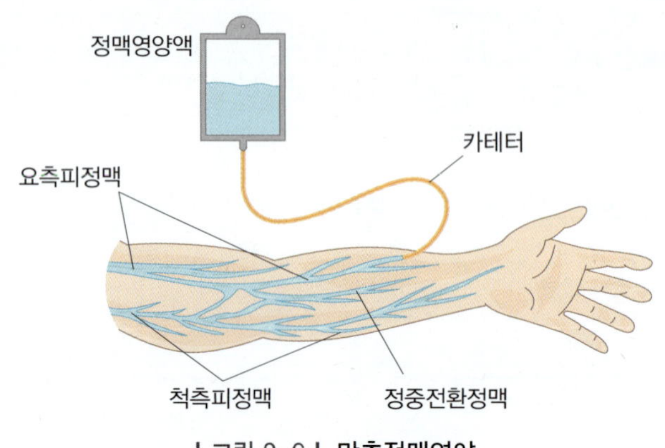

Ⅰ그림 2-6Ⅰ 말초정맥영양

2) 정맥영양액의 영양소

(1) 당질

정맥영양용액으로 수용성 포도당인 덱스트로스가 들어 있는데 함량은 5~70%까지 가능하며, 일반적으로 5~25%의 용액이 가장 많이 사용된다. 10% 이상의 고농도 용액은 중심정맥영양에 사용된다. 포도당은 1 g에 4 kcal를 내는 대신에 덱스트로스는 약간의 물이 포함되어 있어 1 g당 3.4 kcal의 에너지를 낸다.

두뇌와 적혈구는 에너지원으로 당질을 사용하므로 1일 최소 1 mg/kg/분은 반드시 공급한다. 당질의 최대 공급량은 포도당 산화속도를 고려하여 4~7 mg/kg/분을 넘지 않도록 한다. 과다 공급시에는 고혈당, 지방간, 담즙분비 정체, 호흡부전 등이 일어날 수 있다.

(2) 단백질

단백질은 질소를 공급하고 당신생합성을 하고 면역물질 생성, 상처 및 조직을 재생, 합성하는 기능이 있다. 정맥영양의 단백질 급원은 아미노산 결정체가 주성분이다. 아미노산의 농도는 3~20%이고 이중 필수아미노산이 40~50%, 비필수아미노산이 50~60%이고 전해질과 무기질이 첨가될 수 있다. 최근에는 면역체제 강화를 위하여 글루타민, 아르지닌 함량을 높인 상품도 사용되고 있다.

(3) 지질

지질은 필수지방산의 부족을 막아주고 충분한 열량을 공급하여 준다. 정맥으로 공급하는 지질은 지방유화액이며 지방산과 글리세롤, 인지질을 함유하고 있다. 상업용은 10%, 20% 농도의 용액이 주로 사용되고, 대두유나 해바라기씨유에 난황 인지질을 사용한다. 지방유화액은 난황 인지질을 함유하고 있기 때문에 달걀 알레르기가 심한 환자는 사용하지 않는 것이 좋으며, 지방유화액을 하루 500 mL 이상 공급하면 달걀 노른자 인지질 때문에 인의 공급이 증가하므로 인을 제한해야 할 경우에 유의하도록 한다.

(4) 무기질

아연, 구리, 크롬, 망간 등의 미량원소는 비록 필요량은 아주 적으나 정상적인 대사와 성장에 필수적이기 때문에 대사항진으로 인한 요구량 증가나 손실증가시에 결핍증이 신속하게 나타난다.

미량원소는 AMA-NAG(American medical association nutrition advisory group)에서 제시하는 권장량에 따르고 있다.

철은 정맥주입시 과민반응의 가능성 때문에 정맥영양용액에 첨가하지 않고 근육주사로 제공되었으나 최근 철 덱스트란(iron dextran)의 형태로 정맥영양용액에 2 mg/L가 첨가되기도 한다.

(5) 비타민

정맥영양용액에 사용되는 표준 종합비타민용액은 AMA-NAG에서 제시하는 권장량에 따라 고정된 용량으로 되어 있다.

TPN 환자 중 상당수가 항응고제(anticoagulant)를 공급받고 있기 때문에 비타민 K는 용액에 포함되지 않는다. 따라서 주 1회씩 근육이나 피하지방 주사로 비타민 K 요구량을 충족시켜야 한다.

3) 정맥영양 공급시의 모니터링

정맥영양의 합병증을 조기에 발견하기 위해서 환자의 안정된 상태에서 주기적인 모니터링이 필요하다.

| 표 2-6 | 정맥영양시의 모니터링

모니터링 항목	횟수	
	중환자	안정된 환자
체중	매일	주1회
수분섭취량	매일	매일
전해질	주3회	주1~2회
혈청칼슘, 인, 마그네슘	주3회	주1회
간기능검사	3회	주1회
혈중요소질소	주3회	주3회
혈당	매일	주1회
혈청중성지방	주1회	주1회
헤모글로빈	주1회	주1회
혈소판	주1회	주1회

참고문헌

이영남 · 노희경 · 임병순 · 김성환 · 이애랑 · 권순형 · 이정실 · 조금호, **임상영양학**, 수학사, 2008

손숙미 · 임현숙 · 김정희 · 이종호, **임상영양학**, 교문사, 2011

송경희 · 손정민 · 김희선 · 한성림 · 이애랑 · 김순미 · 김현주 · 홍경주 · 라미용, **식사요법**, 파워북, 2010

윤옥현 · 이영순 · 이경자 · 최경순 · 오순덕 · 이정실, **식사요법**, 교문사, 2012

이미숙 · 이선영 · 김현아 · 정상진 · 김원경 · 김현주, **임상영양학**, 파워북, 2010

장유경 · 변기원 · 이보경, **임상영양관리**, 효일, 2008

주은정 · 이경자 · 박은숙 · 유현희, **질병맞춤형 임상영양학**, 교문사, 2012

대한영양사협회 · 경희대학교 의학영양학과 공역, **국제임상영양 표준용어 지침서**, 대한영양사협회, 2011

대한영양사협회, **임상영양관리지침서** 제3판, 2008

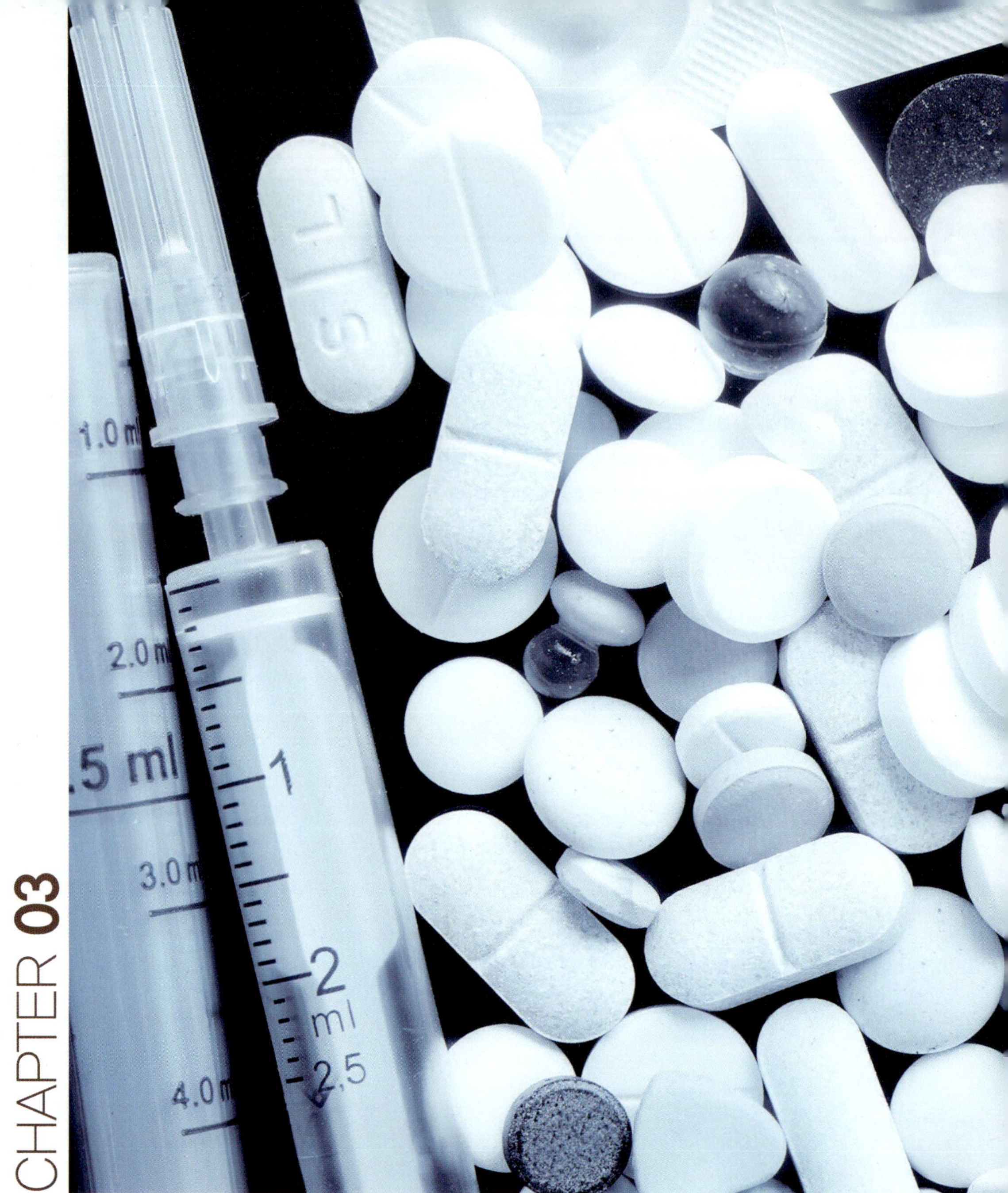

CHAPTER 03

소화기질환

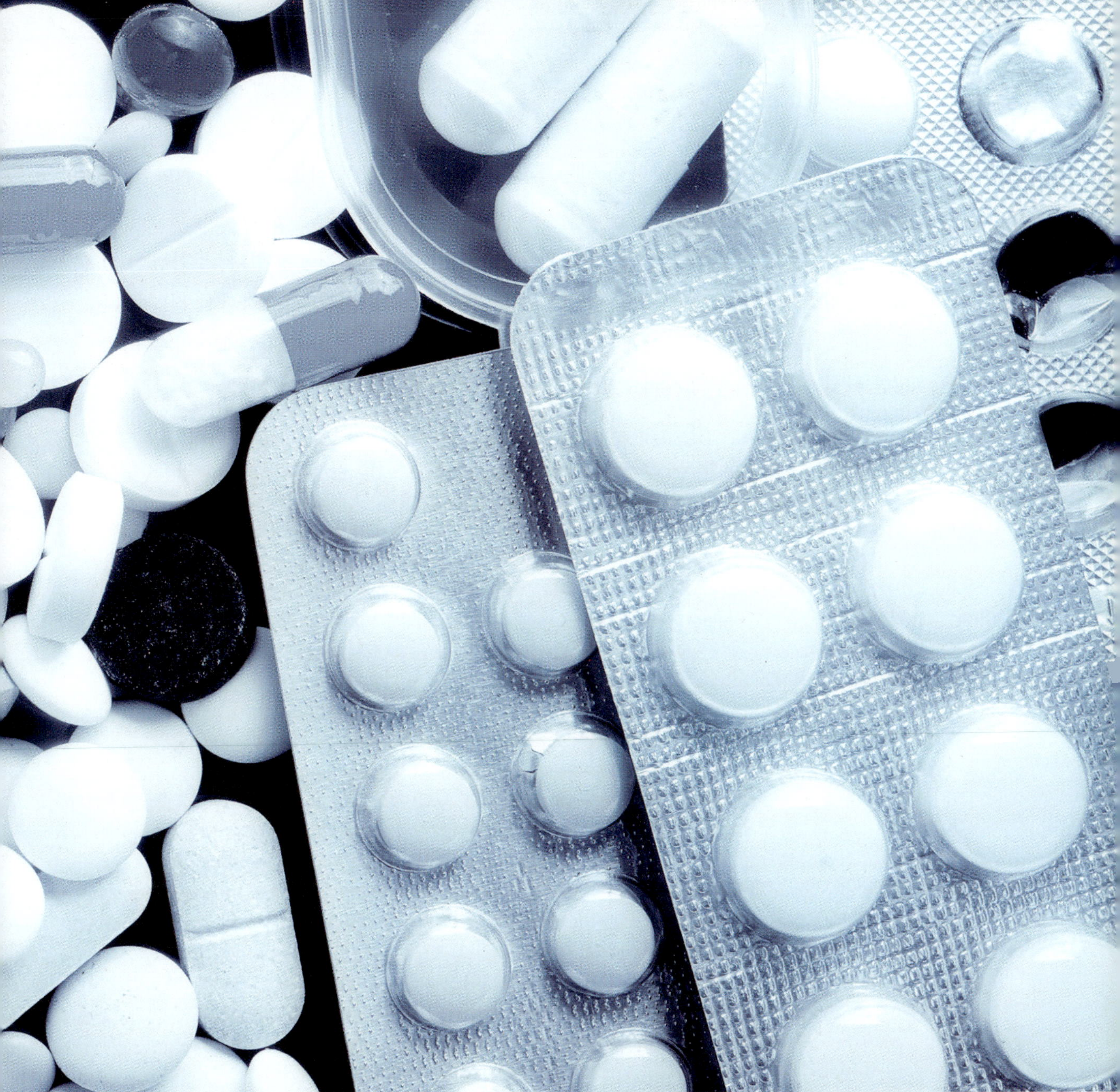

학습목표

- 소화관의 구조와 기능을 설명할 수 있다.
- 식도질환의 영양관리를 설명할 수 있다.
- 위장질환의 영양관리를 설명할 수 있다.
- 장질환의 영양관리를 설명할 수 있다.

소화관은 입에서부터 시작하여 인두, 식도, 위, 소장, 대장에 이르기까지 일련의 관 구조로 이루어져 있다. 소화관은 음식물의 교반과 소화액과의 혼합 및 운반 등의 운동과 각종 소화액의 분비와 소화작용, 영양소의 흡수 및 배설 등의 기능을 한다. 소화관에 질병이 생기면 체내의 영양대사 이상을 초래하고 건강을 악화시킨다. 소화관의 질병에 따른 외과적 수술, 방사선 조사 및 투약 등의 치료는 식품의 소화와 흡수에 영향을 미칠 뿐만 아니라 식욕도 감퇴시키므로 이에 맞는 적절한 영양관리가 필요하다.

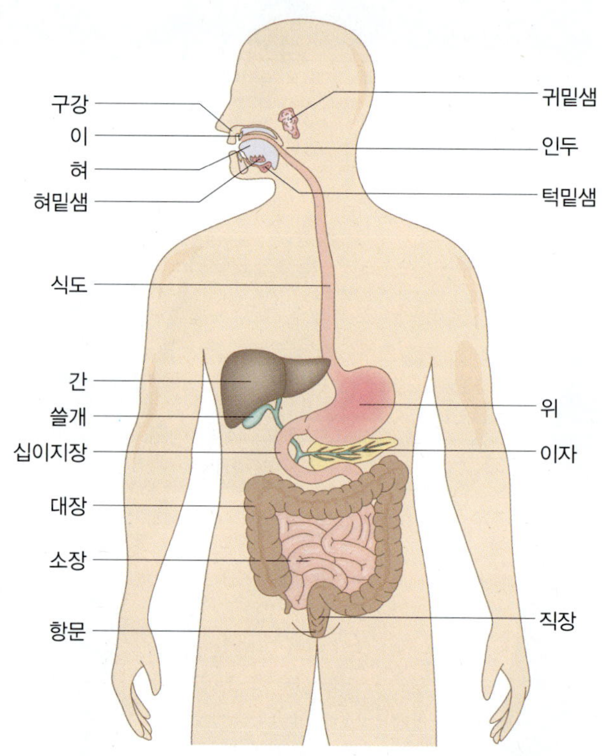

Ⅰ그림 3-1Ⅰ 소화기관의 구조

제1절 구강과 식도질환

1. 구강과 식도의 기능

구강(oral cavity)은 입과 인두를 포함하는데 음식물을 씹고 삼키는 동작이 이루어진다. 음식물을 씹으면 귀밑샘, 턱밑샘, 혀밑선 등의 타액선에서 타액이 분비된다. 침은 음식물 입자를 매끄럽게 하여 잘 삼켜지도록 하며 pH 6.0~7.0으로 하루 약 1 L 정도 분비된다. 타액에서 분비되는 α-아밀레이스는 당질을 가수분해한다.

식도(esophagus)는 약 25 cm 정도의 관으로 구강 내에서 잘게 부순 음식물을 인두에서 시작하여 식도 열공(esophageal hiatus)이라 불리는 열려 있는 횡격막을 지나 위로 내려보낸다. 식도 근육의 상부는 횡문근, 하부는 평활근으로 형성되어 연동과 수축으로 음식물을 위로 보낸다.

인두(pharynx)는 구강과 식도를 연결하는 관으로 소화관이면서 기도이기도 하다. 음식물이 인두 점막에 닿으면 반사적으로 삼키게 되는데 이 반응 중추는 연수에 있다.

2. 연하곤란

1) 원인

연하곤란(dysphagia)은 외과적 수술이나 종양, 폐색 혹은 암 등의 기계적 손상과 뇌졸중, 두부손상, 뇌종양, 신경계질환으로 인한 마비현상으로 생긴다. 마비성 연하곤란의 대표적인 원인은 뇌졸중으로 뇌졸중 환자의 약 40~50%가 연하곤란이 나타난다. 그 밖에 노화에 의한 치아손실, 타액 감소, 인두·식도의 연동운동 감소로 연하곤란이 나타나기도 한다.

2) 증상

음식물이 잘 넘어가지 않고 목이 메거나 삼킨 것이 식도에서 명치까지 막히는 것 같은 증상이 있으며 식사 섭취가 불량해져 체중감소와 영양소 결핍이 나타난다.

3) 치료 및 영양관리

음식물을 삼키기 어려운 연하곤란 환자는 저작을 최소화하고 쉽게 삼킬 수 있도록 농축 유동식을 제공한다. 너무 뜨겁거나 차가운 음식을 피하고 부드러운 음식을 제공하며 끈끈한 음식이나 단 음식, 신맛의 감귤류는 타액의 분비를 증가시키므로 피하도록 한다. 식도에 폐쇄가 있는 경우에는 유동식으로 공급하고 식사 중에는 자세를 바르게 하여 음식이 잘 내려가게 한다. 신경계 이상인 환자는 유동식이 기관지로 흡인될 위험이 있으므로 맑은 음식보다는 걸쭉한 형태로 제공하며 농후제(thickener)를 사용하기도 한다.

3. 식도염 및 식도 역류

식도염(esophagitis)은 하부 식도 괄약근의 기능부전으로 위액이 식도로 역류하여 점막에 염증을 일으키는 것으로 주로 식도 하부에서 발생한다. 식도 역류의 주요 원인은 하부 식도 괄약근의 압력이 감소하는 것인데 기계적 요인, 약물, 호르몬 및 식사에 의한 영향을 받는다. 증세는 상복부의 속쓰림, 구토, 연하통, 연하곤란 등이 있다.

식도염은 점막의 자극을 방지하고, 역류한 위액의 자극을 감소시키기 위한 영양관리가 필요하다. 즉 속쓰림의 원인이 될만한 식품을 피하고, 위 팽만을 방지하기 위하여 소량씩 자주 섭취한다. 기름진 음식, 카페인, 알코올 등은 하부 식도 괄약근의 압력을 감소시키므로 금한다. 식사 후 눕는 것을 피하고, 잠자기 전의 간식을 금한다. 과체중의 경우 체중을 줄이고 몸에 꼭 맞는 옷을 피한다.

식도 역류(gastroesophageal reflux)는 하부 식도 괄약근의 수축이 약화되어 위 내용물이 식도로 역류되는 것을 말한다.

식도 열공 헤르니아, 과민성 장질환, 위식도 수술환자에게서 발생할 수 있다. 흡연, 알코올, 기름진 음식, 초콜릿, 가스발생식품은 괄약근의 압력을 저하하여 위식도 역류를 악화시킬 수 있고 비만, 임신, 가로누운 자세, 몸에 꼭 끼는 옷도 복부 내의 압력을 증가시켜 위식도 역류를 유발할 수 있다.

가장 흔한 증상은 속쓰림(heart burn)과 위산 역류이다. 만성적으로 위식도 역류가 되면 식도염이 유발되고 기침이나 불면증과 같은 합병증을 포함해 식도 궤양, 식도 출혈 및 식도 협착, 식도암 등으로 진행될 수 있다.

영양관리는 과식을 피하고 열량 보충 필요시 여러 끼(하루 5~6회)로 나누어 먹으며 식사 후 바로 자리에 눕지 않도록 한다. 식도 역류를 일으키는 신맛이 강한 과일주스, 커피 및 카페인 음료, 술, 초콜릿, 고지방식품을 제한한다. 저지방 단백질 식품이나 저지방 당질 식품 위주로 제공하며, 비타민 C가 부족하지 않도록 한다.

4. 식도 열공 탈장

식도 열공 탈장(esophageal hiatal hernia)는 식도가 통과하는 횡격막의 열공이 느슨해져 위장의 일부가 횡격막의 식도 열공을 통하여 흉강 내로 들어온 상태이다. 흉강 내는 음압, 복강 내에는 양압이 있는데, 임신, 비만, 꽉 조이는 옷 등으로 복압이 항진되면 위 분문부에서 흉강 내로 식도 탈장이 일어난다. 이때 역류성 식도염이 일어나고, 압박감, 동통, 심계항진과 호흡곤란이 보인다.

복압을 항진시키는 원인을 제거하기 위하여 비만 치료 및 꽉 조이는 옷의 착용을 금지한다. 식사 치료로는 자극이 적고 부담이 없는 것으로 소량씩 자주 섭취하도록 하고 제산제를 투여하면 증상을 감소시킬 수 있다. 출혈과 협심증상이 강한 경우에는 수술을 받도록 한다.

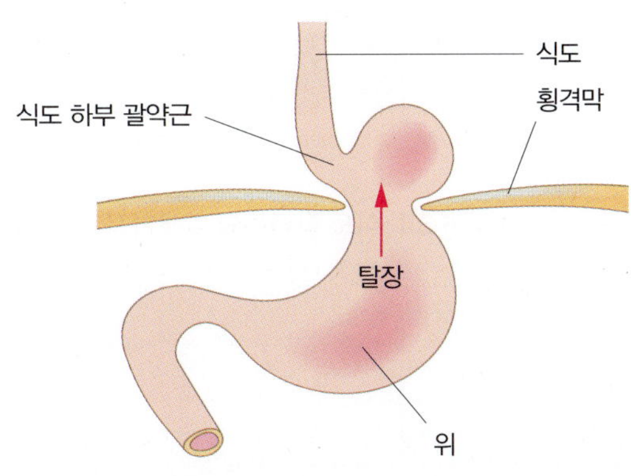

| 그림 3-2 | 식도 열공 탈장

5. 식도 정맥류

식도 정맥류(esophageal varix)는 간경변 환자의 문맥압 항진으로 발생한다. 식도 정맥이 파열되어 토혈, 하혈, 출혈성 쇼크를 유발하여 생명에 위험을 초래하기도 한다. 출혈시에는 금식하고 지혈이 되면 유동식에서 연식으로 이행하며 소화 흡수가 잘되는 음식을 준다.

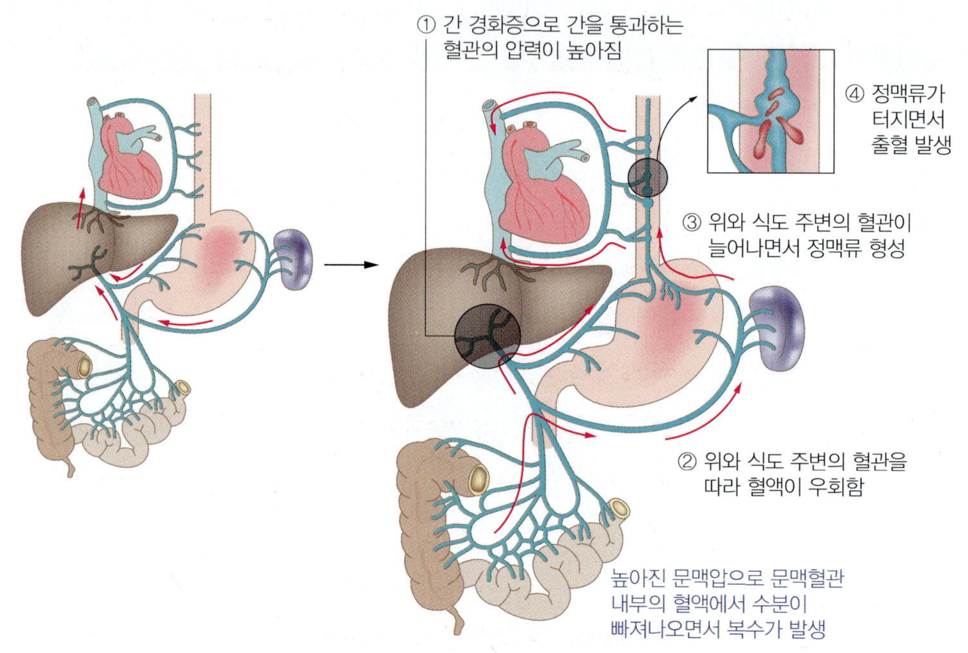

| 그림 3-3 | 식도 정맥류의 발생기전

자료 : 보건복지부

제2절 위장질환

1. 구조와 기능

위(stomach)는 횡격막의 왼쪽 아래에 위치하며 섭취한 음식물을 저장했다가 잘 혼합하여 소장으로 내려보내는 소화와 흡수에 중요한 기능을 한다. 식도와 연결된 부분을 분문(cardiac orifice), 십이지장과 연결된 부분을 유문(pyloric orifice)이라고 하며 내부는 위저부(fundus)와 위체부(stomach body) 등으로 구성되어 있다.

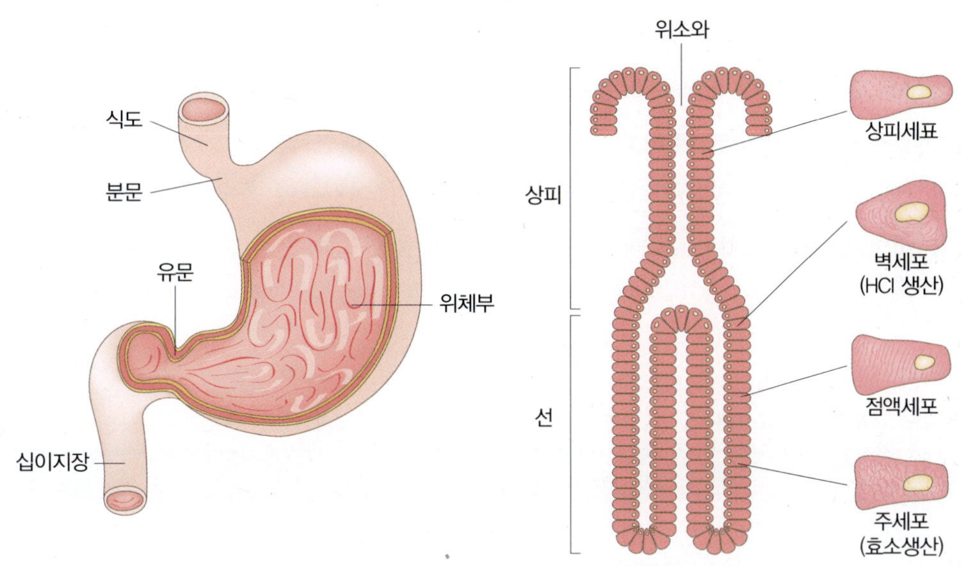

I 그림 3-4 I 위 각 부분의 명칭과 위선의 구조

1) 분비기능

위에는 3,500만 개의 분비세포가 있는데 음식물이 위에 도달하면 유문선이 자극되어 가스트린이 분비되고 이것은 위액 분비를 촉진한다. 위액은 1일 1~2 L가 분비되며 염산, 펩신, 뮤신(mucin), 내인자(intrinsic factor, IF) 등을 함유하고 있다.

펩신은 위선의 주세포에서 펩시노겐의 형태로 분비되며 염산에 의해 활성화되어 단백질을 가수분해한다. 염산은 위선의 벽세포에서 분비되며 펩신을 활성화하고 살균작용이 있어 위장관 감염을 예방한다.

위 점막에서 분비되는 당단백질인 뮤신은 온열·화학적 자극에 대한 방어작용으로 위벽을 보호한다.

2) 저장기능

위의 중요한 역할은 음식물을 일단 머물게 하는 저장이다. 소화가 이루어지는 과정에서 음식물을 받아들여 저장한 후 유미즙(chyme) 형태로 만들어 장으로 내려보낸다. 위는 비어 있을 때에는 50 mL 정도로 작지만 음식이 들어오면 최대 1,600 mL까지 팽창한다.

3) 소화기능

펩신은 단백질 분해효소로 방향족 아미노산을 포함하는 펩타이드결합에 특이적으로 작용한다. 라이페이스는 단쇄 및 중쇄지방산을 가수분해한다.

위장에서는 소량의 물, 알코올, 철분, 일부의 아미노산 등이 흡수되며 대부분의 영양소는 소장에서 흡수된다. 위 속의 내용물은 연동운동으로 위액 중의 소화효소와 섞여 유미즙이 된다.

| 표 3-1 | 위액의 중요성분

성분	분비장소	기능
펩신	위선의 주세포	단백질의 가수분해
염산	위선의 벽세포	펩신의 활성화에 필요한 산성 환경 제공
뮤신	점막세포	점액으로 위벽보호
내인자	위선의 벽세포	비타민 B_{12}의 흡수

위벽에서 분비되는 염산의 작용

- 펩시노젠을 펩신으로 활성화
- 펩신의 작용에 맞는 pH 조성
- 위 내용물의 살균
- 적절한 산도의 유지로 무기질을 이온화하여 칼슘과 철의 흡수를 촉진

2. 위염

1) 급성 위염

(1) 원인

급성 위염(acute gastritis)의 원인은 폭음, 폭식, 기름진 음식의 과식, 강한 산이나 알칼리에 의한 자극, 아스피린과 같은 일부 약물의 장기복용 등이 있다. 포도상구균, 연쇄상구균, 대장균 등의 미생물 감염에 의해 일어나기도 하며, 어육류에 의한 급성 알레르기, 급성 전염병 등도 원인이 된다.

(2) 증상

위점막에 부종, 충혈이 생기며 오심, 구토, 식욕부진, 복부 팽만감, 상복부 통증, 피로감, 설사, 하품 등이 일어난다. 심하면 구토할 때 혈액이 섞여 나오기도 한다. 급성 위염은 원인을 제거하고 식사요법과 약물요법을 잘 시행하면 대부분 수일 내에 회복된다.

(3) 치료 및 영양관리

통증과 구토를 동반하므로 위의 휴식을 위해 발병 1~2일 동안 금식으로 위를 비우고 쉬게 한다. 발병 2일 이후 소량의 물과 음료를 마시다가 적응도에 따라 섭취량을 늘리면서 당질을 위주로 한 유동식을 공급하며 무자극 식사(bland diet)를 제공한다. 위의 안정과 점막 보호를 위하여 금식 후 유동식, 연식, 정상식으로 이행한다. 지나치게 양념이 강한 음식은 피하고 음식 온도는 체온 정도로 조절하여 제공한다. 포도상구균에 의한 세균성 위염은 세균을 배양하여 검사하고 항생제를 투여하며, 부식성 위염일 때는 위를 세척하고, 화농성 위염에는 강력한 항생물질을 투여한다.

2) 만성 위염

만성 위염(chronic gastritis)은 수개월에서 수년에 걸쳐 서서히 위점막에 만성 염증이 일어나 위액 분비와 위 운동에 장애가 일어나는 질환이다. 만성 위염은 위액의 산의 농도 차이에 따라 무산성(저산성)과 과산성 위염으로 구분한다.

(1) 무산성(저산성) 위염

① 원인

무산성 위염은 저산성 위염 또는 위축성 위염이라고도 하며 위선이 위축되고 위산분비가 저하되어 발생한다. 약물, 감염, 자가면역질환, 노화현상 등이 원인이 되기도 하지만 만성적인 헬리코박터 파일로리 감염으로 인해 위 점막세포가 위축되어 발생한다. 감염기간이 오래되고 나이가 많을수록 발생하기 쉽다.

② 증상

노화 등으로 위선이 위축되어 위산분비의 감소로 인해 여러 가지 장애가 일어날 수 있다. 펩신이 활성화되지 못해 단백질 식품이 잘 소화되지 못하고 식욕이 저하되기 쉽다. 위액 분비가 저하되어 있으므로 위산에 의한 살균작용이 불충분하게 이루어져 음식물의 부패 및 발효에 의한 설사가 발생한다. 위산분비 저하로 음식물로 섭취한 산화형 철(Fe^{3+})이 환원형 철(Fe^{2+})로 전환되지 못해 철흡수율이 떨어져 빈혈을 일으킨다. 내인자가 분비되지 못해 비타민 B_{12}가 흡수되지 않아 악성빈혈이 일어나기도 한다.

③ 치료 및 영양관리

부드럽고 소화되기 쉬운 식품을 장기간 섭취해야 한다. 위액 분비 저하로 식욕이 없어지기 쉬우므로 자극성 있는 음식을 주어 위산 분비를 촉진하도록 한다.

당질 중 섬유질이 많거나 딱딱한 것은 피하고, 소화가 잘되는 우유, 달걀, 치즈, 흰살생선, 간이나 굴과 같이 철이 많은 식품, 지방질을 제거한 육류와 같은 단백질 식품을 제공한다. 그러나 단백질은 위액 분비가 적은 저산성 위염에서는 소화가 어려우므로 적당량 제공한다. 무즙, 파, 마늘, 생강 등을 양념으로 이용하고 산의 분비를 증가시키기 위하여 과즙, 유자차, 레몬차, 연한 커피, 홍차, 요구르트, 와인, 인삼차, 향신료 등을 공급한다.

(2) 과산성 위염

① 원인

점막조직에 염증이 생겨 위 점막을 자극함으로써 위산분비가 과다하게 일어나 발생한다.

② 증상

주로 청·장년기에 나타나며 위산분비가 항진된 상태이므로 음식물의 자극에 매우 예민하고 증세는 소화 궤양과 마찬가지로 공복시 날카로운 통증을 느끼게 된다.

③ 치료 및 영양관리

자극에 예민하므로 진한 육즙, 자극성 있는 조미료, 탄산음료, 산이 많은 음식, 커피, 술은 제한한다. 염증회복을 위해 단백질은 적당히 섭취해야 한다. 위산의 완충작용 및 위산분비 촉진작용으로 상처 부위를 자극할 수 있으므로 식사 처방시 유의하도록 한다. 위에 부담이 적은 당질 위주의 무자극 식사로 에너지를 충분히 공급한다.

3. 소화 궤양

소화 궤양(peptic ulcer)은 위액 중의 염산이나 펩신 등의 소화작용에 의해 위나 십이지장의 소화기 점막이 침식·손상된 질환이다. 발생 부위에 따라 위궤양(gastric ulcer)과 십이지장궤양(duodenal ulcer)으로 분류한다. 그러나 위궤양과 십이지장궤양은 병인과 증세가 거의 같아 모두 소화 궤양이라 부르며 식사요법도 같이 다룬다(표 3-2). 일반적으로 스트레스가 많아지면서 소화 궤양의 발병률이 증가하고 있으며, 보통 십이지장궤양이 위궤양보다 더 흔하고 여성보다 남성의 발병률이 더 높다.

| 표 3-2 | 위궤양과 십이지장궤양의 차이

상태	위궤양	십이지궤양
통증이 나타나는 부위	명치를 중심으로 넓은 부위	명치의 약간 오른쪽 국소 부위
통증이 나타나는 시기	식후 30~60분	식후 2~3시간
통증의 양상	쓰리거나 뒤틀리게 아픔	찌르듯이 아픔
증상	식후 복부 팽만감, 오심, 구토	공복감이 있으면서 통증을 느낌
식욕	저하	증가
출혈 양상	토혈	혈변

1) 원인

소화 궤양은 폭음, 폭식, 과로, 스트레스, 단백질 섭취 부족 등으로 위장과 십이지장의 점막이 손상되어 이 부분이 펩신에 의하여 자가소화된 것이다. 헬리코박터 파일로리균(*Helicobacter pylori*)은 궤양의 중요한 원인으로 지목되고 있다. 궤양을 유발하는 공격인자는 염산, 펩신, 가스트린 및 히스타민 등이고 방어인자는 점막의 저항성, 점액, 국소점막 혈류 및 십이지장의 알칼리 등이다.

2) 증상

소화불량, 상복부 통증, 복부의 더부룩한 불쾌감 등이 나타난다. 위가 비었을 때 위의 긴장도가 증가하여 심한 통증이 나타난다. 혈장단백질 수준이 감소하고 빈혈과 체중의

헬리코박터 파일로리균 *(Helicobacter pylori)*

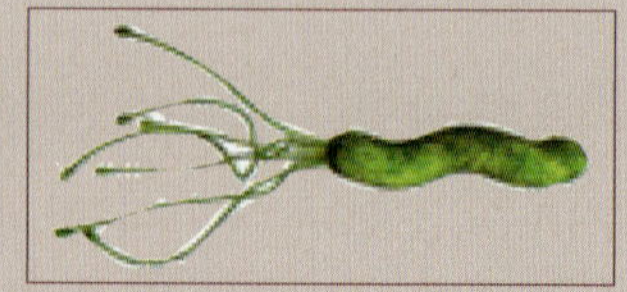

우리나라 국민의 70~80%가 보균자인 헬리코박터 파일로리균은 위궤양과 위암을 일으키는 대표적인 원인균으로 산성이 강한 위에도 증식한다. 균은 대변에서 나와 다른 사람의 입을 통해 감염되는데, 주로 물과 채소 등의 음식물을 통해 감염된다. 또 위액이 역류할 때 입까지 올라와 다른 사람에게 경구감염을 시킬 수도 있다. 이 균은 강한 위산 속에서 살아남기 위해 암모니아가스를 발생하는데 이것이 입 밖으로 나와 심한 입 냄새를 유발하고 트림을 자주 하게 한다.

감소와 출혈 및 위산 역류도 나타난다.

합병증으로 궤양의 치료 초기에 에너지와 단백질 결핍증이 흔히 나타날 수 있는데 이로 인하여 상처의 치료가 지연된다. 또한 무자극성 연질식을 장기간 이용하다보면 비타민 C의 결핍증이 일어나기 쉬우며, 위산 분비가 감소하면 철의 흡수가 떨어져 빈혈이 유발되기도 한다.

3) 치료 및 영양관리

소화 궤양의 치료 목표는 증상 완화, 궤양치료, 재발방지, 합병증 예방 등이다. 안정을 취하며 식사요법과 약물요법을 병행하여 과다한 위산분비를 막음으로써 증상을 완화하여 치료한다. 약물치료는 위산의 산도를 감소시키는 제산제, 산의 생성을 감소시키는 H_2 수용체 차단제, 점막 보호 작용을 하는 수크랄페이트(sucralfate) 및 원인균을 제거하는 항생제 등이 있다.

소화 궤양환자는 통증으로 식사량이 감소하여 영양결핍과 체중이 감소될 수 있다. 궤양의 식사요법 원칙은 위 산도를 낮추고 자극성이 강한 것을 제한하고 균형 잡힌 영양과 규칙적인 식사를 하는 것이다.

① 규칙적 식사

소화 궤양은 치료기간이 길기 때문에 하루 세 끼씩 규칙적으로 섭취하도록 한다. 소량씩 자주 먹거나 잦은 간식, 특히 밤에 먹는 간식은 위산 분비를 자극하기 때문에 피하도록 한다.

② **우유**

과거 소화 궤양환자의 치료에는 우유와 생크림을 중심으로 한 부드러운 연식이 적극 이용되었으나 이러한 식사는 철분 부족으로 빈혈이 생기기 쉽고 비타민 C 등 여러 가지 영양소가 결핍되기 쉬우면서 치료의 속도나 위산 감소의 면에서 효과적이지 않다는 것이 밝혀져 최근에는 제산제 사용과 함께 평소 식사에서 약간 수정하는 자유로운 식사를 권하고 있다. 우유는 다른 식품과 함께 먹으면 일시적인 완충효과는 있으나, 칼슘과 단백질이 다량 함유된 우유는 섭취 2~3시간 후에는 오히려 위산분비를 자극하므로 권하지 않는다.

③ **카페인, 알코올, 흡연, 향신료 및 탄산음료**

위산과 펩신의 분비를 자극하므로 제한한다. 궤양 치료를 위하여 양질의 단백질, 점막 저항성을 높이는 비타민 C, 철을 충분히 제공한다. 위액의 분비를 억제하는 지방은 위산의 중화에 필요하므로 양질의 식물성 지방을 주로 이용한다.

④ **식이섬유**

위산을 중화시키는 완충제로서의 역할을 하며 위장관 내 담즙산 농도를 낮추고 위장통과 속도를 줄임으로써 산분비도를 낮추는 데 도움이 된다. 또한 제산제 복용으로 인한 변비의 예방과 완화에도 도움을 줄 수 있다.

⑤ **과일주스**

신맛이 적은 과일주스와 채소주스는 위점막을 크게 자극하지 않으나 구연산이 들어 있는 오렌지주스는 역류증상과 속쓰림을 유발할 수 있으므로 제한한다.

4. 덤핑증후군

1) 원인

덤핑증후군(dumping syndrome)은 부분적 또는 전체적 위절제 수술이나 유문괄약근 제거 수술 후 나타나는 위 절제증후군으로 수술환자 중 20~40% 정도가 증세를 보인다. 식사 후에 소화되지 못한 고농도의 음식물이 소장으로 한꺼번에 들어가서 이상삼투압 확장으로 체액성 또는 자율신경성 반사를 초래한다.

2) 증상

초기 증상으로는 식후 15~30분 내에 신경계와 순환계 이상으로 전신탈력감, 오한, 구토, 복부 팽만감, 경련성 복통, 설사, 발열, 현기증, 혼수, 맥박 증가 등의 증상을 보인다.

후기 증상으로는 식후 2~3시간 후에 당질이 빠르게 흡수되고 인슐린이 과잉 분비되어 탈력감, 경련, 오한, 창백 등 저혈당 증상이 나타난다.

3) 치료 및 영양관리

위절제 수술 후 손실된 체조직의 재생과 손상된 위장기능을 돕고, 체중 감소를 막기 위하여 적절한 에너지와 영양소를 공급하고 덤핑증후군을 감소시키는 목적으로 식사요법을 시행한다. 1회의 식사량을 줄이고 1일 5~6회 이상 자주 먹도록 하며, 식사를 천천히 하고 잘 씹어 먹도록 한다.

초기에는 수분 섭취량을 1회에 1/2컵 정도로 제한하고 점차 증가시킨다. 식사 중에는 물이나 국을 가능하면 적게 먹고 식사 전후 1~2시간에 먹도록 한다. 설탕이나 꿀 같은 고농도의 단순당질보다는 복합당질인 곡류, 감자와 같은 전분음식을 먹도록 한다. 위 내 체류시간이 짧은 당질을 제한하고 체류시간이 긴 음식을 제공한다. 당질은 1일 100~150 g으로 공급하고 간식은 당분이 적은 것을 이용한다. 흰살생선, 부드러운 육류, 달걀, 두부, 푸딩 등의 고단백질 식사를 제공한다.

빈혈이 있는 경우 고철분 식사를 공급한다. 대체로 무자극성 식사로 지방질은 유화된 형태로 소량씩 자주 공급한다.

덤핑 증상의 우려가 있으면 음식물이 소장으로 넘어가는 속도를 지연시키기 위하여 식후에 비스듬히 기대어 앉아 있도록 한다.

위절제 후 식사(post gastrectomy diet) 요령

- 수술 후 3~5일간은 금식(NPO) 상태에서 정맥수액을 공급한다.
- 충분한 에너지와 단백질을 공급한다.
- 소량 자주 공급(세 끼 정규식사와 2~3회 간식)한다.
- 단순당(사탕, 꿀), 섬유소 섭취를 제한한다.
- 수분 섭취는 식사 후 30~60분으로 미룬다.
- 필요시 비타민 B_{12}와 엽산을 보충한다.
- 카페인의 섭취를 제한한다.

과일이나 채소에 함유된 펙틴은 덤핑증후군을 완화시키는 데 도움이 되기도 한다. 초기 환자에게는 우유나 유제품을 제한하지만 점차 양을 증가시키도록 한다.

5. 위하수증

1) 원인

위하수증(gastroptosis)은 위의 긴장도가 떨어져서 배꼽 아래까지 길게 늘어진 상태이다. 소화 흡수능력이 떨어지고 위 내용물을 장으로 내려보내는 힘도 약해져 식사량이 많아지면 위가 불편해진다.

2) 증상

식사 후에 위가 압박감과 긴장감을 느끼고 배가 더부룩한 팽만감을 느낀다. 소량의 식사로도 만복감을 느끼고 항상 식욕이 없으며, 혈액순환이 좋지 않고 얼굴도 창백하며 수족이 차다. 식사 후에 바로 오른쪽으로 누워 있으면 증상이 나아진다.

3) 치료 및 영양관리

위의 근육을 튼튼하게 하려면 단백질이 필수적이므로 소화가 잘되는 연한 살코기나 흰살생선 등을 충분히 공급한다. 지방질은 유화된 형태로 크림이나 버터 등으로 공급하고 튀김류의 음식은 제한한다. 섬유질이 많거나 질긴 채소는 피하고, 향신료를 적당히 사용하여 식욕을 촉진하도록 한다. 장내에서 발효되거나 가스가 발생하는 식품은 피한다.

식사 내용은 영양가가 높고 위에 오래 머물지 않는 것으로 제공하여 환자의 체력을 지키도록 한다.

제3절 장질환

1. 장의 구조와 기능

1) 소장

소장(small intestine)은 길이가 6~8 m의 매우 긴 관 모양으로, 십이지장(duodenum), 공장(jejunum), 회장(ileum) 세 부분으로 구성되어 있다. 십이지장은 약 25~30 cm이며 중간부에 총쓸개관과 이자관이 연결되어 있다. 소장의 내부는 영양소가 효율적으로 흡수되도록 주름져 있으므로 표면적이 넓으며 내부에 장 융모가 500만 개 정도 있다(그림 3-5).

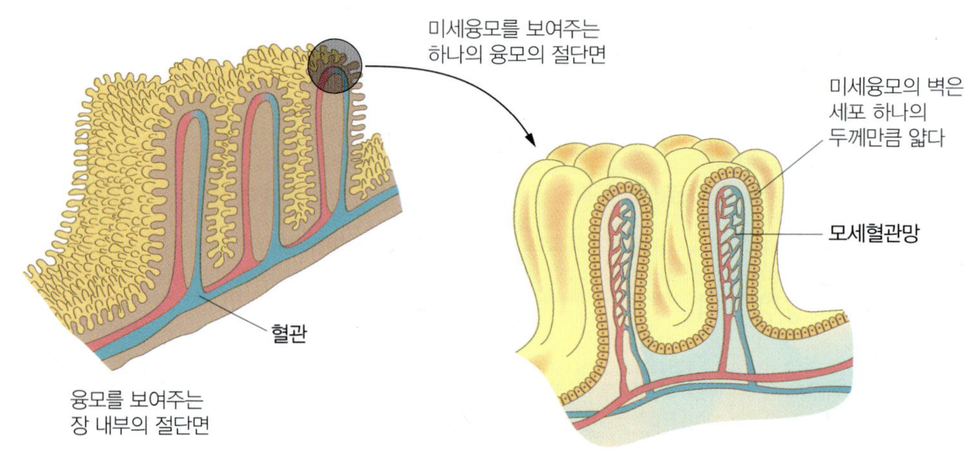

| 그림 3-5 | 융모의 구조

소장 내에서 음식물은 연동운동, 분절운동, 회전운동 등의 수송기전을 통하여 음식물의 소화, 소화물의 흡수, 흡수된 잔여물을 대장으로 운반된다. 또한 소장은 면역 글로불린을 분비하여 생체방어 작용을 한다.

(1) 소화작용

음식물이 소장에 도달하면 이자와 소장에서 분비되는 효소에 의해 소화작용이 이루어진다(표 3-3).

| 표 3-3 | 이자와 소장의 소화효소

이자 소화효소	소장 소화효소	기질
아밀레이스	말테이스, 락테이스, 슈크레이스	탄수화물
트립신, 키모트립신, 엘라스테이스, 카복시펩티데이스	엔테로키나아제, 아미노펩티데이스, 디펩티데이스	단백질
이자액 라이페이스	소장액 라이페이스	지질

(2) 점액 분비

소장에서는 효소 외에도 많은 양의 점액이 분비되어 유입된 위액에 의해 장점막이 손상되지 않도록 한다. 스트레스를 받거나 긴장하면 점액 분비가 저하되어 궤양이 발생할 수 있다.

(3) 호르몬 분비

세크레틴(secretin)은 소장 상부에서 분비되며, 이자액 분비를 촉진하여 위에서 내려온 유미즙의 산도(pH 2.0)를 중화시킨다. 알칼리로 조절된 유미즙(pH 8.0)에 의해 장 조직이 보호되고 효소가 활성화된다.

콜레시스토키닌(cholecystokinin, CCK)은 음식물 중의 지방에 의해 소장 상부에서 분비된다. 이 호르몬은 쓸개를 수축시켜 담즙 분비를 촉진하므로 지방의 유화와 소화흡수를 돕는다. 또한 이자액 효소, 특히 이자액 아밀레이스 분비를 촉진한다.

(4) 영양소의 흡수와 운반

영양소의 흡수와 운반작용은 주로 소장에서 이루어진다. 소장의 점막은 여러 겹으로 돌출된 융모와 미세융모로 형성되어 있고 흡수 부위가 없기 때문에, 이곳에서 혈관과 림프관을 통해 영양소가 세포로 운반된다.

2) 대장

대장(large intestine)은 맹장(cecum), 결장(colon), 직장(rectum)의 세 부분으로 구성되어 있으며 길이가 약 1.5 m이고 소장에 비하여 그 직경이 2배 더 굵다.

대장의 연동운동이 약해지면 찌꺼기가 대장 내에 머물러서 수분이 지나치게 흡수되어 변비를 유발한다. 반면에 장 점막에 염증이 생기거나 기타 장애로 연동운동이 심해지면 설사를 유발한다.

점액층에 있는 분비샘에서는 다량의 점액이 분비된다. 대장 내에서는 효소에 의한 소화작용은 없고, 소장에서 내려온 잔여물이 장내세균에 의해 소화되며 수분, 전해질, 비타민 등이 흡수된다.

(1) 수분과 무기질 흡수

대장의 주요 기능은 수분 흡수로서 회장에서 내려온 수분을 하루에 1~2 L를 흡수하며 최대 수분흡수량은 5~6 L에 달한다. 수분은 주로 결장의 중간부위에서 흡수되는데, 100~ 150 mL는 대변으로 배설된다.

주로 나트륨이 결장으로부터 흡수되어 혈관으로 순환된다. 많은 무기질이 장 내 흡수에 의해 균형이 조절되는데, 섭취한 무기질 중 많은 양이 흡수되지 않은 채 대변으로 배설된다. 섭취한 칼슘의 20~70%, 섭취한 철의 80~85%가 대변으로 배설된다.

(2) 세균 작용

신생아의 대장은 무균상태이지만 곧 장내균총이 형성된다. 장내세균에 의해 비타민 K와 비타민 B복합체의 일부가 합성되고 흡수되어 인체 내에서 이용된다.

대변이 갈색인 것은 장내세균에 의해 담즙색소인 빌리루빈으로부터 생성된 것이며 대변의 냄새는 아미노산이 세균 효소에 의해 분해되어 생성된 인돌(indole)과 스카톨(skatole) 등의 아민 때문이다. 장내에서 생성된 가스에는 세균에 의해 생성된 황화수소와 메탄이 포함되어 있다.

인체에는 식이섬유를 분해할 수 있는 미생물이나 효소가 없기 때문에 식이섬유는 소화, 흡수 과정이 끝난 후에도 잔사물로 남게 된다. 그러나 펙틴 같은 가용성 식이섬유는 대장에서 분해된다. 소화되지 않은 섬유는 부피가 커져 배변을 돕는다.

2. 장염

1) 급성 장염

(1) 원인

급성 장염(acute enteritis)은 폭음, 폭식, 난소화성 음식물의 다량 섭취, 복부의 냉각, 식중독, 약물복용, 음식 알레르기 외에도 이질, 살모넬라, 장염 비브리오, 콜레라 등의 세균과 바이러스로도 일어난다. 음식물 알레르기는 주로 우유, 달걀, 생선, 새우, 게 등의 동물성 식품과 죽순, 우엉과 같은 구근류 식품이 원인이 되기도 한다.

(2) 증상

설사, 식욕부진, 오심, 구토, 권태감, 복통, 복부 팽만감, 혈변과 점액변 및 탈수 등이 나타난다. 소화 흡수능력이 떨어져 영양부족으로 전신이 쇠약해진다. 음식물 알레르기의 경우 기관지 천식, 부종, 두드러기 등의 증상도 나타날 수 있다. 세균에 의한 경우 발효로 설사를 하며 산취가 난다. 단백질 식품에 의한 소화불량은 인돌, 스카톨 등의 가스를 발생하는 부패성 설사를 보이기도 하며 대변에서 악취가 난다.

(3) 치료 및 영양관리

급성 장염 초기에는 1~2일간 금식을 한다. 갈증이 나면 묽은 차, 과즙, 묽은 수프 등을 공급하고 식욕이 회복되면 미음 등 당질 위주의 맑은 유동식을 공급한다. 탈수상태가 되면 수액주사나 소량의 물(묽은 보리차)을 공급한다. 육즙 등 장 점막을 자극하는 식품을 제한하고 저잔사식을 조금씩 자주 공급한다. 증세에 따라 우유는 설사를 유발할 수 있으므로 발병시 2~3일은 사용하지 않고 경과를 보면서 미음에 섞어준다. 생과일이나 탄산음료, 알코올음료는 피한다. 또, 고추나 후추 등의 자극적인 향신료와 섬유가 많은 채소, 발효되기 쉬운 식품, 뜨겁거나 찬 음식은 피한다. 유지류는 장의 운동을 촉진하여 설사를 유발할 수 있으므로 소화 흡수가 잘되는 버터, 크림, 마요네즈 등 유화된 형태로 소량 사용한다.

2) 만성 장염

(1) 원인

만성 장염(chronic enteritis)은 급성 장염으로부터 이행될 때가 많고 과음, 과식, 불규칙한 식습관, 약물의 남용, 궤양성 대장염, 아메바성 이질 등의 만성 질환과 비타민 결핍증 등이 원인이 된다.

(2) 증상

설사, 식욕부진, 복부 팽만감과 불쾌감, 복통이 있고 소화 흡수 불량의 정도에 따라 체중의 감소 및 빈혈 증상이 나타나기도 한다.

(3) 치료 및 영양관리

규칙적으로 식사하고 소량씩 자주 섭취한다. 손상된 장 점막을 자극하지 않고, 소량으로도 영양가가 높으며 소화 흡수가 잘되는 식품을 선택하고 양질의 단백질과 비타민 및 무기질을 충분히 공급한다. 설사가 오랫동안 계속되면 영양결핍이 되기 쉬우므로 너무 엄격하게 제한하지 않도록 한다. 모든 음식을 가열 조리하고 조미는 약하게 한다.

3. 변비

변비(constipation)는 결장 안에 대변이 수일 이상 머물러 수분이 지나치게 흡수되어 변이 굳어지는데, 이처럼 수분이 부족하여 배변하기 어렵거나 3일 이상 배변하지 못하는 등 배변 횟수가 적거나 변이 지나치게 굳거나 배변 후에도 변이 남아 있는 느낌이 드는 상태의 증상을 말한다.

1) 이완성 변비

(1) 원인

이완성 변비(atonic constipation)는 직장 벽의 민감도가 저하되어 연동운동이 약해지면서 변이 천천히 이동하는 것으로, 노인, 비만인, 임신부, 수술 후 환자에게 주로 발생한다. 운동 부족, 부적당한 음식 섭취, 불규칙한 식사 습관, 나쁜 배변 습관, 섬유질과

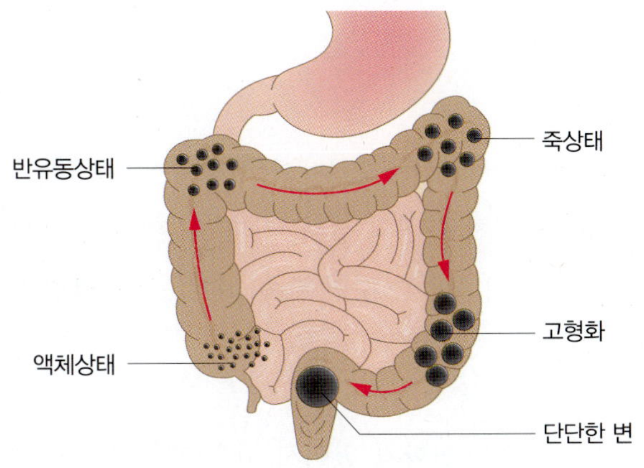

Ⅰ그림 3-6Ⅰ **대변의 형성과정**

수분 섭취의 부족, 약물 복용, 완하제의 과다 사용 등으로 대장의 근육이 더는 제기능을 못할 때 나타난다.

(2) 증상

초기에는 자각증세가 없는 경우가 많으며 변비가 심해지면 연동작용이 약해져서 변이 결장에 오래 머물러 장내에 생긴 중독물질이 흡수되면서 복부의 팽만감과 압박감, 두통, 식욕감퇴, 구역질, 피로감, 불면, 불쾌감 등이 나타난다.

(3) 치료 및 영양관리

장에 기계·화학적 자극을 주는 음식을 제공하여 장의 연동운동을 도와준다. 변의 용적을 늘리며 장내 통과시간을 빠르게 해주는 고섬유소 식사로서 현미, 잡곡류, 근채류, 과일, 해조류 등의 식품과 지방질이 많은 식품을 공급한다. 자두는 섬유소가 많아 이완성 변비에 좋은 식품이다. 변을 부드럽게 하기 위해 하루 8~10컵의 수분을 섭취한다. 장관을 통과하는 시간이 곡류보다 긴 육류는 가능한 한 적게 섭취하도록 한다. 장의 운동을 촉진하는 유기산, 효모, 비타민 B_2를 충분히 공급한다.

2) 경련성 변비

(1) 원인

경련성 변비(spastic constipation)는 장기간의 스트레스와 긴장, 알코올의 과음, 지나친 흡연, 항생제 과용, 매우 거친 음식의 섭취, 커피·홍차 등 카페인 과잉 섭취, 알코올의 과음, 다량의 하제복용, 장의 감염과 수면 부족, 과로, 수분 섭취 부족 등이 원인이다.

(2) 증상

신경성 요인으로 장에 경련성 변화가 있어서 작은 리본모양의 변 또는 토끼똥 모양의 변을 본다. 환자는 복통과 메스꺼움을 느끼고 장이 팽창하면서 불쾌감을 느낀다. 가스가 차고 경련이 일어나며, 속이 쓰리고, 변비와 설사가 반복된다. 이들 환자에게 흔히 체중 감소와 신경질적 증세가 나타나는 것이 특징이다.

(3) 치료 및 영양관리

환자의 장에 자극을 주지 않는 저잔사식, 저섬유질 식사로 과도한 장운동을 억제한다. 다만 장관의 점막을 자극하지 않는 연한 섬유질 식품만 이용한다. 육식을 피하고 흰살생선이나 으깬 채소를 공급하며 기름기가 많거나 자극성이 있는 식품을 피한다. 무엇보다도 규칙적인 식생활과 배변 습관을 지니는 것이 중요하다.

경련성 변비에 적당한 식품은 우유, 달걀, 정제된 곡류, 흰 빵, 버터, 곱게 간 소고기, 흰살생선, 닭고기살, 기타 섬유질이 적은 채소와 과일 등이다.

3) 장애성 변비

장애성 변비(obstructive constipation)는 장 내용물의 이동이 방해되거나 막히는 것을 말한다. 장애는 전체적으로 또는 부분적으로 일어날 수 있으며, 암·종양·장의 유착 등은 이러한 장애를 일으키므로 수술 치료가 필요하다. 치질, 항문파열 등으로 인한 배변통도 원인이 된다. 변이 되는 요인을 최소한으로 줄이도록 하며, 환자의 영양과 안정을 위해 경련성 변비와 같은 식사요법을 한다.

증세가 심할 경우에는 유동식이 필요하다. 액체로 영양공급이 가능하도록 크림, 우유, 과일주스, 설탕, 기름과 같은 식품을 사용하도록 하며 비타민을 보충한다.

4. 게실증, 게실염

1) 게실증

게실증(diverticulosis)은 대장의 근육 내벽에 작은 주머니 같은 점막돌기인 게실이 여러 개 발생한 상태이다. 만성 변비로 장의 근육 외막에 분절 경련이 생기면서 압력 증가로 근육 내벽의 약한 부위를 따라 점막이 돌출됨으로써 발생한다. 게실의 내강으로부터 출혈이 생길 수 있으며 심한 출혈을 초래하기도 한다. 또한, 게실 내에 분변이 꽉 차 있어 이차적으로 게실염이 발생할 수 있다. 섬유소를 하루에 30 g 이상 섭취하고 수분을 8컵 이상 충분히 섭취한다. 출혈이 있을 때는 단백질을 적절히 섭취한다.

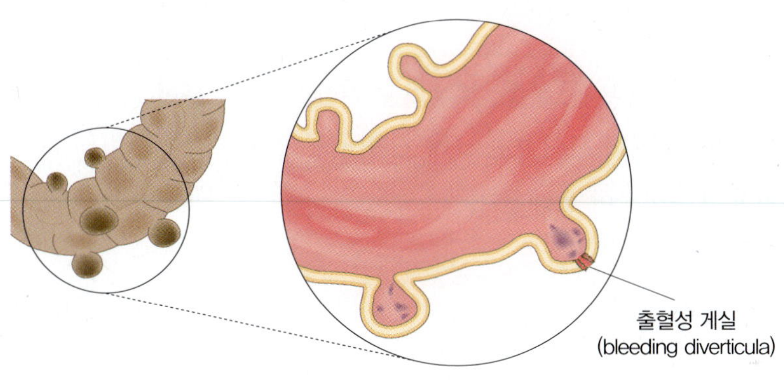

Ⅰ 그림 3-7 Ⅰ **대장의 게실**

2) 게실염

게실염(diverticulitis)은 대장 내막에 형성된 작은 주머니 모양의 게실 점막층에 생긴 염증을 말한다. 게실에 변이 축적되어 장염을 일으키고 심하면 궤양과 천공을 일으킨다. 주로 결장에 많이 생긴다. 복통, 발열, 오한, 경련 등의 증상이 나타나고 합병증으로 장폐색, 누관, 천공으로 인하여 복강 내 농양, 출혈 등이 발생한다. 고열과 통증이 심한 경우에는 천공을 막기 위하여 당분간 장을 완전히 휴식해야 하므로 급성기에는 금식하고 정맥으로 영양을 공급한다. 상태가 좋아지면 맑은 유동식에서 점차 자극성이나 섬유소가 적은 저잔사식을 공급하고, 단백질은 적절히 공급한다. 노년기의 게실염 예방을 위해서는 고섬유소 식사와 물을 충분히 섭취해야 한다.

5. 설사

1) 원인

설사(diarrhea)는 수분이 많이 함유된 변을 배설하는 것이며 질병으로 인한 증상이다. 임상적으로는 배변횟수가 하루 4회 이상, 대변량이 하루 250 g 이상의 묽은 변이 있을 때를 설사라 한다. 장관의 염증과 궤양, 장 내용물의 자극에 의한 경우, 알레르기성 변화 및 소화불량과 흡수불량은 설사를 유발한다. 점액, 혈액, 농 등이 섞이는 경우도 있다. 정상인의 변에도 수분이 약 75~85%를 초과하면 변의 형태가 없어진다. 또한 성인에게서 4주 이상 지속되는 설사를 만성 설사, 그 이하를 급성 설사라 한다.

2) 증상

설사가 지속되면 식욕부진, 복통, 복부의 불쾌감, 권태감 등이 나타나며 중증인 경우 발열도 있다. 변에 점액이 섞이기도 하며 소장보다 대장에 병변이 있는 경우 설사가 심하고 그로 인한 탈수현상이 초래된다.

3) 치료 및 영양관리

설사 환자에게 가장 기본적인 영양지침은 수분과 전해질의 보충이다. 무자극성 저잔사식을 제공하며 흰살생선이나 닭고기 등을 이용하여 최소한의 단백질을 공급한다. 발효성 설사이면 당질을 제한하고, 수분을 보충한다. 식사량을 점진적으로 증가하여 체력을 증강시키고, 섬유질이 많은 채소와 발효되기 쉬운 식품, 지나치게 뜨겁거나 차가운 음식은 장 점막을 자극하므로 피한다. 부패성 설사이면 단백질을 제한한다.

6. 염증성 장질환

1) 궤양성 대장염

(1) 원인

궤양성 대장염(ulcerative colitis, UC)은 대장의 점막층에 염증과 궤양을 일으키는 만성질환이다. 원인은 불명확하나 유전인자, 영양장애, 감염 및 알레르기와 관련되어 발생한다.

(2) 증상

식욕부진, 복통, 설사, 점액변, 체중감소 등으로 체중감소가 나타난다. 대장의 염증으로 수분흡수가 원활하지 않아 심한 설사를 유발하면서 수분 및 전해질 손실이 심해진다. 대장 점막층의 궤양으로 단백질과 아연이 손실되며 점막의 출혈로 철분이 손실된다. 직장과 S상 결장에 주로 발병하며 장 점막이 짓무르고, 장 점막의 하층까지 궤양을 일으킨다.

(3) 치료 및 영양관리

수분 및 전해질 불균형을 조절하며, 대장의 염증을 악화시키는 자극을 피하도록 한다. 고에너지, 고단백질, 고철분식, 저자극, 저지방, 저섬유소로 제공한다. 식욕부진인 경우에는 소량씩 자주 제공하며, 급성기에는 당분간 저잔사식을 제공한다. 소화 흡수가 잘되고 장 내에서 발효되지 않는 식품을 선택한다. 유당불내증이 있는 경우에만 우유나 유제품의 사용을 금지하고, 영양의 균형과 더불어 변화 있는 식단을 제공한다.

2) 크론병

크론병(Crohn's disease, CD)은 입에서 항문에 이르는 소화기 내의 어느 부위에서도 발생할 수 있으나 특히 회장 말단 부위와 대장에서 흔히 발생되는 만성 궤양염증성 질환이다. 궤양의 범위는 장내의 점막층뿐만 아니라 장벽을 통과하면서 광범위하게 발생하여 협착, 폐색 등을 수반한다(그림 3-8).

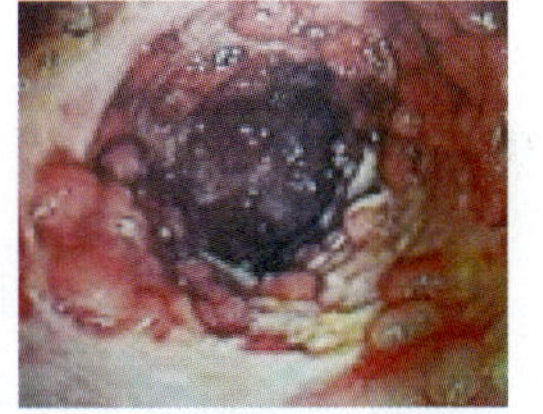

I 그림 3-8 I 크론병

원인은 아직 불분명하나 세균이나 바이러스에 의한 감염, 면역이상, 유전적 요인 등이 관련되어 있다.

오랫동안 지속되는 복통과 설사 및 장출혈로 빈혈, 비타민 결핍증, 탈수, 식욕부진, 발열, 체중감소 등 영양불량 상태가 나타난다. 장협착이나 누공을 초래하기도 한다.

영양관리는 수분 및 전해질 평형을 유지하고 더 이상의 체중 감소를 방지하기 위하여 에너지, 단백질, 칼슘, 마그네슘, 비타민 B_{12} 등을 충분히 공급한다.

단장증후군이나 심한 누공으로 경구 섭취나 경관 섭취가 불가능한 경우에는 정맥영양을 실시한다. 식사는 처음에 저잔사식으로 시작하여 협착의 증상이 없으면 수용 한도 내에서 저섬유소식, 정상식으로 제공한다. 비타민 B_{12}, 엽산, 칼슘, 마그네슘, 아연 등의 손실이 증가하므로 비타민 및 무기질을 보충한다.

7. 글루텐 과민성 장질환

글루텐 과민성 장질환(gluten sensitive enteropathy)은 셀리악병(celiac disease) 혹은 비열대성 스프루(nontropical sprue)라고도 한다. 체내의 효소대사과정에서 어떤 유전적 결함으로 식품 중 글루텐 단백질 내에 있는 글리아딘이 소장의 점막을 손상시켜 융모가 위축되고 납작해져서 영양소 흡수에 장애가 일어난 것이다.

증상은 설사, 지방변, 복부 팽만, 체중감소, 쇠약감 등이다. 계속해서 글루텐이 함유된 식품을 섭취하면 증세가 더 심해진다. 단백질뿐만 아니라 당질, 지방질, 칼슘, 철, 마그네슘, 아연 및 비타민, 특히 지용성 비타민 등 각종 영양소의 흡수불량으로 빈혈 증세와 비타민 결핍, 골다공증, 골연화증이 나타날 수 있다.

글루텐 성분이 들어 있는 밀, 보리, 호밀, 오트밀 등을 제거하고 쌀, 옥수수, 감자 전분 등과 다른 잡곡을 주식으로 하면 증상이 즉시 개선된다. 국수, 빵, 수제비 등의 밀가루 음식 외에도 만두, 케이크, 크래커, 약과, 쿠키, 크림수프, 푸딩, 커스터드, 햄버거, 전유어 등 글루텐이 함유된 음식 섭취를 피하고, 특히 외식할 때 식품과 음식의 선택에 주의한다.

심한 경우 영양소의 보충이 필요하다. 빈혈 발생시 철분·엽산·비타민 B_{12}, 출혈시 비타민 K, 골다공증의 위험이 나타나면 칼슘과 비타민 D를 보충한다. 심한 설사로 인한 탈수를 예방하기 위해 수분과 전해질을 보충한다.

참고문헌

구재옥 · 김원경 · 서정숙 · 손숙미 · 이연숙, **식사요법 원리와 실습**, 교문사, 2010

권종숙 · 김경민 · 김혜경 · 장유경 · 조여원 · 한성림, **사례와 함께하는 임상영양학**, 신광출판사, 2012

김형민 · 엄재영 · 정현아 · 홍순헌 편저, **면역과 알레르기**, 신일북스, 2008

손숙미 · 임현숙 · 김정희 · 이종호 · 서정 · 손정민, **임상영양학**, 교문사, 2011

송경희 · 손정민 · 김희선 · 한성림 · 이애랑 · 김순미 · 김현주 · 홍경주 · 라미용, **식사요법**, 파워북, 2010

윤옥현 · 이영순 · 이경자 · 최경순 · 오순덕 · 이정실, **식사요법**, 교문사, 2012

이미숙 · 이선영 · 김현아 · 정상진 · 김원경 · 김현주, **임상영양학**, 파워북, 2010

이정윤 · 장혜순 · 서광희 · 이선희 · 이병순 · 남정혜, **새롭게 쓴 식사요법**, 신광출판사, 2008

주은정 · 이경자 · 박은숙 · 유현희, **질병맞춤형 임상영양학**, 교문사, 2012

한국영양학회, **한국인 영양섭취기준**, 한아름기획, 2010

히가시구치 다카시 저, 강은희 역, **보건의료인을 위한 임상영양학**, 의학서원, 2012

대한영양사협회, **임상영양관리지침서** 제3판, 2008

CHAPTER 04

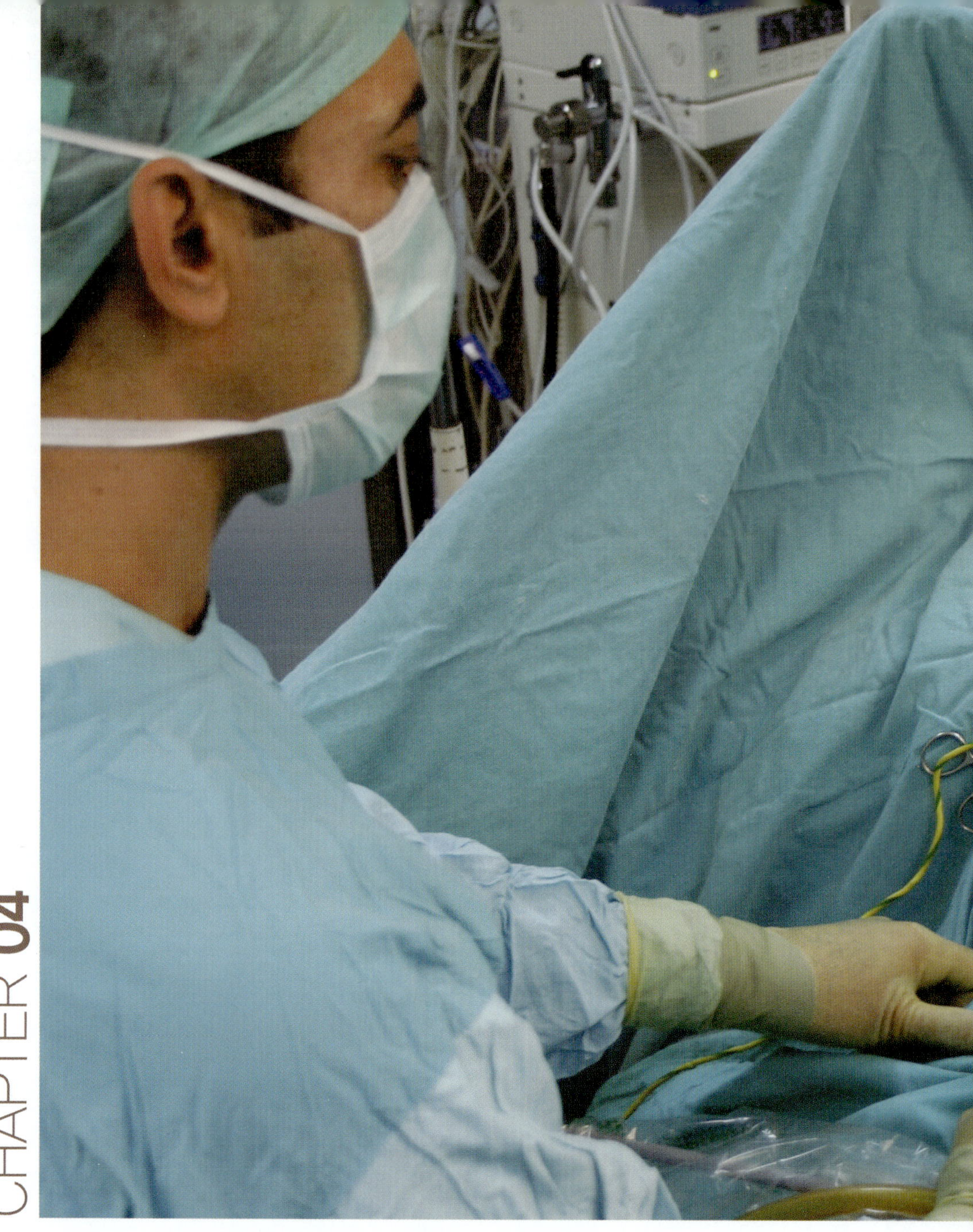

간·담도계 및 이자질환

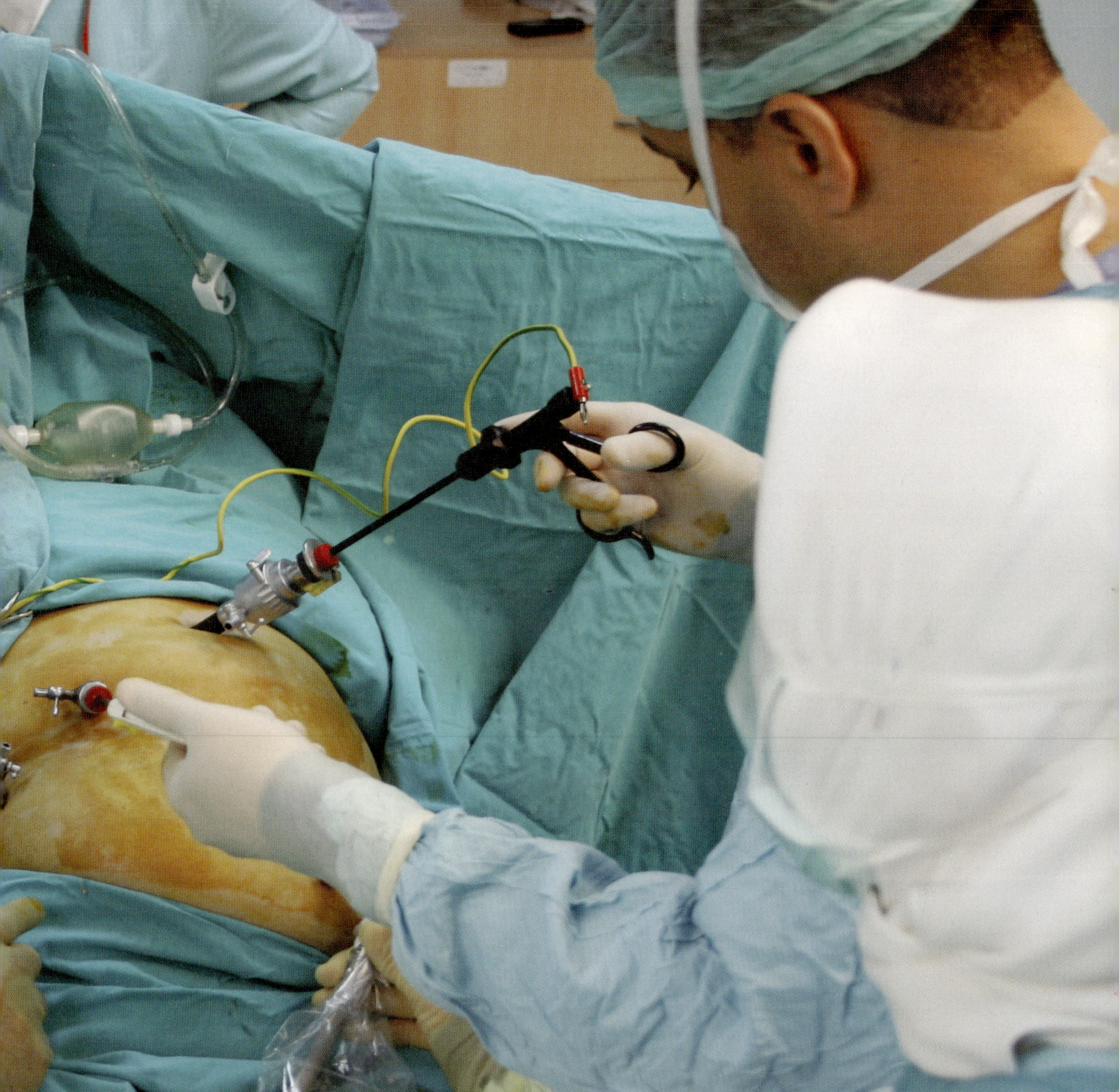

학습목표

- 간의 기능과 간질환 검사를 설명할 수 있다.
- 간질환의 영양소 대사의 변화를 설명할 수 있다.
- 간질환의 원인과 영양관리를 설명할 수 있다.
- 담도계 질환의 원인과 영양관리를 설명할 수 있다.
- 이자의 기능과 이자질환의 영양관리를 설명할 수 있다.

제1절 간질환

1. 간의 구조와 기능

1) 구조

간(liver)은 복강 내에서 횡격막 바로 아래 오른쪽 상부에 있는 인체 내에서 가장 큰 기관으로서 무게는 성인 남자가 1~1.5 kg, 성인 여자는 0.9~1.3 kg 정도이다. 간은 우엽과 좌엽으로 구성되어 있으며 우엽이 간 전체의 3/4이다. 중앙 하부에는 간문이 있어 문맥, 간동맥, 간관, 림프관이 간문으로 출입하고 있으며, 간문 후방에 간정맥이 있다.

간은 간동맥과 문맥(portal vein)으로부터 혈액을 공급받으며, 1분당 약 1,500 mL의 혈액이 간으로 순환한다. 문맥은 위, 장, 이자, 비장 등 복강 내 여러 기관으로부터 나오는 정맥이 모인 혈관으로써 소화관으로부터 흡수한 영양소를 간으로 운반한다. 간동맥과 문맥은 간문을 통해 간으로 들어오면, 좌우로 갈라져 점차 가늘어지면서 간세포에 도달한다. 또한 간에서 정맥혈을 형성하고 간정맥이 되어 하대정맥에 합류하여 심장으로 되돌아간다.

간은 지름 약 2 mm 정도 되는 육각형 모양의 간소엽(hepatic lobule)이 모인 기관으로 간 기능의 단위가 된다. 간 조직은 중심정맥으로 향해 시누소이드(sinusoid)가 방사선 모양을 이루며 식작용하는 쿠퍼세포(Kupffer's cell)가 있어 해독작용을 한다.

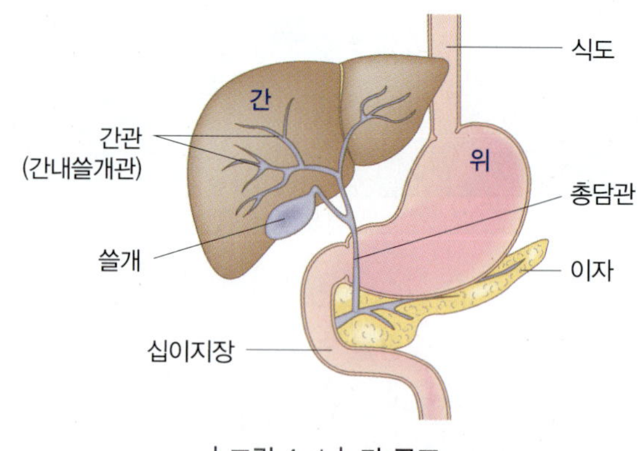

| 그림 4-1 | **간 구조**

2) 기능

간은 규모가 크고 정교한 화학공장에 비유할 수 있으며 스스로 재생능력을 갖추고 있으며, 간의 10~20% 정도만 정상적으로 작동하여도 기능을 유지할 수 있다. 간은 혈액 순환, 영양소의 대사와 해독·분해하는 역할을 하여 체내 물질대사뿐만 아니라 내부 환경의 항상성 유지, 보호·면역 작용 등을 한다. 즉 탄수화물, 지질, 단백질 등의 합성, 분해, 저장 등 대사의 중심이 되고 무기질과 비타민 저장과 활성화, 중간 대사산물의 재이용과 분해작용도 수행한다. 또한 쓸개즙을 생성하고 체내 독성물질을 해독시키며 체내 방어 역할과 체열생산도 한다.

(1) 탄수화물 대사

문맥을 통해 유입된 포도당은 글리코젠 합성(glucogenesis), 저장, 분해(glycogenolysis)를 통해 혈당을 유지하고, 포도당을 연소하여 생체 활동에 필요한 에너지를 발생한다. 간은 포도당신생 합성(gluconeogenesis), 탄수화물 중간 대사산물의 합성 등을 통해 당 대사 및 혈당조절 등 중요한 역할을 담당하기 때문에 만성 간질환 환자는 혈당 조절이 쉽지 않다.

(2) 단백질 대사

단백질은 식사 후 아미노산 형태로 간문맥을 거쳐 간에 도달한 후 단백질 합성 및 분해 역할을 한다. 체단백질 저장고, 혈청단백질 합성, 혈액응고인자 합성, 아미노산 대사, 비필수아미노산 합성, 함황아미노산 대사, 요소 합성 등에 작용하며, 특히 간에서만 생성되는 알부민은 하루에 12 g 합성되고 혈장삼투압을 유지하는 역할을 한다. 간 기능 저하시 단백질 대사에 큰 영향을 받아서 혈중 암모니아 양이 높아지고 에너지급원으로 포도당 이용이 원활하지 못하여 분지아미노산을 대체 에너지원으로 사용하여 방향족아미노산이 증가한다.

(3) 지질 대사

간에서 중성지방, 인지질과 콜레스테롤 합성, 지단백질 합성, 지방산 대사, 쓸개즙산 합성 등을 한다. 지단백질(lipoprotein)의 대부분은 간에서 합성된다. 간은 탄수화물의 중간 대사과정에서 지방을 합성하기도 하는데, 과잉의 탄수화물이 지방산과 지방으로 전환되어 저장된다. 간 기능이 저하되면 간에 지방이 축적된다.

(4) 비타민과 무기질 대사

간은 비타민과 무기질 대사, 활성화, 수송뿐 아니라 저장에 관여한다. 특히 간에 비타민 A, D, B_1, B_2, B_{12}, 아연, 철, 구리, 마그네슘 등을 저장한다. 또 비타민 A나 아연, 철의 운반에 관여하는 단백질을 합성한다. 비타민 D를 활성형 비타민 D_3(25-hydroxy cholecalciferol)로, 카로틴(carotene)을 비타민 A로, 비타민 K를 프로트롬빈(prothrombin)으로, 엽산을 활성형(5-methyltetrahydrofolic acid)으로 전환한다. 적혈구 생성에 필수요소인 철(Fe)은 페리틴(ferritin)으로, 구리(Cu)는 세룰로플라스민(ceruloplasmin) 형태로 저장한다.

(5) 쓸개즙산 및 빌리루빈 대사

간세포는 1일 500～1,000 mL의 쓸개즙산을 생성하고 빌리루빈을 배설하는 역할을 한다. 수많은 모세쓸개관을 통해 간관에 배출하여 쓸개로 보낸다. 쓸개즙은 장운동을 촉진하고 소장에서 세균 증식을 억제하고 지방의 소화를 돕는다. 간질환시 쓸개즙산염 합성이나 배설장애로 지방이 소화·흡수되지 않은 채로 대변으로 배설되는 지방변증(steatorrhea)이 생기기도 하며, 지용성 비타민 흡수에 지장이 생길 수 있다.

(6) 해독작용

간은 체내에서 생성된 여러 가지 유해물질과 외부에서 들어온 유독물질(약제 포함)을 산화, 환원, 분해, 합성 등의 반응을 통해서 독성이 적은 물질로 바꾸거나 배설하기 쉬운 수용성 물질로 만든다. 약물이나 알코올 대사와 암모니아의 처리가 간에서 이루어지며, 해독작용에 관여한다.

3) 간기능 검사

간질환이 의심되는 환자를 진단하는 데 여러 가지 생화학적 측정치를 이용하여 간질환의 여부와 간기능을 검사한다. 간에서 대사되는 성분의 변화를 통하여 간질환의 여부를 알 수 있다. 간초음파나 컴퓨터 단층촬영 등의 검사로 진단한다.

일반적으로 알려진 간기능 검사는 혈청효소 ALT(알라닌 아미노기 전달효소, SGPT)

와 AST(아스파르트산염 아미노기 전달효소, SGOT) 활성, 혈청단백질(알부민, 글로불린, 항체), 빌리루빈 대사와 간 배설능력 검사(혈청과 요중 빌리루빈), 쓸개즙울체 테스트(cholestasis test), 특이한 간질환 지표검사(혈청페리틴, 세룰로플라스민 등), 바이러스 간염을 위한 특수검사(각종 면역인자) 등을 들 수 있다.

| 표 4-1 | 간질환 검사 생화학적 지표

생화학적 지표	정상 혈청 범위	간질환
ALT(SGPT)	남 10~40 U/L[1], 여 7~35 U/L	간세포 손상시 증가
AST(SGOT)	10~30 U/L	간세포 손상시 증가
알부민	3.4~4.8 g/dL	간기능 저하시 감소 또는 정상
알칼리포스파테이스	25~100 U/L	간기능 저하시 증가
혈청 총 빌리루빈	0.3~1.2 mg/dL	폐쇄성 황달시 증가
혈중 요소 질소(BUN)	6~20 mg/dL	간세포 손상시 증가
암모니아	15~45 μg N[2]/dL	간세포 손상시 증가
프로트롬빈 타임(PT)	10~13초, 100% return	간기능 저하시 지연

[1]U/L = units per liter, [2]N = nitrogen

간질환의 종류 간질환은 원인, 임상 경과 및 손상 정도에 따라서 급성(acute)과 만성(chronic), 발생시기에 따라 선천적(inherited), 후천적(acquired)으로 분류한다. 임상 경과에 의해 갑자기 생기는 경우 급성 간염이라고 하며, 시작 시기를 알지 못하거나 만성적으로 경과된 경우에는 만성 간염이라 하며, 간경변증 등이 있다. 간 전체에 장애가 생기는 경우에는 급성 및 만성 간염, 간경변증, 지방간 등이 있고, 간 일부에 장애가 생기는 경우에는 간암, 간종양 등이 있다. 유전적인 간질환으로는 윌슨씨병(Wilson's disease), 혈색소증(hemochromatosis) 등이 있다. 이 외에도 다른 기관에서 생긴 장애가 간에 영향을 미치는 경우가 있는데, 심장병에 의해 간에 울혈이 생기거나, 패혈증 또는 장티푸스 등에 의해 간장애가 생기거나 위장, 쓸개관 등에 의해 장애가 생기기도 한다.

2. 지방간

1) 원인

지방간(fatty liver)은 중성지방이 간세포에 축적한 것으로 간세포 내 단순히 지방질이 축적된 단순지방증(steatosis)과 간세포염증을 동반한 지방간염으로 나눈다. 주원인은 음주(알코올), 비만, 단백질-에너지 영양결핍, 당뇨병, 장기정맥영양 등이 원인이다.

2) 증상

지방간 자체는 무증상이 일반적이며, 그림 4-2와 같이 간이 증대되고, 전신권태감, 상복부불쾌감 등이다.

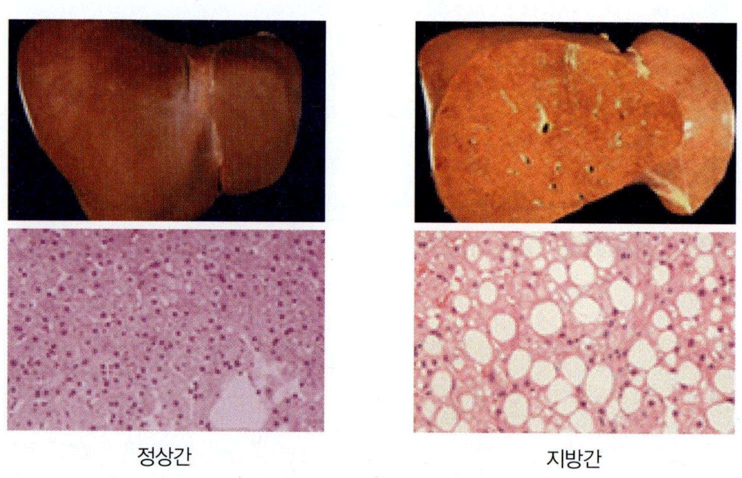

| 그림 4-2 | 정상간과 지방

자료 : 국가건강정보포털(health.mw.go.kr)

3) 검사 및 진단

지방간은 혈액검사, 간기능 검사, 초음파 검사로 나타나며, CT나 MRI로 정도나 부위를 감별할 수 있다.

4) 치료 및 영양관리

지방간은 알코올이나 약제 섭취를 줄이고 비만, 당뇨, 고지혈증을 우선 치료한다. 체중감량을 위한 식사요법과 운동요법이 중요하며, 필요시 약물이나 수술의 도움을 받을 수 있다. 인슐린 저항성 개선 약물, 고지혈증 치료제, 항산화제, 간세포 보호제 등이 사용될 수 있다.

영양치료 목표는 축적된 중성지방을 감소시키고 간기능을 정상화하는 것이다. 비만의 경우는 체중감량 및 식습관 조절을 하고, 영양부족으로 인한 지방간은 단백질, 에너지 및 기타 영양소를 적절히 섭취하도록 한다.

과체중이거나 비만인 경우 현재 체중의 10% 이상 감량하면 지방간을 개선할 수 있다. 급격한 체중 감량은 간 염증성 괴사와 섬유화 등의 문제를 일으킬 수 있으므로 단계적으로 체중을 감량하도록 한다.

일반적으로 단백질은 영양섭취기준을 충족하도록 하며 1일 에너지 필요량과 영양소 구성 비율을 고려한다. 탄수화물의 과잉섭취는 간의 중성지방 합성을 증가시키므로 주의하며, 단순당 섭취를 가능한 한 제한한다. 지방은 총에너지의 20~25% 정도로 구성하며 콜레스테롤이나 포화지방산의 섭취를 제한한다. 알코올은 간에 중성지방의 생성을 증가시키며 간세포 괴사를 초래할 수 있으므로 금지해야 한다.

3. 급성 간염

1) 원인

간염은 치유기간과 지속성에 따라 급성과 만성으로 나눈다. 급성 간염(acute hepatitis)은 간질환 중 가장 많이 발생하는 것으로, 원인에 따라 바이러스에 의한 바이러스성 간염과 약물 또는 유해물질에 의한 중독성 간염 등으로 분류한다. 급성 바이러스성 간염은 A, B, C, D, E에 의해 일어난다. 그 중 A형 간염 바이러스(hepatitis A : HAV)와 B형 간염 바이러스(HBV)가 많이 발병한다.

① A형 간염 바이러스

주로 환자의 분변, 오염된 음식물(생채소, 어패류), 식기, 음료수 등 주로 경구로 감염되며, 유행성 간염이라고 한다. 대부분은 만성화되지 않고 6~8주에서 회복할 수 있다.

항체보유율이 낮은 젊은 사람에게 감염 위험성이 높으며, 황달이 생기기 2주 전에 발열(37~38℃), 인두통, 관절통, 전신권태감, 구역질, 구토, 복통, 설사, 근육통 등의 증상이 생긴다. 2010년 법정 제1군 감염병으로 지정되었다.

② B형 간염 바이러스

혈액, 정액, 타액 등에 의해서 감염된다. 모아(母兒)감염이나 의료기구의 불충분한 소독, 오염된 주삿바늘, 수혈, 상처 등을 통해 감염될 수 있으며, 입이나 눈, 성적 접촉에 의해 감염되기도 한다. 혈청간염(serum hepatitis)이라고도 하며, 만성 또는 보균상태가 되기 쉬워서 간경변증으로 진행될 수도 있다.

③ C형 간염 바이러스(HCV)

수혈을 통해 감염되며, 비교적 만성화율이 높고 잠복기가 길다. 우리나라의 만성 간염 환자 중 B형 간염이 50%, C형 간염이 25% 정도이다.

④ D형 간염 바이러스(HDV)

B형 바이러스의 생존과 증식에 의존하며, B형 간염과 동시감염 또는 중복 감염될 수도 있다.

⑤ E형 간염 바이러스(HEV)

남부아시아 동남아시아, 중앙아시아, 북아프리카, 동부아프리카, 서부아프리카, 멕시코에서 발견되며, 분변 또는 경구의 경로를 통해 전파된다. 오염된 물이 감염의 근원이며, 보통 인구 밀집지역과 비위생적인 지역에 사는 사람에게 감염될 위험성이 크다.

2) 증상

급성 바이러스 간염의 증상은 4단계로 나뉜다. 첫 단계는 환자의 25%에서 발열, 관절통, 관절염, 발진, 혈관부종 등이 나타난다. 다음 단계는 황달 전기로 불쾌감, 피로, 근육통, 식욕부진, 메스꺼움, 구역질, 구토, 현기증, 미각장애, 부분적인 언어장애 등이 나타나며, 일부는 상복부의 복통을 경험하기도 한다. 세 번째 단계는 황달기로 황달과 갈색 요가 있으며, 황달은 안구와 얼굴에 먼저 나타난다. 마지막 단계는 회복기로 황달과 기타 증상이 가라앉기 시작한다.

| 표 4-2 | 간염의 종류별 특징

종류	A형 간염	B형 간염	C형 간염
전염 경로	대변, 입	혈액, 주사기(환자의 혈액이 묻은 경우), 성관계, 분만시(산모→신생아)	혈액, 주사기(환자의 혈액이 묻은 경우), 성관계
급성 간염을 앓은 뒤 만성화될 가능성	없음	신생아(분만시 엄마에게서 감염된 경우) : 90% 성인 : 2~7%	50~85%
간경변증으로 진행될 가능성	없음	약 17%	20~30%
간암 발병 가능성	없음	가능함(국내 간암 환자 중 약 70%)	가능함(국내 간암 환자 중 10~20%)
예방 백신	있음	있음	없음
치료법	휴식·영양공급 등 보존적 치료	보존적 치료 및 인터페론, 라미부딘, 아데포비어 등의 약물 치료	보존적 치료 및 인터페론+리바비린 등 약물 치료

자료 : 대한간학회

3) 진단

급성 바이러스 간염은 자각 증상 외에도 혈청간효소 수치 및 혈청빌리루빈, 바이러스 항원·항체 검사, 간조직 검사, 복강경 검사 결과를 이용하여 진단한다. 간기능 검사 결과, 혈액 검사에서 혈청 SGOT(AST)와 SGPT(ALT)의 수준이 1,000 단위 이상으로 상승한다.

급성 A형 간염의 회복률은 95%, 급성 B형 간염은 90%, 급성 C형 간염은 15~30% 정도이다. 간염 환자의 80% 이상은 비교적 가벼운 증상이며 4~6주 이내에 증상과 간기능 검사 결과치가 정상으로 회복된다. 그러나 나머지 15~20% 정도는 수개월 이상 걸려 완치되기도 한다. A형 간염은 일시적인 경우가 많지만 B형, C형 또는 그 외의 간염의 경우는 만성 간염으로 이행되는 경우가 적지 않다. 급성 간염의 경우 회복기에 병이 재발하지 않도록 유의해야 한다.

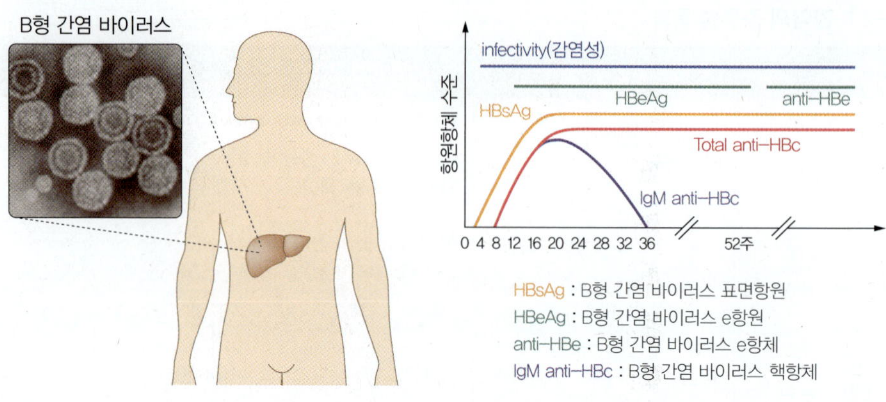

| 그림 4-3 | B형 간염 바이러스와 항체항원

자료 : 보건복지부

4) 치료 및 영양관리

급성 간염의 치료원칙은 안정과 식사요법이다. 우선 충분히 안정을 취하고 간기능 검사의 결과가 정상수준이 될 때까지 심한 운동을 삼가며, 영양관리에 주력한다.

(1) 영양관리

급성 간염의 영양관리 기본방침은 특별한 영양소의 조절보다는 충분한 에너지과 영양소의 공급을 통해서 환자의 영양 상태를 개선하고, 손상된 간세포를 재생하고 간혈류를 개선하여 간조직의 정상적인 기능을 유지한다.

① 에너지와 탄수화물

간 글리코젠의 저장량은 감소되고 당신생도 감소하여 저혈당증이 나타난다. 탄수화물을 충분히 섭취하여 간세포의 저항력을 강화시키고, 간에 글리코젠 양을 증가시키며 혈당유지를 위해서, 체조직의 단백질이 에너지로 전환하는 것을 방지한다.

② 단백질

파괴된 간세포를 신속하게 회복하기 위해 양질의 단백질을 충분히 섭취한다. 소화하기 쉬운 동물성 단백질과 식품선택과 조리법에 있어서 특별히 유의한다. 간성 혼수가 있는 중환자는 하루에 저단백질식 30 g 정도를 4~5회로 배분해서 제공한다.

③ 지방

급성 간염의 초기에는 지방이 없는 식품을 선택한다. 지방 급원식품으로는 유화 지방이나 우유, 버터, 치즈, 달걀노른자 등이 있다.

④ 비타민과 무기질

비타민의 합성과 무기질의 저장량이 감소하므로, 비타민과 무기질을 많이 함유한 녹황색 채소와 과일류를 충분히 섭취하도록 한다. 특히 비타민 B 복합체의 공급이 필요하다.

(2) 식사지침

급성 간염 환자의 식사지침은 고에너지-고단백-고탄수화물-중등지방-고비타민-저섬유질-저염(8~10 g) 식이다.

먹기 쉬운 형태로 만든 음식과 수분을 소량씩 자주 섭취하도록 한다. 즉, 우유, 미음, 거른 채소수프, 맑은 국물, 신선한 과즙, 신선한 채소즙, 유자차 및 귤차 등의 유동식을 섭취함으로써 환자가 탈수되지 않도록 한다. 증상이 심할 때는 저지방식이 필요하지만 증상이 완화되기 시작하면 식욕증진을 위한 조리법을 적용하며 필요한 양의 에너지과 양질의 단백질을 충분히 섭취하여 손상된 간세포를 재생하도록 한다. 이어서 증상이 호전됨에 따라 연식으로 이양하며, 회복식을 거쳐 일반식으로 한다. 알코올음료는 자각증상이 정상화된 후에도 6개월간은 금하도록 한다. 급성 간염에는 좋은 영양을 제공하여 간세포의 활성과 기능을 재생시키는 방법이 가장 중요하다.

4. 만성 간염

1) 원인

만성 간염(chronic hepatitis)이란 간염이 적어도 6개월 이상 지나도 치료되지 않고, 간의 여러 가지 검사결과가 비정상적인 수치를 나타내며, 간 기능장애가 비정상적으로 지속되는 상태이다. 원인으로서 자가면역, 바이러스, 대사, 독성 등이 있다. 바이러스(특히 HCV)에 의한 간염이 가장 많지만 윌슨씨병, 혈색소증, 알파-항트립신 결핍증, 영양불량 등에 따른 대사장애, 약물 복용이나 알코올 과음 등으로 인한 만성 간염도 있다. 특히 우리나라의 만성 B형 간염 환자는 대부분 유전자형이 C인 B형 간염 바이러스에 의해 감염되었다. B형 간염 환자의 세계 분포는 그림 4-4와 같다.

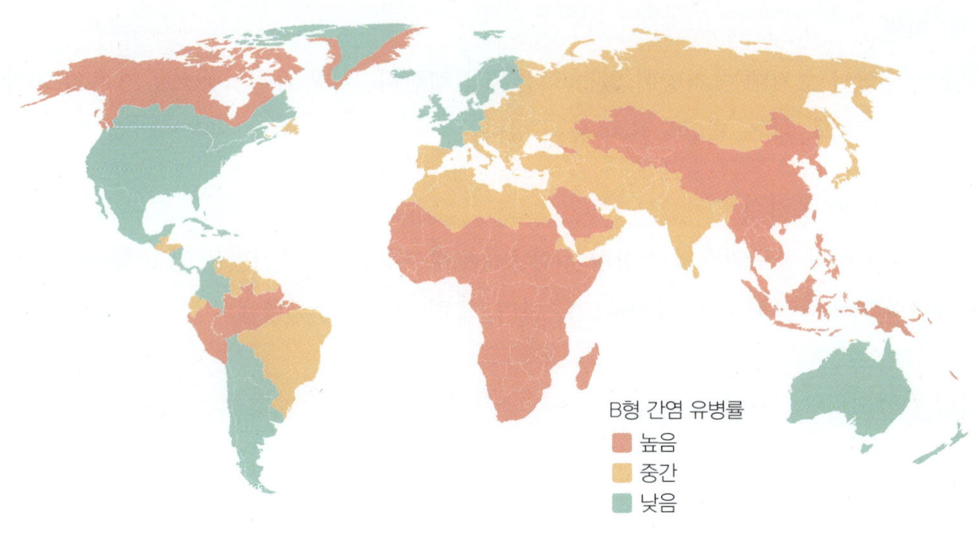

| 그림 4-4 | **B형 간염의 세계적 분포**

자료 : 보건복지부

2) 증상

환자는 복부 통증, 신경성 식욕부진, 구역질, 구토, 허약, 설사, 체중감소, 발열 등의 증상을 나타낸다. 환자가 알코올 섭취를 중지하면 간염은 회복되지만, 그렇지 않은 경우 간경변증으로 진행되기 쉽다.

3) 검사 및 진단

간 기능검사, 혈액검사에서 혈청 SGOT(AST)와 SGPT(ALT)의 수준으로 진단한다. 알코올성 간염은 혈청트랜스아미네이스(transaminase) 수치 상승, 혈청빌리루빈 농도 증가, 혈청알부민 농도 감소, 빈혈, 혈소판 감소 등의 특징이 있다.

만성 간염에는 간 기능이 정상화될 때까지 수개월에서 수년에 걸쳐 치료해야 하는 비활동성 간염과 병변의 진행이 상당히 빨라서 치료해도 계속 증상이 악화되어 간경변증으로 이행되는 활동성 간염이 있다. 간 기능검사를 통해 만성 간염의 여부와 활동성 여부를 진단할 수 있으며 간 조직의 형태학적 변화에 대해 주의할 필요가 있다.

4) 치료 및 영양관리

만성 간염으로 진행된 사람에게 간 손상을 줄이고 간경변증과 간암을 예방하기 위해 인터페론 주사제와 경구용 항바이러스제를 사용할 수 있다.

만성 간염의 치료를 위해서는 절대 안정이 중요하므로 식후 1~2시간씩 휴식을 취한다. 식사요법은 양질의 단백질을 중심으로 한 균형식으로 제공하며 간경변증에 따른다.

5. 간경변증

1) 원인

간경변증(liver cirrhosis)은 만성 간손상에 대한 상처-회복에서 발생하는 간섬유화가 진행되어 조직학적으로 섬유성 반흔으로 둘러싸인 재생결절이 생긴 형태이다. 간 활동의 원동력인 간세포가 괴사하고 섬유상 결합조직이 정상 간소엽을 둘러싸서 재생결절이 증식하면서 광범위한 섬유화가 일어나고 간기능 부전이 나타난다.

급성 바이러스 간염이 완치되지 않고 만성화된 경우, 환자가 자각 증상을 느끼지 못한 사이에 만성 간염을 거쳐 간경변증이 된 경우, 만성 알코올 과음, 대사질환, 자가면역결핍, 약물중독, 기생충 감염 등 여러 가지 원인으로 유발된다. 가장 일반적인 요인으로 바이러스성 간경변증과 알코올성 간경변증이다.

알코올성 간경변증의 주원인은 알코올 자체의 독성이며, 알코올 섭취에 따른 식사 섭취 부족, 소화·흡수 불량, 영양소 대사 장애 등 영양이 불량한 상태이다. 영양불량에 의한 간경변증은 주로 단백질 섭취부족과 항지방간성 인자인 메티오닌(methionine) 및 콜린(choline)의 섭취부족에 기인한다.

2) 증상

알코올성 간경변증의 증상은 알코올성 간염의 경우와 비슷하며, 복수, 위장 내 출혈, 문맥압항진증(portal hypertension), 간성 뇌증(hepatic encephalopathy), 간질환의 다른 여러 증상 등이 다양하게 나타날 수 있다. 치료는 알코올 섭취 중단 여부와 이미 진행된 합병증의 정도에 따라 다르다.

간경변증의 증상은 초기에는 전신 권태감, 식욕저하, 소화불량, 복부 팽만감, 지방변

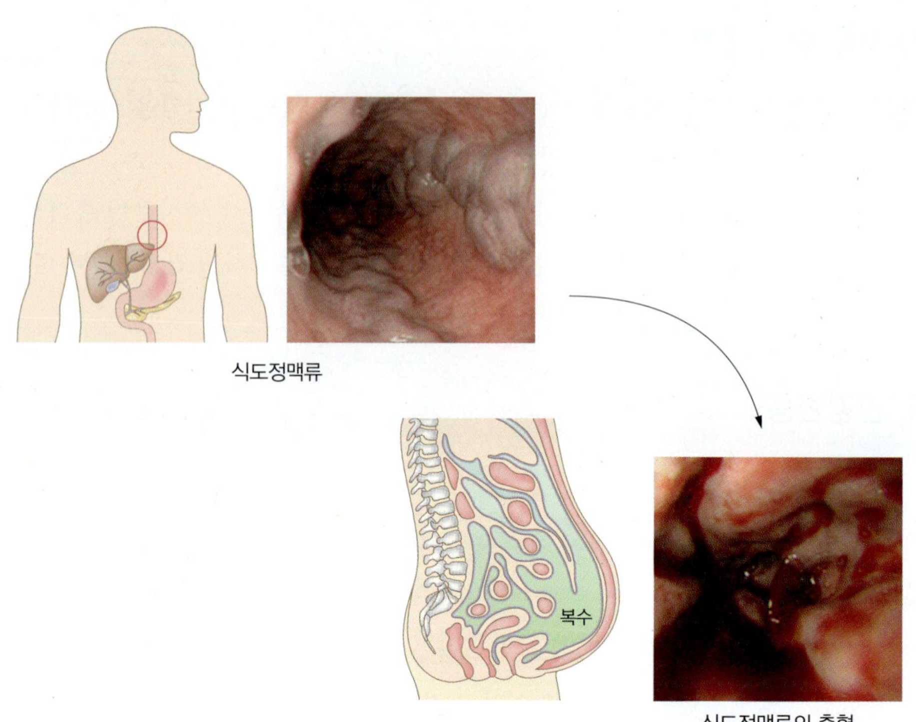

| 그림 4-5 | **식도정맥류에 의한 파열 출혈**

자료 : 보건복지부

등이 있으나, 특이하게 자각 증상이 없는 경우도 있다. 또한 간조직이 단단해지기 시작하고, 점차 심해지면서 황달, 복수, 부종, 출혈 경향, 간성 혼수 등이 생기게 된다. 문맥압항진증(portal hypertension)이 있으면 비장 비대, 복수, 간성 뇌증후군 및 식도정맥류가 나타난다(그림 4-5).

간질환의 진행 예는 그림 4-6과 같다. 간경변시 영양결핍이 동반되기 쉬운데 이는 섭취량 감소, 소화·흡수 기능 저하, 영양소 대사 변화, 영양필요량 증가 등의 복합적인 원인으로 나타난다. 임상 증세가 거의 없는 대사성 간경변증과 복수, 식도정맥류 출혈, 간성 뇌증, 황달 등의 증세가 있는 비대사성 간경변증이 있다.

간경변증은 병세의 경중에 따라 간조직이 회복될 수도 있으나, 회복이 어려운 경우도 있다. 간 전체가 굳어지고 표면에 크고 작은 융기가 생기며 처음에는 간이 커지지만 나중에는 위축되는 만성 질환이다. 또한 간의 혈액 순환에 장애가 일어나 간의 모든 활동능력이 저하된다.

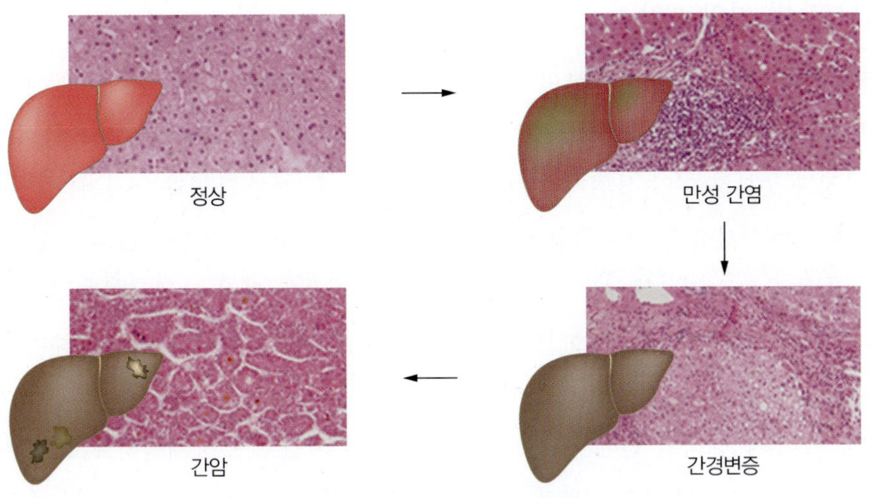

| 그림 4-6 | B형 간염에 의한 간손상 과정

자료 : 보건복지부

3) 검사 및 진단

대사성 간경변증은 전형적인 증세가 나타나지 않을 수 있고, 근 위축, 거미혈관종(그림 4-7), 손바닥 홍반 등의 신체적 특징이 나타난다. 간효소(AST, ALT), 빌리루빈 측정, 방사선면역측정, 조직검사, 영상검사(복부초음파, 복부CT) 등으로 진단한다.

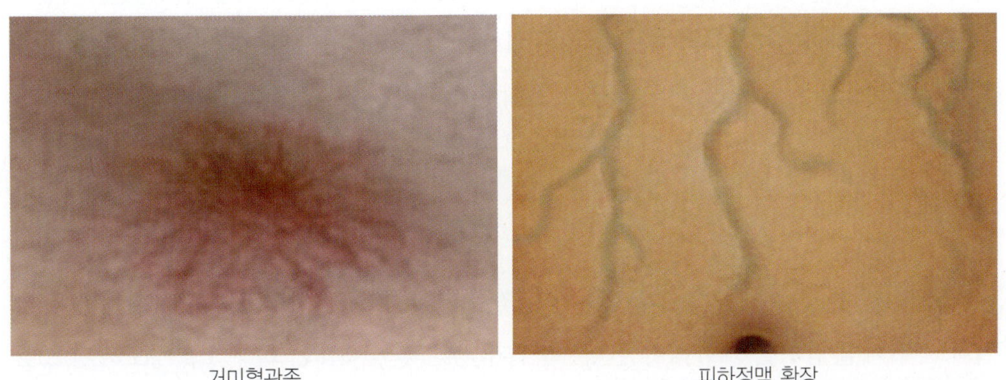

| 그림 4-7 | 간경변증의 신체적 특성

4) 치료 및 영양관리

간경변증의 치료 목표는 증상의 진행과 간기능의 저하를 최대한 지연하는 데 있다. 치료방법은 원인에 따라 페그인터페론이나 항바이러스제 등의 약물을 사용할 수 있다. 또한 안정과 충분한 영양 섭취가 중요하며, 식사요법은 만성 간염과 유사하다.

간경변증의 식사요법 기본원칙은 적극적인 영양공급을 통해 간세포의 활동 능력을 증진시키는 것으로 간 기능이 정상화될 때까지 장기간에 걸쳐 고에너지, 고단백, 고비타민식을 계속 섭취한다. 탄수화물은 간의 기능을 보호하고 단백질을 절약하며 회복을 위해서 1일 300~450 g 정도로 충분히 섭취하도록 한다.

단백질은 질과 양적인 면에서 충분하도록 섭취하여 간세포를 재생하고 보호하는 것이 기본 원칙이나, 간질환의 진행과 간 기능의 회복 정도에 따라 양적 조정이 필요하다. 즉, 일반적인 간염이나 알코올성 간경변증에 따른 저영양상태 환자에게는 생물가가 높은 단백질 식품으로 하루의 단백질을 체중 kg당 1.5~2 g 정도로 하여 100~120 g 정도까지 취하도록 하는 고단백식을 권장한다. 그러나 간경변증 환자의 경우, 체단백질 소모를 막으면서 단백질 과잉섭취로 인한 간성 혼수(hepatic coma)를 일으키지 않도록 체중 kg당 1 g 정도의 단백식(단백질 60~70 g)을 권장한다. 규칙적인 배변을 유도하여 간성 혼수를 예방 및 치료할 수 있다. 또한 간성뇌증 환자에게는 식사 후 혈중 암모니아 상승을 막기 위해 단백질을 1일 40 g 이하로 제한한다. 만약 환자에게 황달이 생기면 지방소화에 필요한 쓸개즙산염이 장관 내에서 부족하기 쉬우므로 지방 섭취량을 제한하는 동시에 기름에 튀기거나 볶은 음식은 피한다. 그러나 지방은 지용성 비타민과 필수 지방산의 공급원이 되므로 적당량을 제공해야 한다. 고에너지식은 충분한 비타민의 섭취를 해야 하며, 항 지방간성 인자를 공급하여 간으로 지방이 침투하는 것을 막아 지방간의 생성을 억제한다. 고기, 생선, 가금류, 달걀, 우유 및 유제품, 두유 등이 단백질의 좋은 급원이다.

한편, 심한 간경변증 환자에게 복수가 생겼을 경우에는 이뇨제를 사용하여 증상을 조절하면서 식염 섭취를 제한해야 한다. 복수가 생긴 환자에게는 하루 1 g 정도까지 소금을 줄이거나 무염식으로 하는 경우도 있으며, 나트륨양을 조정한다. 고에너지·고단백질·저나트륨식을 하며, 술은 금한다.

6. 알코올성 간질환

1) 원인

알코올성 간질환(alcoholic liver disease)은 흔한 질환으로 알코올성 지방간, 알코올성 간염, 알코올성 간경변 등의 형태로 나타난다. 알코올 대사과정에서 생성되는 중간 대사물인 아세트알데하이드가 미토콘드리아의 막구조와 기능을 손상시켜서 발병한다. 이 외에도 발병 관련 인자로는 알코올 대사에 관여하는 효소의 유전적 다형성, 여성, 음주와 약물복용, C형 바이러스 감염 여부, 면역인자, 영양불량 상태 등이 있다.

2) 증상

알코올성 간질환의 발병은 지방변증(steatorrhea)과 지방간(fatty liver), 알코올성 간염(alcoholic hepatitis), 간경변증의 세 단계로 진행된다. 지방변증과 지방간은 지방조직으로부터 지방산의 유출 증가, 간에서의 지방산 합성 증가, 지방산 산화 감소, 중성지방 합성증가, 간에서 중성지방 보유량 증가 등 대사 장애에 의해서 발생한다. 지방간은

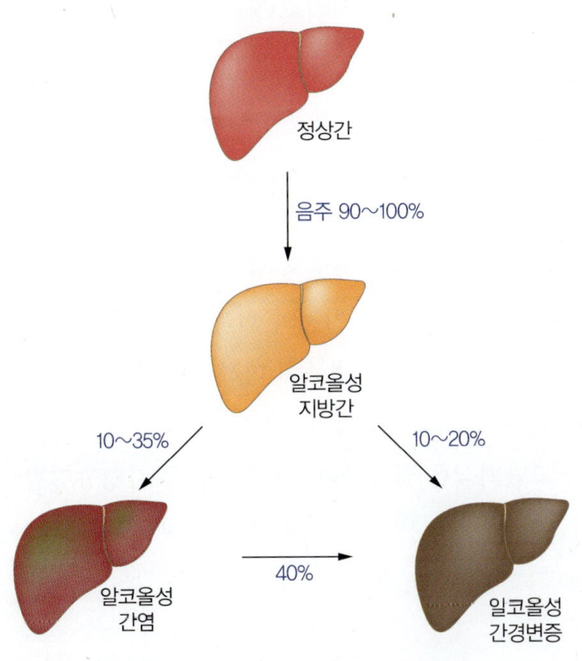

| 그림 4-8 | **알코올성 간질환의 발생빈도**

자료 : 국민건강정보포털(health.mw.go.kr)

알코올 섭취를 중단하면 회복할 수 있지만, 만약 알코올 섭취를 지속하면 다음 단계의 간염이나 간경변증으로 진행될 수 있다.

단백질-칼로리 결핍이 알코올 간질환 환자에게 비교적 흔하게 나타나며 감염증, 간성 혼수, 복수 등의 여러 합병증이 증가할 수 있다. 일반적인 증세는 대부분 경미한 발열, 간비대, 황달, 식욕감퇴를 호소하며, 30%에서는 복수가 동반되기도 한다.

3) 검사 및 진단

혈액검사를 통해 AST, ALT, GGT(γ-glutamyl transferase), AST/ALT 비 등의 간 기능 검사를 이용한다.

4) 치료 및 영양관리

금주는 알코올 간질환 환자 치료에 있어서 가장 중요한 치료법이다. 금주는 간조직 호전뿐만 아니라 문맥압 감소 및 간경변증으로 진행하는 것을 줄일 수 있다. 금주(단주) 3개월 후 약 66% 환자에서 유의적으로 향상을 보였다. 지속적으로 술을 마시면 문맥압에 의한 정맥류 출혈 위험을 증가시키고 장단기 생존율이 저하된다.

알코올성 간질환의 식사요법 기본원칙은 적극적인 영양공급을 통해 간세포의 활동능력을 증진시키는 것이다. 간 기능이 정상화될 때까지 장기간에 걸쳐 고에너지, 고단백, 고비타민식을 계속 섭취한다. 탄수화물은 간의 기능을 보호하고 단백질을 절약하며, 회복을 위해서 1일 300~450 g 정도로 충분히 섭취한다.

단백질은 질과 양적인 면에서 충분하도록 섭취하여 간세포를 재생하고 보호하는 것이 기본 원칙이나 간질환의 진행과 간기능의 회복 정도에 따라 양적 조정이 필요하다. 즉, 일반적인 간염이나 알코올성 간경변증에 따른 저영양상태 환자에게는 생물가가 높은 단백질 식품으로 하루의 단백질을 체중 kg당 1.5~2 g 정도로 하여 100~120 g 정도까지 취하도록 하는 고단백식을 권장한다. 만성적 음주로 영양결핍을 막기 위해 충분한 영양섭취가 필요하다. 식사지침은 고에너지·고단백질·저나트륨식을 해야 하며, 금주를 한다.

7. 간성 뇌증

1) 원인

간성 뇌증(hepatic encephalopathy)은 간기능 장애가 있는 환자에서 의식이 없어지거나 행동 변화가 생기는 신경정신학적 증후군(neuropsychiatric syndrome)이다. 간성 뇌증은 원인 간질환에 따라 3개 유형으로 분류하는데, A는 급성 간질환, B는 문맥-체순환 우회로, C는 간경변증을 포함한 문맥압 상승이 원인이다.

원인은 분명하지 않지만 뇌 특성물질을 대사하는 간기능부전에 의해 발병한다. 간성 뇌증은 암모니아가설, 신경독성물질의 상승효과가설, 위(僞)신경전달물질 가설 등으로 설명할 수 있다. 간에서 아미노산 대사의 장애가 생기면 BCAA/AAA(Fisher's ratio) 비가 저하되므로 뇌의 신경전달물질이 변해서 일어난다는 설도 있다. 주원인은 증가된 혈중 암모니아에 의한 신경독성 때문이다.

간성 뇌증의 유발인자로는 위장관 출혈, 감염, 변비, 단백질 과다섭취, 탈수, 신기능장애, 전해질 불균형, 급성 간기능 손상 등이 있다.

2) 증상

간성 뇌증은 천천히 진행하기도 하지만 대부분 갑자기 진행한다. 간기능부전이 심해지면 정신장애, 인격장애나 운동기능장애 등 신경정신계의 이상이 오고, 더욱 악화되면 무감각, 경련, 간성 혼수(hepatic coma)가 올 수 있다.

3) 검사 및 진단

혈액검사(암모니아 수치 상승, 전해질 및 간기능검사, 혈액가스분석검사), 뇌척수액검사(글루타민 수치 상승), 뇌파검사, CT검사 등으로 진단한다.

4) 치료 및 영양관리

간성 뇌증의 치료는 체내 암모니아를 제거하고 원인을 찾아 교정한다. 암모니아는 대부분 대장 내에서 머물러 있는 대변에서 발생하며 주로 단백질을 소화시킨 후 발생한다. 따라서 간경변증으로 간기능이 심하게 저하된 환자에게 하루에 1~2회 대변을 잘

볼 수 있도록 처치한다.

장내 연동운동을 증가시켜 간성 뇌증의 원인물질인 암모니아의 체내 흡수를 줄이는 약물[락툴로스(lactulose), 락티톨(lactitol) 등 또는 리팍시민(rifaximin)]을 경구투여하고, 장내 박테리아를 감소시켜 간성 혼수를 일으킬 수 있는 질소 노폐물인 암모니아를 줄이기 위한 네오마이신 등을 제공하여 환자의 의식상태가 호전될 수 있도록 한다.

간성 뇌증 환자에서 초기에는 가능한 단백질 섭취를 제한한다. 환자의 상태가 회복되면 단백질 섭취를 점차 늘려나간다. BCAA(아미노산)는 에너지원으로 사용되어 체단백질분해를 억제하여 아미노산 불균형을 방지한다. 또한 골격근에서 암모니아 대사를 촉진함으로써 간성 뇌병변을 막아준다. BCAA/AAA 비가 높은 식품으로는 대두, 완두, 밤, 연근, 수수, 옥수수, 우유 등이 있다.

간질환 환자에게서 심각한 또는 중등 정도의 영양불량 상태가 공통으로 발견된다. 영양불량 상태가 간질환의 주요 원인 중의 하나이며, 간질환의 회복에 부정적인 영향을 미치기 때문에 중요하게 관리해야 한다.

일반적인 영양관리의 목표는 다음과 같다.

- 영양불량 상태의 회복과 좋은 영양상태 유지
- 간질환의 진전과 간세포의 손상 방지
- 간세포의 재생과 간 기능의 정상화
- 대사 방해 물질을 예방 및 경감

간질환 환자의 일반적인 식사원칙

- 에너지(30~35 kcal)을 충분히 섭취한다.
- 간질환의 종류와 정도에 따라서 단백질의 양을 조절한다.
- 적당량의 지방을 섭취한다.
- 충분한 비타민과 무기질을 섭취한다.
- 술을 금한다.
- 부종과 복수가 있을 경우에는 나트륨과 수분 섭취량을 제한한다.
- 심한 영양불량이 되지 않도록 고영양식을 한다.

제2절 담도계 질환

1. 담도계 구조와 기능

1) 구조

담도계는 쓸개(gallbladder)와 쓸개관(bile duct)을 총칭한다. 쓸개는 그림 4-9와 같이 간에 부속된 기관으로서 길이가 약 9 cm, 용량 40~70 mL 정도 크기의 서양배 모양을 하고 있으며, 간우엽 아래쪽에 있다. 쓸개관은 쓸개즙을 간으로부터 십이지장으로 운반하는 관으로, 좌우의 간엽에서 나온 좌간관과 우간관이 합쳐져 간관이 되며, 간관은 쓸개로 가는 쓸개관과 합쳐져 총쓸개관을 이루어 십이지장의 상부에 연결된다. 이 연결부에는 오디괄약근(Oddi sphincter)이 있어 쓸개즙이 십이지장으로 배출되는 것을 조절한다.

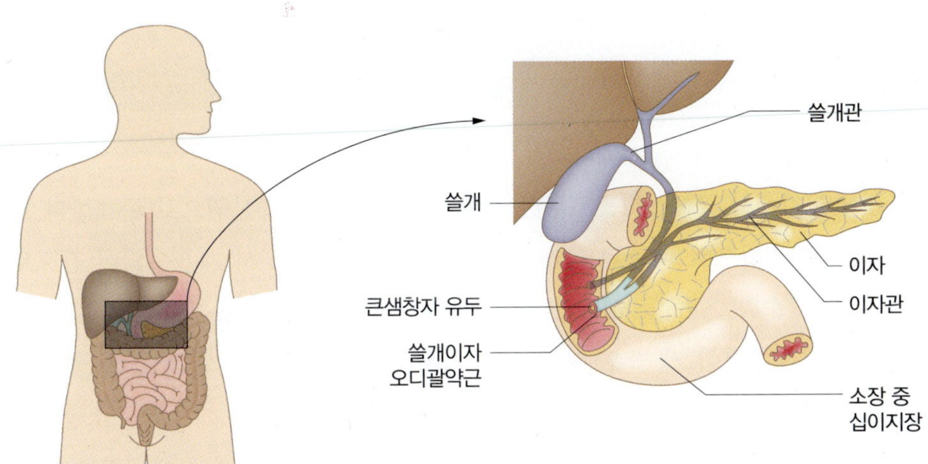

| 그림 4-9 | 쓸개 및 쓸개관

자료 : 국민건강정보포털(health.mw.go.kr)

2) 기능

쓸개는 공복시에 간에서 생성된 쓸개즙을 농축·저장(500~1,000 mL/일)하고, 총쓸개관은 쓸개즙을 소화관으로 운반하는 역할을 한다. 음식물이 위에서 십이지장으로 이동하면 쓸개는 수축하고 오디괄약근이 이완되어 쓸개즙이 십이지장으로 배출된다. 쓸개즙 분비는 콜레키스토키닌(cholecystokinin, CCK)이 관여하는데, 쓸개의 수축과 오디

괄약근의 이완을 촉진하는 물질로서, 고지방식을 섭취하거나 십이지장에 지방이 있으면 분비가 촉진된다.

간에서 생성된 쓸개즙은 엷은 황갈색의 투명한 액체이나, 쓸개에서 5~10배로 농축된 쓸개즙은 녹갈색의 점조성의 액체이다. 쓸개즙은 약알칼리성(pH 7.8)으로 90% 이상이 수분으로 되어 있으며, 주성분으로 쓸개즙산염, 쓸개즙색소, 콜레스테롤 등이며, 그 외 무기염, 지방산, 인지질, 점액 등을 소량 함유하고 있다(표 4-3).

| 표 4-3 | 쓸개즙 성분

성분	함량(%)	성분	함량(%)
수분	92	지방산	0.3~1.2
쓸개즙산염	6.0	레시틴	0.3
빌리루빈	0.3	기타 무기질	-
콜레스테롤	0.3~0.9	Na, K, Ca, Cl 등	200(mEq/L)

쓸개즙산은 간에서 콜레스테롤로부터 직접 합성되며, 쓸개즙산염으로 존재한다. 쓸개즙을 통해 십이지장으로 배출된 쓸개즙산의 대부분은 소장에서 재흡수되어 간으로 되돌아간다(장간 순환 : enterohepatic circulation). 소장 내에서 쓸개즙산은 지방 유화, 지방분해효소(라이페이스) 작용 및 미셀 형성을 촉진함으로써 지방의 소화·흡수를 돕는다. 이외에도 지용성 비타민, 특히 비타민 K의 흡수, 소장운동의 촉진, 소장 상부에서의 비정상적인 세균번식 억제, 쓸개즙 색소나 노폐물 및 기타 생체 이물질 등의 배설, 콜레스테롤 용해작용 등의 역할을 한다.

2. 쓸개염

1) 원인

쓸개염(cholecystitis)은 쓸개나 쓸개관에 담석, 수술 후 협착 등의 원인으로 장내 세균이 쓸개즙 내에서 증식하면서 염증이 생긴 질환이다. 90% 이상은 담석에 의해 발생한다. 주로 대장균 감염에 의하며, 장내의 대장균이 십이지장의 쓸개관 유두부까지 역류하여 감염된 경우가 대부분이다.

급성 쓸개염과 만성 쓸개염이 있으며, 담석, 패혈증, 쇼크, 화상, 암 등의 환자에게 많이 발병한다. 주로 환자의 90% 이상이 담석과 관련이 있으며, 쓸개염이 생겨서 쓸개즙 성분의 조성이 달라져서 담석이 형성되는 경우도 있다. 즉, 감염과정에서 쓸개점막이 변하여 쓸개즙의 수분, 쓸개즙산염, 기타 성분이 과잉으로 흡수되면서 쓸개즙 성분의 용해비가 달라져 쓸개즙 내 콜레스테롤 침전으로 결정을 만들고 담석이 형성된다.

2) 증상

급성 쓸개염은 갑자기 고열이 나고 오른쪽 상복부의 복통이 심하며, 그 부분을 누르면 강한 통증을 느끼고, 때로는 오심, 구토가 나기도 한다. 만성 쓸개염은 가끔 발열 또는 미열이 있고 지속적으로 또는 간헐적으로 통증이 오며 일반적으로 복부의 불쾌감, 팽만감, 둔통 등을 느낀다. 쓸개관염은 발열과 복통 정도가 쓸개염과 비슷하지만 복통의 부위가 쓸개염의 경우보다 중앙에 있으며 황달(jaundice)이 나타나기 쉽다.

3) 검사 및 진단

오른쪽 위쪽 복부 압통, 발열, 백혈구 증가이며, 혈액검사 및 영상검사로 확진한다.

4) 치료 및 영양관리

급성 쓸개염의 치료는 금식 유지, 항생제 투여, 수액 보충 등이며, 쓸개절제술을 시행한다.

3. 담석증

1) 원인

담석증(cholelithiasis)은 쓸개에 생긴 담석이 쓸개 경부, 쓸개관이나 총쓸개관으로 이동하여 염증이나 폐쇄를 일으키는 질환이다. 담석(gallstones)은 쓸개 및 쓸개관 내에 쓸개즙 구성성분이 쓸개나 쓸개관 내에서 응결 및 침착되어 형성된 결정형 구조물이다.

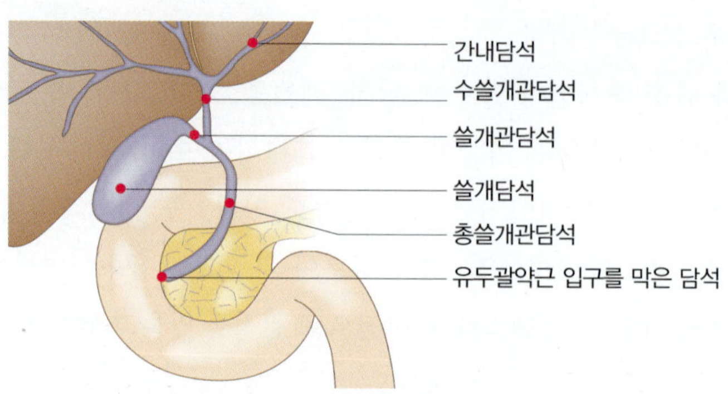

| 그림 4-10 | **담석의 발생 위치**

담석 위치에 따라 쓸개 안에 있는 결석을 쓸개 담석이라 하고, 쓸개관 내에 있는 결석을 쓸개관 담석이라 한다. 담석은 성분에 따라 콜레스테롤 담석(cholesterol gallstones), 색소성 담석(pigment gallstone), 혼합결석 등으로 분류되며, 형태, 크기, 색, 수가 다양하여 큰 담석이 한 개만 존재하는 경우도 있고 작은 모래알만 한 담석이 수십 개 존재하는 경우도 있다. 일반적으로 쓸개에는 콜레스테롤 담석, 쓸개관에는 색소성 담석이 많다(그림 4-11).

담석의 원인은 전신적 요인으로서 콜레스테롤과 쓸개즙 색소의 대사 이상을 들 수 있으며, 담도계의 원인으로는 쓸개 속에 농축된 쓸개즙의 우체, 담도계의 염증, 쓸개즙의 화학성분비의 변동 등이다. 즉, 콜레스테롤은 물에는 불용성이나 쓸개즙 내에서는 쓸개즙산염 등의 형태로 가용화되어 있다. 그러나 쓸개의 기능 이상, 간 대사 이상, 감염, 고지방식 섭취 등으로 쓸개즙 성분의 상대적 농도가 변해서(쓸개즙산의 저하와 콜레스테롤의 증가), 쓸개즙 내에 용해되어 있던 콜레스테롤이나 쓸개즙 색소가 침전하여 결정화되고 쓸개나 쓸개관 내에서 큰 결정이 되어 결석을 형성한다.

2) 증상

담석증의 주요 증상은 발작으로 갑자기 심한 통증이 상복부에서 일어나고 오한과 발열, 구토 등이 일어나기도 한다. 처음에는 상복부 전체에 통증을 느끼지만 차츰 진정되면 오른쪽 상복부에 국한되며, 다음날 발열이나 황달이 나타나기도 한다. 복통은 흥분, 과로, 음주, 특히 지방식을 먹을 때 담석이 쓸개, 쓸개관, 총쓸개관 사이를 이동하면서 일어난다.

다양한 담석의 예

성분상 분류

콜레스테롤 담석

색소성 담석

| 그림 4-11 | **담석의 종류**

그 외 상복부에 불쾌감, 팽만감, 둔통을 느끼는 경우나 자각 증상이 없는 경우도 있다. 이와 같이 복통 정도 및 지속시간 등 담석증의 증상이 일정하지 않다. 일반적으로 담석이 쓸개 내에 있을 때에는 통증이나 황달이 나타나지 않으며, 쓸개관 내에 존재할 때에는 강한 통증은 있으나 황달은 나타나지 않고, 총쓸개관 내에 존재할 때에는 황달과 통증이 동시에 나타난다.

3) 진단

담석의 진단은 복부 초음파 검사, 컴퓨터단층촬영(CT), 담도조영술로 담석의 유무를 확인하는 방법을 이용한다.

4) 치료 및 영양관리

증상에 따라 치료 방법을 정하지만 보통 증상이 가라앉으면, 내과적 치료에 의해 담석을 배출시키거나, 쓸개즙의 배출을 촉진시키는 이담제 등을 적용한다. 그러나 심한 복통과 황달이 계속되거나, 쓸개가 파열될 때, 복막염의 가능성 및 쓸개염의 합병증 등이 있는 경우에는 쓸개를 제거하는 외과적 수술을 한다. 외과적 수술 외에도 담석을 화학적으로 용해시키는 방법과 기계적으로 파쇄하는 방법이 있다. 화학요법으로는 콜레스테롤 담석을 용해시키는 약물-쓸개즙체제(chenodiol : chenodeoxycholic acid와 ursodiol :

ursodeoxycholic acid)를 이용하고, 기계적인 방법은 초음파를 이용하는 방법과 레이저로 담석을 파쇄하는 방법이 있다(그림 4-12).

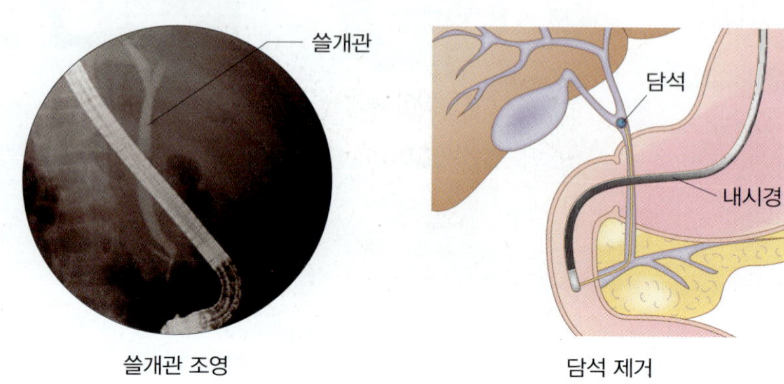

| 그림 4-12 | **담석 제거술**

자료 : 보건복지부

(1) 영양관리

쓸개질환 환자의 영양관리는 쓸개즙분비와 배설 및 쓸개운동을 조정하고 간의 보호와 저항력을 강화시킨다.

첫째, 지방을 제한한다. 지방, 특히 포화지방산은 쓸개 수축을 촉진하며 통증을 유발하기 쉽고, 혈청콜레스테롤 값을 높이기 때문에 제한하여야 한다. 일반적으로 식물성 식용유는 제한할 필요가 없지만 조리방법에 따라서, 즉 튀김과 같은 조리방법은 통증을 일으키기 쉽기 때문에 제한한다. 증상이 심한 경우에는 탄수화물 식품을 위주로 하며, 지방은 1일 20~30 g 이하로 제한한다. 그러나 담석을 가지고 있어도 통증이 없는 경우에는 지방을 지나치게 제한할 필요는 없다. 최근에 음식물과 콜레스테롤 담석 발생의 연관성으로 설탕이 콜레스테롤 담석 형성을 촉진하며 식이섬유와 적절한 알코올 섭취가 예방적 효과를 나타낼 수 있다고 하였다.

둘째, 단백질은 간의 기능을 좋게 하므로 정상 또는 약간 많은 양을 섭취하도록 한다. 그러나 단백질도 쓸개즙분비를 촉진시키므로 급성기에는 증가시키지 않는다.

셋째, 탄수화물은 쓸개 수축에 영향을 미치지 않으므로 쓸개질환 환자를 위해서는 안전하다. 담석증 통증이 나타난 직후에는 탄수화물 식사 위주로 섭취한다.

넷째, 자극적인 음식, 섬유질이 많은 식품이나 가스를 많이 발생하는 식품은 피해야 한다. 가스를 발생하는 채소류에는 콩류, 양파, 파, 무, 김치, 열무, 오이 옥수수 등이 있다.

쓸개질환 환자는 탄수화물을 에너지원으로 하고 양질의 단백질과 소화가 잘되는 저지방의 섬유질이 적고 자극성이 적은 식품을 이용하여 과식하지 않으며 규칙적인 식사를 해야 한다. 각종 비타민은 충분히 섭취하도록 한다.

(2) 식사지침

담석증 발작 또는 쓸개염의 급성 증상이 있을 때에는 하루 동안 절식하며, 통증이 완화되어 먹을 수 있게 되면 탄수화물을 주체로 한 전유동식으로부터 차츰 저에너지의 연식, 회복식, 일반식으로 진행한다. 이때 가능한 한 통증을 유발하지 않도록 가스발생 식품을 제한하고 담도계가 안정을 유지하도록 하는 것을 기본으로 한다.

쓸개질환 환자에게 저지방식을 원칙으로 양질의 단백질을 함유한 식품인 흰살생선, 어묵, 탈지분유, 두부, 난백 등과 마카로니, 밀가루음식, 호박 등은 권장하지만, 지방이 많은 부위의 육류 및 생선, 닭 껍질, 베이컨, 소시지, 버터, 마가린, 치즈, 초콜릿, 땅콩버터, 크림, 기름에 튀긴 음식 등은 제한한다.

습관성 쓸개염 환자는 담석이 생기기 쉬우며 또 담석이 생기면 쓸개염을 일으키기 쉬우므로 담석증과 만성 쓸개염은 같이 취급하여 지방을 제한하고 식사에 의한 자극을 될 수 있는 한 피하도록 한다. 환자가 비만인 경우에는 에너지를 제한하여 정상체중까지 줄이도록 한다.

조리시에는 기름을 첨가하지 말고, 가열된 지방은 주지 않도록 한다. 버터도 가열하지 않은 채로 소량씩 공급하며 그 이외의 동물성 지방은 제한한다. 환자의 자각 증상이 없어지면 소량의 버터 또는 소량의 식물성 기름을 가열하지 않고 이용할 수 있다.

쓸개염과 담석증은 환자가 회복되어 일반식으로 하게 되어도 식사에 의한 과격한 자극은 피하도록 한다. 향신료나 자극적인 조미료의 사용은 피하며, 환자가 음식의 온도에 예민하므로 너무 찬 음료나 음식은 주지 않고, 식사시간을 규칙적으로 지키도록 한다.

제3절 이자질환

1. 이자의 구조와 기능

1) 구조

이자(pancreas)는 위장의 아래 십이지장 만곡에 위치한 길고(길이 약 15 cm, 폭 3~5 cm, 무게 60 g 정도) 약간 흰색을 띠는 샘이며, 이자분비세포에서 이자액을 분비하여 이자관을 통해 십이지장으로 내보낸다.

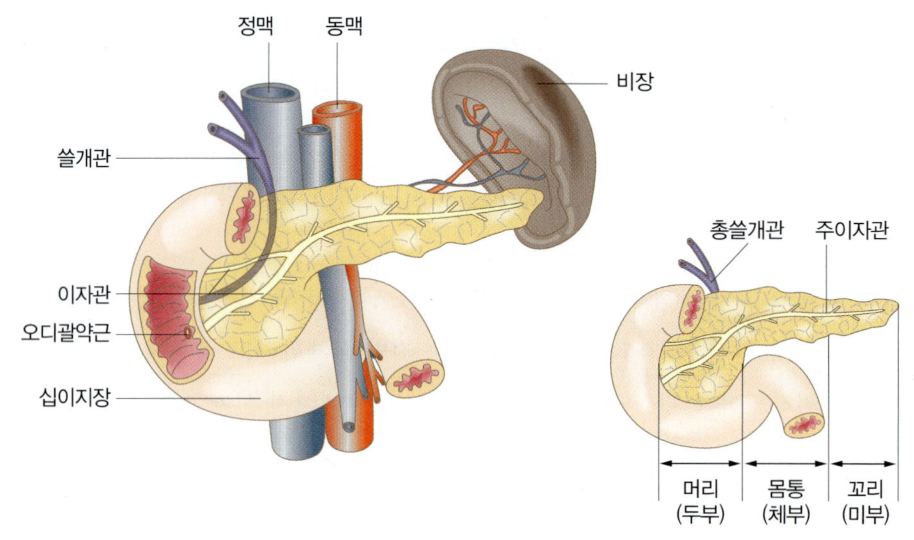

| 그림 4-13 | **이자의 구조**

2) 기능

이자는 내분비기능과 외분비기능이 있는데 내분비선 이자세포에서 글루카곤(α-세포), 인슐린(β-세포), 소마토스타틴(somatostatin, δ-세포)을 생성하여 혈중으로 방출한다(그림 4-14). 외분비선의 이자세포는 소화효소나 물질을 함유한 약알칼리성(pH 8.0) 액을 하루에 약 1.5~2 L를 십이지장으로 분비하여 단백질, 지방, 탄수화물의 소화 작용을 돕는다. 소화관 점막에서 세크레틴과 콜레사이스토키닌에 의해 조절된다.

외분비

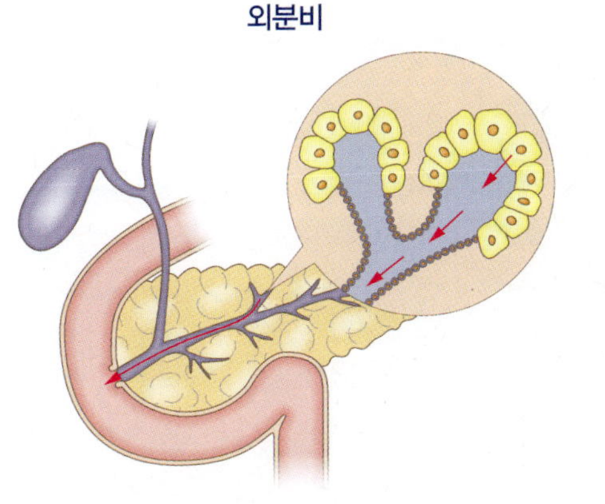

이자관을 통해 십이지장으로
소화효소(아밀레이스 등) 분비

내분비

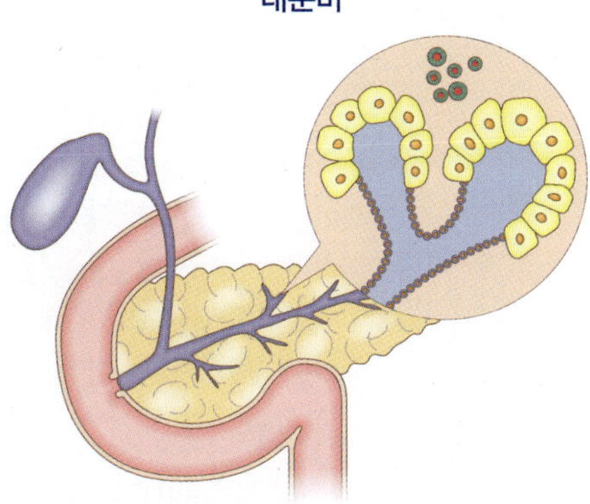

인슐린(혈당을 떨어뜨림)
글루카곤(혈당을 높임)

| 그림 4-14 | 이자의 기능

자료 : 보건복지부

2. 급성 이자염

이자의 염증성 질환은 급성 이자염과 만성 이자염으로 분류한다. 급성 이자염(acute pancreatitis)이란 이자세포 내의 소화효소를 포함한 이자액이 십이지장이 아닌 이자 밖으로 빠져나는 것을 말한다.

1) 원인

이자염의 흔한 원인은 담석, 만성 알코올중독, 고지혈증, 종양, 고칼슘혈증 및 바이러스 감염 등이다. 급성 이자염의 주원인은 담석증(30~75%), 술, 지방이 많은 음식을 과식하거나 특정 약물을 과다 복용해서 생긴다.

2) 증상

일반적인 증상은 오심, 복통, 구토, 복부팽만 및 지방변증, 식욕부진 및 장 폐쇄 등과 당뇨 증세가 나타나고 백혈구 증가, 혈청 아밀라아제 상승, 혈중 요소질소의 증가 등이 나타난다. 염증이 심해지면 이자의 자가소화 및 주변조직 괴사 등이 생기며 심해지면 출혈, 쇼크 및 사망까지 이른다.

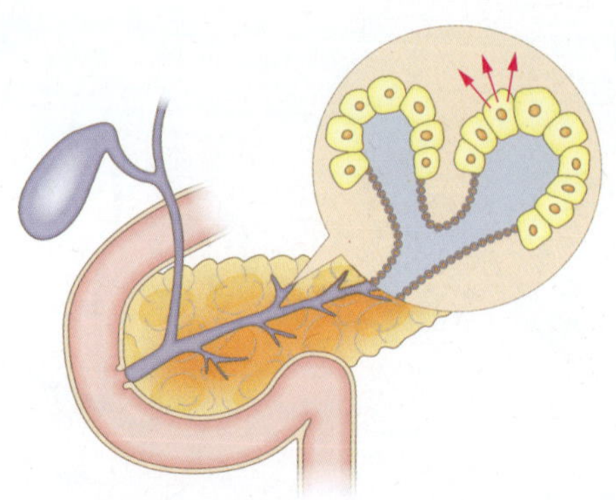

이자 내의 소화효소가 새어나가 염증 발생

| 그림 4-15 | **급성 이자염**

3) 진단

특징적인 임상 양상과 혈청 생화학 검사(아밀레이스, 리페이스 농도 및 활성), 방사선 검사, 영상진단법으로 검사한다.

4) 치료 및 영양관리

급성 이자염의 약 80%는 합병증 없이 수일 내에 완전히 회복되는 부종성 이자염이다. 통증치료와 적극적인 수액요법으로 회복되며, 수일간 금식 기간이 지나고 복통이 사라지면서 음식물 섭취가 가능하다.

소화 작용의 저하로 영양소의 소화·흡수가 감소되어 영양결핍이 초래되기 쉽다. 일반적인 치료는 금식, 통증완화, 수액요법 등이 있다.

3. 만성 이자염

1) 원인

만성 이자염(chronic pancreatitis)은 이자에 만성 염증과 섬유화로 일어나는 질환으로 주원인은 알코올과 원인을 알 수 없는 특발성 이자염 때문이다(그림 4-16).

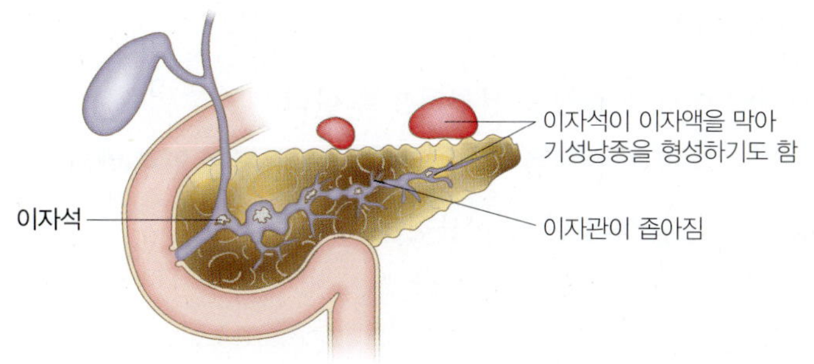

| 그림 4-16 | **만성 이자염**

2) 증상

증상은 복통, 허리통증, 구토, 식욕부진, 메스꺼움 및 설사 등으로 이자효소 분비부족으로 인하여 지방변이 생기고 인슐린 분비능력 저하로 당뇨가 발생할 수 있다.

3) 진단

이자 석회화, 지방변, 당뇨의 징후가 나타나고, 이자 분비기능 검사, 복부 초음파, CT, MRI, 내시경 담췌도조영술, 영상검사 등을 한다.

4) 치료 및 영양관리

담석이 쓸개에 있는지, 간 내에 있는지, 아니면 간 외 담도에 있는지에 따라 치료법이 달라지며 또한 증상의 유무나 담석의 성분도 치료방침에 영향을 줄 수 있다. 또한 담석 제거 방법도, 외과적으로 개복하는 방법부터 결석 용해제를 경구적으로 복용하는 것 또는 개복을 하지 않고 내시경으로 결석을 제거하는 방법에 이르기까지 매우 다양하다.

(1) 영양관리

통증과 소화불량, 지방변을 치료해야 한다. 통증을 최소화하기 위하여 저지방식을 사용하고 소화가 잘되는 식품을 선택하여 사극이 없는 조리법으로 조리한다. 또한 음식을 과식하지 않아야 하며 음주는 절대 피해야 한다.

이자질환의 종류 및 기능 등에 따라 적절한 영양이 공급될 수 있도록 한다. 원인질환이 있는 경우 이에 대한 우선적인 치료가 필요하다.

- 규칙적인 식사와 간식을 섭취하도록 한다.
- 소화효소 분비와 쓸개즙 분비 등으로 인한 통증을 유발하는 음식은 피한다.
- 지방이 많은 음식과 알코올 섭취는 제한한다.

(2) 식사지침

- 소량씩 자주 섭취한다.
- 소화가 잘되는 식품을 선택하여 부드럽게 조리한다.
- 지방 섭취를 제한하며 방법은 아래와 같다.
  - 소고기나 돼지고기 등은 살코기만을 사용하며 눈에 보이는 기름부분은 모두 떼어낸다.
  - 닭고기는 껍질과 지방을 제거한 후 조리한다.
  - 햄, 소시지 등 가공식품은 지방이 많으므로 먹지 않도록 한다.
  - 기름을 많이 사용하는 튀김보다는 찌거나 삶는 조리방법을 선택하도록 한다.
- 알코올, 향신료, 커피 등 자극적인 음식은 제한한다.
- 당뇨병이 합병증일 경우 당뇨병 식사요법에 준한다.

참고문헌

이영남 · 노희영 · 임병순 · 김성환 · 이애랑 · 권순형 · 이정실 · 조금호, **임상영양학**, 수학사, 2008

김화영 · 조미숙 · 장영애 · 원혜숙 · 이현숙 · 양은주, **임상영양학**, 신광출판사, 2012

송경희 · 손정민 · 김희선 · 한성림 · 이애랑 · 김순미 · 김현주 · 홍경희 · 라미용, **식사요법**, 파워북, 2012

손숙미 · 임현숙 · 김정희 · 이종호 · 서정숙 · 손정민, **임상영양학**, 교문사, 2011

이명숙 · 김유리 · 임윤숙 · 이승민, **임상영양학**, 양서원, 2012

이미숙 · 이선영 · 김현아 · 정상진 · 김원경 · 김현주, **임상영양학**, 파워북, 2010

장유경 · 권종숙 · 조여원 · 김경민 · 김혜경, **임상영양학**, 신광출판사, 2007

조여원 · 정구명, **임상영양치료 사례연구집**, 라이프사이언스, 2003

대한영양사협회, **임상영양관리지침서** 제3판, 2008

국가건강정보포털 health.mw.go.kr

네이버건강 health.naver.com

대한간학회 www.kasl.org

서울대학교 간연구소 www.lri.or.kr

CHAPTER 05

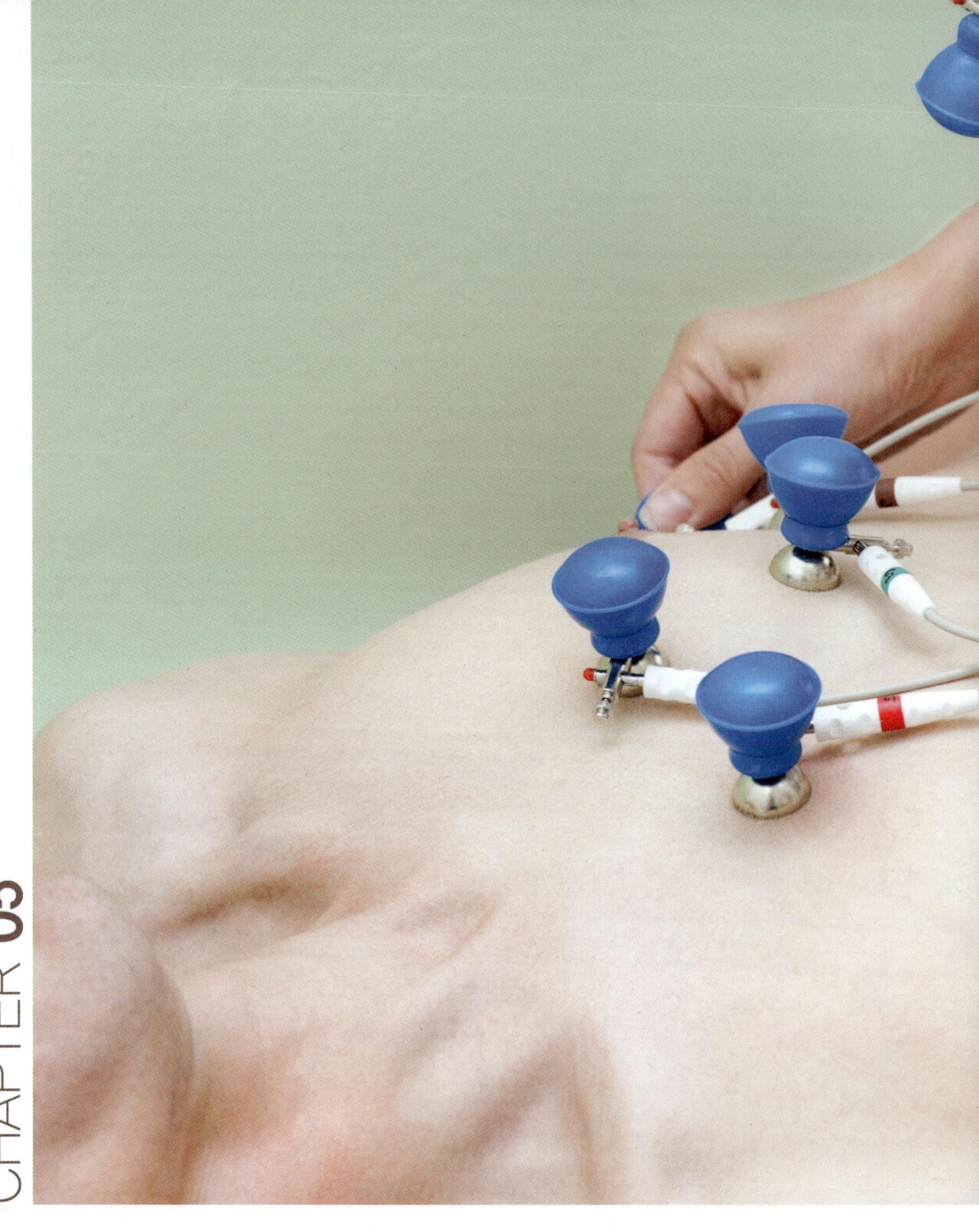

순환기계 질환

제1절 심혈관계

제2절 고혈압

제3절 고지혈증

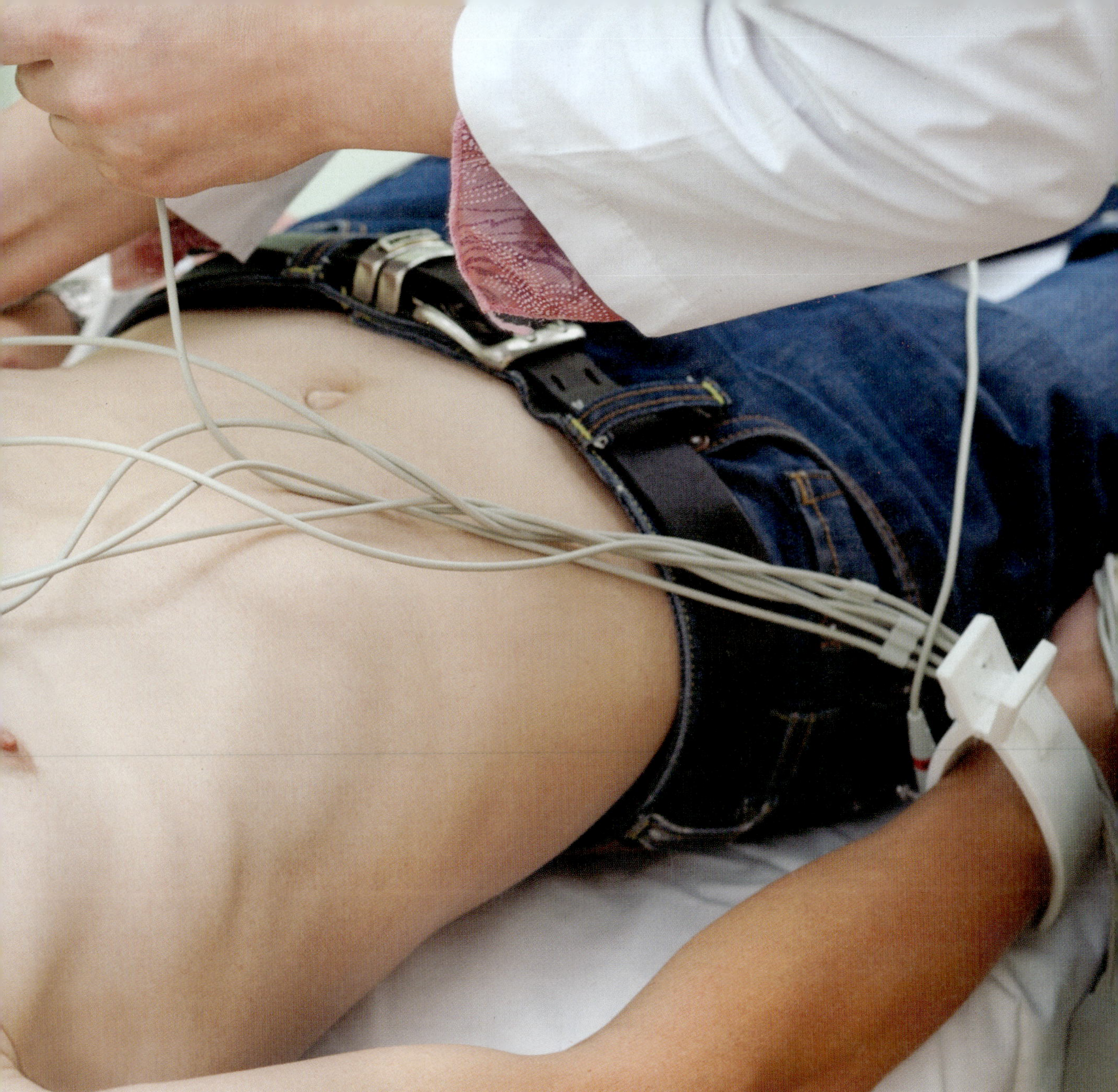

학습목표

- 심혈관계의 구조를 이해한다.
- 고혈압 환자의 영양관리 원칙을 이해한다.
- 고지혈증의 분류를 설명한다.
- 고지혈증 환자의 영양관리를 설명한다.
- 동맥경화증 환자의 영양관리 원칙을 설명한다.
- 허혈성 심장질환의 영양관리 원칙을 설명한다.
- 울혈성 심부전의 식사요법을 이해한다.

제1절 심혈관계

순환기계(circulatory system)는 좌심실에서 시작하여 온몸의 조직을 거쳐 우심방으로 돌아오는 폐쇄회로인 체순환(systemic circulation)과 우심실에서 시작하여 폐를 거쳐 좌심방에 이르는 폐순환(pulmonary circulation)으로 나뉜다(그림 5-1). 심장에서 내보내는 혈액량의 분포는 뇌에 약 15%, 심장에 5%, 간과 위장에 30%, 신장에 20%, 나머지 전신에 약 30% 정도이며 운동량에 따라 변할 수 있다.

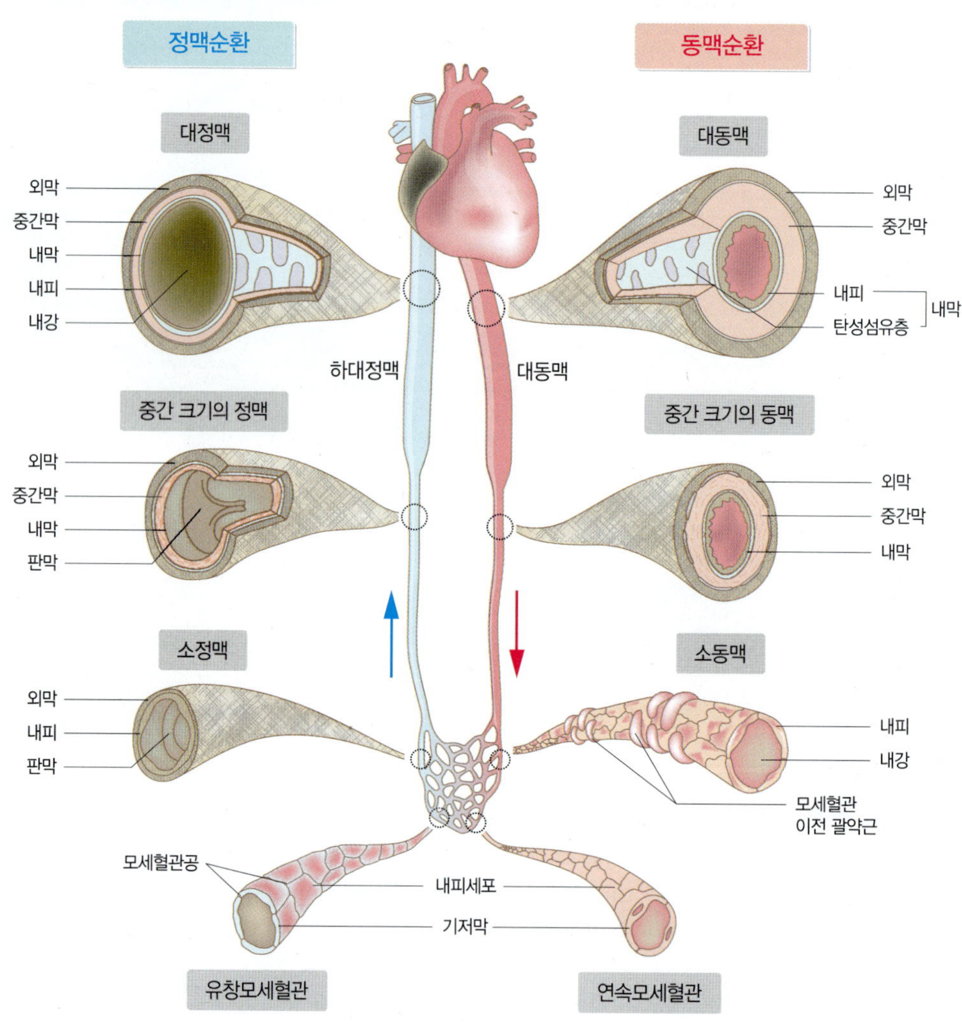

| 그림 5-1 | **인체 순환계**

1. 심장의 구조와 기능

심장(heart)은 성인의 주먹만 한 크기로 흉강의 좌·우의 폐 사이에 있으며 순환기계의 중심이 된다. 주요 기능은 혈액을 전신에 보내는 펌프작용을 한다. 심장이 박동할 때마다 혈액이 산소와 영양분을 조직세포에 공급하고 동시에 탄산가스와 노폐물을 운반한다.

심장은 우심방, 우심실, 좌심방, 좌심실의 2개의 방과 2개의 실로 구성되어 있으며(그림 5-2) 심방과 심실의 사이는 판막(valve)으로 통한다. 우심방과 우심실 사이에는 세 조각의 판막인 삼첨판이 있고, 좌심방과 좌심실 사이에는 두 조각으로 이루어진 이첨판(승모판)이 있다. 우심실과 좌심실이 대정맥과 폐정맥에서 돌아오는 혈액을 받아들여 우심실과 좌심실로 내보내고, 우심실과 좌심실 수축으로 혈액을 대동맥과 폐동맥으로 밀어내는 작용을 한다. 심장근육이 수축하는 펌프작용으로 혈액을 밀어내고 심방과 심실 사이에 있는 판막은 혈류에 따라 수동적으로 열리거나 닫혀서 혈액이 역류하지 않고 일정한 방향으로 흐르게 한다.

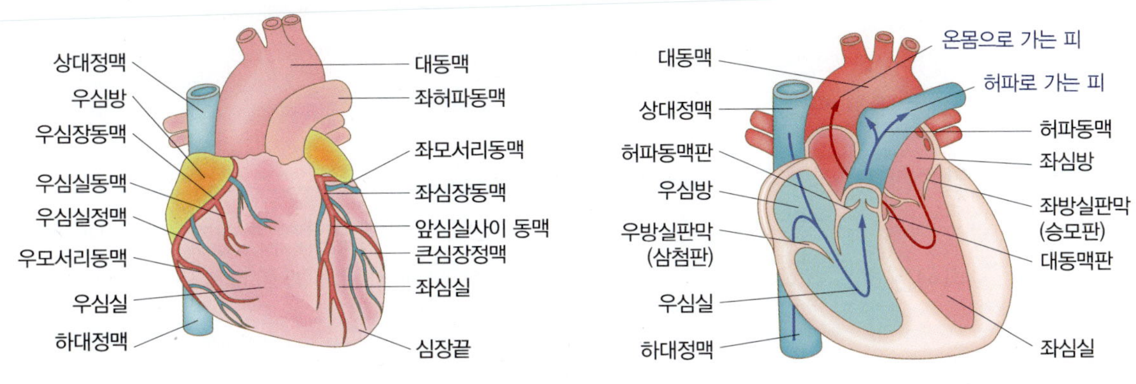

| 그림 5-2 | **심장 구조**

2. 혈관계의 구조와 기능

혈관계(vascular system)는 전신에 혈류를 공급하고 혈액과 조직액 사이에서 물질을 교환하는 역할을 한다. 혈관은 심장에서 나가는 혈관인 동맥(artery), 다시 심장으로 되돌아오는 정맥(vein), 모세혈관(capillary)으로 구분한다.

1) 동맥

동맥은 탄성조직이 풍부하며, 세동맥(arteriole)은 풍부한 평활근 층의 작용으로 말초혈관 저항을 조절함으로써 혈압조절에 중요한 역할을 한다. 또한 심장에 영양소와 산소를 공급하는 관상동맥(coronary artery)이 있다(그림 5-3).

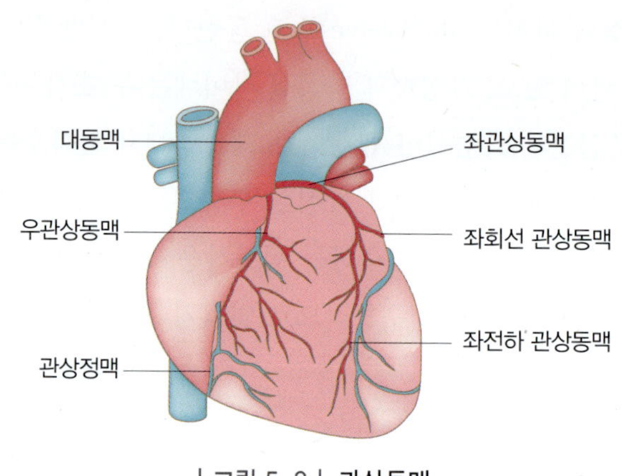

| 그림 5-3 | **관상동맥**

2) 모세혈관

미세순환은 모세혈관을 통하여 조직으로 영양소를 공급하고 조직 대사산물을 제거하는 역할을 한다. 모세혈관은 단층의 내피세포와 기저막으로 이루어져 있다. 내피세포 사이에는 작은 틈이 있어 이를 통하여 간질액과 혈액 사이의 물질교환이 일어난다.

3) 정맥

정맥은 모세혈관을 거친 혈액이 심장으로 들어가는 통로 역할을 한다. 또한 정맥은 혈액의 저장소로서의 중요한 역할도 수행한다. 정맥 내강에 판막이 있어 혈액이 역류하지 못하도록 한다.

제2절 고혈압

체조직에 혈액을 공급하기 위해서는 혈관 내에 일정한 압력이 있어야 한다. 이 압력은 동맥 내의 혈액을 장기나 조직에 공급하는 힘이 된다. 혈압이란 혈관에 흐르는 혈액의 압력으로 이 압력이 과도하게 높아진 상태를 고혈압(hypertension)이라 한다. 고혈압은 우리나라 성인에게 발견되는 아주 흔한 순환기질환으로 사회 관심이 증가하지만 고혈압 환자 중 50% 정도만이 진단을 받고, 진단받은 환자의 약 50%가 고혈압 치료를 받고 있다.

고혈압은 우리나라 전체 인구의 15%를 차지할 정도로 유병률이 높은 병이며 '침묵의 살인자'라는 별명이 있을 정도로 증상이 없고 서서히 문제를 일으킨다. 고혈압은 혈압이 높다는 자체보다 이에 따르는 여러 합병증으로 많은 문제를 일으킨다. 가장 심각한 문제는 뇌혈관에 손상을 초래하여 심각한 운동 장애, 언어 장애 등을 초래하거나 심장병의 발병 빈도를 증가시키고 신기능을 저하하며 시력 소실 등 전신적인 합병증을 초래하여 평생 감당하기 어려운 후유증에 시달리게 된다.

1. 혈압조절기전

고혈압은 심박출량의 증가나 말초혈관 저항의 증가로 발생한다. 이러한 두 요소에 영향을 미치는 여러 인자가 상호 작용하여 혈압을 조절한다(그림 5-4). 또한, 유전적 요소와 환경적 요소가 상호 작용을 하여 혈압을 상승시킨다. 혈압은 심박출량 및 말초혈관 저항에 비례한다.

$$\text{혈압} = \text{혈류량(또는 심박출량)} \times \text{혈관 저항}$$

그림 5-4와 같이 심박출량과 말초혈관 저항은 여러 인자에 의하여 영향을 받아 각 인자 간의 상호 작용으로 혈압을 조절한다. 혈압을 상승시키는 인자는 교감신경계, 레닌-앤지오텐신계, 알도스테론, 엔도텔린(endothelin)이 있다. 혈압을 강하시키는 인자는 칼리크레인-키닌계(kallikrein-kinin system, 앤지오텐신 전환효소계), 프로스타글란딘(prostaglandin), 심방성 나트륨 이뇨펩타이드(ANP) 등이 중요한 작용을 한다.

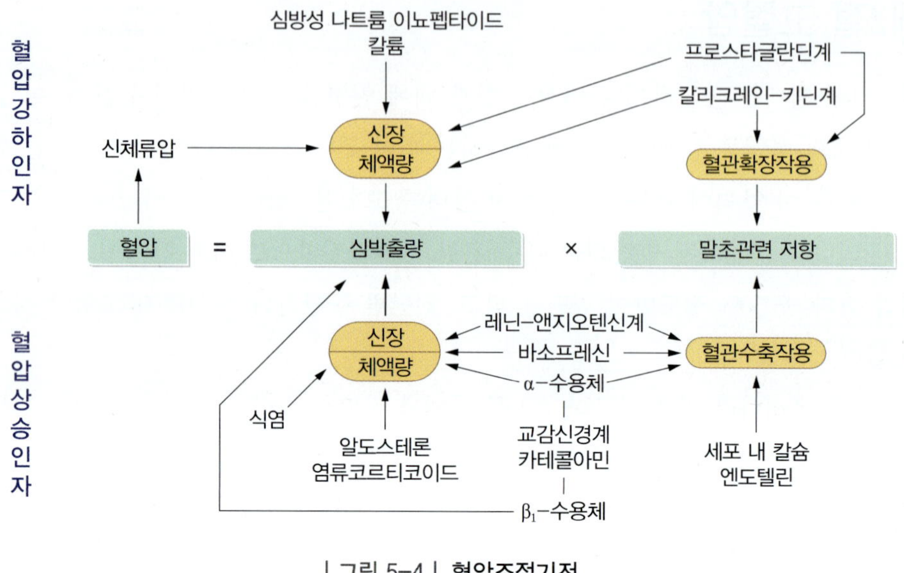

| 그림 5-4 | **혈압조절기전**

2. 기준 및 분류

1) 측정

혈압은 수은혈압계나 전자혈압계로 측정한다. 환자의 평소 혈압을 측정하기 위해서는 신중해야 한다. 혈압은 낮과 밤, 육체 활동, 흥분이나 긴장상태, 감정변화 등에 따라 변동이 심하므로 한순간의 혈압으로 그 사람의 혈압을 대표할 수 없다. 따라서 1회 혈압을 측정하여 고혈압으로 판정하지 않고 한 주~수 주 사이에 4회 이상 측정한 혈압치의 평균치(초기 혈압치)를 기준으로 해서 고혈압으로 분류한다. 그 후에 표 5-1을 기준으로 추적한다. 이 추적에는 표적장기장애, 기타 순환기질환 위험인자(고지혈증, 내당능 이상, 비만 등)도 고려해야 한다.

2) 분류

고혈압의 심혈관 합병증과 사망률은 혈압이 높을수록 증가하지만 명확히 위험수준을 정할 수 있는 기준점은 없다. 고혈압의 진단기준은 이러한 심혈관질환의 증가가 심해지는 기점이 된다. 흔히 사용하는 진단기준은 백분위수(percentile)로 인구집단의 90 혹은 95 이상인 혈압으로 정하거나 합병증의 발생위험이 2배가 넘는 경우로 정하지만 나라

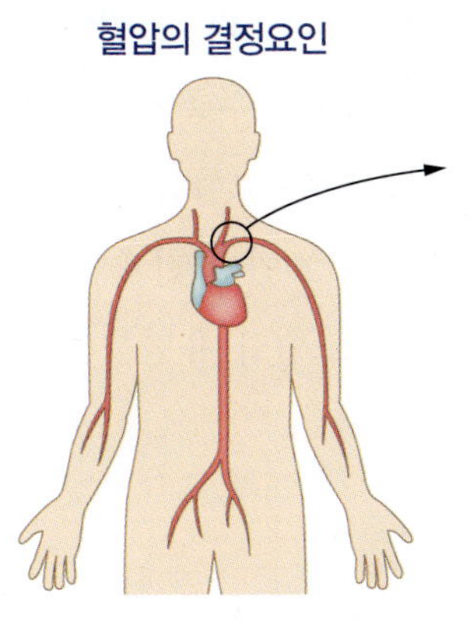

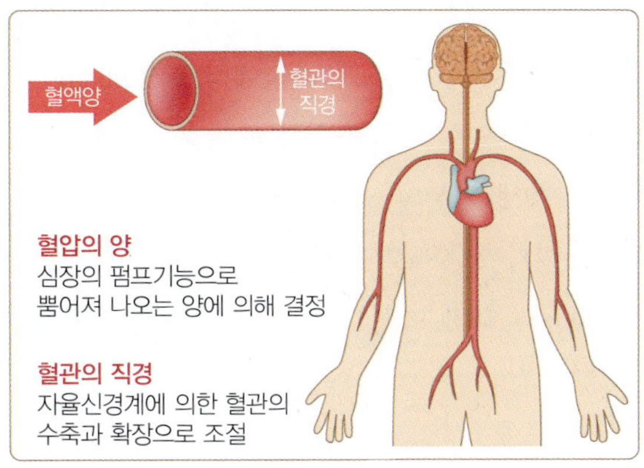

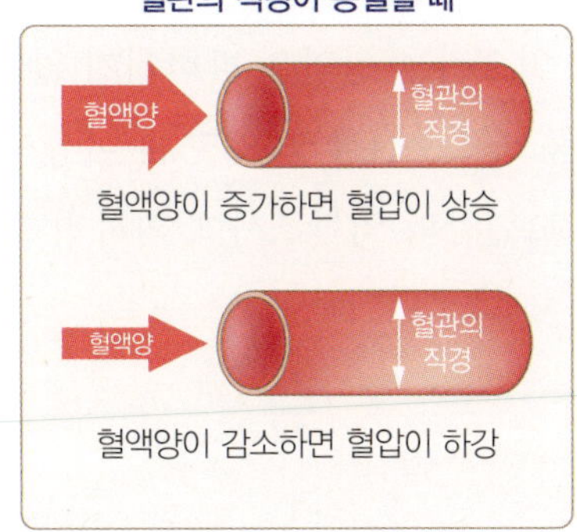

| 그림 5-5 | **혈압의 결정요인**

자료 : 보건복지부

마다 통계수치가 다르므로 기준점 또한 다르다. 고혈압은 18세 이상의 성인에서 수축기 혈압이 140 mmHg 이상이거나 이완기 혈압이 90 mmHg 이상 지속되는 질환으로 정의한다.

| 표 5-1 | **혈압 진단기준 및 분류(18세 이상 성인)**

혈압 분류	수축기 혈압(mmHg)	이완기 혈압(mmHg)
정상 혈압	<120	<80
전기 고혈압	120~139	80~89
고혈압 1단계	140~159	90~99
고혈압 2단계	≥160	≥100

자료 : 미국고혈압대책합동위원회[JNC-7차 지침], NIH, 2003

우리나라에서 고혈압의 빈도는 고혈압을 정의한 수치에 따라 다르다. 고혈압의 기준치가 1980년 이후 160/95 mmHg에서 140/90 mmHg로 낮아졌다. 수축기혈압의 유병률은 남녀 모두 연령이 높을수록 증가한다. 나이가 많아짐에 따라 고혈압의 빈도는 증가한다. 만 30세 이상의 고혈압 유병률은 2007년 24.6%에서 2009년에 전체 31.9%, 남자 35.1%, 여자 28.9%로 증가하는 경향이며(그림 5-6), 미국 고혈압 유병률(NHANES 1999~2008, 만 18세 이상) 30%와 유사한 수준이다.

3. 원인

고혈압을 일으키는 원인은 밝혀지지 않았지만 위험인자로는 흡연, 비만, 신체활동부족, 고지혈증, 당뇨, 신장질환, 55세 이상의 남자와 65세 이상의 여자, 심질환의 과거력 등이 있다. 고혈압의 역학조사에 의하면 고혈압과 관상동맥질환, 뇌졸중, 심부전증, 신

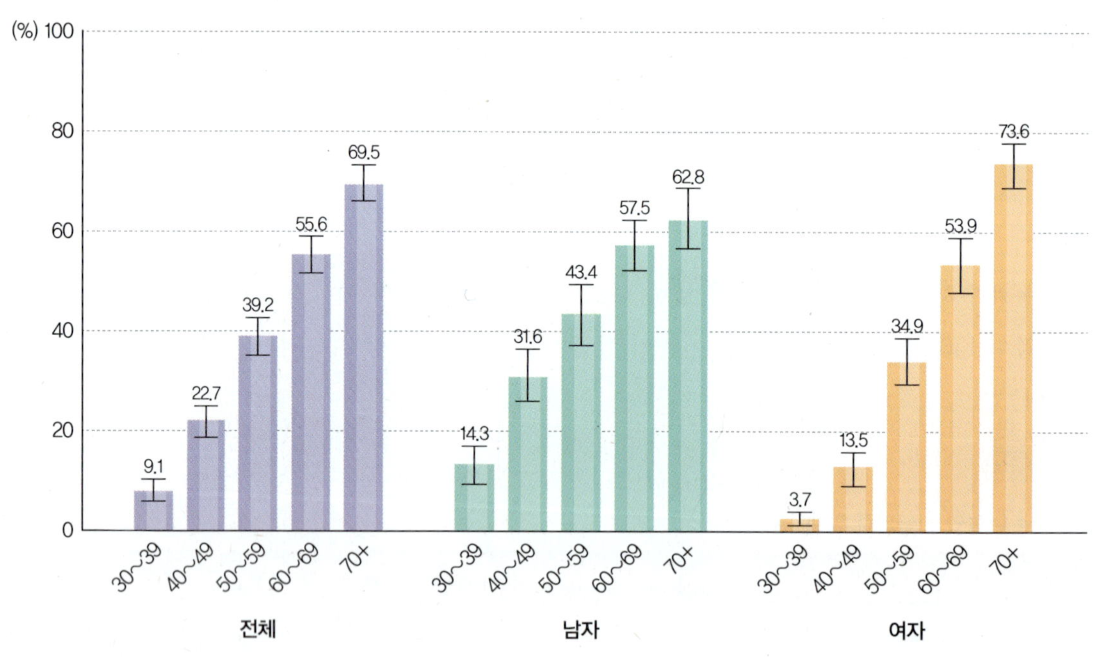

※ 고혈압 유병률 : 수축기혈압이 140 mmHg 이상이거나 이완기혈압이 90 mmHg 이상 또는 혈압강하제를 복용한 분율, 만 30세 이상

| 그림 5-6 | **연령별 고혈압 유병률**

자료 : 2009 국민건강통계-국민건강영양조사 제4기 3차년도 결과보고서, 보건복지부, 2009

장질환 등의 심혈관계 질환과 상관관계가 있다.

고혈압은 원인 불명의 본태성 고혈압(일차성 고혈압)과 고혈압을 유발하는 인자가 있는 속발성 고혈압(이차성 고혈압)으로 분류한다. 고혈압 환자의 90% 이상이 본태성 고혈압이다. 이차성 고혈압의 원인은 만성 신장질환이 약 5~6%로 가장 흔하고 일차성 알도스테론증, 갈색세포종, 쿠싱증후군 등의 순이다. 본태성 고혈압은 남성에게는 30대 후반부터, 여성은 폐경기 전후에 발병하는 경우가 많다. 젊은 연령층에서 발병한 고혈압과 노인이 되어서 생긴 고혈압은 특히 주의가 필요하다.

고혈압과 관련된 영양학적 요인으로 중요한 것은 식염, 비만, 음주 등이다. 식염섭취량의 평균치와 고혈압 빈도 간에 정(+)의 상관관계가 있다.

4. 검사 및 진단

혈압이 높은 환자의 검사는 지속적인 고혈압, 심혈관계 질환의 위험인자 유무, 표적장기장애 유무, 이차성 고혈압의 유무 등의 사항을 고려하여 시행한다.

진단을 위하여 자세한 병력과 이화학적 검사, 각종 검사의 체계적 접근이 필요하며 정밀검사를 한다(그림 5-7). 고혈압은 본태성 고혈압이 대부분이어서 원인 불명인 경우가 많다. 이차성 고혈압은 원인을 규명하여야 치료할 수 있다.

고혈압 환자의 예후는 혈압을 통하여 고혈압에 따른 표적장기장애(target-organ disease)의 영향을 받는다. 고혈압을 관리 치료하려면 표적 장기장애의 정도를 고려하여 고혈압의 중증 정도를 파악한다.

5. 치료 및 영양관리

고혈압이 지속되면 신체 여러 장기에 손상을 주게 된다. 고혈압 치료의 목적은 뇌혈관질환, 심근경색증, 심부전과 같은 합병증을 줄이는 데 있다. 혈압의 치료 방법은 체중을 조절하고, 식생활을 개선하며, 주기적으로 운동하는 생활요법을 시행한다. 대부분의 경증 고혈압 환자는 생활요법으로 혈압을 정상화할 수 있고 고혈압 약제를 사용하지 않아도 된다. 그러나 이미 표적 장기에 손상이 있거나 중등도 이상의 고혈압 환자는 혈압강하제를 같이 사용하는 것이 합병증을 예방하는 방법이다.

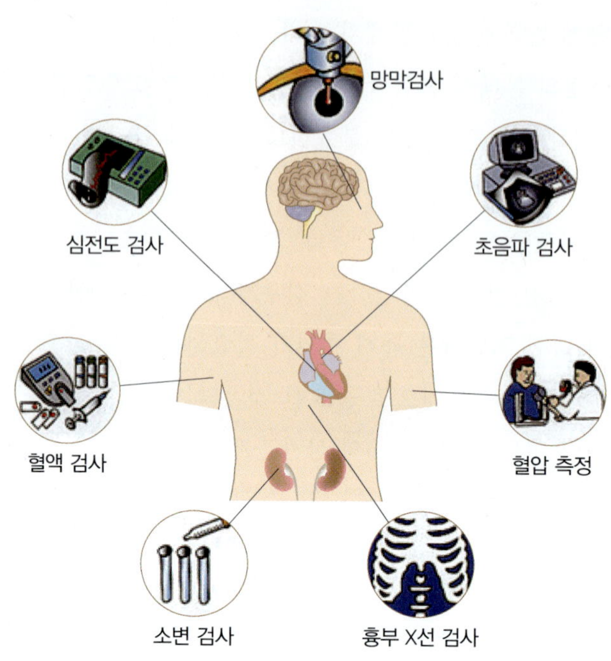

| 그림 5-7 | **고혈압 환자의 검사 방법**

고혈압은 완치되지 않고 조절만 되기 때문에 평생 치료를 받아야 한다. 고혈압은 혈압 그 자체를 치료하는 것보다 혈압을 정상범위로 유지함으로써 생명을 위협하는 뇌졸중, 심부전증, 관상동맥질환, 신부전증 등과 같은 심혈관계 합병증을 예방하는 것이 중요하므로 조기에 발견하여 꾸준하게 혈압을 조절하는 것이 중요하다.

고혈압의 치료는 비약물치료와 약물치료로 구분된다. 일차성 고혈압의 경우 비약물요법(생활습관 교정)을 우선 시행하며 생활습관 교정 치료로 효과가 불충분한 경우 약물요법을 병행한다. 이차성 고혈압의 경우 원인을 제거하면 고혈압을 치료할 수 있다.

뇌졸중, 허혈성 심장질환 등 고혈압에 동반하여 생기는 심혈관계 질환을 예방해야 한다. 고혈압의 궁극적인 목표는 심혈관질환에 의한 유병률과 사망률을 감소시키는 것으로 좌심실비대나 경동맥협착의 퇴행, 단백뇨의 감소를 측정하면서 치료한다. 수축기혈압 140 mmHg 미만, 확장기혈압 90 mmHg 미만을 달성하여 계속 130/85 mmHg를 유지하도록 한다(표 5-2). 약물요법과 함께 체중감량, 소금 섭취의 감량, 절주, 활동적인 생활, 적절한 운동 등의 생활습관 개선 등을 함으로써 혈압 증가를 억제할 수 있는 효과가 있다.

1) 생활습관의 적정화(생활요법, life-style modification)

대부분의 경증 고혈압 환자에게는 생활습관을 개선함으로써 혈압을 떨어뜨리는데 효과가 좋은 것으로 알려졌다. 비만인의 체중감량, DASH(dietary approaches to stop hypertension) 섭식, 절주 또는 적정 음주, 규칙적인 유산소운동, 저염식(low sodium diet), 칼륨·칼슘·마그네슘의 적정 섭취 등의 생활습관 개선을 병행하면 혈압강하 효과를 볼 수 있다(표 5-2).

| 표 5-2 | 고혈압 관리를 위한 생활습관 교정

수정	권장사항	수축기혈압 강하
체중감량	표준체중 유지(비만인) 체질량지수 18.5~24.9 kg/m^2	5~20 mmHg/10 kg 감소
DASH 섭식 계획	포화지방과 총지방량을 감소시킨 유제품과 과일, 채소가 풍부한 식단 채택	8~14 mmHg
음주 절제	알코올 섭취 1일 제한량 (남성은 2잔 이하, 여성과 체중 덜 나가는 사람은 1잔 이하)	2~4 mmHg
금연	담배를 끊는 것	
유산소운동	1일 30분 이상, 거의 매일 규칙적인 유산소운동 시행 (1주 3회 이상)	4~9 mmHg
식사염분 감량	고혈압 예방 : 소금 10 g/일 이하 고혈압 치료 : 경증 소금 8~10 g/일 중등증 소금 7 g/일 중증 소금 5 g/일	2~8 mmHg
칼륨, 칼슘, 마그네슘 섭취	혈압강하 효과	8~14 mmHg

* 효과는 용량과 시간에 의존이 적다.

자료 : Chobarian AV. et al., JAMA, 2003, 289:2560~72

DASH(Dietary Approaches to Stop Hypertension)식사 미국 NHLBL에서 연구한 결과를 바탕으로 혈압을 낮추기 위해 개발한 식사이다. 포화지방산, 콜레스테롤 및 총지방량을 낮추는 식사계획으로 과일, 채소, 무지방과 저지방우유 및 유제품을 강조하고 전곡류, 생선, 가금류 및 견과류로 구성한다.

2) 영양관리

생활습관을 교정하고 비만인은 체중을 감량하며 저나트륨식(low sodium diet)으로 하고 K, Ca, Mg을 적량 섭취하며, 콜레스테롤 섭취량을 구체적으로 계획한다.

이에 대한 식사원칙은,

- 혈압 강하를 위하여 나트륨 제한(하루에 2,000 mg 이하, 소금으로 5 g),
- 비만 예방을 위하여 에너지 제한과 영양소의 적정분배,
- 지방산의 섭취비율(포화지방산 감량)에 유의하여야 한다.

3) 운동요법

운동부하는 체중 감량, 중등도 고혈압의 강하에 효과가 있다. 운동부하 방법에는 규칙적으로 걷기(1일 6,000~7,000보 이상), 조깅, 수영 등의 프로그램이 있다. 운동부하 강도는 연령에 따른 최대 산소소비량의 60~75%, 연령 보정하여 최대 심박수의 70~85%로 일치하는 운동부하량을 설정해서 20분/일, 매일 3개월간 규칙적으로 운동하거나 60분/일, 3일/주씩 10주간 시행한다.

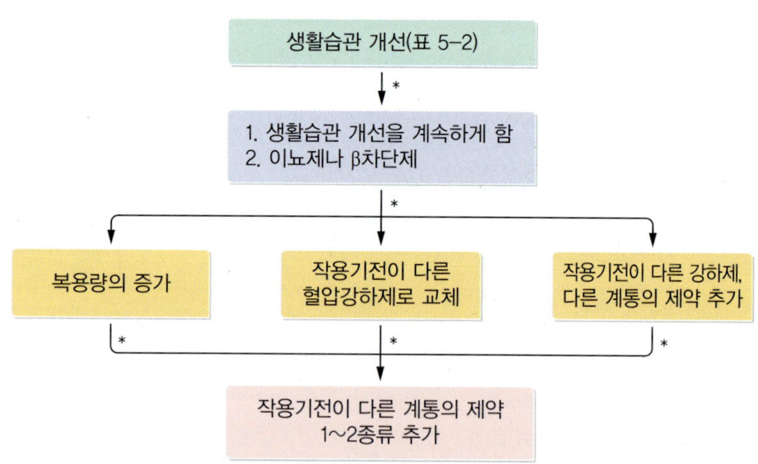

| 그림 5-8 | **고혈압의 약물치료**

4) 약물요법

고혈압의 확실한 치료법은 약물투여이다. 한 가지 소량의 약물로 치료를 시작하고 혈압을 한번에 5~10 mmHg 정도 강하시킨다. 최근 고혈압을 위한 약물치료 경향은 환자 개개인에게 적합한 여러 약물을 혼합하여 맞춤 치료하는 추세이다.

고혈압 전단계와 고혈압 1단계에는 생활습관 개선을 시도하게 하고 혈압이 떨어지지 않을 때에는 표적 장기장애나 기타 순환기질환의 위험요소가 있는 경우는 혈압강하제(이뇨제, β차단제)를 복용하게 한다. 고혈압 2기인 경우에도 생활습관 적정화를 계속 시행하는 것이 중요하며 이뇨제(나트륨 배설), β차단제(교감신경차단제), 칼슘길항제(혈관이완제), 안지오텐신 전환효소억제제(혈관이완제), α차단제, α · β차단제를 선택한다(그림 5-8).

혈압강하제로 혈압이 떨어지지 않을 경우에는 작용기전이 다른 계통의 강하제를 병행하거나 교환한다. 또한 약물요법과 비약물요법(체중 감량, 칼륨 섭취 증가, 소금 섭취 억제 등)을 함께 실시할 경우에 혈압강하 효과의 증가, 부작용 감소, 삶의 질 향상 등의 좋은 효과를 낼 수 있다.

고혈압 약에 대한 잘못된 지식

약을 먹어서 혈압이 정상수치가 되면 치료되었으므로 약을 먹을 필요가 없다고 생각한다. 혈압 치료를 위해서 약을 먹는 것은 근시가 생긴 사람이 안경을 쓰는 것과 같다. 안경을 쓰고 있는 동안에만 물건이 잘 보이고 안경을 벗으면 다시 보이지 않는 것처럼 혈압 치료도 약을 먹는 동안에만 혈압이 떨어지는 것이다. 물론 약을 먹어서 혈압이 조절되면 약을 끊더라도 다음날 다시 혈압이 올라가는 것이 아니고, 한 달 정도가 지나야 다시 혈압은 올라서 치료 전의 혈압으로 돌아간다.

제3절 고지혈증

고지혈증(hyperlipidemia)이란 혈청 중성지방 및 콜레스테롤이 비정상적으로 증가된 상태로 고혈압, 흡연과 함께 관상동맥질환을 비롯한 죽상동맥경화를 유발하는 3대 위험인자이다. 혈액 내에 지단백질이 비정상적으로 증가된 상태를 고지단백혈증(hyperlipoproteinemia)이라고 한다. 주로 혈중지질 농도의 증가가 위험인자로 작용해서 고지혈증이라는 용어를 널리 사용한다. 최근에는 비정상적인 혈액 내 지질 상태를

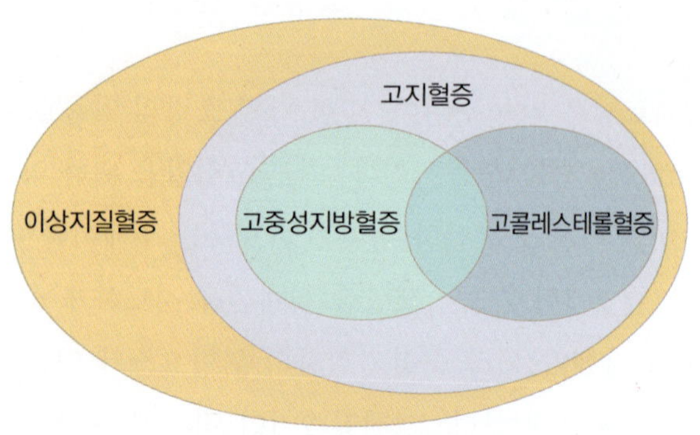

| 그림 5-9 | 이상지질증의 범위

이상지혈증(dyslipidemia)이라는 광의의 질환명으로 쓴다. 이는 유전, 식사 및 여러 질환에 이차적으로 발생하는 지질대사의 이상을 총칭하며 중성지방과 LDL콜레스테롤의 혈중 농도가 높고, HDL콜레스테롤의 혈중 농도가 감소함에 따라 관상동맥질환이 발생하는 현상을 말한다.

1. 지단백질

순수한 지방은 밀도가 낮지만 지단백질(lipoprotein)은 아포지단백질을 함유하여 이에 따라 밀도가 증가한다. 지단백질의 분류는 전기영동이나 초원심분리법에 의해 카일로미크론(chylomicron), 초저밀도지단백질(very low density lipoprotein, VLDL), 중간밀도지단백질(intermediate density lipoprotein, IDL), 저밀도지단백질(low density lipoprotein, LDL), 고밀도지단백질(high density lipoprotein, HDL) 등으로 분류한다(표 5-3).

1) 카일로마이크론

100~1,000 nm로 지단백질 중 가장 크며 장에서 생성된 후 음식을 통해 섭취한 트라이글리세라이드를 간과 말초세포로 이동시키는 작용을 한다.

| 표 5-3 | 혈장지단백질의 종류 및 특성

지단백질	밀도 (g/mL)	크기 (nm)	공급원	작용	조성(%)				아포 지단백질
					TG	콜레스테롤	인지질	단백질	
카일로 마이크론(CM)	<0.95	100~ 1,000	소장	음식 TG 운반	80~95	2~5	3~6	1~2	A, B-48 C, E
VLDL	0.96~ 1.006	30~80	간	체내 생성 TG 운반	50~65	10~40	12~18	5~10	B-100, C, E
IDL	1.007~ 1.019	25~30	VLDL	LDL 전구체	35	33	19~22	15	B-100, E
LDL	1.020~ 1.063	20~25	VLDL, IDL	콜레스테롤 운반	10	45	22~26	22~26	B-100
HDL	1.064~ 1.21	4~10	간, 소장, CM, VLDL	콜레스테롤 역전달	1~5	20	25~40	36~55	A1, C, E

TG(triglycerides), VLDL(very low density lipoprotein), IDL(intermediate density lipoprotein), LDL(low density lipoprotein), HDL(high density lipoprotein), PL(phospholipid), CM(chylomicron)

2) 초저밀도지단백질(VLDL)

간에서 합성되고 카일로마이크론보다 작으며, 트라이글리세라이드가 약 60%를 차지하고 인지질, 콜레스테롤, 아포지단백질이 있다.

3) 저밀도지단백질(LDL)

초저밀도지단백질이 혈관 내에서 대사된 것으로 콜레스테릴 에스터(cholesteryl ester)가 주성분(50%)이고 표면에 아포지단백질 B-100이 있으며 LDL 수용체와 결합하여 혈액 내에서 제거된다.

4) 고밀도지단백질(HDL)

주로 간에서 생성되나 소장에서도 합성된다. 지단백질 중 가장 작고, 30~50%가 단백질 성분이어서 밀도가 매우 높고 지방의 50%가 인지질, 30%는 콜레스테릴 에스터로 구성된다. 혈청 콜레스테롤을 제거하고 아포지단백질 C와 E를 VLDL에 전달하는 역할을 한다.

2. 지단백질의 대사

지단백질 대사는 중성지방(트라이글리세라이드)과 콜레스테롤 대사로 이루어진다. 음식물로 섭취한 중성지방은 카일로마이크론 형태로 흡수되고, 간에서 VLDL로 합성되는 경로로 말초조직에 운반되어 에너지원으로 이용되거나 저장된다(그림 5-8). 음식물로 섭취한 콜레스테롤은 카일로마이크론 형태로, 간에서 합성된 것은 VLDL을 거쳐 LDL로 이동한다. 간 이외의 조직이나 지단백질의 콜레스테롤은 일단 HDL로 합성된 후 간으로 이동되어 담즙 생성에 이용된다.

1) 음식으로 섭취된 지방 대사(카일로마이크론 대사)

음식물로 섭취한 중성지방, 콜레스테롤은 소화 흡수된 후 지단백질분해효소(lipoprotein lipase)와 아포지단백질 C-II의 작용으로 조직으로 이동된다. 세포에서 유리된 카일로마이크론은 외인성으로 소장에서 지방이 흡수되는 과정에서 생성되며 림프계를 통해 상대정맥에서 혈액으로 유입되어 각 장기에 도달한다. 카일로마이크론은 입자가 매우 커서 혈중 농도가 높으면 혈장은 혼탁하게 보인다.

먼저 아포지단백질 E가 표면에 부착되고, 다음으로 아포지단백질 C-II의 결합으로 혈관 내피세포에 있는 지단백질분해효소(lipoprotein lipase)가 활성화되어 중심부에 있는 중성지방을 유리지방산으로 분해하여 카일로마이크론 잔여물(chylomicron remnant) 상태로 간에 전달된다. 콜레스테롤은 카일로마이크론 형태로 간으로 이송되어 담즙산 및 세포막 생성물로 사용되거나 지단백질 콜레스테롤로 재분비된다. 음식물로 섭취되는 콜레스테롤 대사는 간에서 콜레스테롤 생성을 억제한다.

2) 체내에서 생성된 지방 대사

중성지방과 콜레스테롤도 체내에서 합성된다. 중성지방과 콜레스테롤은 간에서 생성되어 VLDL을 통해 말초에서 이용되나 유리콜레스테롤은 말초조직에서 합성된 후 HDL로 흡수되어 간으로 수송됨으로써 혈중에서 제거되는 두 가지 중요한 대사과정을 거친다.

(1) 중성지방

간에서 당질대사로부터 생성된 아세틸-CoA가 중성지방을 생성하며, 카일로마이크론이 수송해 온 콜레스테롤, 간에서 생성된 아포지단백질 B-100, 인지질이 결합되어 VLDL이 형성된다. 혈중으로 유리된 VLDL에 HDL이 수송한 아포지단백질 C, 아포지단백질 E가 결합되어 말초조직으로 이동하여 지단백질분해효소(lipoprotein lipase)의 작용으로 IDL로 전환되고 크기가 큰 IDL은 간으로 흡수되나 작은 것은 hepatic lipase의 작용으로 아포지단백질 B만 갖는 LDL이 된다.

(2) 콜레스테롤

혈중 콜레스테롤은 유리형(free cholesterol), 유리지방산과 결합한 콜레스테릴 에스터 두 가지가 있다. 절반 정도는 음식으로 섭취하고 나머지 반은 간, 부신 및 피부 등의 세포에서 합성된다. 간에서 약 1/3 정도 200~400 mg가 담즙산으로 대사되고, 나머지는 그대로 담즙으로 배설되며, 소장에서 재흡수되어 간으로 재순환된다.

간에서 생성하거나 말초조직에서 간으로의 콜레스테롤 역전달 과정에는 HDL이 관여한다. 간이나 소장에서 인지질, 아포지단백질 A, LCAT(lecithin cholesterol acyltransferase)와 결합하여 HDL이 형성된다. HDL은 카일로마이크론과 LDL에 아포지단백질

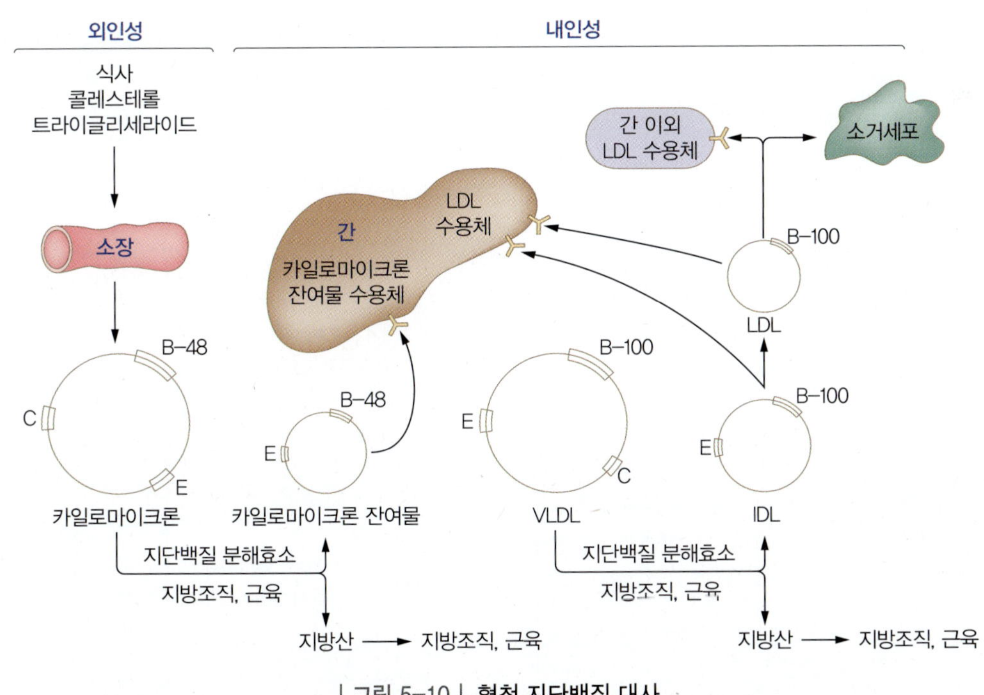

| 그림 5-10 | **혈청 지단백질 대사**

C와 아포지단백질 E를 제공하고, 콜레스테롤은 다른 지단백질에서 받아서 콜레스테릴 에스테르의 형태로 다시 되어 간에서 제거하여 혈청 콜레스테롤을 낮추는 작용을 한다.

3. 진단

혈청지질 중 증가하는 성분에 따라 고콜레스테롤혈증(hypercholesterolemia), 고중성지방혈증(hypertriglyceridemia)과 복합성 고지혈증으로 나눈다. 고지혈증은 공복시 혈장 또는 혈청 총콜레스테롤, LDL콜레스테롤, HDL콜레스테롤이나 중성지방 농도를 측정하여 진단한다. 혈장 지단백질 대사에 이상이 생겨서 지단백질 농도가 높아지고 혈장 지질의 농도도 높아지게 된다. 고지단백질혈증은 동시에 고지혈증이 된다. 공복시 총콜레스테롤이 220 mg/100 mL 이상이고, LDL콜레스테롤을 산출하여 140 mg/100 mL 이상이면 고지혈증으로 분류한다. 프레드릭슨은 임상증상과 혈장 지단백질의 이상에 따른 고지혈증을 분류했으며 세계보건기구(WHO)에서 제2형을 IIa형과 IIb형으로 분류하였다(표 5-4).

| 표 5-4 | 고지혈증 분류(WHO)

표현형	상승된 지단백질	지질농도			원인, 대사이상	유도조건
		콜레스테롤(C)	중성지방(TG)	C/TG		
I	카일로마이크론	↑ 혹은 -	↑↑↑	<0.2	지단백분해효소(LPL) 결핍	고지방식
IIa	LDL	↑↑↑	~↑	1.5<	LDL수용체 이상, 합성항진, 가족성 고콜레스테롤혈증	고에너지, 고콜레스테롤식 고포화지방식
IIb	LDL, VLDL	↑↑	↑↑	> 0.5	LDL수용체 이상, VLDL, LDL합성항진, 가족성 복합형 고지혈증	고당질
III	IDL	↑↑	↑↑	1.0	간에서 IDL결합저하	고지방, 고당질식
IV	VLDL	↑ ~↑	↑↑	<0.2	VLDL합성항진, 처리장애, 가족성 고중성지방혈증	고당질식
V	카일로마이크론, VLDL	↑	↑	0.15~0.6	VLDL합성항진 카일로마이크론, VLDL처리장애	고지방, 고당질식

| 표 5-5 | 한국인 이상지질혈증 진단 기준

분류	단위(mg/dL)
고콜레스테롤증(높음)	≥230
경계치	200~229
정상	<200
고LDL콜레스테롤(높음)	≥160
고LDL콜레스테롤	150~159
경계치	130~149
정상	100~129
적정	<100
저HDL콜레스테롤(낮음)	<40
고HDL콜레스테롤	≥60
고중성지방혈증(높음)	≥200
경계치	150~199
정상	<150

LDL콜레스테롤(mg/dL) = 총콜레스테롤 - (HDL콜레스테롤 - 중성지방 × 0.2)
자료 : 한국지질·동맥경화학회, 이상지질혈증 치료지침 제정위원회, 2009

4. 치료 및 영양관리

임상적으로 고지혈증이 동맥경화증, 담석증, 췌장염 등의 만성 질환과 연관성이 높기 때문에 관리가 매우 중요하다. 고중성지방혈증이 심한 제I형과 제V형 고지혈증에는 췌장염과 같은 중요한 합병증이 발생한다.

동맥경화증의 위험인자인 고혈압, 비만, 당뇨병, 흡연과 함께 고지혈증 중 특히 고콜레스테롤혈증이 관련이 깊다. 고콜레스테롤혈증이 발전하여 콜레스테롤 함량이 높은 LDL, VLDL이 대식세포나 동맥평활근세포에서 대식거품세포가 된다. 이것이 침착되어 콜레스테롤 등의 지질이 동맥벽에 축적되어 아테롬이 된다. 이 때문에 혈전이 형성되고 혈관의 흡착, 폐쇄가 생겨서 허혈성 심질환의 원인이 된다.

1) 영양관리

(1) 제I형(원발성 고카일로마이크론혈증)

지방의 섭취로 카일로마이크론이 혈액 내 축적되어 혈중에 증가하기 때문으로 지방을 제한하면 개선될 수 있다. 원인은 지단백질분해효소(lipoprotein lipase)를 활성화시키는 아포지단백질 C-II의 선천적인 결손이다. 식사원칙은 저지방식이이며 MCT를 사용한다.

(2) 제IIa형(가족성 고콜레스테롤혈증)

LDL은 조직과 세포 표면의 LDL수용체에 의하여 세포 내로 들어간다. 콜레스테롤은 간에서 대사되어 담즙산으로 배설된다. 선천적으로 LDL수용체가 절반 정도 감소하여 혈중의 LDL 농도가 높아져 고콜레스테롤혈증이 나타난다.

(3) 제IIb형(가족성 복합형 고지혈증)

LDL과 VLDL이 혈중에 높게 나타나며 아포지단백질 B의 합성이 항진되어 생긴다. 고도 비만이나 동맥경화 및 고요산혈증이 있는 경우도 있다. 체중 감량과 에너지와 설탕 섭취를 제한하며 포화지방산을 제한한다.

(4) 제III형(가족성 3형 고지혈증)

LDL부터 VLDL까지 광범위하게 지단백질이 증가한다. 아포지단백질 E 구조가 결손되면 대사중간체로서의 기능이 없어져 카일로마이크론 잔여물이나 IDL이 VLDL이 되면서 증가한다. 에너지, 지방, 알코올을 제한한다.

(5) 제IV형(내인성 고중성지방혈증)

당질이나 알코올이 원인이다. VLDL이 증가하며 혈중 중성지방이 높으며 콜레스테롤은 정상이거나 약간 높다. 간에서 중성지방의 합성이 증가하거나 VLDL 이화작용이 저하되어 발생한다. 에너지, 당질, 알코올을 제한한다.

(6) 제V형(원발성 V형 고지혈증)

제V형은 제I형과 제IV형이 원인이 된 당뇨병 등으로 인하여 발병하는 경우가 많다. 고중성지방혈증이 일어난 것으로 흔히 나타나지 않는 질환이다. 에너지, 지방, 알코올을 제한한다.

고지혈증의 치료는 식사를 포함한 비약물요법이 중요하다. 체중감량과 운동량의 증가에 따른 혈압과 혈당 저하 등의 효과와 임상지표에 나타나지 않는 죽상동맥경화의 예방효과가 있어 약물요법 전에 충분히 시행되어야 한다.

식사계획하기 전에 영양판정을 통해서 식사력을 조사해야 하며, 총콜레스테롤, 총지

고지혈증에 영향을 미치는 영양인자

식사 조절과 양은 카일로마이크론과 VLDL의 생성에 직접적인 영향을 미친다.

1. **총에너지** : 과잉으로 섭취한 에너지는 중성지방 등으로 전환하여 지방조직에 축적된다. 콜레스테롤의 생성량은 체중과 상관관계가 높기 때문에 비만과 같은 유형의 고지혈증에서는 에너지를 제한한다.
2. **지방** : 식사 중 지방의 섭취량은 체내 지방대사에 영향을 미치며 혈중지질농도의 조절이 매우 중요한 역할을 한다. 총지방 섭취량의 증가는 카일로마이크론과 VLDL 합성을 증가시켜 혈중 중성지방과 콜레스테롤 농도를 증가시키며, LDL수용체 활성을 억제하여 IDL과 LDL의 농도를 증가시킨다. 총지방 섭취량뿐만 아니라 지방산의 종류와 균형이 혈중 지질 농도와 관계가 있어 포화지방산은 혈중 중성지방과 콜레스테롤의 농도를 증가시키며 다불포화지방산은 LDL콜레스테롤과 중성지방 농도를 낮춘다. 섭취한 다불포화지방산은 n6(ω-6)계와 n3(ω-3)계의 비율이 매우 중요하여 4~10:1을 권장한다.
3. **단백질** : 콩단백질을 포함한 식물성 단백질은 카세인이 함유된 동물성 단백질에 비해 혈청 콜레스테롤치를 저하시키는 역할을 한다.
4. **식이섬유** : 식이섬유는 음식이 장에 머무르는 시간에 변화를 주어 콜레스테롤과 중성지방의 흡수를 방해하여 혈중 지질 농도에 영향을 준다. 펙틴과 같은 수용성 식이섬유는 혈청 콜레스테롤 농도를 낮추는 반면, 불용성 식이섬유는 콜레스테롤 농도에 큰 영향이 없다. 하루 식사에서 식이섬유를 15~45 g 섭취하면 혈중 콜레스테롤 농도를 6~19% 낮출 수 있다는 보고가 있으며, 식이섬유의 저콜레스테롤 효과는 식이섬유의 종류에 따라 다르다.
5. **알코올** : 알코올은 지단백질 대사에 영향을 주며 LDL콜레스테롤에는 직접 영향을 미치지 않고 HDL콜레스테롤과 VLDL 중성지방 농도에 관여한다. 알코올의 HDL콜레스테롤 상승효과는 알코올 섭취량과 개인에 따라 차이가 있으나 상승된 HDL이 관상동맥경화 예방과 상관관계가 있는지 아직 명확하지는 않다.

방, 포화지방, 불포화지방, 술, 당질 섭취량을 조사한다. 또한 과체중이거나 비만의 경우 체중 조절 여부, 식습관, 운동 등에 대한 평가가 이루어져야 한다.

2) 식사지침

식사지침의 기본은 과체중이나 비만이 있을 때에는 총에너지을 줄여 체중을 감소하고, 포화지방의 섭취를 감소시켜 이에 다량 함유된 콜레스테롤의 섭취를 줄이고, 콜레스테롤이 다량 함유된 음식의 섭취를 제한하는 것이다. 총에너지은 표준체중을 유지하고 총지방량을 에너지의 15~20%, 포화지방산 : 단일불포화지방산 : 다가불포화지방산의 비율을 1 : 1 : 1, 콜레스테롤을 200 mg 이하로 유지하도록 한다.

이외에는 흡연 중단, 운동량 증가, 음주 과다 제한이 필요하며, 불용성 식이섬유는 혈중

지방에는 변화가 없으나 변비 증상의 호전과 저에너지 식사를 지속시키는데 도움이 된다.

고지혈증의 치료는 적어도 6주 이상 적극적으로 생활습관을 개선하여도 목표 지질농도에 도달하지 못하면 약물치료를 시작한다(그림 5-11).

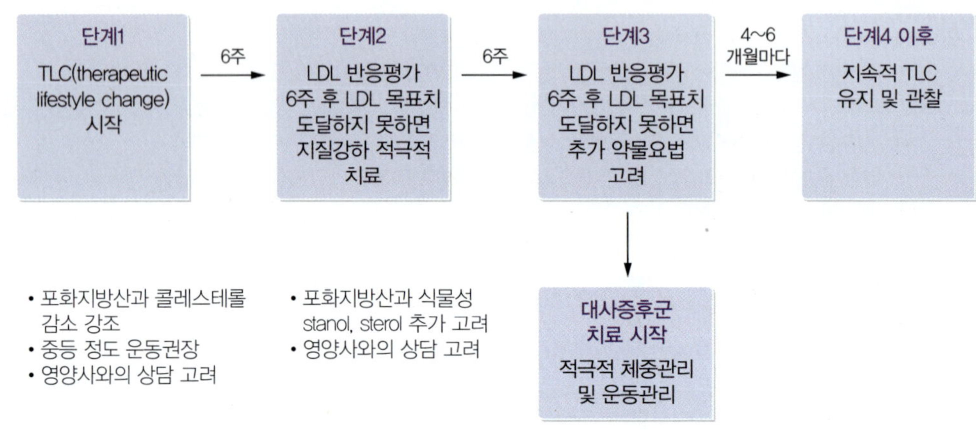

| 그림 5-11 | **치료적 생활습관(TLC) 적용 단계**

고지혈증 식사 가이드

- 소고기나 돼지고기는 가시지방을 제거하고 살코기만 사용한다.
- 육가공품(햄, 소시지, 스팸, 베이컨 등)은 포화지방이 많으므로 가급적 삼간다.
- 닭이나 오리고기는 껍질과 지방층을 제거하고 기름을 많이 넣지 않는 조리법으로 만든다.
- 생선 및 조개류를 섭취한다.
- 우유는 탈지우유를 사용한다.
- 기름은 식물성기름을 사용하되 코코넛기름이나 팜유(야자유) 등은 포화지방산이 많으므로 주의한다.
- 달걀은 난황에 콜레스테롤이 많으므로 되도록 제한하고 난백을 이용한다.
- 과일과 채소는 비타민, 무기질, 식이섬유 등이 풍부하므로 매끼 섭취하도록 한다.
- 도정이 덜된 곡류와 두류의 섭취를 권장한다.
- 견과류는 불포화지방산이 많으나 칼로리가 많으므로 섭취량에 주의한다.
- 찜, 구이, 조림 등 기름을 적게 쓰는 조리법을 이용한다.
- 음식의 간은 싱겁게 하여 지나친 소금 사용을 삼간다.

(1) 고콜레스테롤혈증

총콜레스테롤 및 LDL-콜레스테롤 상승, HDL-콜레스테롤 저하, 총콜레스테롤/HDL-콜레스테롤 또는 LDL-콜레스테롤/HDL-콜레스테롤 비가 상승되는 경우로 NCEP가 제시한 식사관리지침을 따른다(표 5-6).

Ⅰ 표 5-6 Ⅰ LDL콜레스테롤 감소를 위한 식사요법 권장안

식사 개선안	식사 권장안	LDL 감소비율(%)
포화지방산 감소	총칼로리의 <7%의 포화지방산 섭취	8~10
식이 콜레스테롤 감소	1일 <200 mg 식이 콜레스테롤 감량	3~5
식물성 스타놀/스테롤	1일 2 g 이상 식물성 스타놀/스테롤 추가 섭취	6~10
식이섬유	가용성 식이섬유 1일 5~10 g 섭취	3~5
체중감량	4.5 kg 체중감량	5~8
총 LDL 감량효과		25~30

자료 : 3rd Report of the National Cholesterol Education Program(NCEP), ATPIII report, Circulation, 2002

(2) 고중성지방혈증

중성지방이 비정상적으로 증가하고 VLDL이 상승하며 총콜레스테롤과 LDL-콜레스테롤이 약간 상승한 상태이다. 비만과 고혈당증과 관련이 있으며, 체중감량을 위한 에너지 제한식과 지방 및 콜레스테롤 섭취를 제한한다. 또한 단순당의 섭취를 총에너지의 5% 이하로 하면 혈액 내 중성지방을 감소시킬 수 있다.

3) 약물요법

NCEP 웹사이트에서는 나이·성별·총콜레스테롤·HDL-콜레스테롤·흡연 여부·수축기혈압·고혈압치료 여부 등을 입력하면 곧바로 10년간 심혈관질환 위험도를 계산하여 보여준다. 계산된 10년간의 심혈관질환 위험도가 20%를 넘으면 이미 심혈관질환을 앓고 있는 사람과 동일한 그룹으로 분류되어 적극적인 치료를 권고한다(표 5-7).

약물요법은 식사요법을 6개월간 시행하여도 LDL-콜레스테롤 농도가 목표치에 도달하지 못한 경우에 시작한다.

| 표 5-7 | 심혈관질환 위험도에 따른 콜레스테롤 치료 목표치

위험도 범주	LDL-콜레스테롤	비 HDL-콜레스테롤
관상동맥질환 환자 또는 10년 위험도 20% 이하	<100 mg/dL	<130 mg/dL
10년 위험도 20% 이하, 주요 위험요인 2개 이상	<130 mg/dL	<160 mg/dL
10년 위험도 20% 이하, 주요 위험요인 1개 이하	<160 mg/dL	<190 mg/dL

자료 : 3rd Report of the Expert Panel on Detection, Evaluation, and Treatment of High Blood Cholesterol in Adults, NCEP ATP III, 2002

제4절 동맥경화증

일반적으로 널리 쓰이는 동맥경화는 'arteriosclerosis'(arterio=동맥, sclerosis=경화)를 번역한 용어이며 정확한 표현은 죽상경화, 'atherosclerosis'(athero=죽, gruel, sclerosis=경화)이다. 죽상경화증이란 동맥 혈관벽에 콜레스테롤 등이 침착하여 혈관 내경이 좁아져서 혈류 장애를 초래하는 혈관 질환으로서 흔히 동맥경화증이라고 한다.

동맥경화증(atherosclerosis)은 관상동맥부터 대동맥에 이르기까지 다양한 크기의 동맥에 발생하는 국소적인 내막질환이다. 내막질환이 국소적으로 일어나므로 개개의 병변을 플라크(plaque)라 하며 지질, 세포외 기질, 세포 성분으로 구성되어 있다.

1. 동맥 구조

동맥은 내막, 중막, 외막으로 구성되어 있다(그림 5-12).

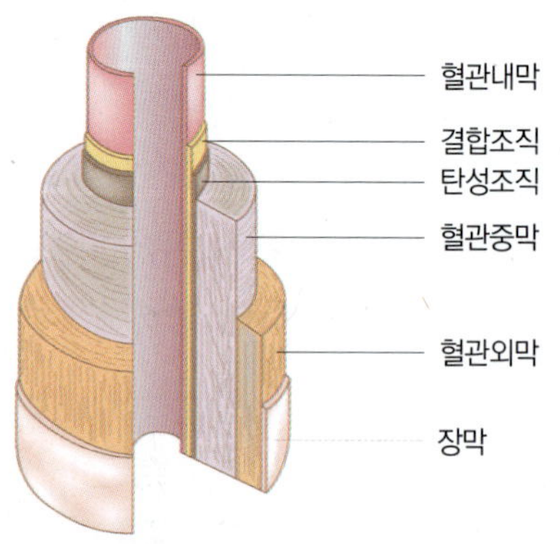

| 그림 5-12 | 동맥의 구조

1) 내막

내피세포로부터 내탄성판(internal elastic lamina) 직전까지의 부위로 결합조직 2개의 층으로 이루어져 있으며, 내막은 동맥경화의 병변이 주로 일어나는 곳이다.

2) 중막

혈관의 근육층으로 내부에 혈관 평활근세포가 여러 층으로 존재하며 탄성섬유 사이에 많은 구멍이 있어 물질이나 세포가 양방향으로 이동한다. 중막에는 평활근세포와 탄성섬유가 있어 동맥의 탄력성에 관여한다.

3) 외막

외막은 교원성 구조로서 교원질섬유, 탄성섬유, 섬유아세포로 구성되어 있다. 이 층에는 혈관벽에 영양분을 공급하는 작은 혈관과 중막을 지배하는 신경섬유가 분포한다.

2. 분류

동맥경화증은 죽상동맥경화증(아테롬 경화증), 중막경화증, 세소동맥경화증으로 분류할 수 있다.

1) 죽상동맥경화증

죽상동맥경화증은 주로 대동맥 등의 탄성형 동맥과 관상동맥, 뇌동맥 등과 같은 근성동맥에 생기는 병변으로 내막에 국한되어 지질이 침착되기 시작하여 중막 평활근세포의 증식, 섬유성 비대로 인한 죽상종(아테롬)이 형성된다. 따라서 석회 침착, 궤양, 혈전 형성이 동반되고 혈관내강이 협착되어 폐쇄되며 혈류장애가 발생하여 임상적으로 중요한 결과를 초래한다.

아테롬의 형성은 지방흔, 섬유반, 복합병변으로 진행된다. 내막은 초기에 황색의 가는 선이 맨눈으로 관찰되는 병변(지방흔)이고, 다음은 세포 외부에 지질방울이 침윤하여 융기(섬유반)되고 점차 진전되면서 석회화와 궤양이 형성되어 복합병변이 된다(그림 5-13).

죽상동맥증과 동맥경화증

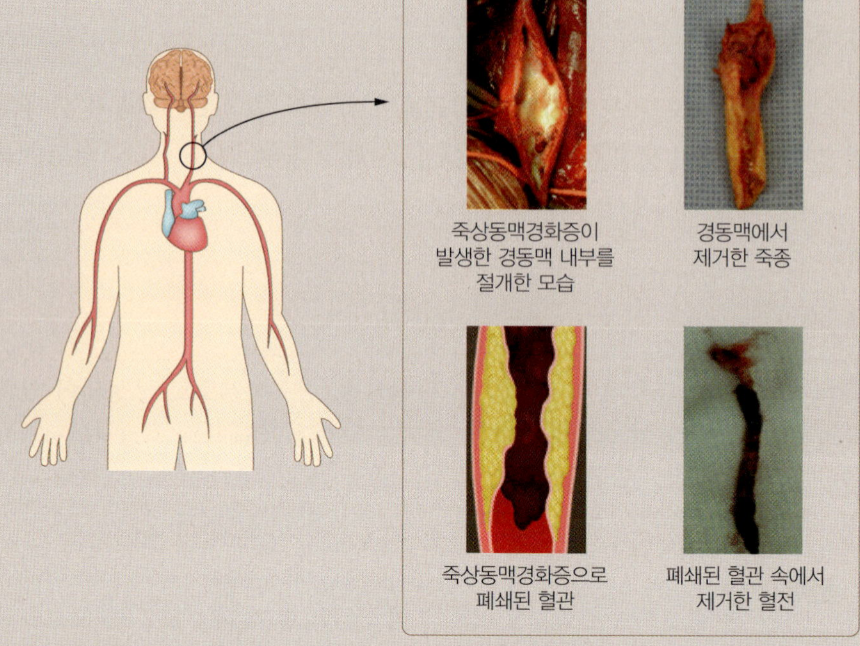

자료 : 보건복지부

죽상동맥증과 동맥경화증의 개념

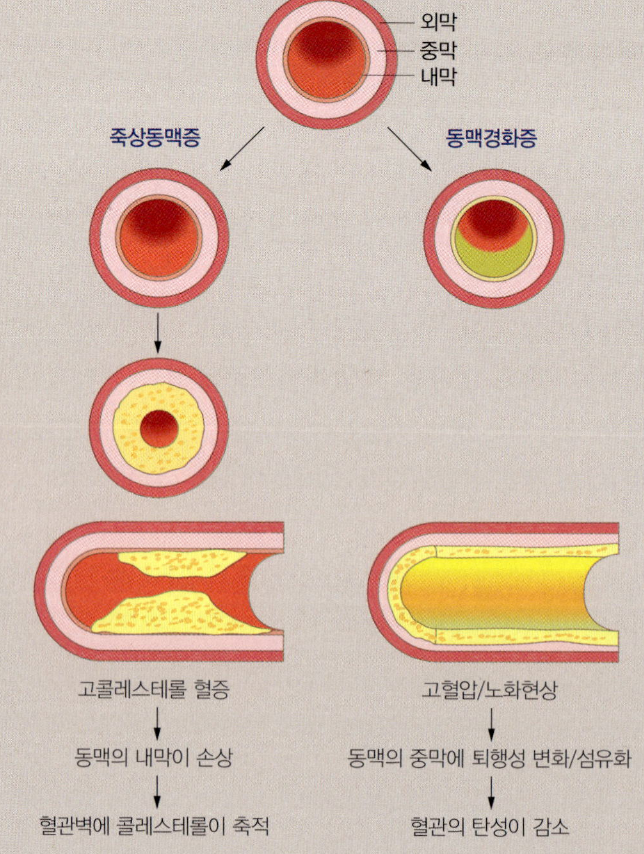

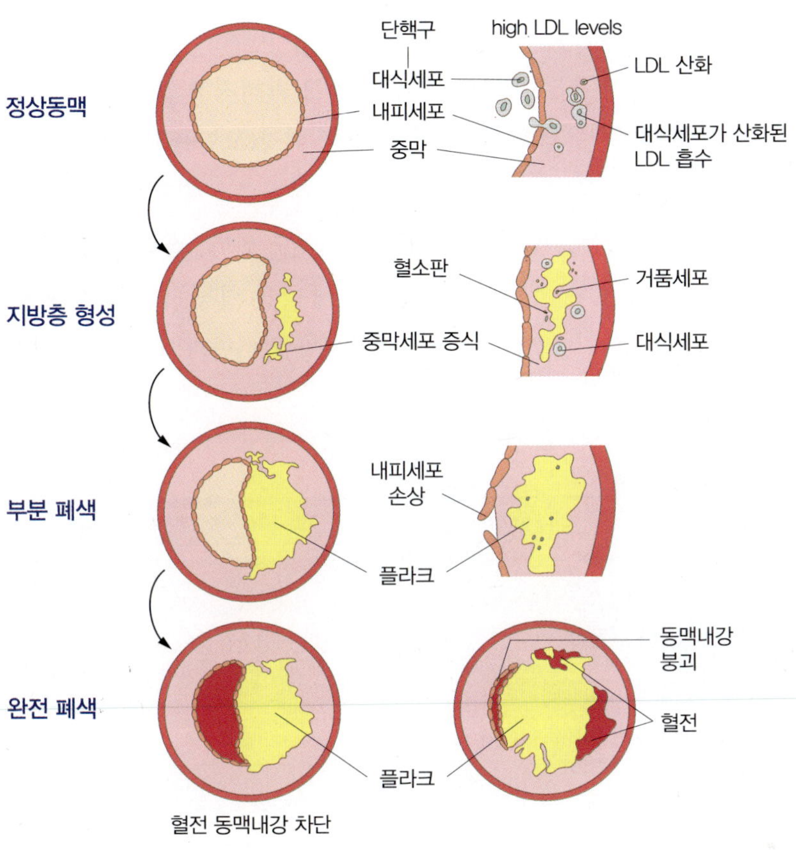

| 그림 5-13 | **동맥경화증의 진행과정**

2) 중막경화증

중막경화증은 경부나 사지(특히 하지)의 근성 동맥에 발생해서 중막에 석회가 침착하는 특징이 있으며 흡연 및 연령이 증가하는 것과 관련이 있다. 혈관내강이 협착되지 않으면 임상적인 문제가 없다.

3) 세소동맥경화증

세소동맥경화증은 전신의 세소동맥(50~500 μg)에 보이는 병변으로 내막이 비후해서 생기는 변화에 따라 관내강이 좁아지게 된다. 신장의 수입동맥, 망막의 동맥, 뇌실질내의 동맥에 경화가 생기는 경우가 많다. 고혈압과의 관계가 더 중요하다.

3. 원인

동맥경화의 발생과 진행을 초래하는 원인은 아직 밝혀지지 않았다. 죽상동맥경화증의 위험인자는 고콜레스테롤혈증, 고혈압, 내당능 이상(고인슐린혈증), 흡연, 비만, 스트레스 등이다. 이와 같은 위험인자 중에서 고인슐린혈증은 평활근세포가 증식되는 것과 연관이 있으며 고지혈증을 일으키는 원인이 되기도 한다. 흡연은 몸속에 스며든 담배의 유해물질이 내피세포에 손상을 입히고 흡연에 따른 혈장 HDL의 저하와 관계가 있다. 비만은 고인슐린혈증이 발생하고, 특히 내장지방형 비만과의 관련이 크다.

동맥경화증 진행을 촉진시키는 주요 위험 인자

- 고콜레스테롤혈증
- 낮은 HDL콜레스테롤
- 높은 LDL콜레스테롤
- 높은 중성지방
- 고혈압(140/90 mmHg 이상)
- 흡연
- 당뇨병
- 심혈관질환의 가족력
- 연령 증가
- 운동부족, 과체중 및 복부비만

4. 증상

죽상동맥경화로 혈관이 좁아지거나 막히면 그 혈관이 담당하는 말초로의 혈액순환에 장애가 생기므로 좁아진 혈관에 따라 증상이 다르게 나타난다.

죽상동맥경화는 주로 심장에 혈액을 공급하는 관상동맥, 뇌에 혈액을 공급하는 뇌동맥과 경동맥, 신장의 신동맥 및 말초혈관을 침범하고, 이로 인해 협심증, 심근경색 등의 허혈성 심장질환, 뇌경색과 뇌출혈 등의 뇌졸중, 신장의 기능이 저하되는 신부전 및 허혈성 사지 질환이 나타난다. 동맥경화증의 발병 부위에 따라서 장기 부위 특유의 임상적 증상이 다음과 같이 나타난다.

1) 뇌동맥경화증

일과성 뇌허혈 발작, 뇌경색, 뇌출혈 등이 발현하여 두통과 함께 중추신경계 증상이나 정신 증상이 보이기도 한다.

2) 관상동맥경화증

동맥경화성 병변이 진전되어 혈관강이 협착됨으로써 혈관 혈류량이 감소하여 협심증이 일어나고 관상혈관에 혈전이 생겨 관상혈류의 부전으로 심근경색과 함께 허혈성 심장질환이 된다.

3) 대동맥경화증

대동맥류는 하행대동맥에서 발생하기 쉬우며 부위에 따라 압박증상 등이 다르다. 복대동맥에는 식후 장관운동이 심할 때에 복통이 발작하고 흉대동맥의 해리성 대동맥류의 경우에는 갑작스러운 흉통이 생긴다.

4) 신동맥경화증

동맥성 신경화증이라고 부르며 신장허혈이 생기고 신장혈관성 고혈압 등이 발생한다.

5) 말초동맥경화증

하퇴에 따른 발까지 장해를 받아 걷지 못하며, 환자가 계속 걸으면 동통과 마비가 생기고, 쉬고 나면 다시 걷는 것이 가능해진다.

5. 검사 및 진단

증상이 나타나기 전에 조기에 확인하는 방법으로는 경동맥 초음파나 복부 초음파 및 CT, 관상동맥 석회화 검사 등이 있다.

6. 치료 및 영양관리

1) 생활습관 교정

일반적으로 동맥경화증은 연령이 증가할수록 진행되며 동맥경화증의 위험인자를 제거하려면 생활습관을 바꾸는 것이 중요하다. 그 중에서도 식사 관리가 매우 중요하여 총에너지에 따른 포화지방산의 과잉섭취에 주의하고 또한 콜레스테롤과 식염 섭취를 제한하고 식이섬유의 섭취를 높이도록 노력한다. 죽상동맥경화의 위험요인이 되는 질환(고지혈증, 고혈압, 당뇨병)을 적극적으로 관리해야 하며, 반드시 금연해야 한다.

흡연에 의해 생기는 일산화탄소(CO)는 체내에서 저산소증을 유발한다. 혈청지질이 높아져 동맥경화를 촉발하여 말초혈관을 수축시켜 혈액흐름을 저해하고 혈액응고를 항진시켜 동맥의 혈전을 유발시킨다. 그러므로 금연이 동맥경화의 치료에 필수적이다. 동맥경화를 근본적으로 예방하거나 치료할 수 있는 방법은 아직 없다고 알려져 있다.

2) 식사지침

혈청 콜레스테롤을 낮추기 위해서 포화지방이나 콜레스테롤의 함량이 높은 음식을 제한하고, 불포화지방이 함유된 음식의 섭취를 늘린다. 과일, 채소 등의 수용성 식이섬유를 충분히 섭취하고, 탄수화물은 주로 복합탄수화물이 많은 곡류, 과일 및 채소를 통해 섭취해야 하며 고탄수화물 식사는 혈청 중성지방의 증가 및 HDL콜레스테롤의 감소를 가져올 수 있으므로 주의해야 한다. 콩 단백은 포화지방산이 많은 음식의 대체식품으로 유용하게 이용할 수 있다. 이러한 식사요법으로 LDL콜레스테롤을 20~30% 감소시킬 수 있다.

에스키모인은 엄청난 양의 지방을 섭취함에도 불구하고 심혈관질환, 암, 당뇨 등의 발병률은 오히려 매우 낮다. 이들이 많이 섭취하는 등푸른생선에는 ω-3 지방산이 많이 함유되어 있다는 것을 발견했고, 이후 연구에서도 ω-3 지방산이 풍부한 생선을 많이 섭취할수록 심혈관질환의 발병률이 낮아졌다. ω-3 지방산은 혈중 중성지방과 LDL콜레스테롤을 감소시키고, 항염증 효과가 있어 동맥경화를 방지하며, 항혈전 기능이 있고, 부정맥을 감소시키며, 혈관 내피의 혈관확장기능을 증대시키는 등의 효과로 인해 심혈관질환의 위험을 감소시키는 것으로 알려져 있다. 하루에 꽁치, 참치뱃살, 고등어, 연어 등의 등푸른생선을 1~2회 섭취하고, 심근경색 병력이 있는 환자는 1일

1 g의 ω-3 지방산 섭취를 권장한다.

3) 운동요법

운동부족은 비만을 초래하여 LDL콜레스테롤 수준을 증가시켜 동맥경화증을 유발한다. 혈중 지질을 개선하기 위한 육체적 활동이나 유산소 운동은 중등~고강도로, 5~7일/주, 적어도 하루에 30분 이상 실시하여야 한다. 체중 감량을 목표로 하는 경우에는 하루 60분 이상 운동해야 한다. 중등도의 강도란 30분간 빠른 걸음 걷기, 20분간 수영, 자전거 타기(8 km/30분) 등이다. 지속적인 유산소운동을 하면 혈청 중성지방 수치가 평균 20~30% 감소하고, HDL콜레스테롤 수치가 2~8 mg/dL 정도 증가한다. 그러나 운동을 열심히 해도 총 콜레스테롤은 대개 변화가 없는 경우가 많은데, 총 콜레스테롤 및 LDL콜레스테롤의 감소는 체중, 체지방량의 감소, 지방섭취량의 감소와 주로 관련이 있다. 지속적인 효과를 얻기 위해서는 규칙적인 운동이 필요하다. 근력운동을 하면 체지방량이 감소하고 근육량이 늘면서 총 콜레스테롤과 LDL콜레스테롤을 감소할 수 있다.

4) 약물치료

혈전을 형성하는 데 중요한 작용을 하는 것이 혈소판이다. 75~150 mg의 저용량 아스피린을 매일 또는 격일 꾸준히 복용하면 혈소판의 작용을 억제하여 혈액이 응고되는 것을 막는다.

제5절 허혈성 심장질환

허혈성 심장질환(ischemic heart disease)이란 심근조직의 산소 부족으로 생기는 질환으로 심근허혈이라고도 한다. 협심증, 심근경색증, 급사, 울혈성 심부전 등 여러 임상증상으로 나타날 수 있다. 심근허혈을 유발하는 원인으로는 혈관 내경이 감소되어 절대적인 산소 공급의 부족을 초래하는 죽상동맥경화증, 혈관경련, 색전증, 빈혈 등이 있으며, 산소요구량이 증가하여 상대적으로 허혈이 생기는 좌심실비대, 대동맥판 협착증, 비후성 심근증 등이 있다.

1. 분류

심근허혈이 유발되는 관상동맥질환은 병태생리 및 임상 증상에 따라 크게 만성 안정 협심증과 급성 관상동맥증후군으로 나눌 수 있으며, 급성 관상동맥증후군은 다시 불안정협심증과 심근경색증으로 분류할 수 있다. 협심증은 임상 증상 및 병태생리학적 기전에 따라 안정형, 불안정형, 변이형 협심증으로 분류한다.

심근허혈은 심근의 산소 공급이 수요를 따르지 못할 때 일어난다. 저산소증이나 무산소증은 적절한 혈액의 관류에도 불구하고 산소 공급이 부족하거나 없는 상태를 말하며, 허혈은 혈액의 관류가 저하되어 조직의 산소 공급이 결핍되고 대사산물의 처리과정에 지장을 초래하는 상태이다. 허혈성 심장질환의 병인은 그림 5-14와 같다.

심근허혈이 일어나면 그림 5-14와 같이 세 주요 임상증후군인 협심증, 심부전 및 부정맥을 일으키며 이들은 서로 밀접한 인과관계를 형성한다.

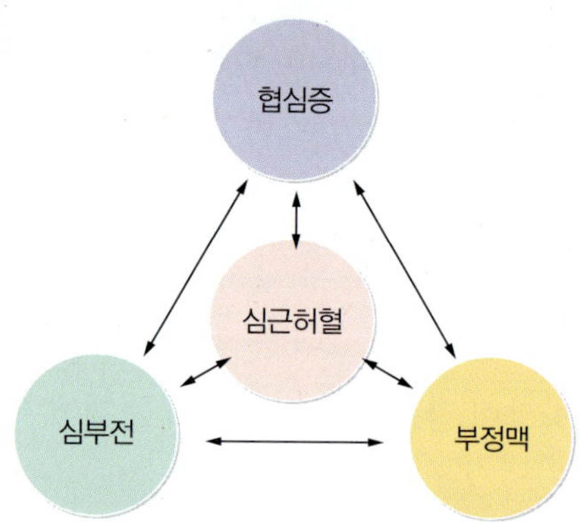

| 그림 5-14 | **허혈성 심장질환의 임상발현**

부정맥이란? 심장은 두 개의 심방과 심실로 구성된 펌프이다. 이 펌프는 자체 내에서 발생하는 전기적인 신호를 따라 규칙적으로 수축하는데 전기적 신호는 심장내의 동방결절에서 형성된다. 부정맥은 이러한 전기적 신호의 발생이나 전달에 이상이 생겨 심장이 너무 빠르게 또는 너무 느리게 뛰거나 불규칙하게 뛰는 것을 말한다. 심실에서 생기는 부정맥을 심실성 부정맥, 심방을 포함한 심실 위에 있는 구조물에서 생기는 부정맥을 심실상성 부정맥이라고 한다.

2. 안정형 협심증

협심증(angina pectoris)은 심근허혈로 생기는 가슴 또는 인접 부위의 불편감이나 통증으로 관상동맥질환의 여러 임상형태 중의 하나이다. 안정형 협심증(stable angina)은 협심증의 빈도, 유발 양상 및 지속시간이 안정된 상태이다.

1) 원인

협심증은 주로 관상동맥이 경화되거나 혈전이 생겨 혈관의 내강이 좁아져 심근에 산소의 공급이 수요를 따르지 못하여 일어나는 심근허혈로 발생한다. 심장박동, 좌심실벽 스트레스 및 심근수축성이 심근 산소 수요를 증가시키는 중요한 요소이다. 운동, 과식, 흥분, 감정적 스트레스 등으로 심장이 일을 많이 할 때 흉통이 생기고 휴식을 취하거나 나이트로글리세린을 투여하면 사라진다.

2) 증상

협심증의 증상은 흉통으로 대개 '쥐어짠다', '짓누른다', '우리하다', '조인다', '터질 것 같다' 등의 고통을 호소한다. 협심증의 흉통은 가슴을 지나 목이나 왼쪽 팔로 방사되기도 한다. 통증은 처음에는 미약하게 시작하여 점차 최고에 달한다. 흉통의 지속 시간은 대개 5분 이내이고, 30분 이상 지속하는 경우는 거의 없다. 또한, 통증이 가슴이 아닌 방사통이 생길 수 있는 부위인 왼팔 안쪽, 목, 어깨 등에 국한되어 먼저 발생할 수도 있으며, 통증이 아닌 오심, 소화불량, 어지럼증, 발한 등의 증상도 나타날 수 있다. 심근허혈이 통증 없이 호흡곤란, 발한, 피로, 심계항진이나 실신으로도 나타날 수 있다.

협심증은 운동으로 발병하기도 한다. 급히 서두르거나 언덕을 오를 때, 식후 운동, 팔을 쓰는 일 등으로 악화된다. 또한, 과식, 심한 스트레스, 몹시 덥거나 몹시 추운 날씨, 흡연 등으로도 악화된다. 통증은 휴식을 취하면 대개 1~5분 이내에 사라진다. 나이트로글리세린 설하정을 혀 밑에 투여하면 통증이 호전되거나 소실되는 경우가 많다.

3) 검사 및 진단

협심증의 진단은 임상 양상만으로도 어느 정도 가능하나 확진이 필요하거나 치료 방향 및 예후를 판정하는 데 검사실 검사가 이용된다. 비침습적 검사방법으로는 흉부방사선, 관상동맥 조영술(arteriography), 안정 심전도(비특이성 ST-T변화), 운동부하 심전도(stress test, 안정시 심전도가 정상이지만 협심증의 의심이 있는 환자에게 유용), 운동 스트레스 심근관류영상법 등이 있다.

심전도 부하검사 심근에 여러 가지 방법으로 스트레스를 주어 허혈을 유발하여 심전도나 관류 이상을 검사하는 방법으로 심근허혈을 진단하고 그 정도를 판단하는 검사법이다. 심근에 부하를 주는 방법에는 트레드밀, 자전거 등의 운동부하법과 다이피리다몰, 아데노신, 도부타민 등의 약물 투여 부하법이 있다. 부하에 대한 허혈을 판단하는 방법에는 심전도, 동위원소관류검사나 심초음파 국소벽 운동검사 등으로 이들을 적절하게 조합하여 검사를 시행한다.

4) 치료 및 영양관리

치료의 목적은 삶의 질 개선과 심근경색, 돌연사의 예방에 있다. 협심증의 치료에는 반드시 심혈관질환의 2차 예방을 위한 고혈압, 당뇨병, 흡연 등과 같은 위험인자의 교정과 함께 빈혈이나 갑상샘기능항진증과 같이 협심증을 악화시키는 질환의 치료를 병행한다. 또 동맥경화증의 진행을 예방하고 협심증 증상이 생기지 않을 적절한 운동이 필요하다. 이를 위해서는 악화인자를 제거하고 관상동맥경화 위험인자에 대한 관리와 생활양식의 개선이 필요하다. 흡연, 고지혈증, 고혈압, 비만과 운동부족이 개선되어야 한다.

(1) 식사지침

식사요법은 소식, 채식, 저염식의 3요소가 있다. 심근경색증이나 협심증이 있는 환자에게 저염식과 저콜레스테롤식을 권장한다. 하루에 소금 10 g 이하로 줄이는 것이 좋으며 저콜레스테롤식에는 지방이 많은 고기(예 : 삼겹살, 닭 껍질, 조개류)와 튀김, 기름기가 많은 국이나 탕, 달걀노른자 등의 섭취를 줄인다. 등푸른생선은 콜레스테롤을 낮추는 다가불포화지방산의 함량이 상대적으로 높으므로 육류보다 바람직하다. 또한, 신선한 채소와 과일은 에너지 함량이 상대적으로 낮아서 체중 감량에 효과적일 뿐만 아니라 식이섬유가 많아 콜레스테롤을 낮출 수 있어 충분히 섭취한다.

(2) 운동요법

운동요법은 운동 전 3분 예방체조, 한 번에 30분 이상, 일주일에 3일 이상을 하는 것이 좋다.

(3) 생활요법

금연, 이상적 체중 유지, 심리적 스트레스 해소의 3요소가 중요하다.

(4) 약물요법

협심증의 치료는 항협심증 약물치료(질산염제제, β-아드레날린 수용체 차단제, 칼슘길항제, 항혈소판제, 혈관성형술과 관상동맥우회로이식술로 대별된다. 만성 안정협심증 환자에게 죽상경화증의 진행을 막고 불안정협심증이나 심근경색과 같은 합병증을 예방하기 위하여 아스피린 복용을 권장한다. 항혈소판제제인 아스피린은 혈소판과 내피세포의 사이클로옥시제네이스(cyclooxygenase) 억제제로 트롬복산(thromboxane)의 유리를 억제하여 혈소판 응집을 막아준다. 필요한 경우 경피적 관상동맥 중재술이나 관상동맥우회로이식술을 시행한다.

3. 불안정형 협심증

불안정형 협심증(unstable angina)은 대부분 죽상경화반 파열과 함께 혈전 형성으로 갑자기 관상동맥협착이 진행되어 생긴다.

1) 원인

불안정형 협심증의 원인은 혈소판이 많은 비폐쇄성 벽혈전이다. 불안정형 협심증의 원인의 약 2/3는 죽상반이 파열되어 혈전이 생기며, 1/3은 심근 산소요구량이 급격하게 증가하거나 관상동맥은 완전히 폐쇄되었지만 측부 혈관의 발달로 심근경색은 생기지 않은 상태에서 발생한다.

2) 증상

불안정형 협심증의 임상 증상에는 새로 발생한 지 2개월 이내에 심한 통증이나 하루 세 번 이상의 빈번한 증상을 나타내는 협심증, 안정시에도 발생하는 협심증이 포함된다.

3) 진단

관상동맥질환의 확진, 운동 부하검사 등을 한다.

4) 치료

치료목표는 불안정형 협심증 증상을 완화하고 심근경색을 예방하는 데 있다. 안정형 협심증에서와 같이 β-아드레날린 수용체 차단제, 질산염제제 및 칼슘길항제 등의 항협심증 치료제의 항혈소판제와 항혈전제 등을 필수적으로 사용한다.

4. 심근경색

심근경색(myocardial infarction)은 서양에서 가장 흔한 사망원인 중의 하나로 우리나라에서도 그 빈도가 증가하고 있다. 협심증의 경우 운동과 같은 여러 원인으로 증가한 심근의 산소요구량에 비해 좁아진 심장혈관에서 충분한 혈류공급이 이루어지지 않아 발생하는 질환이며 이미 형성되어 있던 죽상경화반이 파열되고 이로 인해 혈전이 혈관 전체 또는 대부분을 폐쇄함으로써 발생하는 질환이다.

1) 원인

관상동맥의 죽상경화에 따른 혈전성 폐쇄와 함께 폐쇄동맥으로 심근의 허혈성 괴사가 일어난다. 심근 괴사는 지속적인 심근 허혈에 의하여 유발된다.

급성 심근경색의 가장 근본적인 원인은 동맥벽에 콜레스테롤이 쌓여서 혈관이 굳어지고 좁아지는 동맥경화증 등에 의하여 내경이 좁아져 있던 관상동맥 내에 혈전이 형성됨에 따른 급격한 혈류차단이다. 관상동맥의 동맥경화반이 파열되거나 균열이 생기면서 형성되는 혈전으로 관상동맥 혈류가 차단됨으로써 심장근육에 괴사가 일어난다. 환자의 약 90% 정도가 혈전이 생기고 환자의 약 2/3는 혈전에 의한 경색 관련 동맥의 폐쇄가 일어난다.

2) 증상

급성 심근경색의 전형적인 흉통의 특징은 흉골 후 부위에 심한 통증이 있으며, 통증이 목, 턱, 어깨, 왼쪽 팔 안쪽 등으로 퍼지는 방사통을 동반한다. 통증의 지속시간은 보통 30분 이상이며, 동반되는 증상으로는 발한, 현기증, 실신, 심계항진, 무기력감, 오심, 구토 등이다. 급성 심근경색증의 증상은 협심증과 비슷하나 30분 이상 지속하며 흔히 안정시에 발생한다. 15~20% 정도는 통증이 없으며 심부전, 의식소실 및 저혈압 등을 일으킨다.

3) 검사 및 진단

응급으로 심전도와 피 검사를 시행하여 심전도상 특이적인 변화가 동반되는 경우에는 심근경색증을 강력하게 의심할 수 있다. 특히 심전도에서 ST절이 상승한 심근경색증은 곧바로 심혈관 성형술, 스텐트삽입술, 혈전 용해술이 필요한 응급 질환이다.

흉통 등의 자각증상이 있어 심근경색이 의심되면 12유도 심전도 검사를 한다. 심근경색증의 특유한 심장통과 심전도 이상, 혈청효소의 상승, 발열, 백혈구 증가 등이 있으면 진단이 확실하다.

4) 치료 및 영양관리

급성 심근경색증 환자의 치료원칙은 환자의 통증 완화, 혈역학적으로 안정, 심근의 산소요구량을 줄이고 심근의 관류를 유지하거나 증가시키는 것이다. 일반적으로 흉통 치료를 위하여 산소, 나이트로글리세린, 모르핀 등을 사용하고 심근의 관류를 유지하기 위해 아스피린 같은 혈소판 응집억제제나 헤파린과 같은 항응고제를 사용한다.

심근경색증 환자에게는 저염식과 저콜레스테롤식을 권장한다. 하루에 소금 10 g 이하로 줄이는 것이 좋은데 한국인의 평균적인 식단에 20~25 g의 소금이 포함되어 있다

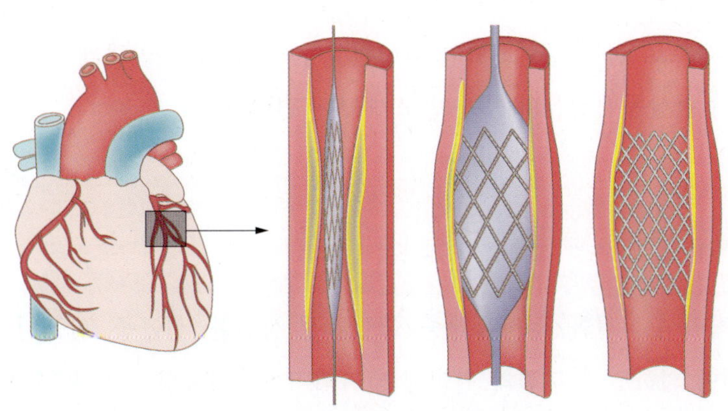

| 그림 5-15 | **심혈관 스텐트 삽입**

는 점을 고려하면 염분 섭취를 상당량 줄여야 한다. 저콜레스테롤식에는 기름기가 많은 고기(예, 삼겹살, 닭 껍질, 조개류)와 튀김, 기름기가 많은 국, 탕, 달걀노른자 등의 섭취를 줄이는 것이 포함된다. 생선, 특히 등푸른생선은 콜레스테롤을 낮추는 불포화지방산의 함량이 상대적으로 높으므로 육류의 좋은 대안이 될 수 있다. 또한, 신선한 채소와 과일은 에너지 함량이 상대적으로 낮아서 체중 감량에 효과적일 뿐만 아니라 콜레스테롤을 낮출 수 있는 일석이조의 효과가 있다.

제6절 심부전

심부전(myocardial failure)은 체내에 필요한 산소 및 영양소를 공급하기 위해 혈액을 펌프 하는 기능을 하기 위해서 심장이 비정상적(생리적인 범위 이상)으로 과다하게 펌프질을 하거나 체내에서 필요한 산소 및 영양분을 제대로 공급하지 못할 만큼 펌프질을 제대로 하지 못하는 상태이다.

인구의 고령화, 심근경색 후 높은 생존율, 심부전의 조기진단 기술의 발달 등으로 심부전 환자가 증가하여 서구 사회에서는 심부전의 예방 및 치료에 많은 연구가 집중되고 있다. 우리나라에서 매년 발생하는 심부전 환자의 발생빈도가 정확히 조사되지 않았지만 연령이 증가할수록 높아져 특히 75세 이상에서 급격한 증가 양상을 보이고 있으며, 미국의 경우 50대는 약 1%이던 심부전 유병률이 80대는 9% 정도이다. 선진국에서는 매년 성인인구의 1~2%에서 발생하는 것으로 알려졌으며, 이를 추정한다면 우리나라의 발병은 연간 40~60만 명에 이를 것으로 추산되며 매년 발생률이 높아질 것으로 예상한다. 일반적으로 심부전은 고혈압이나 관상동맥질환을 동반하게 되는데, 국내에서는 선진국보다 관상동맥질환의 동반 빈도가 낮은 편이다.

1. 원인

심부전은 허혈성 심질환, 심장판막증, 고혈압성 심질환, 심근증, 심근염 등이 원인이며 외국 통계에 의하면 심부전의 원인이 남자의 53%, 여자의 42%가 허혈성 심장질환 환자이고, 남자의 15%, 여자의 22%가 고혈압이며, 남자의 7%, 여자의 14%가 심장판막증이다(그림 5-16).

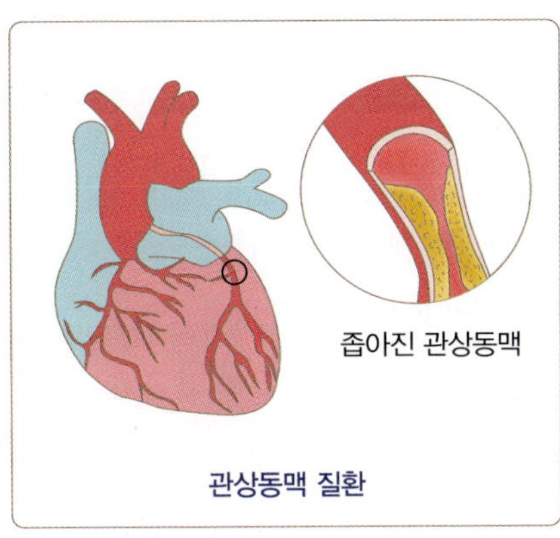

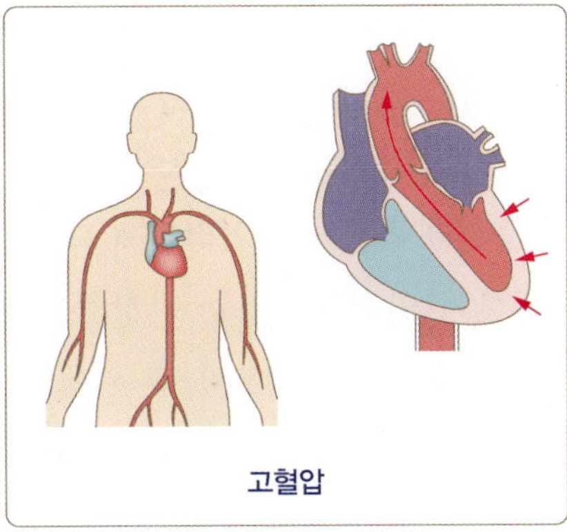

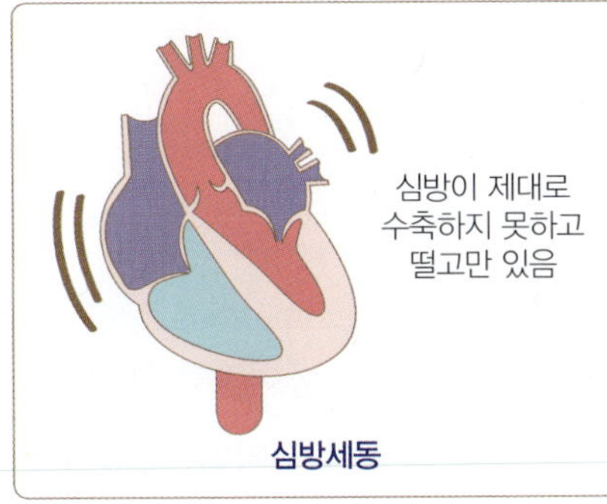

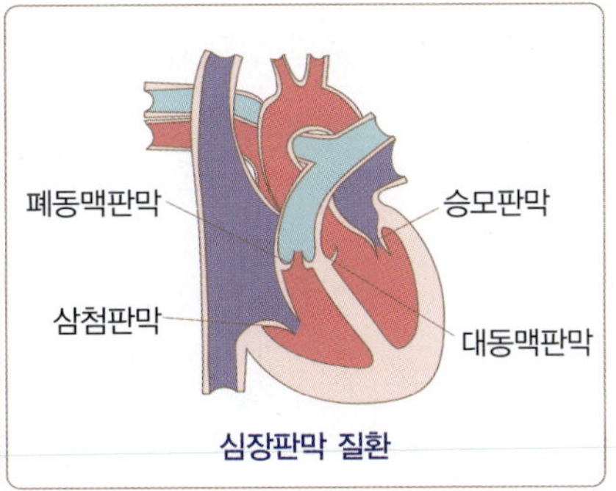

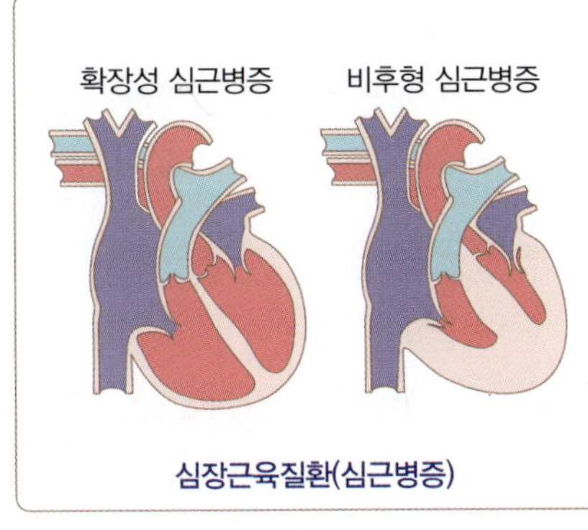

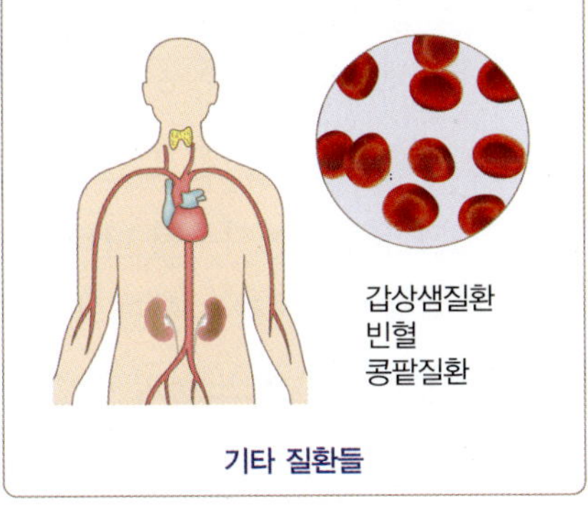

| 그림 5-16 | **심부전 유발 질환**

심부전의 분류

- 적응 기간에 따라 : 급성, 만성 심부전
- 원인 기전에 따라 : 류머티스성 심장질환, 고혈압, 관상동맥 질환, 심근염, 심장판막질환
- 폐울혈 여부에 따라 : 좌심부전, 우심부전
- 심실 기능 이상에 따라 : 수축기 심부전, 이완기 심부전
- 심박출량에 따라 : 저박출량 심부전, 고박출량 심부전

심부전의 원인은 크게 원인질환과 악화요인이다. 원인질환이란 심장기능 저하가 근본적인 원인이 되는 질환을 말한다. 그러나 원인질환이 있더라도 오랫동안 비교적 잘 지내던 환자가 심부전 소견을 보이기 시작하는 데에는 악화요인이 더 크게 작용한다. 따라서 심부전의 치료는 원인질환에 대한 치료와 함께 악화요인에 대한 치료 모두 중요하다. 흔한 원인질환으로는 관상동맥질환(33~36%), 심근병증(22~23%), 고혈압(19~22%), 판막질환(13~15%), 그 외에 선천성 심기형, 부정맥, 알코올과 약물, 고심박출성 심부전, 심막질환, 원발성 우심부전 등이 있다. 악화요인으로는 부정맥(22%), 심근경색(21%), 감염증(19%), 투약 중단(7.4%), 빈혈, 갑상샘기능항진증, 임신, 각종 심근염, 감염성 심내막염, 과로, 고혈압, 폐색전증 등이 있다.

2. 증상

각종 심장질환으로 심장의 펌프기능이 떨어지면 심장으로 들어오는 혈액을 퍼낼 수 없으므로 심장이 커지고 혈액순환이 원활하지 못해서 체액이 연약한 폐조직으로 스며들어 폐부종이 발생한다.

- 호흡곤란 : 폐쇄기압의 상승으로 나타나며 심하면 폐부종으로 진행한다.
- 피로허약 : 심박출량의 저하로 인한 사지무력감으로 여러 원인이 있다.
- 야간뇨 : 초기 심부전에서부터 나타나며 활동시 부족한 심박출량을 위한 수분 분포가 안정시 재배치되면서 신혈관의 수축이 풀리면서 나타난다.
- 중추신경계 증상 : 주로 노령의 중증 심부전에서 나타나며 의식혼돈, 불안, 기억상실, 불면증 등을 보인다.
- 우심부전의 증상 : 우심에 혈액이 잔류되어 새로 유입되는 정맥혈이 충분히 들어오지 못하여 대정맥계에 울혈이 생기며 부종과 소화기계에 울혈이 생겨 식욕부진과 소화기계 질환이 나타나기도 한다.

3. 검사 및 진단

1) 심전도

심전도는 고통이 전혀 없으며 검사시간이 1~2분 정도 걸린다. 심장 전기의 발생과 전달 이상, 심장의 구조적 또는 생리적 이상을 알 수 있다. 24시간 활동성 심전도 등의 정밀검사를 한다.

2) 흉부 방사선 촬영

방사선을 이용하여 가슴을 촬영하는 방법으로서 심장이 커지거나 폐에 피가 고인 폐울혈 등을 진단할 수 있다.

3) 심장 초음파 검사

심장 초음파 검사는 인체에 무해한 초음파를 이용하여 심장과 대동맥을 피 한 방울 흘리지 않고 모든 방향에서 절단된 단면을 볼 수 있게 하여 심장과 혈관의 내부 구조 및 기능을 정확하게 파악할 수 있다.

4) 관상동맥 조영술

심장혈관을 촬영하는 방법으로 혈관이 잘 보이도록 해주는 조영제를 가느다란 튜브를 통하여 심장혈관으로 넣어 방사선 촬영을 하는 검사로서 심장혈관의 막힌 정도와 부위를 알 수 있다.

4. 치료 및 영양관리

심부전의 치료 원칙은 심부전의 현재 상태를 치료하는 것과 심부전 상태 치료 후 장기적으로 기존 원인질환의 치료를 병행한다. 현재 악화된 심부전에 대한 치료는 원인질환의 악화요인이 있으면 이를 먼저 교정한다. 심부전은 증상이 사라진 후에도 지속적인 치료가 필요하다.

울혈성 심부전(congestive heart failure)의 가장 적합한 치료는 개인의 상태에 따른 맞춤치료이며, 치료목표는 증상의 완화와 삶의 질 개선과 함께 좌심부전의 진행을 예방하거나 진행을 더디게 하는 치료가 필요하다.

1) 생활습관 교정

① 운동요법 및 재활 : 운동 능력의 개선, 운동시 생길 수 있는 증상의 완화 및 신경 호르몬 활성화를 억제시키는 효과가 있다.

② 영양 : 나트륨(식염) 제한(표 5-8), 알코올 제한, 영양 결핍 및 비만의 교정, 미량영양소(비타민, 전해질의 보충)를 보충한다.

③ 정신적·행동학적 치료 : 불안감, 사회적 소외감 등 정서적·정신적 스트레스는 심근경색, 부정맥 유발, 급성 심장사, 심부전의 진행과 연관이 있다.

④ 환자교육 및 자조교육 : 65세 이상의 심부전 환자에게 복약 요령 및 부작용, 식사요법, 응급상황시 대처요령 등을 교육한다.

2) 식사지침

약물요법과 동시에 심부전 재발과 진행을 막기 위한 생활습관의 교정 및 식사요법이 병행되어야 한다. 만성 심부전 식사요법의 원칙은 혈액(산소)의 말초성 수요의 감소가 목적이며 저에너지식으로 신체의 안정을 유지하고 부종을 방지하기 위해 순환 혈액량이 증가하지 않도록 감염식을 한다.

(1) 저에너지식

환자의 중증 정도, 비만도 등에 따라 다르지만, 환자의 표준체중보다 10% 감소한 체중을 유지하도록 에너지조절을 한다. 섭취에너지는 표준체중 1 kg당 20~30 kcal/일로 한다. 특히 비만인 경우는 체중감소를 위하여 감량식을 한다. 처음에는 1,000 kcal/일 정도로 제한하는 것이 좋다. 한 끼 식사량을 적지 않게 하고 필요에 따라 식사섭취 횟수를 증가하여 혈액의 말초 수요를 경감시켜 심장의 부담을 줄인다. 음식물 섭취에 따른 복부 팽만으로 횡격막의 호흡운동을 제한하게 되면 직접 심장을 압박하여 호흡곤란이 되기 때문에 주의해야 한다.

저에너지식을 계속하면 혈장단백질이 저하되어 부종이 생기기 쉬우므로 이를 예방하기 위하여 양질의 단백질을 1일 1.2~1.5 g/kg/일 섭취한다. 신장 기능장애 환자는 단백질 섭취 제한도 필요하며 혈장성분 수혈 등도 고려한다.

(2) 저염식

심장성 부종은 나트륨의 저류와 함께 물도 저류된다. 이 부종의 원인은 심박출량의 저하에 따라 대정맥계에 울혈이 생겨 정맥압과 모세관압의 상승에 따라 생긴다. 심장박출량 저하에 따라 신장혈류량과 사구체 여과량 저하, 알도스테론(aldosterone), 항이뇨호르몬(ADH) 등의 과잉분비에 따라 나트륨과 물의 재흡수가 촉진된다.

부종을 없애기 위해서는 기본적으로 나트륨이나 식염 섭취를 제한한다. 부종이 심한 경우 엄중히 식염을 제한하고 수분 섭취는 과잉하지 않으며 갈증이 날 경우 적절하게 수분을 보충한다. 일반적으로 심부전 환자의 식염 섭취량은 1일 2~6 g(나트륨 800~2,400 mg)으로 증상에 대응하여 가감하는 식사를 하도록 한다.

| 표 5-8 | 심부전 증상 정도에 따른 식염(나트륨) 제한

뉴욕심장협회 단계	식염제한	이뇨제
II	4~6 g/일	싸이아지드(thiazide)나 루프디유레틱스(low dose loop diuretic)
III	<2 g/일	loop diuretic with progressive dosing
IV	<1 g/일	칼륨절약이뇨제(loop K^+ sparing diuretic)

3) 약물치료

약물요법은 심부전 증상이 사라진 후에도 지속하여야 심부전의 재발을 막을 수 있고, 편하게 일상생활을 할 수 있다. 환자가 약물을 마음대로 끊으면 곧 심부전이 재발하므로 의사의 지시에 따른 처방된 약물을 매일 복용하는 것이 중요하다. 상태가 좋아졌다고 약을 거르면 며칠을 견딜 수 있지만, 다시 심부전이 악화될 수 있으므로 마음대로 약물을 중지하면 안 된다. 단계적 치료 방법은 이뇨제로 시작하여 디지털리스(digitalis)를 추가하고 이뇨제와 디지털리스 모두 효과가 없을 때에는 혈관확장제를 추가한다.

① 이뇨제 : 체내의 과다한 수분과 염분을 제거하여 심장의 부담을 줄인다.

② 혈관확장제 : 심장의 펌프 작용 및 적응 작용을 돕는다.

③ 강심제(디지털리스) : 심장 근육의 수축력을 강화시킨다.

④ 베타차단제 : 심부전의 장기적인 예후를 좋게 한다.

4) 외과적 치료

중증 심부전 환자의 장기 예후를 호전시키는 방법으로 심장이식을 시행하기도 한다.

심뇌혈관질환 예방과 관리를 위한 9대 생활수칙

1. 담배는 반드시 끊습니다.
2. 술은 하루에 한두 잔 이하로 줄입니다.
3. 음식은 싱겁게 골고루 먹고, 채소와 생선을 충분히 섭취합니다.
4. 가능한 한 매일 30분 이상 적절한 운동을 합니다.
5. 적정체중과 허리둘레를 유지합니다.
6. 스트레스를 줄이고 즐거운 마음으로 생활합니다.
7. 정기적으로 혈압, 혈당, 콜레스테롤을 측정합니다.
8. 고혈압, 당뇨병, 이상지질혈증(고지혈증)을 꾸준히 치료합니다.
9. 뇌졸중, 심근경색증의 응급 증상을 숙지하고 발생 즉시 병원에 갑니다.

자료 : 보건복지부, 질병관리본부

참고문헌

구재옥·김원경·서정숙·손숙미·이연숙, **식사요법 원리와 실습**, 교문사, 2010

권종숙·김경민·김혜경·장유경·조여원·한성림, **사례와 함께하는 임상영양학**, 신광출판사, 2012

손숙미·임현숙·김정희·이종호·서정숙·손정민, **임상영양학**, 교문사, 2011

송경희·손정민·김희선·한성림·이애랑·김순미·김현주·홍경주·라미용, **식사요법**, 파워북, 2010

이미숙·이선영·김현아·정상진·김원경·김현주, **임상영양학**, 파워북, 2010

이상지혈증 치료지침 제정위원회, **이상지혈증 치료지침** 2판 수정보완판, 한국지질동맥경화학회, 2009

이원로 편저, **임상심장학**, 고려의학, 1998

이정윤·장혜순·서광희·이선희·이병순·남정혜, **새롭게 쓴 식사요법**, 신광출판사, 2008

정은정·심유진. 경기지역 대학생의 소금관련 식행동 및 나트륨 섭취량, **한국식품영양과학회지** 37(5):578~588, 2008

주은정·이경자·박은숙·유현희, **질병맞춤형 임상영양학**, 교문사, 2012

대한영양사협회, **임상영양관리지침서** 제3판, 2008

한국영양학회, **한국인 영양섭취기준**, 한국영양학회, 2010

국가건강정보포털 health.mw.go.kr

네이버건강 health.naver.com

대한고혈압학회 www.koreanhypertension.org

대한순환기학회 www.circulation.or.kr

대한심장학회 www.circulation.or.kr

CHAPTER 06

체중조절

학습목표

- 비만을 분류하고 원인을 설명할 수 있다.
- 비만의 진단방법을 설명할 수 있다.
- 비만의 합병증을 설명할 수 있다.
- 저체중의 원인과 증상 및 치료를 설명할 수 있다.
- 섭식장애의 원인과 치료를 설명할 수 있다.

체중조절은 모든 질병에 영향을 미치므로 중요하며 공복, 식욕, 포만감을 조절하는 요인과 관련이 있다. 공복에 대한 자극은 포만감을 느끼는 자극보다 강하므로 이를 이겨내는 일은 쉽지가 않다. 지방조직은 조직에 지방을 저장하고 에너지 저장량을 다른 조직에 알려주는 일을 하고 있다. 에너지를 소모하는 데에는 아디포카인(adipokine) 분비를 통해 전달하는 역할을 하여 체중을 조절하고 있다.

제1절 비만

비만은 단순하게 체중이 증가하는 것이 아니라 지방세포의 비정상적 증가로 체중이 증가된 상태이며 만성질환의 하나이다. 과식, 신체활동 부족, 불규칙한 식사패턴 등 여러 요인이 작용하여 섭취한 에너지보다 소비하는 에너지가 적어서 나타난다.

1. 원인

1) 단순성 비만

단순성 비만은 전체의 90% 이상으로 섭취한 에너지와 소비하는 에너지의 균형이 깨지면서 섭취에너지가 소비에너지를 넘는 경우 체지방이 증가하여 발생한다.

(1) 식습관

식습관은 비만의 원인이 되는데 과식을 하면 에너지의 과량이 체지방 축적을 증가시킨다. 비만 어린이의 70~80%가 과식으로 비만이 되는 경우가 많다. 비만인 사람의 특징은 배가 고파서 음식을 먹기보다는 눈에 보이는 음식을 먹으려 하는 게 원인이다.

고탄수화물식은 인슐린 분비를 높이고 인슐린이 지방 저장의 원인이 된다. 떡, 빵, 과자, 케이크, 도넛, 꿀, 잼 등의 고탄수화물 간식은 대부분 단순당으로 혈당을 빠른 시간에 높이므로 더욱 비만의 원인이 된다.

식사횟수에서도 한꺼번에 먹으면 공복 시간이 길어 과식도 하지만 음식에 대한 열 발생이 줄어들어 여분의 에너지가 저장된다.

식사속도가 빠르면 식욕조절장치가 포만감을 느끼기도 전에 많은 양을 먹기 때문에 비만이 된다.

(2) 운동부족

비만인의 특징은 육체적 활동량이 부족하여 에너지 소비가 감소하여 체중이 증가한다. 최근에는 자동차, 엘리베이터 이용, 기계의 발달로 여러 가지 노동력이 저하되어 활동량이 감소하였다.

아동 비만의 경우 정상인과 비교하여 운동량이 적은 것으로 나타났으며, 성인도 생활의 편리함으로 움직이는 일이 줄어들면서 에너지 소모가 적어졌다.

(3) 유전적 요인

유전은 비만의 원인이 되며 양쪽 부모가 비만이면 자녀가 비만이 될 확률은 80% 정도이고, 한쪽 부모가 비만일 때는 40~50%, 양쪽 부모 모두 정상체중일 경우에는 10% 정도이다. 또한, 자녀의 식습관은 부모의 영향을 많이 받는다.

(4) 연령

나이가 들면서 체지방이 증가하고 근육이 감소하며 기초대사량이 감소한다. 생활은 안정되고 음식은 풍부해지며 잦은 회식과 음주문화에 따른 영향도 있고, 폐경기 여성은 신체기능이 저하하면서 기초대사량이 감소한다.

(5) 환경적 요인

과식, 운동부족, 가족이나 친구와의 모임, 잦은 외식으로 식욕이 자극되는 환경은 비만의 원인이 된다. 심리·경제·문화적 요인이 비만이 되며 경제적으로 지위가 높을수록 비만의 경향이 더 낮은 것으로 보고된다.

| 표 6-1 | **단순성 비만의 원인**

분류	원인
연령 및 성별	신생아기 : 모성 흡연, 임신성 당뇨병, 출생시 저체중 영아기 : 모유 수유 빈도 감소 아동 및 청소년기 : 비만 시작 연령, 가족력 여성 : 임신, 폐경 남성 : 활동량 감소
식사습관	과식 고지방식이

2) 증후성 비만

증후성 비만 환자는 유전 및 선천성 장애, 약물, 신경 및 내분비계 질환, 정신적 질환 등의 원인에 의한 2차 비만이 나타난다.

| 표 6-2 | 증후성 비만의 원인

분류	원인
유전 및 선천성 장애	비만 유전자 선천성 장애
약물	항정신병 약물 : thioridazine, olanzapine 항우울제 : Amitriptyline, nortriptyline 당뇨병치료제 : 인슐린, 설폰요소제, 글리나이드제제 세로토닌 길항제 항히스타민제 베타차단제 알파차단제 스테로이드제제 : 경구피임제, 코르티코이드
신경 및 내분비계 질환	시상하부성 비만 : 외상, 종양, 감염성 질환, 수술 쿠싱증후군 갑상샘기능저하증 인슐린종 다낭성 난소증후군 성인 성장호르몬 결핍증
정신질환	과식장애 계절성 정신장애

2. 분류

1) 단순성

과량의 음식을 섭취하고 에너지 소비는 적고 남는 에너지가 축적되는 것을 단순성 비만이라 한다. 비만자의 95%가 단순성 비만에 속한다.

(1) 증식형 비만

지방조직의 형태 및 발생 시기에 따라 지방세포의 크기는 정상이나 지방세포 수가 증

쿠싱증후군 (Cushing's disease)

뇌하수체의 기능 이상으로 부신피질 호르몬이 과잉 분비되어 코티솔 호르몬 또한 과잉으로 분비되어 대사 이상이 나타나는 질병이다.
주증상으로는 몸통은 살이 찌나 팔다리가 가늘어지고 얼굴이 보름달 모양으로 둥글어지며 빰이 붉어지고 목 뒤에도 지방이 축적되어 들소의 목처럼 튀어나오며 가슴, 배 등에도 살이 찐다. 10~20대 여성에게 많이 나타난다.

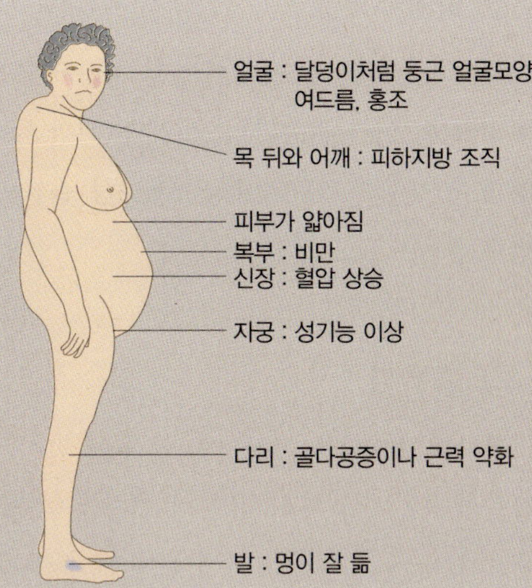

다낭성 난소증후군

난소가 남성호르몬인 안드로젠을 과다하게 분비하며 난소에 물혹이 생기는 증상이다. 비만, 무배란성 불임, 다모증, 월경불순 등의 증상이 나타난다.

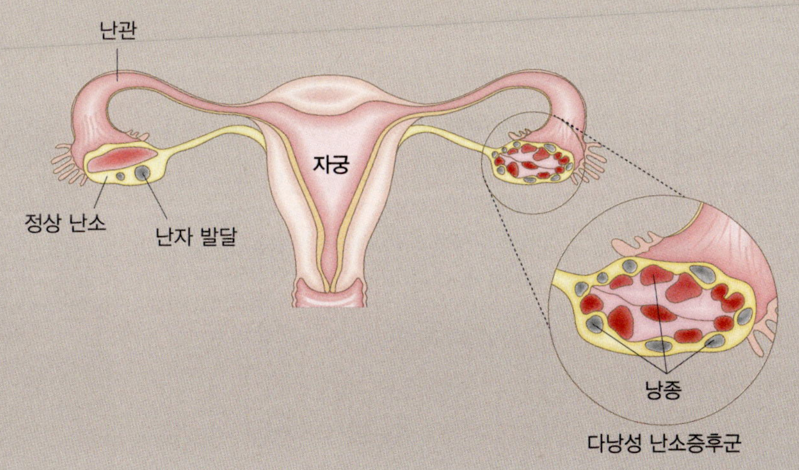

다낭성 난소증후군

가한 경우이다. 태아기와 생후 1년 이내, 사춘기에 지방세포의 수가 급격히 증가한다. 지방세포수가 증가하면 줄어들지 않으며 이 시기에 급격한 체중증가가 있으면 지방세포수도 과다하게 증가하여 고도 비만이 될 수 있으며 치료도 어렵다.

(2) 비대형 비만

지방세포의 수는 정상이지만 지방세포의 크기가 커진 상태로 성인이 된 후와 임신기의 비만이 여기에 속한다. 비대형 비만은 복부비만과 관련이 있으며 고혈압, 당뇨, 고지혈증, 관상동맥질환과 같은 대사성 질환의 원인이 된다. 그러나 비대형 비만은 식사요법과 운동으로 조절할 수 있다.

2) 증후성

내분비질환이나 시상하부 장애의 원인에 의해 비만이 되는 경우이다. 난소기능부전, 갑상샘기능저하 등이 있으며 시상하부장애에는 뇌의 만족감 중추에 이상이 있으며 렙틴의 분비가 거의 없거나 적어서 배부름을 느끼지 못해 과식하게 된다.

(1) 남성형 비만

내장지방형 비만으로 지방이 주로 상완의 지방축적에 의한 경우이다. 0.9 이상이면 상부비만으로 보고 지방이 장간막에 축적되는 내장에 지방이 쌓인다. 남성형 비만은 주로 복부비만, 상체형 비만 또는 사과형 비만이다. 비만 여부에 상관없이 심장병, 뇌졸중, 당뇨, 고혈압, 암과 같은 만성 질병 위험도가 높아진다. 복부에 있는 지방세포는 대사활동이 왕성하여 운동이나 다이어트시에 분비되는 에피네프린에 잘 반응하여 지방을 유리시키므로 복부지방은 비교적 빼기가 쉽다.

남성에게서 나타나며 당대사이상, 고지혈증, 고혈압 등의 합병증이 일어난다. 내장지방은 노화, 운동부족, 과식, 스트레스, 흡연 등이 원인으로 나타나며 유해활성산소를 발생시켜 오래되면 알레르기성 질환으로 발전한다.

(2) 여성형 비만

W/H의 비율이 0.9 이하로 폐경 전 여성의 둔부, 허벅지 등 하체에 지방이 축적된다. 여성호르몬이 지방의 체내 분포에 영향을 주기 때문이다. 피하지방형은 미용상에 문제는 있으나 건강상에는 내장지방형보다 문제를 일으키지 않는다.

둔부 비만, 하체형 비만, 말초성 비만, 서양배형 비만이라고 한다. 비교적 건강에 해가 적고 하체의 지방세포는 활동성이 낮아 다이어트나 운동프로그램에 잘 반응하지 않는다. 다이어트를 반복하면 나중에 복부비만이 될 가능성이 높다.

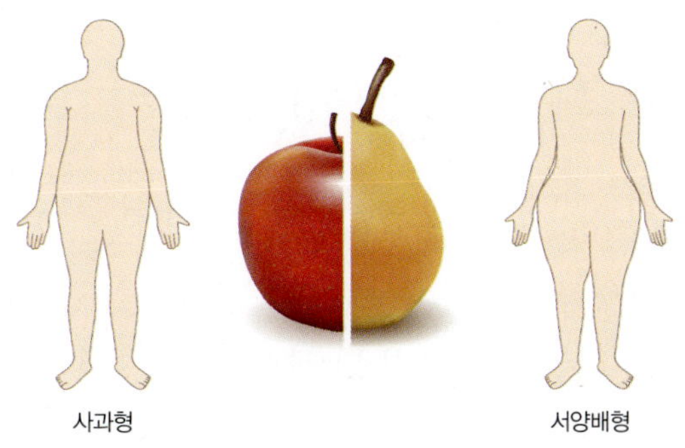

| 그림 6-1 | 남성형 비만(사과형)과 여성형 비만(서양배형)

백색지방과 갈색지방

지방조직은 백색지방이 90% 정도이고 갈색지방이 10% 정도 있으며 모두 지방세포로 되어 있다. 백색지방의 주기능은 에너지를 저장하고, 복강, 신장, 피하, 근섬유 사이에서 장기를 보호하는 역할을 한다. 갈색지방조직의 열발생은 신체가 추위, 과식, 스트레스, 호르몬, 질병, 주위환경, 온도 및 영양상태의 변화 등의 압박상태에서 이를 조절하는 반응으로 측정되는 기초대사량의 변화이다.

3. 비만의 판정

비만도는 실제체중과 표준체중과의 차이를 표준체중과 비교한 백분율(%)로 나타낸 것이다.

1) 표준체중 구하는 법

우리나라 소아 및 청소년의 표준체중은 질병관리본부, 대한소아과학회의 기준치를 사용하며 성인은 브로카변법을 이용하여 산출한다. 1871년 프랑스 외과의사인 브로카가 처음으로 이상체중 계산식을 제시한 이후 몇 차례 수정하였다.

(1) 표준체중과의 비교

브로카변법

신장 160 cm 이상 : 표준체중(kg) = [신장(cm) - 100] × 0.9

신장 150～159 cm : 표준체중(kg) = [신장(cm) - 150] × 0.5 + 50

신장 150 cm 이하 : 표준체중(kg) = 신장(cm) - 100

대한당뇨학회

남자의 표준 체중(kg) = 키(m) × 키(m) × 22

여자의 표준 체중(kg) = 키(m) × 키(m) × 21

비만도 = 실제체중 - 신장별 표준체중 / 신장별 표준체중 × 100%

성인의 체중에서 10~20%는 과체중 또는 체중초과라 하고, 표준체중보다 20~30%는 경도 비만, 30~50% 중등도 비만, 50% 이상은 고도 비만이라 한다. 비만을 나타내는 지수로 체지방률이 있는데, 성인의 정상적인 체지방은 남성은 체중의 15~18%, 여성은 20~25% 수준이다. 그러나 남성은 25% 이상인 경우, 여성은 30% 이상인 경우를 비만으로 판정하고 있다.

| 표 6-3 | 표준체중 백분율의 평가기준

% 표준체중	평가	% 표준체중	평가
≧ 200	병적인 비만	80~90	저체중(경도의 영양불량)
≧ 120	비만	70~80	극심한 저체중(중증도의 영양불량)
110~120	과체중	<70	극심한 영양불량
90~110	정상	-	-

자료 : 대한영양사협회, 임상영양관리지침서 제5판, 2010

(2) 체질량지수

체질량지수(BMI, body mass index, kg/m^2)는 건강위험을 평가하기 위해 사용되며 체중과 신장의 관계를 말한다. 체질량 지수는 성인에서 체지방과 상관관계가 있는 공식이며 체중(kg)을 신장(m)의 제곱으로 나누어 구한다.

$$BMI = \text{체중(kg)} / \text{신장}(m^2)$$

체질량지수는 심혈관질환, 암 및 다른 질환의 유발과 조기 사망과도 관계가 있다. 체질량지수의 비만 진단기준은 WHO 아시아-태평양 지역과 대한비만학회에서는 체질량지수를 기준으로 과체중은 23 kg/m^2 이상, 비만은 25 kg/m^2 이상으로 정의하였다.

| 표 6-4 | **한국인의 체질량지수에 따른 동반질환 위험도**

분류	체질량지수	동반질환위험도	체중(kg)/[키(cm)]^2
저체중	<18.5	낮다	보통
정상	18.5~22.9	보통	증가
과체중	≥23.0	-	-
위험체중	23.0~24.9	증가	중등도
1단계 비만	25.0~29.9	중등도	고도
2단계 비만	> 30.0	고도	매우 고도

자료 : 대한영양사협회

2) 체지방률 평가

체지방량을 측정하는 방법으로 비만도를 평가할 수 있다. 체지방량을 측정하는 방법에는 수중 체밀도법(underwater weighing method), 생체전기저항 분석법, 피하지방 두께 측정법, 컴퓨터 단층촬영이나 자기공명영양에 의한 복부내장 측정법 등이 있다. 피하지방의 두께 측정은 이두근, 견갑골 하부, 복부, 대퇴부를 측정한다.

그러나 검사의 신뢰도 및 타당성, 편의성, 비용 등의 문제가 많아 체질량지수(BMI)와 허리둘레(waist circumference)가 비만의 지표로 많이 사용되며 실제 임상에서 이를 이용하여 비만을 평가한다.

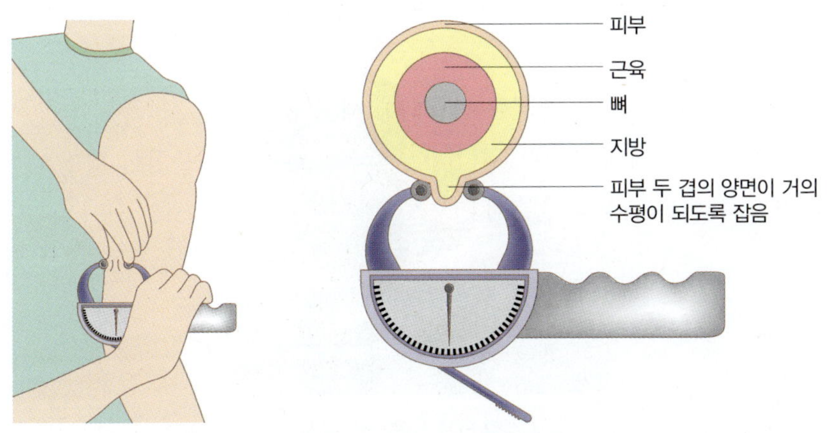

| 그림 6-2 | **피하지방 두께 측정(캘리퍼)**

생체 전기저항 분석법

- 생체 전기저항 측정기에 미세한 전류를 흘려준 후 되돌아오는 저항을 측정
- 지방조직이 많을수록 전기저항이 많이 발생
- 전기저항값과 성별, 신장, 체중을 사용하여 회기식으로 체수분량, 체지방량, 제지방량을 구함

판정	범위	
	남자	여자
정상	8~15	13~23
약간 체중과다	16~20	24~27
체중과다	21~24	28~32
비만	≥25	≥33

수중체밀도법

- 수중과 공기 중에서의 체중 차이로 몸의 부피를 구해 전체 몸의 밀도를 알아낸다.
- 체밀도 = 공기 중 체중 / (공기 중 체중-수중 체중) / (물의 비중-잔여 공기)
  잔여 공기 : 숨을 내쉬고 나서도 폐에 남아 있는 공기
- 체지방비율 = 4.57 / 체밀도

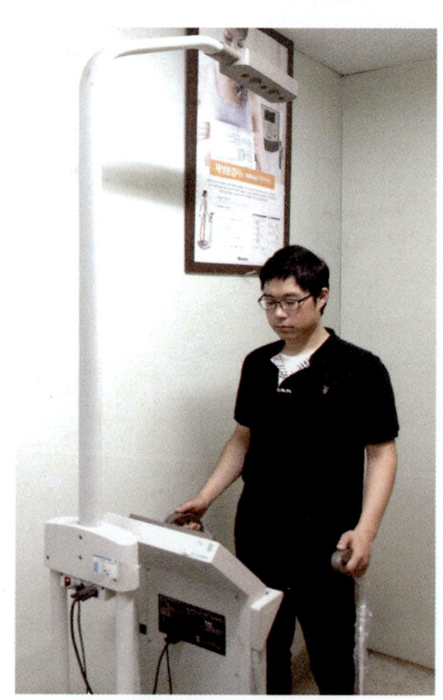

| 그림 6-3 | **체지방 측정**

3) 체지방 분포 평가

(1) 허리·엉덩이 둘레 비율(waist-hip ratio, WHR)

허리둘레는 가장 들어간 부분, 엉덩이둘레는 가장 튀어나온 부분을 측정한다. 엉덩이에 비해 허리둘레가 클수록 복부에 지방이 많다.

WHR = 허리둘레(cm) / 엉덩이둘레(cm)

(2) 허리둘레

허리둘레는 지방분포를 평가하는 방법으로 복부내장의 적절한 지표이고 허리둘레만으로 복부비만을 진단한다. WHO에서 제시한 방법은 양발 간격을 25~30 cm 벌린 자세에서 숨을 내쉰 상태에서 측정한다. 허리둘레로 본 비만기준은 남자는 90 cm 이상, 여자는 85 cm 이상일 때 복부비만으로 정의한다.

(3) 단층촬영법

CT를 이용하여 피하지방형 비만인지 내장지방형 비만인지를 구별하여 지방의 분포를 알아낸다. 내장지방형 비만은 복강의 내장 주변에 지방이 저장된다. 성인병 위험이 증가하고 단층촬영을 통해 알 수 있다. 피하지방형 비만은 지방이 복벽에 일정한 두께로 저장되고 단층촬영을 통해 알 수 있다.

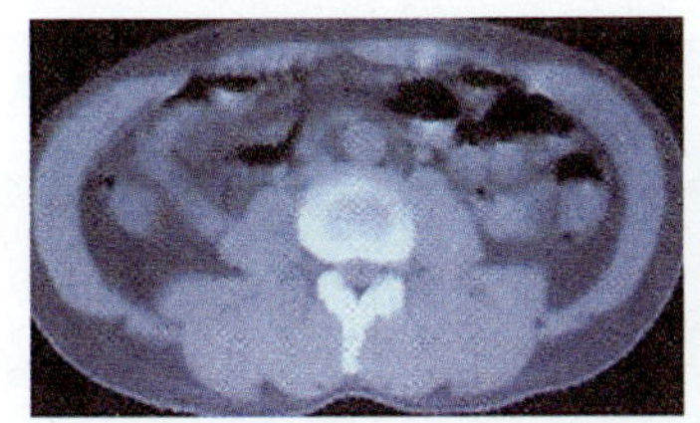

내장지방형 비만

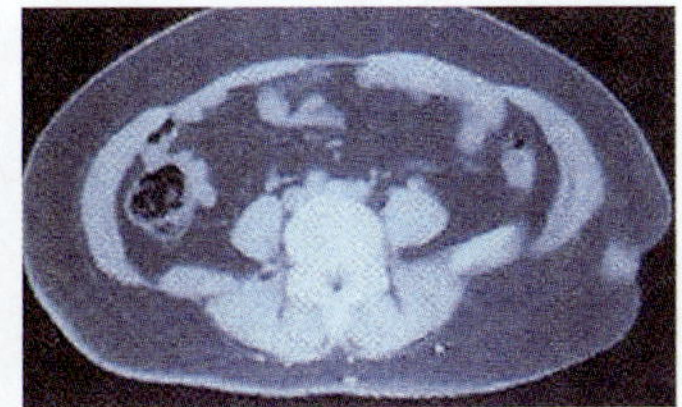

피하지방형 비만

| 그림 6-4 | 내장지방형과 피하지방형 컴퓨터단층촬영

4. 비만 관련 질환

비만인은 비만하지 않은 사람에 비해 당뇨병, 고지혈증, 인슐린 저항성, 담낭질환, 관상동맥질환, 심장발작, 돌연사, 울혈성 심부전, 고혈압, 골관절염, 암 등의 발생빈도가 증가한다. 특히 제2형 당뇨의 발생 위험은 비만과 매우 밀접한 관련이 있으며 질환에 대한 발생빈도도 증가한다(표 6-5).

| 표 6-5 | 비만에 따른 성인병에 걸릴 확률

확률	관련 질환
3배 증가	인슐린 비의존성 당뇨병, 쓸개질환, 고지혈증, 수면무호흡증
2~3배 증가	관상동맥성 심장질환, 중풍, 고혈압, 무릎관절염, 고요산혈증, 통풍
1~2배 증가	유방암, 대장암, 자궁암, 생식기호르몬 이상, 수정이상, 요통

과도한 지방축적은 심박출량을 증가시키고 전신 혈관저항이 증가하며 좌·우심실의 비대와 부전을 유발한다. 비만도가 증가할수록 암, 담낭결석의 빈도가 증가하며, 폐색성 수면무호흡증과 같은 폐기능장애와 연관이 있다. 그러나 체중을 10%만 감량하여도 비만과 관련되는 여러 가지 합병증을 줄일 수 있는 것으로 알려졌으며, 체중감량 후 장기간 유지하도록 해야 한다. 남성과 여성에 있어서 나타나는 합병증은 거의 차이가 없으나 남성은 전립선암, 여성은 유방암, 자궁암, 난소암의 발병률에 차이가 있다(그림 6-5).

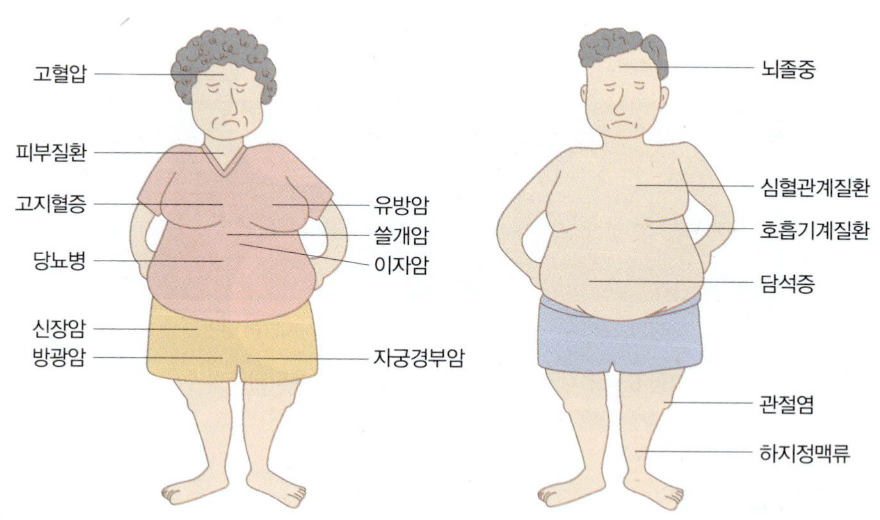

| 그림 6-5 | **비만의 합병증**

1) 대사증후군

대사증후군(metabolic syndrome)은 인슐린 저항성과 비만 등에 의해서 심혈관계 위험인자가 나타나는 것을 말한다.

복부비만이 심해지면 염증성 아디포카인과 혈액응고 이상을 일으키는 아디포카인이 증가하고, 인슐린 민감성을 증가시키는 항염증성 아디포카인인 아디포넥틴이 감소하여 인슐린 저항성을 증가시킨다.

복부비만과 대사증후군이 한국인에게서 급증하고 있으며 원인은 생활습관의 변화에 기인한 것으로 추정된다. 국내에서는 직업군별로 신체활동, 식습관 등의 건강생활습관에 다양한 차이가 있으므로 복부비만과 대사증후군의 분포와 위험도가 다를 수 있다.

국민건강영양조사 2007~2010년 자료에 의하면 우리나라 30세 이상 성인 대사증후군의 유병률은 28.8%로 남성이 31.9%, 여성이 25.6%, 30세 이상 여성은 29.0%, 남성은 31.9%가 대사증후군으로 나타났다.

남성은 다른 직업에 비하여 사무직에서 대사증후군 위험도가 높았다. 대사증후군이 주목받는 이유는 당뇨, 심혈관질환(협심증, 심근경색증), 뇌졸중, 암(유방암, 대장암) 등의 심각한 질병을 일으킬 위험이 높기 때문이다.

대사증후군의 진단 기준

- 복부 비만 : 허리둘레가 남자 90 cm, 여자 85 cm 이상
- 혈압 : 130/85 mmHg 이상
- 공복시 혈당 : 100 mg/dL 이상
- 중성지방 : 150 mg/dL 이상
- HDL-콜레스테롤 : 남자 40 mg/dL 미만, 여자 50 mg/dL 미만

위의 진단 기준 중 3개 이상 해당하면 대사증후군으로 판정한다.

2) 당뇨병

비만은 당뇨병의 발생 위험성을 높인다. 우리나라 연구에서도 체질량지수 23 미만인 경우에 비해 27 이상인 경우에서 인슐린 비의존형 당뇨병의 상대적 위험도가 남자의 경우는 3.4배, 여자의 경우는 14.5배 증가하는 것으로 보고되어 있다. 체중이 증가함에 따라 혈당을 조절하는 호르몬인 인슐린에 대한 감수성이 감소하는 것을 볼 수 있다.

비만과 인슐린 저항성의 관계는 확실한 기전은 밝혀지지 않았으나 지방세포에서 분비되는 여러 가지 인자가 지방조직, 간장, 근육 등에 영향을 미쳐 인슐린 작용을 저해하는 것으로 생각된다.

3) 고혈압

혈압은 체중이 증가함에 따라 높아지는 것으로 알려졌고, 고혈압인 사람의 85% 이상이 체질량지수가 25 이상으로 나타났다.

과체중인 사람에게 고혈압은 교감신경 활동성과 상관성이 있어 정상 체중의 고혈압인보다 심혈관계 질환 및 동맥경화 질환이 나타난다.

비만이 고혈압의 원인이 되는 것은 본태성 고혈압 환자가 체중을 감소하였을 때 혈압강하가 나타났다. 비만인에게서 고혈압 발생도 증가하지만 혈압이 높은 사람도 체중이 증가하기 쉽다. 그러므로 비만과 고혈압과의 관계는 양방관계일 가능성이 있다.

체중을 조절하여 비만을 예방하는 것이 혈압을 조절할 뿐 아니라 고혈압 합병증 예방에도 도움이 된다.

4) 관상동맥질환

관상동맥질환은 관상동맥경화로 혈관이 좁아져 심장근육으로 가는 혈액공급이 부족하여 발생하는 협심증이나 심근경색 같은 심장질환을 말하며 비만인에게서 많이 발생한다.

5) 암

비만은 유방암, 대장암, 담낭암, 췌장암, 신장암, 방광암, 자궁경부암, 전립선암의 위험을 증가시킨다. 이러한 기전은 비만에서 증가하는 여러 가지 사이토킨이 암의 발생과 관련된 인자를 자극함으로써 암의 발생이 증가한다.

6) 호흡기 장애

비만은 무호흡과 같은 폐기능장애와도 관련이 있다. 수면무호흡이란 수면 중 호흡장애가 생기는 것을 말하며, 상기도가 좁아져 저항이 증가하여 무호흡이 나타나는 폐쇄성 수면무호흡이 가장 많이 나타난다.

비만으로 인한 호흡기 합병증 중에서 가장 많이 나타나는 증상은 코골이이며, 비만이 심해지면 경부, 인두조직에 지방조직이 많아져 기도를 압박한다. 또한 코골이는 수면무호흡증, 만성피로로 이어지며 비만의 정도가 심할수록 코골이나 수면무호흡증은 더욱 심해진다. 수면무호흡으로 인해 충분한 수면과정을 거치지 못하면 수면시 분비되는 성장호르몬은 감소하고 인슐린이나 코티솔 같은 스트레스 호르몬은 증가하여 체중, 혈압, 내장지방은 더욱 증가한다.

7) 기타

비만으로 인하여 과도한 체중으로 담낭질환, 골 관절염 등의 발생위험도 증가한다.

5. 치료 및 영양관리

비만의 원인을 알아 생활습관의 변화나 활동량 증가를 통하여 체중감량뿐 아니라 감량된 체중의 유지가 중요하다. 장기간에 걸쳐 계획을 세워 저장된 지방을 감소하고, 단백질 조직의 손실이나 급격한 기초대사를 막아야 한다.

1) 영양관리

비만 치료는 에너지섭취를 제한하고 단백질, 비타민, 무기질을 충분히 섭취하여야 한다. 체중감량을 성공하기 위해 영양에 대한 중요성을 충분히 인식시켜 영양판정을 통해 개인의 상태를 파악하여 적합한 프로그램을 계획하여 지도한다.

(1) 에너지

① 에너지 섭취량 결정

에너지는 적정체중에 맞추어 계획하여 활동에 따른 에너지 필요량의 목표에 도달할 수 있도록 권장한다. 에너지 섭취량은 실제 섭취량을 근거로 하여 결정해야 하며 환자의 1일 필요량을 계산하여 에너지를 설정할 수 있다. 효과적으로 실시하기 위해서는 평소 섭취한 식사섭취를 근거로 적절한 영양소를 섭취할 수 있도록 균형 잡힌 식사를 계획한다. 비만의 정도, 나이, 활동량을 고려하여 에너지 비율을 탄수화물 55~60%, 단백질 15~20%, 지방 20~25%로 제공한다.

| 표 6-6 | 활동에 따른 에너지 필요량

활동 강도	직종	단위체중당 필요에너지(kcal/kg)
가벼운 활동	일반사무직, 관리직, 기술자, 어린 자녀가 없는 주부	25~30
보통 활동	제조업, 가공업, 서비스업, 판매직 외 어린 자녀가 있는 주부	30~35
강한 활동	농업, 어업, 건설 작업원	35~40
아주 강한 활동	농사, 임업, 운동선수	40 이상

자료 : 대한영양사협회, 임상영양관리지침서 제5판, 2010

| 표 6-7 | 에너지 필요량과 처방 에너지 계산

분류	에너지 필요량 산출방법의 예
표준체중 이용 • 빠른 체중 감량을 원할 때 적용 • 아주 엄격한 방법	표준체중을 기준으로 활동 강도에 따라 처방 예) 여자, 신장 162 cm, 체중 69 kg, 보통 활동 표준체중 : (162 - 100) × 0.9 = 55.8 → 56 비만도 : 69/56 × 100 = 123% → 비만 1일 필요에너지 : 56 kg × 30 kcal/kg = 1,680 kcal
조정체중 이용 • 현재 체중이 표준체중에 비해 많이 초과할 때 적용(비만도가 130~140% 이상일 때) • 엄격한 방법	조정체중 = 표준체중 + (현재체중 - 표준체중)/4 예) 여자, 신장 162 cm, 체중 75 kg, 보통 비만 비만도 : 75/56 × 100 = 134% → 고도 비만 조정체중 : 56 + (75 - 56)/4 = 60.75 kg → 61 kg 1일 필요에너지 : 61 kg × 30 kcal/kg = 1,830 kcal
현재체중 이용 • 서서히 감소되지만 오래 지속 가능 • 요요현상이 적음 • 관대한 방법	현재체중을 기준으로 활동강도에 따라 처방 예) 여자, 신장 162 cm, 체중 69 kg, 보통 활동 표준체중 : (162 - 100) × 0.9 = 55.8 → 56 비만도 : 69/56 × 100 = 123% → 비만 1일 필요에너지 : 69 kg × 30 kcal/kg = 2,070 kcal
평소 섭취량 이용 • 환자의 충격 최소화 • 아주 관대한 방법	• 평소 섭취량보다 하루 200 kcal씩 줄이거나 20% 정도를 감량하여 일주일에 0.4~0.5 kg(최대 1 kg)의 체중을 줄임. • 일주일에 2 kg 이상의 감량은 어지럽고 기운이 없어져서 오래 지속하기 어렵다.

자료 : 손숙미 외 공저, 임상영양학, 교문사, 2011

처방 에너지량 계산은 운동하지 않을 경우는 500 kcal를 감량한 에너지량을 식사섭취량으로 처방한다. 운동할 경우는 300 kcal를 감량한 에너지량을 식사섭취량으로 처방하고, 200 kcal에 준하는 운동을 권장한다.

② 에너지 제한식

저에너지식은 10~20 kcal/kg 정도 공급하며 일주일에 0.5 kg의 체중을 감량하려면 1일 필요에너지에서 500 kcal씩 줄여야 한다. 식품교환표를 활용하여 균형 잡힌 저에너지식으로 식사처방이 비교적 안전하게 활용되도록 한다.

$$500\ \text{kcal} \times 7(\text{일}) = 3{,}500\ \text{kcal}$$
$$3{,}500\ \text{kcal} \div 7.7\ \text{kcal} = 454.5\ \text{g} \rightarrow \text{약}\ 500\ \text{g}$$

탄수화물의 경우 단순 형태보다는 복합탄수화물 형태로 섭취하고 곡류도 현미, 통밀 등의 전곡 형태로 하며 콩류, 해조류의 섭취를 늘린다. 단백질은 붉은살생선보다는 흰살생선이 지방질 함량이 낮고, 튀김의 조리법보다 구이나 찜의 조리방법을 선택한다. 지방은 필수지방산이 부족하지 않도록 견과류, 올리브유 등의 지방 형태를 선택하도록 한다.

불균형한 저에너지식으로 저탄수화물 고지방식을 할 경우 지나치게 탄수화물의 함량을 낮추면 인슐린 저하를 가져와 극심한 체지방분해를 일으켜 체중은 감소하나 케톤체의 생성으로 부작용이 나타난다. 고지방식이는 혈청의 렙틴을 저하시켜 공복감을 자극하여 더욱 과식하도록 한다. 단백질은 탄수화물에 비해 포만감은 크고 식사량 조절이 쉬우나 다른 영양소에 비해 열발생이 많다. 저탄수화물 고단백식이도 케톤체 생성이 증가하며 신장에 부담을 주고 혈중 요산이 증가하므로 단백질급원식품에도 주의한다.

초 저에너지식은 초기에 빠른 속도로 체중감량이 이루어지나 장기적으로 저에너지식에 비해 효과적이지 않다. 현재 비만지침서에 초 저에너지식은 일반적으로 사용을 권고하지 않는다.

(2) 탄수화물

탄수화물은 주요 에너지의 급원이며 단백질 절약작용을 한다. 케톤증의 예방을 위해서는 하루에 최소 50~100 g 이상의 탄수화물 섭취가 필요하다. 하루 100 g 이하의 탄수화물을 섭취하면 인슐린 분비량이 감소하여 뇌와 같이 포도당을 에너지로 사용하는

비만과 관련된 물질	**렙틴(leptin)** 지방조직에서 분비하는 체지방을 일정하게 유지하기 위한 호르몬이다. 비만유전자에서 합성되어 시상하부에서 호르몬처럼 작용하여 식욕억제와 기초대사량을 높인다. 렙틴이 뇌에 이르면 체지방률 저하, 섭취량 저하, 혈당량 저하 등이 오고, 대사효율이나 활동량이 증가하여 체중이 서서히 줄어든다. 렙틴은 뇌 이외에 여러 가지 말초조직에도 작용하여 생식이나 면역기능 조절, 당지질대사의 조절작용 등 호르몬작용에 영향을 주어 렙틴의 신호를 전달하는 체제에 이상이 나타나 비만이 된다.
저에너지 음식	• 해조류 : 김무침, 다시마쌈, 미역초무침, 미역줄기무침, 파래무침, 다시마, 미역오이초무침 • 콩류 : 콩자반, 콩비지, 두부조림, 두부부침 • 나물과 채소 : 김치, 양배추김치, 무말랭이, 오이생채, 도라지나물, 시금치나물, 우엉조림 • 어패류 : 갈치구이, 삼치구이, 멸치볶음, 가자미구이 • 달걀 : 수란, 달걀찜 • 육류 : 소고기버섯볶음, 불고기, 수육
고에너지 음식	흰밥, 메밀국수, 볶음밥, 잡채, 자장면, 생선튀김, 통조림, 스낵류, 비스킷, 초콜릿, 빵류, 도넛, 튀김류, 패스트푸드, 알코올 등
저에너지식의 대사변화	저에너지식의 불균형으로 인해 당질 100 g 미만을 섭취하면 인슐린이 저하되어 극심한 체지방 분해가 나타난다. 체중은 빨리 빠지나 케톤체 생성이 많아지는 부작용이 일어나고 지나친 저당질식이로 충분한 식이섬유소를 섭취하지 못해 고지방식이로 인한 혈청콜레스테롤이 증가하고 심혈관계 질환의 위험이 증가한다. 고지방식이는 혈청렙틴을 저하시켜 공복감을 자극하여 과식하게 된다. 저당질 고단백식이도 케톤체 생성이 높아져 부작용이 나타나며 혈중 요산이 증가하여 신장에 부담을 주며 포화지방이 높은 단백질식품을 섭취할 경우 혈청 지질 상태를 악화시킨다.

조직에 필요한 에너지 공급을 위해 단백질이 분해되어 에너지원으로 쓰인다.

저탄수화물식은 초기 6개월까지는 저지방식에 비해 체중감량효과가 크지만, 1년 이후에는 저지방식과 큰 차이가 없는 것으로 나타났다.

2009년 국민건강영양 조사결과 탄수화물 섭취가 총 에너지의 65.6%로 비교적 고탄수화물식을 한다. 고탄수화물 섭취는 에너지 섭취를 증가시키고, 중성지방섭취를 증가시킬 수 있으므로 비만한 사람의 경우 총 에너지의 50~60% 정도의 탄수화물을 권장한다.

GI(glycemic index)는 음식의 소화율을 나타내는 것으로 낮은 GI식품은 식이섬유소의 함량이 많아 식사후에 포만감을 오랫동안 느낄 수 있으며 에너지의 증가가 없어도 식사의 양을 느끼게 해준다. 또한 소장에 오래 머물면서 장에 음식물이 있음을 뇌에 알려주는 수용체를 자극한다.

GI가 낮은 식품은 식사후에도 포만감을 느끼게 하여 체지방은 연소하고 근육은 유지된다. 식사조절을 하는 동안 음식의 흡수율은 감소하면서 신체 대사율도 감소한다. 고인슐린은 신체가 지방보다 탄수화물을 더 사용하도록 하고 저 GI식품은 혈중 인슐린의 농도를 낮추는 작용을 한다.

식이섬유소는 식사의 에너지 밀도를 낮추고 포만감을 주며 배변활동도 촉진되어 변비를 예방할 수 있어 체중조절에 효과적이다. 식이섬유소 섭취량을 늘리면 지방 섭취량이 줄어 혈액 내 콜레스테롤 수치를 낮추고 고혈당이 되는 것을 예방할 수 있다.

식이섬유소는 위장에서 겔을 형성하여 포만감을 증가시키지만 더욱 오랫동안 씹게 되어 타액의 분비를 증가시켜 포만감을 느끼게 해준다. 식이섬유소는 에너지 커트작용으로 에너지 영양소의 흡수를 방해하여 체중조절에 더욱 효과가 있다. 그러나 지나친 식이섬유소 섭취는 미량영양소 흡수를 방해하기에 1일 20~30 g 정도의 식이섬유소를 권장하고 있다. 미국은 1,000 kcal당 14 g을 권장하지만 한국인 영양섭취기준에서는 1,000 kcal당 12 g을 권장한다.

(3) 단백질

에너지를 제한할수록 근육조직의 손실을 피하기 위해 적당한 수준의 단백질 섭취가 필요하다. 정상인의 경우 체중 kg당 0.8~1 g이 권장되며(한국영양학회, 2010), 저지방식을 하였을 때는 1.2~1.5 g의 단백질 섭취가 권장된다. 일반적으로 100 kcal 부족당 1.75 g의 단백질(0.2~0.3 g)을 추가하도록 대한비만학회는 권하고 있다. 그러나 1일권장량의 2~3배를 초과하는 양을 섭취하였을 때 소변으로 칼슘 배설이 증가한다.

CLA와 체중감량

체지방을 줄이기 위해 걷기 및 달리기 등의 유산소운동을 장기간 꾸준히 해야 한다. 운동대신 체지방을 제거하는 방법 중 공액리놀레산 CLA(conjugated linoleic acid)가 있다. 2004년 노르웨이의 골리에 박사는 157명을 대상으로 공액리놀레산 3.4 kg을 1년간 섭취한 결과, 평균 9%의 체지방이 감소했다고 한다.
공액리놀레산은 지방세포에서 지방합성을 억제하고 세포내 중성지방의 함량을 낮추어 체지방을 없애고 근육을 증가시키는 역할을 한다. 공액리놀레산은 기능성 식품으로 개발이 많이 되어 있다.

과체중이나 비만인 경우에는 체중감량을 위해 에너지를 제한하지만 체단백 손실을 방지하기 위해 체중 kg당 1.0~1.5 g의 단백질 섭취가 권장된다.

(4) 지방

에너지섭취가 같은 수준이라면 저지방식이가 체중감량에 더 효과적인 것은 아니다. 이것은 지방이 위장 내 체류시간이 길고 포만감을 유지하여 지용성 비타민 이용 및 필수지방산 공급에 필요하기 때문이다. 에너지섭취를 줄이지 않고 지방만 제한하는 것은 체중감량에 효과적이지 않다.

고지방식은 에너지가 높고 포화지방산 함량이 높아 혈액 내 포화지방 함량에 나쁜 영향을 미치며 비만한 경우 고지혈증의 위험이 높기에 섭취하는 지방의 종류와 양에 주의한다.

대한비만학회에서는 비만한 한국인의 경우 지방질을 총 에너지의 25%를 넘지 않도록 하고, 포화지방산은 총 에너지의 6%, 트랜스지방산의 섭취는 최소화할 것을 권장한다. 우리나라와 미국의 영양소 조성 및 포화지방산, 불포화지방, 콜레스테롤 섭취에 관한 권고내용을 표 6-8, 6-9에 나타냈다.

| 표 6-8 | 에너지영양소 조성

영양소	한국영양학회	대한당뇨병학회	한국지질 동맥경화학회	NHLBI 비만지침 (low calorie step I diet)	NCEP ATP III (TLC diet)
탄수화물	55~70%	50~60%	50~60%	55% 이상	50~60%
지방	15~25%	25% 이내	고콜레스테롤혈증 15~20% 고중성지방혈증 20~25%	30% 이하	25~35%
단백질	7~20%	15~20%	15~20%	약 15%	약 15%

자료 : 비만치료지침, 대한비만학회, 2010

| 표 6-9 | 포화지방, 불포화지방, 콜레스테롤 섭취 권장 수준

영양소	대한당뇨병학회	한국지질 동맥경화학회	NCEP ATP III (TLC diet)	미국당뇨병학회
포화지방	10% 이내	6% 미만	7% 미만	7% 미만
단일불포화지방	-	10% 이하	10% 이하	-
다가불포화지방	10% 이내	6% 내외	20% 이하	-
트랜스지방	최소화	-	최소화	최소화
콜레스테롤	200 mg/일 미만	200 mg/일 미만	200 mg/일 미만	200 mg/일 미만

자료 : 비만치료지침, 대한비만학회, 2010

(5) 비타민 및 무기질

비타민과 무기질은 1일 필요량을 충분히 섭취할 수 있도록 해야 하며 1,200 kcal 이하의 식사를 하는 경우 식사만으로는 부족해지기 쉽다. 에너지를 조절할 경우는 보충제를 통하여 부족 부분을 섭취하여야 한다. 어육류, 저지방 유제품, 채소 및 과일류를 충분히 섭취하며, 그 외에도 칼슘, 인, 철분 등의 무기질을 섭취하여 균형을 이루도록 한다.

(6) 알코올

알코올은 1 g당 7 kcal의 에너지 외에도 알코올과 같이 섭취하는 안주 등을 통하여 에너지 섭취가 증가할 수 있다. 알코올 섭취가 체중증가에 미치는 영향은 개인의 건강상태, 알코올 섭취정도 및 섭취패턴에 따라 다르며 과량의 음주시 나타나는 체중감량은 영양불량과 관련이 있다. 지나친 음주는 에너지 섭취과다로 복부비만의 원인이 된다. 혈중 중성지방의 증가는 대사에 악영향을 미치므로 음주횟수와 음주량을 제한하여야 한다.

2) 운동요법

체중조절을 위해서는 식사요법 외에 규칙적인 운동을 병행하면서 에너지 소모를 증가하여 체중을 감량하는 것이 좋다. 유산소운동만으로 체중감량을 충분하게 조절할 수는 없으나 체지방을 감소시키고 에너지대사를 높임으로써 효과적으로 체중조절을 할 수 있다. 운동은 체지방의 산화를 촉진하고 인슐린의 저항성을 감소하여 당뇨병의 유발을 막을 수 있다. 운동을 통해서 축적된 지방분해능력의 활성화를 가져올 수 있기 때문에 비만치료에 적극적으로 이용된다. 운동의 효과는 체지방의 감소, 제지방의 증가, 혈중지질 농도의 개선, 근골격계 기능 및 내분비대사기능 향상, 노화방지, 면역기능 향상, 스트레스 해소 등 다양하다.

유산소운동은 걷기, 수영, 자전거타기 등 중간 정도의 강도에서 큰 근육을 사용하는 운동으로 유산소의 대사과정을 이용한다. 지속적인 유산소운동은 지방 소비를 증가시키므로 체지방을 연소하는 데 적합하다.

유산소운동을 하면 지구력이 향상되고 심장, 혈관, 폐기능이 향상된다. 유산소운동과 렙틴과의 상관관계를 보면 장기간의 유산소운동이 렙틴의 감소를 유발한다고 했다. 아동과 여중생을 대상으로 유산소운동을 실시한 결과 렙틴 농도가 감소하였다. 저항성 운동으로 폐경여성에서도 운동프로그램 16주를 시행한 결과 체중 및 체지방 감소와 렙틴이 감소하였다.

무산소운동은 고강도 근력운동으로 신체가 호흡을 통해 세포에 산소를 공급하는 속도보다 산소 소모가 더 빠르게 진행된다. 종류로는 역도, 덤벨, 팔굽혀펴기, 윗몸일으키기, 요가 등이며 체지방을 사용하지 않고 근육의 글리코겐을 사용한다.

무산소운동의 효과로는 기초대사량이 상승하고 근육량이 증가하며 HDL-콜레스테롤이 증가한다. 무산소운동은 근력을 키우며 기초대사율을 증가시킴으로써 요요현상을 예방해주기 때문에 필요한 운동이며 자세도 바르게 되고 요통도 예방할 수 있다.

운동 초기에는 인슐린 분비가 감소하고 글루카곤 분비가 증가하여 근육이나 간의 글

| 그림 6-6 | **유산소운동**

요요현상 절식하면 체내근육량은 감소하고 기초대사량은 낮아진다. 기초대사량이 낮아지면 식사량이 다이어트 이전과 같거나 그 이하가 되더라도 낮아진 기초대사량만큼의 잉여 에너지가 생긴다. 즉 체중 증가의 원인이 된다.
다이어트 초기에는 체내 수분 손실로 인한 체중 감량이 일어나지만 일정 기간이 지나면 단백질과 탄수화물이 다량의 수분을 함께 저장하기 때문에 체중이 빠른 속도로 증가한다. 요요현상을 예방하기 위해서는 극단적인 다이어트 방법을 하지 않고 올바른 식습관으로 유산소운동을 하여 에너지 소모량을 증가시킨다.

리코젠 분해로 생성된 포도당이 에너지원으로 이용된다. 운동이 진행되면서 교감신경으로부터 카테콜아민의 분비가 촉진되어 지방의 분해도 증가한다.

고강도운동은 단시간에 에너지를 신속히 공급하기 때문에 이때는 주로 해당과정이나 젖산 시스템을 통하여 에너지를 생성하는데 이 시스템을 사용하는 것은 탄수화물인 포도당이며 산소 공급 없이도 에너지를 생성할 수 있기 때문이다. 지방으로부터의 에너지 공급은 속도가 느리므로 높은 강도의 운동에서는 ATP 필요량에 빠르게 대응하지 못하여 탄수화물의 이용이 증가한다.

저강도로 30분 이상 운동하는 경우 점점 유산소 대사에 의존하는 비율이 높아지고, 에너지 공급원도 지방을 사용하기에 운동시간을 30분 이상 지속하는 것이 체지방 감소에 효과적이다.

3) 약물요법

약물은 포만감을 유도하여 식욕을 억제하거나 지방의 흡수를 저하하여 체중감소를 유도한다. 비만의 치료방법은 식사, 운동 및 행동수정치료가 있으며 약물요법은 보조적인 치료법이라 할 수 있다. 단기간의 약물 사용에 의한 체중감소는 제한적이고 약물 중지 후 다시 체중증가를 가져온다. 반드시 약물요법에는 식사요법과 운동이 병행되어야 한다. 체질량지수가 25 kg/m^2 이상이거나 23 kg/m^2 이상이면서 심혈관 합병증인 고혈압, 당뇨병, 고지혈증 및 수면무호흡증이 동반되면 약물치료를 이용할 수 있다.

비만치료제 중 미국 식약청에서 장기간 사용이 허가된 약물로 시부트라민과 올리스타트(orlistat)는 장기간 사용이 가능하나 펜터민 등은 부작용이 있어 3개월 이내로 사용한다.

시부트라민(sibutramine)은 중추신경계에 작용하는 식욕억제제이며 포만감이 나타나고 열 생산을 증가시켜 체중감량을 가져온다. 약 2~4%에서 구토, 두통, 변비, 불면증이 나타나며 혈압도 약간 상승하고, 심박수도 분당 4~5회 상승할 수 있으므로 고혈압환자는 피하도록 한다. 1년 이상 사용을 금지하며 65세 이상 및 16세 미만은 사용이 금지되어 있다. 비 향정신성 의약품의 부작용으로 심혈관계, 위장계, 중추신경계의 증상이 나타날 수 있다.

올리스타트는 섭취된 음식물의 지방질을 분해하는 효소를 억제하여 장으로 지방이 흡수되는 것을 막아주며 체중감량을 가져온다. 지방에 용해되는 비타민의 흡수도 억제되므로 장기적으로 사용하면 지용성 비타민 A, D, E, K의 공급이 부족하다. 또한 이 약의 경우는 위장질환 부작용인 지방변, 잦은 배변, 대변 실금 등이 나타난다.

펜터민(phentermine) 계열의 약제는 뇌 속의 신경전달물질인 노르에피네프린(norepinephrine)의 작용을 증가시킨다.

약제 치료시 3개월 이내에 5~10%의 체중감량이 없을 경우 약제 사용을 변경하거나 중단하여야 한다. 대부분 체중감량 효과가 있다 해도 비만인 20~30%에서 10% 정도만 체중감소 효과가 나타나며, 1년 후 다시 체중이 원래 상태로 돌아가는 요요현상이 나타나므로 체중감량 효과는 적은 편이다. 의약품의 부작용으로 지방성 변이나 위장운동의 항진, 급성 변의 등이 있어 임산부나 쓸개즙분비가 적은 사람이 사용해서는 안 된다.

4) 수술요법

고도비만으로 체질량지수가 35 이상이고 비만과 관련된 질환이 있거나 체질량지수 40 이상인 경우에 수술을 하는 것으로 정의한다. 수술방법은 복강경수술이 고도 비만수술에 도입되었으며 복강경수술법은 개복수술에 비하여 수술 후 빠른 회복을 한다. 수술법은 루엔와이 위우회술, 복강경 위소매절제술, 십이지장 전환술, 조절형 위밴드 수술 등이 있다(그림 6-7).

루엔와이 위우회술은 가장 안전한 방법으로 위를 15~20 cc 정도만 남기고 나머지 위, 십이지장의 공장을 우회시켜 소장을 올려붙이는 수술법이다. 체중감량은 수술 후 6개월까지 저하되고 18~24개월 꾸준히 감량되며 수술 후 합병증과 비타민 B_{12}, 철, 칼슘 등 대사이상이 나타날 수 있다.

복강경 위소매절제술은 위를 길이 모양으로 절제하여 50~80 cc 정도의 위 소만부만

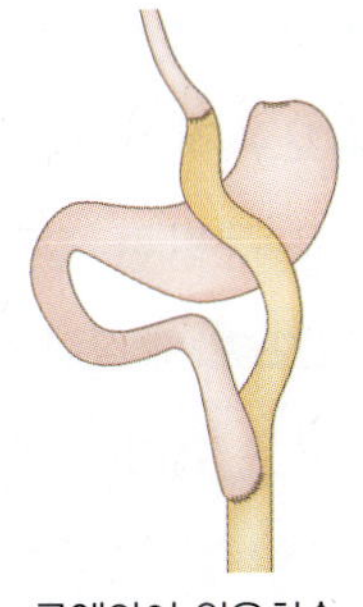
루엔와이 위우회술
(Roux-en-Y gastric bypass surgery)

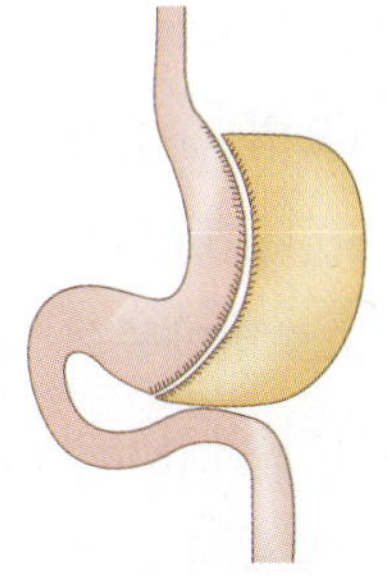
복강경 위소매절제술
(laparoscipic sleeve gastrectomy)

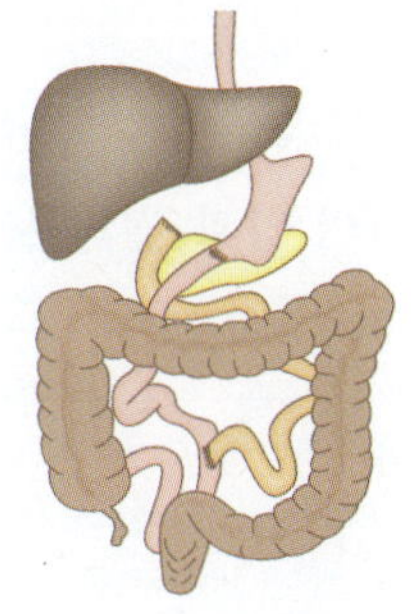
십이지장 전환술
(vertical gastrectomy with duodenal switch)

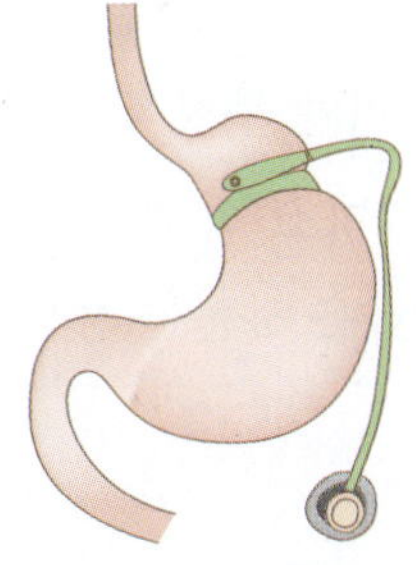
조절형 위밴드 수술
(adjustable gastric banding)

| 그림 6-7 | **위장절제술**

남기는 수술이다. 단점은 위의 용적이 늘어날 가능성이 있다.

십이지장 전환술은 위를 길이 모양으로 절제하여 250~500 cc의 위주머니를 만들어 약 2 m를 소장말단에 연결하면 흡수억제효과가 높다.

조절형 위밴드 수술은 위 상부에 조절형 밴드를 설치하여 15~20 cc의 위주머니를 만드는 수술이다. 작은 위주머니로 배고픔을 잊어버리도록 하여 적은 식사로 포만감을 느낀다.

비만치료의 목적은 체중감소에 있지만 많은 질환이 개선되고 삶의 질이 정상인에 가깝게 개선되는 결과를 보인다. 비만수술은 기술이나 기구의 발달로 점차 안전해지고 장기 합병증의 예방과 치료에 대한 지식도 늘어나 환자관리 방법도 적절하고 다양하게 발전하고 있다. 수술을 하지 않았을 때의 사망률과 수술 후 사망률을 비교해도 수술을 하는 것이 절대적으로 유리하다. 우리나라에서 비만수술에 대해서는 아직까지 일반인과 의사에게 부정적이다. 한국에서 비만수술은 아직까지 흔치 않은 수술이고, 수술성적을 논하기는 이르지만 서구의 상황과 차이가 그리 크지 않을 것으로 예상한다.

비만수술은 식이요법, 운동요법, 행동치료법 등의 보존적인 방법에 실패한 적이 있어서 체질량지수가 30 kg/m^{2}이 넘고 비만증의 합병증을 동반한 경우 또는 체질량지수가 35 kg/m^{2}가 넘는 고도비만증의 경우 고려해 볼 수 있으며 체질량지수상으로 고도 비만이 아니더라도 대사적 위험도가 높은 복부비만형의 경우 고려해 볼 수 있다.

제2절 저체중

비만에 대한 우려와 부정적 인식이 고조되면서 청소년기부터 점점 마른 체형을 선호하며 관심 또한 높아졌다. 체형에 대한 관심은 식사의 양과 질의 불균형을 가져왔으며 불균형한 영양공급을 하는 현상이 나타난다.

1. 원인

활동량에 비하여 섭취하는 식사량의 부족, 소화와 흡수의 이상, 소모성 질환, 만성질병, 과도한 활동, 소모성 질환의 암, 갑상샘기능항진, 정신적 긴장, 심리적 요인, 성격, 환경, 정신적인 스트레스 등이 있다.

청소년기의 지나친 다이어트로 인해 청소년을 위한 영양관리와 지도가 필요한 실정이다. 이것은 건강 체형에 대한 잘못된 인식으로 인하여 결식, 잘못된 다이어트, 방송을 통하여 선호하는 연예인 따라하기가 원인인 것으로 생각된다.

2. 증상

저체중 외에 심한 빈혈과 면역력 저하, 성장 저하, 호르몬 생성부족, 낮은 골밀도 형성, 체내 무기질 대사변화가 나타난다. 여성의 경우는 골다공증, 생리불순, 불임, 유산 등이 나타날 수 있다.

저체중 여성의 경우 심하면 임신이 안 될 가능성이 있고, 저체중이 비만보다 나을 것이라고 생각하는 사람이 많으나 저체중도 비만만큼 심각한 질병이다. 노인의 저체중은 면역체계 반응기전에 손상을 가져오고, 외상, 수술로 인한 상처에 영향을 미쳐 치유와 회복을 지연시키며 상태를 악화시키고, 인지기능, 호흡기계 기능 변화에 영향을 준다.

저체중의 노인은 정상체중 노인에 비해 걷기나 몸의 균형유지에 변화를 가져오며 낙상을 유발시키고 스트레스를 가져와 2차적인 건강문제를 일으킬 확률이 높다.

체질량지수(BMI)가 18.5 미만인 저체중인 경우 정상 체중(BMI 18.5 이상 25.0 미만)에 비해 폐결핵이 발생할 위험이 2.4배 높았다. 저체중임에도 체중증가나 비만에 대한 극단적인 두려움을 가지고 있기 때문에 음식을 거부하거나 조금만 섭취한다. 구체적인 행동으로는 음식을 작은 조각으로 잘라먹거나 항상 열량을 계산하는 모습을 보이고 먹어야 할 음식을 숨겨두기도 한다.

3. 치료 및 영양관리

적절한 체중과 정상적인 체질량지수를 유지하는 것이 최대 골질량의 획득에도 중요하다. 최대 골질량이 노령화와 관련되는 골다공증 골절을 예방하기에 중요하며, 젊은 여성의 경우 임신과 출산을 준비하는 시기이므로 골밀도를 높이기 위한 영양소 공급이 중요하다. 일주일에 0.5~1 kg 정도의 체중증가를 목표로 하여 영양보충제나 영양공급을 하도록 한다.

골밀도와 영양 식사인자는 요추 골밀도 건강에 영향을 미친다. 골밀도 증대와 유지에 단백질, 칼슘, 인, 칼륨, 마그네슘 등의 무기질과 비타민 C, D, K 등이 포함된다.

1) 에너지

하루 필요한 에너지에서 500~1,000 kcal 정도 증가하여 제공할 것을 권하며, 양을 늘리는데 따른 부작용을 막기 위해 에너지가 높은 음식을 이용하도록 한다.

| 표 6-10 | 에너지를 높이는 음식의 조리 예

식품군	음식의 조리 예
곡류	볶음밥, 버터 바른 빵, 프렌치토스트, 케이크, 잼과 크림을 이용한 빵, 샌드위치
어육류	어육류를 이용한 국이나 찌개, 튀김류, 전
채소류	마요네즈를 이용한 샐러드, 볶은 음식, 기름을 이용한 튀김
우유류	우유, 치즈, 아이스크림
과자류	캐러멜, 쿠키, 과자
견과류	잣, 호두, 땅콩

2) 단백질

단백질은 질적으로 우수한 단백질로 섭취하고 1일 100 g 이상을 권하며, 심한 저체중에서는 결정형 아미노산을 정맥영양으로 공급하는 방법을 이용한다.

3) 탄수화물과 지방

탄수화물을 과잉 섭취할 경우 혈당이 급격하게 상승하여 인슐린 호르몬 증가로 인한 피해가 나지 않도록 주의한다. 조리방법은 가능하면 기름에 볶거나 견과류, 기름을 이용하는 조리법을 선택한다.

| 표 6-11 | 저체중 식단구성표

1일차	처방에너지(3,333 kcal) : 주식(3,075 kcal) + 간식(258 kcal)		
식사구분	음식명	분량	에너지
아침 (986 kcal)	흑미밥	흑미 10 g, 쌀 110 g	438
	북어당면국	북어 10 g, 당면 10 g, 두부 30 g, 무 25 g	65
	돈육완자조림	돈육 140 g, 완자 70 g	380
	도라지오징어무침	오징어 60 g, 도라지	94
	배추김치	배추김치 90 g	9

(계속)

식사구분	음식명	분량	에너지
점심 (1,133 kcal)	흰쌀밥	쌀 120 g	434
	크림스프	밀가루 15 g, 소고기 7 g, 우유 240 mL, 버터 7 g	215
	돈까스	돼지고기 100 g, 빵가루	380
	야채샐러드	양상추 20 g, 오이 15 g, 치커리 5 g, 마요네즈 10 g	95
	배추김치	배추김치 90 g	9
저녁 (956 kcal)	밤밥	깐 밤 20 g, 쌀 110 g	445
	감자탕	돼지뼈 100 g, 감자 80 g, 깻잎 5 g	260
	김치전	맛김치 25 g, 부침가루 15 g	150
	콩조림	콩 40 g	72
	깍두기	깍두기 90 g	29
간식1 (118 kcal)	우유	1팩	118
간식2 (80 kcal)	토마토주스	150 mL	80
간식3 (60 kcal)	사과	135 g	60

제3절 섭식장애

섭식장애(eating disorder)란 식이행동상의 현저한 장애가 특징이며, 신경성 식욕부진증(anorexia nervosa)과 신경성 폭식증(bulimia nervosa)의 두 가지로 나누어진다. 비만에 대한 잘못된 이해와 과도한 다이어트가 주요인이다.

1. 원인

섭식장애의 원인은 생물학·심리·사회문화적 면에서 찾아볼 수 있다. 식사장애가 우려되는 사람은 정상인에 비하여 식사습관에 문제점이 발견되었으며, 비정상적인 다이어트 방법을 많이 시도한다.

1) 식사요인

고에너지·저영양식품인 패스트푸드, 탄산음료, 라면, 과자 등의 섭취 경향이 상대적으로 높으며, 가족과 같이 식사하는 시간이 적고, 정상적인 성장발달에 도움이 되는 아침식사를 거르는 비율이 높다. 청소년기는 성장을 방해하는 단식, 식사량 줄이기, 식후 구토, 원푸드다이어트의 무리한 체중감량법을 시도하는 경향이 정상인에 비하여 높다.

2) 생물학적 원인

생물학적 원인은 섭식장애를 발달시키는 위험요인으로 잠재적 역할을 한다. 섭식과 포만을 조절하는 중추인 시상하부는 신경성 식욕부진증 환자에게는 배고픔과 포만이 섭식장애와 관련하여 정상인은 식사 후 포만감을 느끼고 2시간이 지나면 배고픔을 느끼는데 식욕부진증 환자는 전 식사과정 동안 배고픔을 느끼거나 배부름을 느끼지 않는다. 식욕폭식증인 사람은 음식섭취 후 곧바로 배고픔이 나타나며 배고픔과 배부름을 동시에 느끼며 곧바로 배고픔을 느끼고 있다. 섭식장애의 환자는 정상보다 3배 이상 높게 장애가 나타나며 환경·유전적인 영향이 있다.

3) 심리적 원인

섭식장애와 심리적 원인은 신경성 식욕부진증과 신경성 폭식증이 있는 사람에게 정서장애가 나타났다. 우울장애는 섭식장애에 수반되고 우울증상은 체중조절을 하는 정상인에게도 나타난다. 신경성 식욕부진증과 신경성 폭식증인 사람은 낮은 자존감을 보이는 경향이 있다.

4) 사회문화적 원인

섭식장애의 원인 중 사회 문화적 원인으로는 날씬함과 다이어트를 추구한다는 점이다. 젊은 여성 사이에서 다이어트를 더 많이 하는 것으로 나타나며 다이어트가 마치 사회적 규범을 따르는 행동으로 보인다. 마른 체형을 여성의 이상적인 신체로 강조하고 외모가 여성의 성 역할에서 중심적인 역할을 하며, 외모가 사회적 성공에 중요한 요소로 작용한다는 점이다. 자신의 정체감을 확립하는 시기에 날씬함이 매력 있고 가치 있는 것처럼 생각하며 자신의 외모에 대한 불만족에서 나타난다. 대중매체는 날씬함의 기준과 식사조절에 혼란을 주고 여성의 체중조절을 부추기고 있다. 날씬하고 마른 체형을 선호하고 뚱뚱하고 비만 체형에 대한 혐오가 두드러지면서 섭식장애가 증가하고 있다.

2. 종류

1) 신경성 식욕부진증

신경성 식욕부진증은 키와 연령에 대한 최소한의 체중을 유지하기 위하여 식사에 대한 거부로 체중 증가에 대한 강한 공포, 무월경(일시적 월경의 중단), 신체상 혼란을 일으킬 뿐 아니라 잠재적으로 생명까지 위협하는 장애이다.

2) 신경성 폭식증

신경성 폭식증은 반복되는 폭식과 그에 따르는 자가유발성 구토, 하제, 기타 약물의 남용, 단식, 지나친 운동, 부적절한 보상을 특징으로 한다. 신경성 식욕부진증과 신경성 폭식증은 행동의 형태가 서로 다른 데도 몇 가지 면에서 같은 현상을 나타낸다. 환자는 자신의 체중과 체형을 평가하고 비만과 체중증가에 대한 공포를 갖고 있으며, 체중을 줄이기 위하여 자발적 행동과 심리적 에너지의 상당 부분을 소모한다.

3. 증상

신경성 부진증의 증상은 매우 다양하며 단기적인 치료는 나쁘지 않으나 충분한 체중을 다시 얻은 후에도 음식과 체중에 대한 부적절한 인식이 지속되는 경우가 많아서 대인관계의 어려움과 우울증을 보이는 경우가 적지 않다. 전반적인 결과가 좋은 것만은 아니며, 연구 결과를 보면 사망률이 5~18%에 이른다. 특히 장기간 지속하면 신체적 합병증이 나타나는 경우가 많아 신체적 건강에도 심한 해를 끼칠 수 있어 저체중이 심각한 경우 입원치료를 반드시 해야 한다.

신경성 식욕부진증에는 여러 가지 신체적 합병증이 나타난다. 체중감소가 심해지면 저체온, 저혈압, 부종, 무월경의 다양한 내과적 문제가 발생한다. 탈수, 전해질 이상이 흔하게 나타나며 부정맥, 서맥, 심근의 소실 등 심장에 문제가 나타날 수 있다. 백혈구 감소, 미각 이상, 골다공증, 췌장의 염증은 물론 심한 경우 사망에 이르기도 한다. 인지 기능 저하, 우울 증상, 심한 경우 경련도 나타난다.

신경성 폭식증은 신경성 식욕부진증보다는 회복률이 높다. 치료받지 않은 경우 만성화되어 거의 호전되지 않는 경우가 많다. 치료에 참여한 환자가 시간이 지날수록 진단 기준을 충족하는 환자 수가 감소하였거나 완전히 회복되었다. 약 30%는 반복되는 폭식이나 제거행동을 지속하였다. 저체중이 아니어도 신경성 폭식증은 탈수, 전해질 불균형과 다양한 정도의 기아 상태를 일으킬 수 있다. 생리 주기의 문제가 동반되는 경우도 흔하며, 저혈압과 서맥 등 심혈관계의 문제가 나타나기도 한다.

신경성 식욕부진증과 신경성 폭식증의 경우 식이행동을 바꾸기 위한 꾸준한 치료와 가족의 협조가 필요하다.

4. 치료 및 영양관리

신경성 식욕부진증 치료는 환자의 내과·정신과·심리학·영양학적 문제가 동반되며 내과적 응급을 요구하는 경우가 많으므로 필요한 경우 입원해야 한다. 표준체중 몸무게의 20% 이하인 경우나 기타 내과적 문제가 심각한 경우 반드시 입원 치료를 해야 한다.

체중에 대한 부적합한 인식 등이 문제가 되기에 식사조절뿐 아니라 종합적인 치료 계획을 세워야 한다. 저체중인데도 자신이 과체중이라 생각하고 체중조절을 하고 절식하게 되며, 음식물섭취절제로 인한 다이어트는 폭식으로 이어져 부정적 정서를 유발한다.

인지행동치료, 정신과적 치료, 가족치료 등과 함께 적절한 약물치료가 실행되어야 한다. 신경성 과식증 역시 내과적 상황에 대한 검진이 필요하며, 입원치료가 필요한 경우이다. 항우울제 등의 약물치료가 도움될 수 있으며, 인지행동치료, 정신과적 치료와 병행해야 한다.

참고문헌

권기한 · 박형래 · 백승희 · 윤진아 · 임재연 · 정강현 · 최경순, **건강을 위한 식품과 영양**, 백산출판사, 2011

백수경, 이소플라빈 투여가 골량이 감소된 저체중과 정상체중인 여대생의 골밀도 및 골밀도지표에 미치는 영향에 관한 연구, 숙명여자대학교대학원 학위논문, 2001

이경혜 · 김숙경 · 천기정 · 한숙희, 여자 대학생들의 섭식장애와 자아존중감과의 관계, **여성간호학회지** vol.9 No.4, 2003

이미숙 · 이선영 · 김현아 · 정상진 · 김원경 · 김현주, **임상영양학**, 파워북, 2010

이석구 · 전소연 · 이종영, **한국노년학** vol.28 No.1, 2008

이정실 · 최경순, **다이어트론 및 실습**, 대왕사, 2008

주은정 · 이경자 · 박은숙 · 유현희, **임상영양학**, 교문사, 2012

최현미, 여자고등학생의 섭식장애와 다이어트에 따른 식행동 유형연구, 용인대 교육대학원 학위논문, 2008

최혜미 · 김정희 · 장경자 · 민혜선 · 임경숙 · 변기원 · 이홍미 · 김경원 · 김희선 · 김현아, **21세기 영양학 원리**, 교문사, 2005

한국지질동맥경화학회 고지혈증 치료지침 제정위원회, **고지혈증 치료지침** 제2판, 도서출판 한의학, 2003

대한당뇨병학회, **당뇨병 진료 지침**, 엠엠케이커뮤니케이즈, 2007

대한영양사협회, **임상영양관리지침서** 제5판, 대한영양사협회, 2010

비만치료지침, **대한비만학회지**, 2010

식품의약품안전청 영양정책과, 2010

한국영양학회, **한국인 영양섭취기준**, 한아름기획, 2010

American Diabetic Association, Nutrition Recommendations and Interventions for Diabetes, *Diabetes Care*, 31:S61~S78, 2008

DM Kim, CW Ahn, SH Choi, Surgical Treatment of Morbid Obesity - Focusing on Laparoscopic Roux-en-Y Gastric Bypass Surgery, *The Korean Journal of Obesity*, 013(02):97~100, 2004

B. W. Ennis, S. Saffel-Shrier & H. Verson, Diagnosis malnutrition in the elderly. *The Nurse Practitioner*, 26(3):52~65, 2001

Eugene Kim, SW Oh, Gender Differences in the Association of Occupation with Metabolic Syndrome in Korean Adults, *The Korean Journal of Obesity*, 021(02):108~114, 2012

J. Kayser-Jones, Inadequate nursing and health policy, *Journal of Gerontological Nursing*, 23(8):14~21, 1997

National Cholesterol Education Program, National Heart, Lung, and Blood Institute, Detection, Evaluation, and Treatment of High Blood Cholesterol in Adults(Adult Treatment Panel III), *NIH*, 2002

YJ Son, GY Kim, The Relationship between Obesity, Self-esteem and Depressive Symptoms of Adult Women in Korea, *The Korean Journal of Obesity*, 021(02):89~98, 2012

YS Hur, A Review of Bariatric Surgery Procedures and Outcomes, *The Korean Journal of Obesity*, 017(04):141~153, 2008

참고사이트

http://blog.naver.com/kimmj104?Redirect=Log&logNo=40138008680

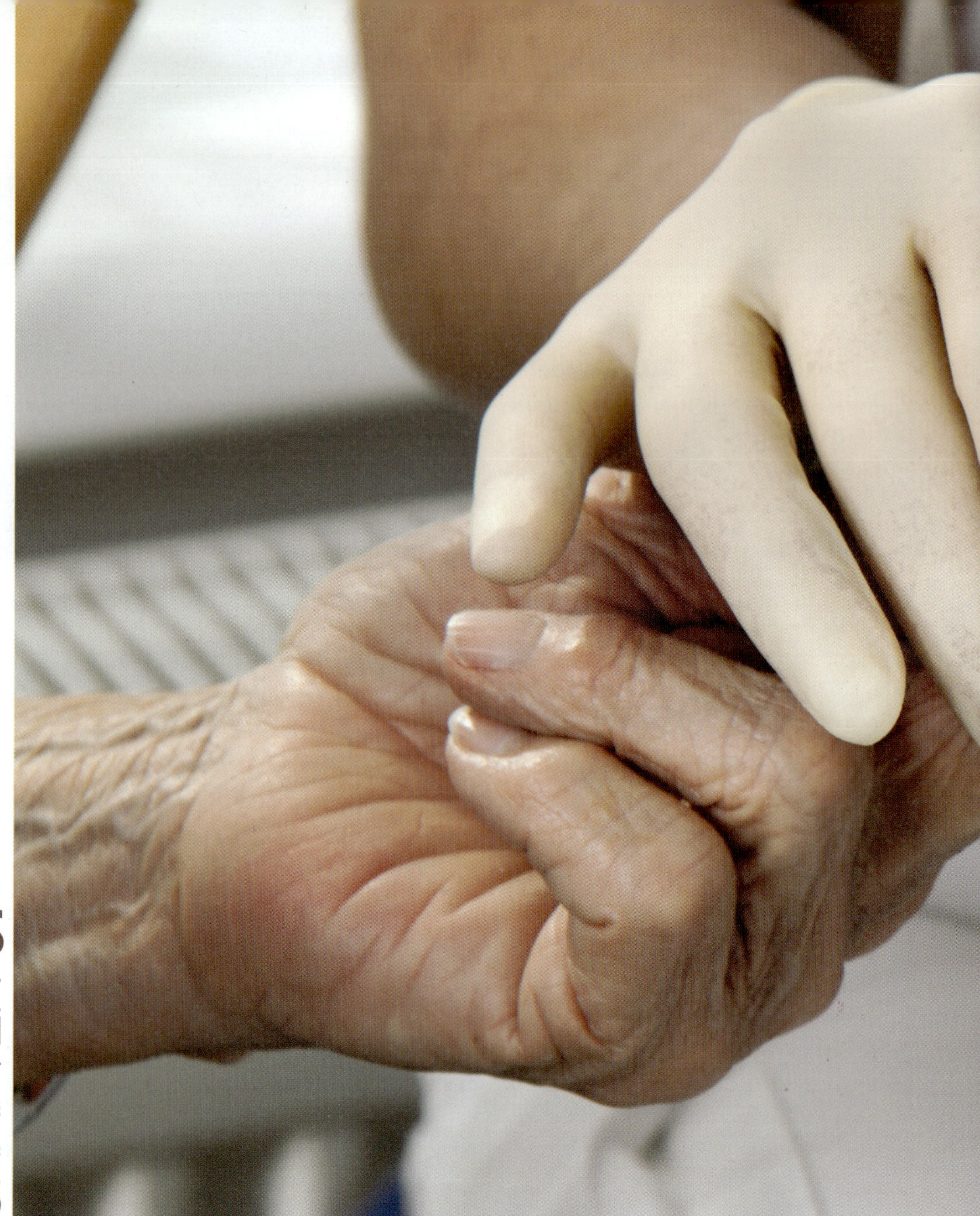

CHAPTER 07

당뇨병

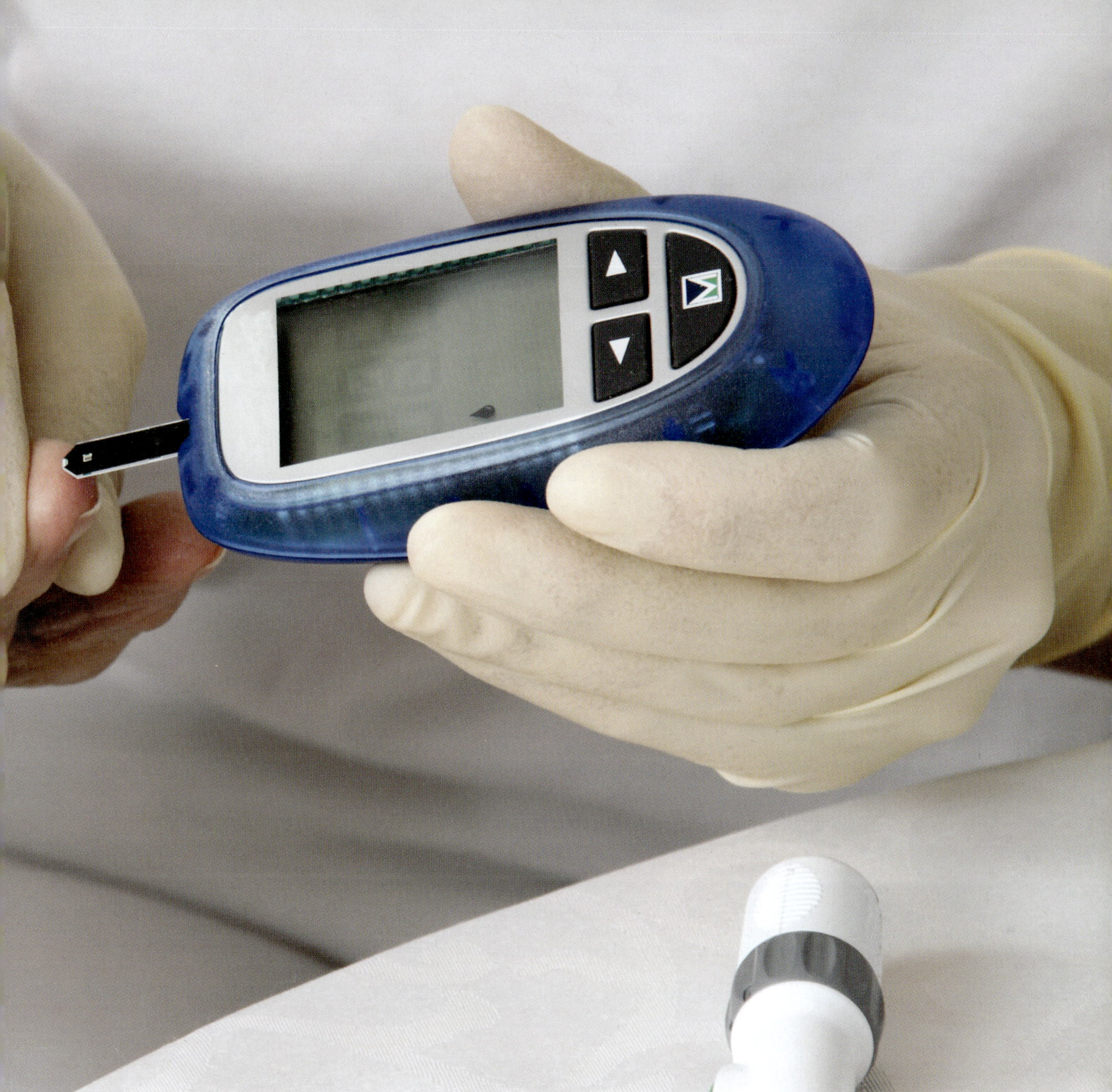

학습목표

- 당뇨병에서 나타나는 대사변화를 이해하고 그에 따라 영양기술을 적용할 수 있다.
- 당뇨병 환자에게 필요한 영양, 운동, 약물에 대해 설명할 수 있다.
- 당뇨병 합병증을 파악하고 그에 따른 영양관리기술을 적용할 수 있다.

우리나라의 당뇨병 유병률은 30세 이상 성인에서 약 10% 정도이며 최근에는 40대 미만의 젊은 연령에서 비만 증가와 더불어 제2형 당뇨병의 발병률이 증가하고 있어서 의료문제로 대두되고 있다. 당뇨병의 유병률 증가는 비만뿐 아니라 고령화와 관련되어 있기 때문에 고령화 시대에 접어든 우리나라에서는 앞으로 당뇨병으로 인한 의료비의 상승이 불가피할 전망이다. 당뇨병을 적절히 관리하지 않으면 허혈성 심질환, 뇌혈관질환, 신부전증 등도 증가하여 국민의료 부담을 가중시킬 수 있는 주요 원인으로 작용할 수 있어 이 질환에 대한 효율적 관리 예방이 국가 차원으로 요구된다.

제1절 정의 및 분류

1. 정의

당뇨병(diabetes mellitus, DM)은 이자에서 분비되는 인슐린의 절대적 혹은 상대적 결핍에 의해 당질, 단백질, 지질대사의 결함이 생기는 대사적 질환이다. 정상인은 아침 식사 전 혈당이 70~100 mg/dL 수준이다. 혈당이 150 mg/dL을 넘으면 이자에서 인슐린이 배출되어 지나치게 올라간 포도당을 간이나 근육에 글리코젠으로 혹은 지방으로 전환하여 저장한다. 이자에서 인슐린이 여러 원인으로 분비장애가 생기면 혈당은 글리코젠이나 지방으로 전환되지 못하고 고혈당이 되며 혈당이 신장의 포도당 재흡수 역치농도(threshold, 170 mg/mL~180 mg/mL)를 넘어 당이 소변으로 배출된다. 이렇게 혈당이 정상적인 대사과정으로 유입되지 않고 소변으로 유실되는 질환을 당뇨병이라고 한다.

2. 분류

당뇨병은 최근 고혈당을 유발하는 기전에 따른 분류법을 선호하고 있으며 인슐린의 분비능력과 원인에 따라 제1형 당뇨병, 제2형 당뇨병, 임신성 당뇨병 및 기타 당뇨병으로 분류한다.

1) 제1형 당뇨병

제1형 당뇨병은 이자의 랑게르한스섬의 β-세포의 이상으로 인슐린 분비가 되지 않아 발생하는 당뇨병이다. 제1형 당뇨병은 이자의 β-세포가 세포매개성 자가면역으로 파괴되어 발생하는 면역매개성 당뇨병과 원인을 알 수 없는 특발성 당뇨병으로 나눌 수 있다. 주로 아동기나 청소년기에 발병하지만 어느 연령층에서도 발병할 수 있으며 심지어 노년층에서도 발병하기도 한다. 반드시 인슐린 주사를 사용해야 하며 인슐린 부족으로 고혈당이 심해지고 케톤증이 나타나며 탈수, 다음, 다식, 다뇨 등의 증상도 심하게 나타난다. 또한 체중감소가 현저하며 감염에 취약해져서 합병증도 심하다.

| 표 7-1 | 제1형 당뇨병과 제2형 당뇨병의 특징

	제1형 당뇨	제2형 당뇨
원인	이자의 β-세포 파괴 (자가면역성 파괴)	조직의 인슐린 저항성 증가
인슐린 분비 능력	절대적 인슐린 분비 부족	인슐린 분비의 지연
발생 연령층	주로 30대 이전, 젊은 층	주로 40세 이후 우리나라 당뇨병의 90% 이상 해당
치료시 인슐린 필요 여부	반드시 필요	경우에 따라 필요 경구혈당강하제 사용 가능
증상	심한 고혈당 심한 케톤증 현저한 체중감소 탈수 다음, 다식, 다뇨	케톤증은 심하지 않음 증상이 심각하지 않아 인지하지 못하는 경우가 많음 비만인 경우가 많음 피로 혈관, 신경계 합병증

2) 제2형 당뇨병

제2형 당뇨병은 인슐린 분비 및 인슐린 작용의 복합적 결함에 의해 발생하는 당뇨병이다. 말초조직으로 포도당 유입이 되지 않는 인슐린 저항성 증가와 상대적 인슐린 부족증이 나타난다. 한국인 당뇨병은 90% 이상이 제2형 당뇨병에 속한다.

발병시 유전적 소인도 중요하지만 환경인자의 작용도 중요하다. 주로 성인기에 발병하며 환자는 비만인 경우가 많다. 제2형 당뇨병의 병태생리에서는 인슐린 분비능력의 이상과 간의 포도당 생성 증가, 말초조직에서 인슐린 감수성 저하 및 비정상적인 지방 대사가 중요하다. 발병 초기에는 인슐린 치료가 필요하기도 하지만 대체로 식사요법이나 운동, 먹는 약 등으로 치료할 수 있어 평생 인슐린 치료가 필요 없는 경우도 있다. 우리나라 제2형 당뇨병은 서구와 비교하여 비만이 아닌 사람도 많으며 공복 인슐린 분비, 혈당 증가에 따른 인슐린 분비 증가, 인슐린 분비의 최대치가 현저히 낮은 특징을 보여 인슐린 저항성보다는 인슐린 분비 이상을 보인다. 제1형 당뇨병과는 달리 인슐린이 분비되기 때문에 케톤증 등이 심하지 않고 증상도 심하지 않아 환자 본인이 당뇨병인지 인지하지 못하는 경우가 많다. 증상은 다음, 다식, 다뇨 등이 나타나고 감염되면 고혈당과 케톤증이 나타나기도 한다.

3) 임신성 당뇨병

임신성 당뇨병(gestational diabetes mellitus, GDM)은 임신으로 말미암은 생리적 변화 때문에 임신 중에 발생하는 당뇨병의 아형(subtype)이다. 임신했을 때에만 발병하는 당뇨병으로 임신 중에 인슐린 저항성이 증가하여 발병한다. 임신성 당뇨병을 세분화하는 이유는 임신성 당뇨병과 제1형 당뇨병, 제2형 당뇨병에 걸린 여성이 임신하였을 때 임신 중 고려할 치료전략과 합병증 관리가 다르기 때문이다. 정상적인 임신의 경우 태반에서 분비되는 호르몬, 즉 태반 락토겐, 프로게스테론 등의 영향으로 인슐린 저항성이 나타난다. 인슐린 저항성은 임신 중기에 증가하기 시작하여 임신 말기에 임신전보다 약 50~70% 증가한다. 분만 후에는 당뇨가 보이지 않으나 조심하지 않으면 추후 제2형 당뇨병으로 진전될 확률이 높다. 임신 말기에 혈당조절을 제대로 하지 않으면 거대아를 출산하거나 태아의 저혈당 및 호흡곤란으로 태아 사망, 조산 등이 나타날 수도 있다.

4) 기타 내당능 장애

특유형 당뇨는 유전적 베타세포의 기능 결손, 유전적 인슐린 작용 결손, 내분비 이자질환, 내분비질환, 약물, 화학물질 유발, 감염, 희귀 형태의 면역 중개 당뇨병, 당뇨 연관 유전질환이다. 내당능 장애는 혈당을 잴 때 정상치보다 약간 높게 나오나(예 : 식전 125, 식후 170) 아직 당뇨병이 아닌 그룹을 당뇨병 가능 그룹(impaired glucose tolerance) 혹은 내당능 장애로 분류한다. 식이요법, 운동 등을 통해 혈당을 조절하지 않으면 제2형 당뇨병으로 발병할 우려가 매우 높다.

기타 당뇨병을 나타낼 수 있는 상태는 간질환이 있다거나 영양실조(단백질 결핍, 비타민 B_6 결핍, 크롬 결핍) 등이 있다.

제2절 원인

당뇨병은 유전적인 소인을 지닌 사람에게 환경적인 요인이 악화되는 상태, 즉 비만, 스트레스, 내분비 이상, 감염, 수술, 임신 등과 같은 환경적인 요인이 악화되는 상태에서 발병한다. 당뇨병의 유전적 관여는 제1형의 경우는 자가면역 관련 유전인자, 제2형은 인슐린 저항성 관련 유전인자가 관여하는데 제1형은 부계 쪽의 유전, 제2형은 모계 쪽의 유전 경향을 보인다. 그러나 한 가지 유전자로 유전되는 것이 아니기 때문에 정확한 유전 형태를 찾을 수 없고 유전자는 아직 밝혀지지 않았다.

제1형 당뇨는 인체 내 면역계의 이상으로 항체가 형성되어 랑게르한스섬의 β-세포를 외부물질로 인식하여 파괴하는 것으로 가족적인 발생경향을 보인다. 우리나라는 제1형 당뇨병 발병률은 10만 명당 0.7명으로 아주 낮은 수준이다.

제2형 당뇨병은 유전적 요인에 환경적 요인이 작용하여 발병한다. 유전적 결함은 인슐린 분비에 관여하는 효소 글루코키나제의 유전자 돌연변이, 인슐린 구조의 변이, 조직의 인슐린 수용체의 유전자 돌연변이, 미토콘드리아 내 유전자 돌연변이 등이 알려져 있으며 제1형 당뇨보다 유전적인 성향이 훨씬 강하게 나타난다. 제2형 당뇨병은 40세 이전에 20%가 나타나고 대부분 40세 이후에 나타나는데 젊은 나이에 발병할수록 유전적 경향이 강하다.

제2형 당뇨병 발병에 관여하는 환경인자 중 비만은 인슐린 수용체 수와 인슐린 감수성을 감소하여 조직으로 이행되는 포도당 수송이 억제되어 발생하기 때문에 고혈당과 더불어 고인슐린혈증도 같이 나타난다. 스트레스는 교감신경 흥분물질의 분비를 촉진하여 혈당을 높이고 임신은 임신 중 분비되는 물질이 인슐린 작용을 억제하여 고혈당을 유발한다. 감염시에는 이자 β-세포의 인슐린 분비 자체를 억제하여 고혈당이 생긴다.

비만과 인슐린 저항성	• 인슐린 저항성의 75%는 비만과 운동부족에 기인 • 인슐린 저항성은 축적된 지방분해를 약하게 억제함으로써 혈액 내로 유리지방산을 다량 방출 • 혈액 내 유리지방산은 간에서 중성지방 합성 촉진(지방간) • 혈중 VLDL 상승, LDL 상승, HDL 감소 • 혈중 유리지방산은 조직세포로의 포도당 유입을 억제하여 고혈당 유발, 고인슐린혈증 유발 • 인슐린 상승은 교감신경을 활성화하여 고혈압 유발

체내에는 혈액의 포도당 농도가 일정하게 유지되도록 많은 호르몬이 관여한다. 식후 혈당이 상승하면 이자 랑게르한스섬의 β-세포에서 인슐린이 분비하여 세포 내로 포도당을 유입하여 혈당을 낮추고, 아침 공복시에는 이자 랑게르한스섬의 α-세포에서 글루카곤을 분비하여 간의 글리코젠을 분해하여 혈당을 상승시킨다. 글루카곤 이외에도 혈당을 상승시키는 호르몬은 에피네피린이나 글루코코티코이드 호르몬, 성장호르몬, 갑상샘호르몬 등이 있어서 인슐린과 길항작용을 한다. 혈당을 저하시키는 호르몬은 인슐린만 존재하기 때문에 인슐린의 부족은 바로 당뇨병으로 전환된다.

인슐린의 부족	• 이자 랑게르한스섬 β-세포의 인슐린 분비 이상 • 인슐린 길항 호르몬의 과잉 분비 • 항인슐린 항체 증가 • 인슐린 수용체 수 감소 및 수용체의 결함 • 프로인슐린의 활성화 저조 • 인슐린 분해율 증가

| 표 7-2 | 혈당 관련 호르몬

혈당저하호르몬	혈당상승호르몬
인슐린	글루카곤 부신수질호르몬(에피네피린, 노르에피네피린) 부신피질 호르몬(글루코코티코이드) 성장호르몬 갑상샘호르몬

제3절 대사변화 및 증상

1. 대사변화

1) 에너지대사

당뇨병은 기초대사율에는 영향을 미치지 않는다. 그러나 제2형 당뇨병의 경우 비만인 경우가 많으므로 체중조절을 해야 하며 에너지 감량이 필요하다.

2) 탄수화물대사

당뇨병 환자에게 나타나는 인슐린의 작용력 감소는 당질대사에 큰 영향을 미친다. 인슐린은 세포 내로 이입되는 포도당 수송에 영향을 미치며 세포 내 세포질에서 일어나는 포도당대사의 첫 관문인 포도당 인산화를 촉진하여 해당과정을 촉진하고 글리코젠 합성효소를 활성화시켜 간에 글리코젠을 축적한다. 또한 체단백 분해나 체지방 분해로 당을 새롭게 만드는 당신생을 억제한다. 따라서 인슐린 분비의 저하나 인슐린 작용력 감소는 인슐린의 이러한 역할에 제동을 걸면서 당뇨 환자의 혈액에서는 포도당이 세포 내로 유입되지 않아 고혈당이 발생하고 해당과정은 억제되어 세포는 에너지가 부족한 상태가 된다. 세포의 에너지 부족은 간의 글리코젠을 분해하여 포도당을 새롭게 만들고 체단백이나 체지방을 분해하여 당신생을 하면서 에너지를 보충하고자 한다. 인슐린 부족은 이런 작용을 더욱 악화시키고 당신생을 통해 새롭게 만들어진 포도당 역시 해당과정으로 흘러가지 못하기 때문에 고혈당만 더 악화시키는 결과를 초래한다.

3) 단백질대사

인슐린은 근육, 지방조직, 간에서 혈액 내 아미노산을 세포 내로 이동시키는 작용을 촉진하며 세포 내에서는 단백질 동화작용을 증가시킨다. 당뇨환자의 인슐린 부족은 단백질 동화작용을 저해하고 세포 내의 해당과정 저해로 세포 내에는 에너지가 부족하여 단백질분해를 촉진하여 당신생을 한다. 아미노산 중 알라닌은 포도당으로 신속히 전환되고 측쇄아미노산인 류신, 아이소류신, 발린 등은 혈액 내로 방출되어 이들 아미노산의 혈중 농도는 상승한다. 간 단백질의 이화작용 증가는 요소합성의 증가로 이어지고 소변 내로의 질소 배설량은 많아진다. 이러한 단백질 동화작용 감소와 체단백 분해 증가는 성장을 저하하고 면역력을 감소시켜 감염에 대해 취약해지고 감염시 손상된 조직은 쉽게 재생되지 않아 환자를 위험에 빠뜨린다.

4) 지질대사

인슐린은 혈중 지단백을 지방조직으로 유입되도록 하여 지방 합성을 증가시킨다. 따라서 인슐린이 부족한 당뇨환자에서는 지방분해와 지방산 산화가 촉진된다. 지방산 산화가 증가하면 아세틸-CoA가 다량 생성되는데 당뇨병 환자는 해당과정의 저하로 아세틸-CoA가 TCA회로로 들어가기 위한 옥살아세트산이 만들어지지 못한다. 옥살아세트산의 공급부족은 아세틸-CoA의 축적으로 그리고 이 물질이 두 분자씩 결합한 아세톤, 아세토아세트산, β-하이드록시부티르산 등의 케톤체가 과량 생성되어 케토시스(대사성 산증)를 유발한다. 강산인 케톤체는 알칼리와 결합하여 신장을 통해 배설되는데 이런 현상이 지속하면 체내 알칼리 보유량을 감소시켜 혈액이 산성으로 기울어 산독증 상태가 된다. 또한, 당뇨병에서는 당대사 이상으로 중성지방 합성에 필요한 글리세롤 인산이 부족해져 체지방 합성이 되지 않아 체지방이 감소한다. 간에서는 콜레스테롤의 합

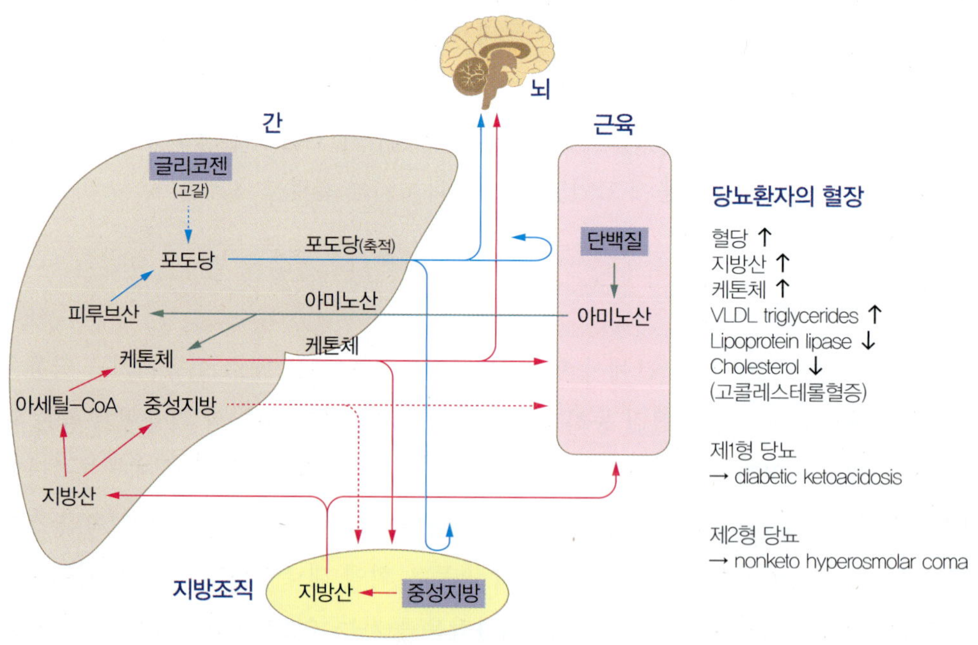

| 그림 7-1 | **당뇨병 환자의 당질 · 단백질 · 지질대사 변화**

성이 증가하여 혈중 콜레스테롤 농도가 증가하며 동맥경화가 발생할 위험이 커진다.

5) 수분 및 전해질대사

당뇨병 환자는 고혈당으로 혈액의 삼투압이 높아져 세포 내부의 물이 혈액으로 이동되고 소변으로 당 배설이 증가함에 따라 삼투성 요로 소변으로의 수분배설을 증가시켜 탈수가 일어난다. 또한, 체단백 분해로 세포 내부의 칼륨이 유출되고 케톤체 역시 소변으로 배설됨에 따라 에너지 소모도 크고 전해질 균형도 깨진다.

2. 증상

당뇨병의 초기 증상은 전혀 없는 경우가 많다. 대체로 피곤하며, 피부가 건조해지고 가려울 때가 많다. 시력이 떨어지며 시야가 흐려진다. 상처가 천천히 나으며 손발의 감각이 둔해지고 가끔 침으로 쏘는 듯한 느낌이 올 때가 있다. 점차 증세가 나빠지면 염증이 자주 생기며(특히 여성은 질염 등), 성욕감퇴, 부인병이 자주 발생한다. 체중이 감

| 그림 7-2 | **당뇨병 증상**

소하며 점차 갈증, 잦은 배뇨, 배고픔 증세로 물과 음식을 무제한으로 먹는다. 당뇨병의 대표적인 증상을 요약하면 당뇨, 다뇨, 다음, 다식 등이며 체중감소, 탈수, 대사성 산증 등이다.

제4절 검사 및 진단

당뇨병 진단은 소변이나 혈액에 함유된 포도당을 검사하여 진단한다. 소변검사는 당이 소변에 포함되어 있는지만을 조사하는 정성분석으로 검진시 선별검사로 간략하게 하는 방법이다. 당뇨병에 대한 선별검사는 45세 이후의 성인이라면 누구나 실시하는 것이 바람직하며, 특히 비만, 근친에 당뇨병이 있는 경우, 임신성 당뇨 경력이 있거나 거대아를 분만하였거나 고혈압, 고지혈증, 과거 내당능 장애가 있던 경우는 수시로 선별검사를 시행하는 것이 바람직하다. 소변을 통해 당뇨로 진단이 내려졌다면 혈액검사를 통해 당뇨병을 확진한다. 혈액검사로는 공복시 혈당, 식후 2시간 이후의 혈당, 내당능 검사, 당화혈색소농도, C-펩타이드 검사 등을 측정한다.

| 표 7-3 | 당뇨병의 혈액검사 진단 기준치

검사항목	진단기준치
공복시 혈당	공복 혈당 126 mg/dL 이상 • 공복이란 최소 8시간 이상 칼로리 섭취가 없는 상태
식후 2시간 혈당, 임의 혈당	임의 혈당 200 mg/dL 이상
내당능검사	• 당뇨 : 75 g 경구 포도당 부하 2시간 후 혈당 200 mg/dL 이상 • 내당능장애 : 140~199 mg/dL • 공복혈당장애 : 공복시 혈당은 110~126 mg/dL이며 경구 당부하 2시간후 140 mg/dL 이하인 경우
당화혈색소	7.0(평균 혈당치 150에 해당) 8.0(평균 혈당치 180에 해당) 이상

자료 : 미국 당뇨병학회, 당뇨병 진단기준 및 분류, 1997

임신성 당뇨의 진단

구분	진단기준
초기 선별 검사	50 g 경구 당부하 검사 1시간 후 혈당이 140 mg/dL 이상이면 양성
양성반응시 확진	10~14시간 공복후 100 g 포도당부하검사 공복 95 mg/dL, 1시간 180 mg/dL, 2시간 155 mg/dL, 3시간 140 mg/dL 4개 중 2개 이상 높으면 임신성 당뇨로 진단

임신성 당뇨의 혈당 조절 목표

- 식전 혈당 95 mg/dL 이하,
- 식후 1시간 혈당 140 mg/dL 이하,
- 식후 2시간 후 혈당 120 mg/dL 이하 등으로 제2형 당뇨병보다는 기준치가 낮다.

혈당을 검사하는 방법은 최근에 변하고 있다. 더욱 쉽게 측정할 수 있고 부담감이 적은 무혈 채취 혈당 검사기로 최근 시판이 허가된 글루코워치(gluco watch)는 시계처럼 되어 손목에 차면 12시간 동안의 혈당을 매 15분 간격으로 기록 저장한다.

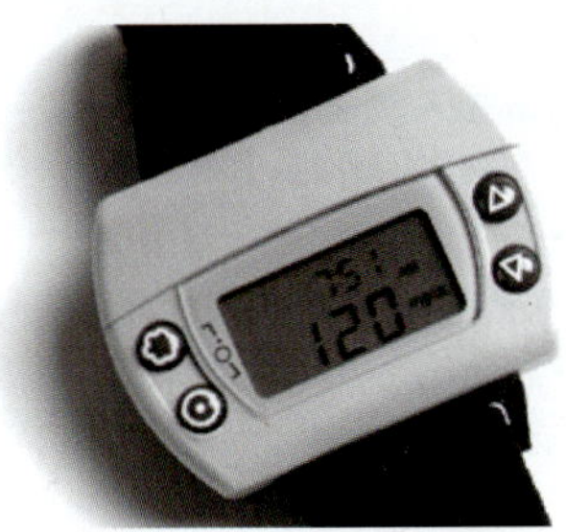

| 그림 7-3 | 글루코워치

제5절 치료 및 영양관리

당뇨병의 임상영양치료 목적은 각종 대사이상을 정상으로 되돌리고 당뇨병에 의한 합병증 발생을 예방하고 혈관에 문제를 일으키는 죽상경화증의 위험인자를 교정하는 데 있다. 당뇨병의 임상영양치료는 당뇨병의 종류, 환자의 상태, 약물의 종류 등 치료 방법에 따라 개별화되어야 하며 혈당 조절뿐 아니라 비만, 고혈압, 고지혈증 등의 복합적인 치료가 필수적이다. 치료는 식사요법, 운동요법, 약물요법, 교육, 자가 혈당검사 등으로 이루어지고 제1형 당뇨병, 제2형 당뇨병 모두 혈당 조절 목표는 당화혈색소 6.5% 이내, 식전 혈당 70~130 mg/dL, 식후 2시간 혈당 90~130 mg/dL이다.

2011년 미국당뇨병학회의 당뇨병 임상관리 권고안

- 공복혈당 : 70~130 mg/dL
- 식후혈당 : 180 mg/dL 이하
- 당화혈색소 : 7% 미만
- 고혈압 : 수축기혈압 130 mmHg 이하, 이완기혈압 80 mmHg 이하
- 이상지질혈증 LDL-C : 100 mg/dL 이하
- 항혈소판제 사용(심혈관 2차 예방) : 아스피린 사용
- 미세혈관 합병증 관리 : 조기진단

- 미국당뇨병학회

임상영양권고지침

- 포화지방산이나 다가불포화지방산은 각각 섭취열량의 10% 이내로 한다.
- 트랜스지방산은 최소화한다.
- 콜레스테롤은 1일 200 mg 이하로 한다.
- 당질섭취를 조절한다(외식, 간식, 음료, 술 등).
- 식이섬유소는 적극 섭취를 권장한다.
- 알코올 섭취는 절제를 유도한다.

- 대한당뇨병학회

당뇨 환자의 임상영양치료 목표

- 혈당 정상유지, 혈액의 지질수치, 혈압의 적정 유지
- 만성 합병증 예방, 발생 지연
- 개인의 영양요구량 충족(기호, 문화, 식습관 고려)
- 근거 있는 특정식품 제한

1. 영양치료의 4단계 접근법(NCP : NUtrition Care Process)

1) 1단계 : 영양평가(자료수집, 확인, 해석)

① 신장, 체중, 체중변화, 이상체중 등 자료 수집

② 식사력, 영양력 조사 : 평소 식사섭취량, 영양과 건강에 대한 태도, 영양교육 경험

③ 영양요구량

④ 당뇨에 대한 이해도, 교육 필요성 등의 점검

⑤ 자가 혈당 평가가능성 타진

⑥ 경구 혈당강하제/인슐린 투여량, 종류

⑦ 저혈당 빈도 등

2) 2단계 : 영양진단

① 영양문제 규명, 기술

② 섭취영역, 임상영역, 행동/환경영역의 진단

- 섭취영역 : 에너지섭취 과다, 지방섭취 과다, 당질섭취 과다, 부적절한 당질섭취 종류, 섬유소섭취 부족 등
- 임상영역 : 과체중/비만
- 행동/환경적 요인 : 식품과 영양관련 지식부족, 식품·영양관련 유해한 신념/태도, 식사/생활양식 변화에 대한 준비 부족, 잘못된 식사패턴, 신체활동 부족, 자기관리 의욕 부족, 능력 부족 등

3) 3단계 : 영양중재(계획과 시행)

① 우선순위에 따른 적절한 목표 설정(환자가 실현가능한 목표)

- 임상수치, 대사에 대한 목표치 설정
- 식사(영양처방), 운동에 대한 개인적인 목표치
- 교육에 대한 목표치

② 영양중재 시행

- 식사처방에 따른 식사 제공
- 당뇨에 대한 기초 교육 및 상담
- 식품교환 등 음식에 관한 교육, 개별 식단에 대한 교육

4) 4단계 : 영양평가 및 모니터링

임상영양치료 4단계 접근법의 사례

1단계 : 영양판정

- case : 임신성 당뇨
- 나이 : 30세 여자, 임신 20주
- 약물 : 당뇨 약 없음
- 검사 결과 : 공복시 혈당 130, 식후 1시간 혈당 200, 식후 2시간 혈당 155, 당화 혈색소 7.1%, 총 콜레스테롤 250, 혈압 120/80
- 신체 계측 : 신장 160 cm, 체중 77 kg, 임신전 체중 60 kg
- 활동도 : 교사(가벼운 활동)
- 식습관 : 1일 3회 규칙적인 식사, 1회 식사량이 많았음(밥 2공기), 어육류 섭취가 많음, 채소류 섭취가 적음, 간식, 과일 섭취 많음

2단계 : 영양진단

- 부적절한 어육류 섭취
- 부적절한 과일류 섭취
- 비만 : 임신전 체중도 120%로 비만이며 체중증가량도 17 kg으로 과도함
- 부적절한 당질 섭취량

3단계 : 영양중재

- 목표설정 : 목표 혈당 유지(공복 혈당 100, 식후 혈당 140)
  체중조절(임신을 감안한 체중조절로 체중증가율을 감소시키도록 함)
- 영양처방 : 임신전 체중 60 kg × 30 = 1800 kcal로 식사력을 감안,
  하루 1800 kcal 공급
  저콜레스테롤 식사
- 영양교육 : 식습관 교정, 식사 규칙성 유지, 1일 에너지 요구량에 맞춘 식사량
  어육류, 과일에 대한 에너지 교육, 채소 섭취 증가 방법 교육

4단계 : 영양 모니터링 및 평가

1개월 뒤 목표 설정에 도달한 정도를 평가하여 목표 재설정

2. 식사지침

1) 에너지

비만은 인슐린 저항성을 증가시켜 당뇨병의 혈당조절을 어렵게 한다. 비만이 있는 경우 체중조절을 시도해야 하며 표준체중을 목표로 하기보다는 환자가 유지할 수 있는 체중, 즉 약 5~7% 정도의 체중을 감량할 목표로 에너지요구량을 산출한다.

에너지요구량은 환자의 체격, 신체 활동 정도, 체중조절 필요성, 평소 섭취량을 고려하여 산출하며 비만과 고령자의 경우는 평소보다 약 500 kcal 정도 줄인다.

표준체중을 이용한 에너지 산출은 아래의 경우에 따라 계산한다.

- 육체활동이 거의 없는 경우 : 표준체중 × 25~30 kcal/일
- 보통 활동의 경우 : 표준체중 × 30~35 kcal/일
- 심한 육체활동의 경우 : 표준체중 × 35~40 kcal/일

3대 열량소의 배분은 당질 50~60%, 단백질 15~20%, 지질 20~25% 정도가 권장되고 있다.

2) 당질

당뇨 환자의 경우 단순당질보다는 복합당질을 섭취하여 혈당이 신속히 상승하는 것은 피해야 한다. 당질의 종류보다는 총섭취량이 혈당에 더 영향을 미치므로 총에너지에서 당질 배분량을 계산하여 가급적 3끼에 일정량씩 배분한다. 또한 인슐린을 사용하는 경우(중간형 인슐린, 지속성 인슐린인 경우)는 야식에 20~40 g의 당질을 배분하여 밤사이 혈당이 떨어지지 않도록 한다.

같은 양의 당질을 섭취하여도 혈당을 상승하는 정도에 차이가 나는 것, 즉 식후 당질의 흡수속도를 반영하여 당질의 질을 나타내는 것이 혈당지수(GI)이다. 그러나 혈당지수는 동일한 음식에 대해 개인의 차이가 크고 동일인에게서도 재현성이 떨어지며 조리방법, 형태, 노화 정도에 따라서도 차이가 나서 믿을 수 있는 지표로 실생활에 이용하기에는 다소 어려움이 있으므로 주의해서 사용해야 한다. 혈당지수에 당질의 함유량을 고려한 것이 당질부하(GL)이다. 당뇨환자에게는 혈당지수나 당질부하지수가 낮은 식품이 권장할 만하다.

당뇨병 환자에게서 혈당상승을 억제하는 방법은 다음과 같다.

- 쌀밥보다는 잡곡밥을, 찹쌀보다는 멥쌀을 섭취한다.
- 식이섬유가 높은 채소류, 해조류 등의 식품을 섭취한다.
- 주스나 통조림 등 가공 형태보다는 생채소, 생과일을 섭취한다.
- 당도가 높은 과일은 피한다.
- 조리시 레몬, 식초 등을 이용한다.
- 식사시 골고루 다양하게 식품을 선택한다.

| 표 7-4 | 식품별 혈당지수와 당질부하

식품	1회분량	1회분량중 당질량	혈당지수(GI)	당질부하(GL)
치즈, 소고기, 생선, 달걀 등	120	0	0	0
대두	150	6	18	1
우유	250	12	27	3
밀크초콜릿	50	28	43	12
보리	150	42	25	11
사과	120	15	38	3
쌀국수(삶은 것)	180	39	40	15
고구마	150	25	44	11
바나나	120	24	52	12
현미밥	150	33	66	21
콜라	250	26	68	18
구운 감자	150	30	85	26
흰밥(백미)	150	43	86	37

자료 : 대한영양사협회, 임상영양관리지침서 제3판, 2010

당뇨환자는 설탕, 과당이 많이 함유된 식품은 혈중 중성지방을 상승시킬 수 있기 때문에 피하는 것이 좋으며 수용성 섬유소가 많이 함유된 식품은 소장의 당흡수를 지연시켜 혈당을 낮추고 위 배출을 지연시키므로 식후 혈당의 급격한 상승을 억제한다. 또한 인슐린 분비를 감소시켜 혈중콜레스테롤, 혈중중성지방을 낮출 수 있기 때문에 권장하는 것이 좋다. 수용성 섬유소는 콩류, 고섬유 시리얼제품, 채소, 과일류에 많으며 구아검, 펙틴 등 수용성 섬유소 보충제 역시 인슐린 작용을 개선한다. 일반적으로 1000 kcal에 약 14 g 이상의 섬유소 섭취를 권장한다.

당뇨환자에게 사용할 수 있는 대체감미료는 과당, 당알코올인 솔비톨, 만니톨, 자일리톨, 사카린, 아스파탐, 아세설팜, 수크랄로스 등이 있다.

3) 단백질

당뇨환자의 단백질 필요량은 일반인과 같다. 체중 kg당 0.8~1.0 g을 제공하도록 한다. 신장 합병증이 있는 경우는 단백질을 질병 정도에 따라 조절한다.

4) 지질

당뇨병 환자는 지방간이 쉽게 생기고 고지혈증도 문제가 된다. 심혈관계 질환의 예방을 위해 지질의 양과 종류를 제한해야 한다. 일차적으로 포화지방은 총에너지의 7% 이내, 콜레스테롤은 1일 200 mg 미만으로, 트랜스지방산은 최소로 섭취하며 단일불포화지방산과 오메가-3 지방산 섭취를 늘린다. 식물성 스테롤은 소장에서 콜레스테롤 흡수를 저해하기 때문에 당뇨 환자에게 섭취를 늘리도록 한다.

5) 비타민, 무기질

당뇨환자의 혈중 미량 영양소 농도는 정상인에 비해 전반적으로 감소되어서 권장 수준의 비타민과 무기질 보충제를 제공해야 한다. 특히 당뇨와 관련 있는 비타민 B_6, 무기질인 크롬, 칼륨, 마그네슘, 아연 등은 충분히 섭취하도록 한다.

6) 알코올

혈당조절이 양호한 환자의 경우 약간의 알코올 섭취는 문제가 되지 않으나 남자의 경우 알코올 30 g, 여자는 알코올 15 g 정도로 조절해야 한다. 조절할 수 없다면 금지하는 것이 바람직하다. 알코올은 1 g당 7 kcal의 에너지를 제공하므로 식사계획시 전체 에너지요구량을 감안해야 한다.

또한 알코올은 대사과정에서 간의 포도당 신생을 방해하므로 저혈당을 유발한다. 인슐린을 투여하거나 경구 혈당강하제를 복용하는 환자의 경우 저혈당의 위험에 대해 교육받아야 한다.

7) 약물 치료에 따른 제2형 당뇨병의 식사원칙

| 표 7-5 | 약물 치료에 따른 제2형 당뇨병의 식사원칙

약물치료 안함	경구복용약물 복용시 식사원칙	인슐린 투여시 식사원칙
• 비만시 열량 제한 • 단순당질 제한 • 고혈압, 고지혈, 신기능 부전시 그에 따른 식사 • 식사시간 일정하게 • 1일 당질량 알맞게	• 비만시 열량 제한 • 단순당질 제한 • 고혈압, 고지혈, 신기능 부전시 그에 따른 식사 • 1일 당질 배분 균일하게 • 취침전 간식제공 • 육체적 활동 증가시 그에 따른 식사 • 속효성 경구 혈당강하제시 그에 따른 식사	• 비만시 열량 제한 • 단순당질 제한 • 식사시간 일정하게 • 1일 당질량 균일하게 배분 • 취침전 간식 • 저혈당 경험시 당질 제공 • 아프거나 활동시 적절한 식사

3. 운동요법

운동은 인슐린의 저항성을 감소시켜 포도당의 조직에서의 이용을 높인다. 또한 운동은 체중을 적절히 조절해주며 심장기능을 향상시켜 심장병을 예방해주고 혈중 지질의 농도를 낮추어 혈압조절 효과도 예상할 수 있다. 그러나 제1형 당뇨병, 제2형 당뇨병이 10년 이상 지속된 경우, 미세혈관질환이 있는 경우, 심장병 위험이 있는 경우는 강도 높은 운동을 하였을 때 혈당 상승, 저혈당 유발, 케톤증 등이 나타날 수 있어서 운동 정도를 조절해야 한다. 당뇨병의 종류와 혈당의 정도, 인슐린의 사용여부, 종류 등에 따라 운동의 종류, 방법, 시간, 횟수, 강도 등 운동 계획을 세운다.

혈당이 300 mg/dL 이상이거나 허혈성 심질환이 있거나 과도한 고혈압이 있는 경우는 운동을 삼간다. 운동은 혈당이 오르기 시작할 때인 식사 30분~1시간 후에 운동을 하는 것이 좋으며 식사를 하지 못한 경우는 운동하기 30분 전에 스낵을 먹는 것이 좋다. 운동전 저혈당을 예방하기 위해서 초콜릿, 사탕 등을 미리 준비하여 지참한다. 제2형 당뇨병 환자는 걷기, 조깅, 맨손체조, 자전거타기, 계단운동, 수영과 같이 우리 몸에 도움이 되면서 필요한 운동을 선택하는 것이 좋으며 시간과 장소의 제한 없이 30분 이상 지속할 수 있는 중등도 유산소운동이 바람직하나 말초신경염이 있으면 조깅, 장시간 걷기 등 발에 손상을 줄 수 있는 운동은 피한다. 운동은 약한 운동부터 시작하여 서서히 운동 강도를 높인다. 특히 처음에는 너무 힘들게 하지 않는 것이 좋다. 최대 운동 능력의 40~60%를 유지하고 1회당 150~250 kcal에 해당하는 중등도의 운동을 한다. 운동 정도가 너무 강하면 오히려 혈당치가 상승할 수도 있다.

4. 약물요법

적절한 식이요법과 운동요법을 시행해도 혈당조절이 이루어지지 않으면 약물요법을 시작한다.

1) 경구 혈당강하제

제2형 당뇨병에만 사용할 수 있는 것으로 이자의 인슐린 분비를 촉진하는 설포닐우레아제(sulfonyl ureas : micronase, glucotrol, amaryl, prandin), 간의 당신생을 억제하거나 말초조직의 인슐린 저항성을 감소하여 포도당 흡수를 촉진하는 비구아니드제(biguanides : metformin), 소장에서 포도당의 흡수를 늦추는 알파글루코시다제(α-glucosides inhibitor : arcarbose) 등이 있다.

경구 혈당강하제 중 특히 설포닐우레아제는 부작용으로 흔히 저혈당이 나타나기 때문에 주의해야 한다. 음주나 아스피린에 의해 심한 저혈당을 유발할 수도 있다.

2) 인슐린제제

인슐린 결핍이 심한 제1형 당뇨나 경구 혈당강하제로 혈당조절이 되지 않는 제2형 당뇨인 경우, 큰 수술을 하는 경우, 임신성 당뇨병에서는 인슐린을 사용하여야 한다. 국내에서 시판되는 인슐린제제는 초속효성, 속효성, 중간형, 지속형 등으로 나눌 수 있으며 인슐린 종류에 따른 최대 작용시간과 지속시간을 잘 알아서 그 시간에 맞추어 식사 공급이나 당질 공급을 해야 한다. 지속형 인슐린은 효과가 36시간 이상 지속되는 인슐린으로 작용시간이 너무 길어 잘 사용하지 않는다. 중간형 인슐린은 피하주사 후 30~60분에 효과가 나타나기 시작하며 6~7시간에 최대에 도달하고 16~24시간 동안 효과가 지속된다. 인슐린 종류에 따른 최대 작용시간, 지속시간은 표 7-6과 같다.

| 표 7-6 | 인슐린 종류에 따른 작용시간

인슐린 종류	상품명	개시시간	최대작용시간	지속시간
초속효성	노보래피드 애피드라 휴마로그	15분 이내	6~12시간	18~24시간
속효성	휴물린알 노보린알	15분 이내	2~4	6~8
중간형	인슈라타드 휴물리엔 노보린엘	1~4시간	6~12	16~24
지속형	래버미어 란투스	3~5시간	10~16	24~36
혼합형	믹스타드 노보믹스 휴마로그믹스	중간, 속효성을 적절히 혼합한 제제		

자료 : 대한당뇨병학회, 치료 및 관리, 2011

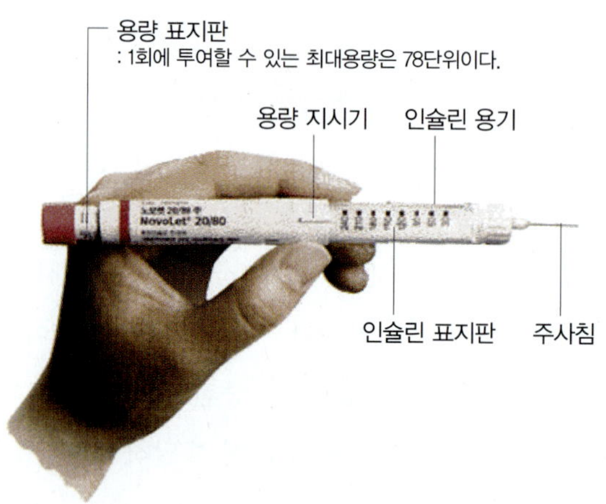

| 그림 7-4 | 인슐린주사

제6절 합병증

1. 급성 합병증

1) 저혈당증

저혈당증(hypoglycemia)은 혈당이 정상 상태보다 낮은 것으로 혈당이 50~60 mg/dL 이하로 떨어졌을 때를 말한다. 포도당은 뇌세포의 주요 에너지원이다. 뇌세포는 포도당을 합성하거나 글리코젠을 저장할 수 없기 때문에 혈액에 순환하는 포도당만을 에너지원으로 이용할 수 있다. 혈당이 정상농도 이하로 내려가면 뇌세포가 이용할 수 있는 에너지가 부족해지고 저혈당이 심할 경우에는 뇌손상을 초래하며 혼수상태에 빠진다. 저혈당의 원인은 불규칙한 식사시간, 식사거르기, 식사량 감소, 식사시간 지연, 금식 등의 식사관련 요인과 운동량의 과다, 운동전 간식부족 등 운동관련 요인, 약물 용량의 증가(인슐린 사용량, 경구 혈당강하제 복용이 과한 경우)와 같은 약물의 문제, 음주 등의 요인을 들 수 있다.

저혈당증의 처치는 다음과 같다.

① 의식이 있는 경우

- 신속히 흡수될 수 있는 당질을 섭취하도록 한다.
- 신체적 활동을 제한하고 10~15분간 안정을 취한다.
- 오렌지주스 120 mL, 가당 포도주스 90 mL, 콜라 150 mL, 설탕물(설탕 15 g) 등을 공급한다.

② 의식이 없는 경우(혼수상태)

- 혼수시 경구 복용은 기도 흡인 위험이 있다.
- 자주 심한 저혈당이 있는 경우 글루카곤 주사키트를 준비한다.
- 포도당 정맥주사를 공급한다(포도당 25 g을 50% 포도당용액으로 주사).
- 의식 회복후 음식물을 섭취한다.

| 표 7-7 | 혈당 농도에 따른 생리적 반응

혈당(mg/dL)	생리적 반응
80 이하	이자 β-세포의 인슐린 분비 감소
70 이하	인슐린 길항 호르몬(글루카곤, 에피네프린, 성장호르몬, 코티졸) 분비 증가
60 이하	저혈당증세, 인지능력 저하, 떨림, 불안감, 발한, 분노
50 이하	경련, 의식소실, 빈맥, 사망

저혈당 인지결함 혈당감소에도 불구하고 저혈당 경고증세가 나타나지 않고 신경증세가 바로 나타나는 경우이며, 저혈당에 대한 대처가 늦어지기 때문에 위험하다.

Somogyi 현상 새벽 2~3시 사이 저혈당으로 인해 인슐린 길항 호르몬이 분비되어 아침 공복에도 혈당이 높아져 있는 현상이다. 이런 경우 인슐린을 바로 투여하지 않는다.

새벽현상(dawn phenomenon) 새벽 2~3시에 저혈당이 없이 저녁에 맞은 인슐린 효과가 새벽에 사라지면서 혈당이 오르는 현상이다.

2) 고삼투성 고혈당 비케톤성 혼수

제2형 당뇨병 환자에게서 흔히 나타나는 합병증으로 혈당이 600 mg/dL 이상이고 유효 삼투질 농도가 320 mOsm/dL 이상으로 삼투성 이뇨가 나타나 수분 손실이 심하여 탈수가 나타나는 합병증이다. 증상은 다뇨, 다갈, 저혈압, 혈액순환 부전, 빈맥 등이 나타난다. 치료는 적당한 양의 인슐린을 공급하고 칼륨을 보충한다.

3) 당뇨병성 케톤산증

당뇨병성 케톤산증은 제1형 당뇨병에서 흔히 나타나며 인슐린의 부족으로 케톤체가 과량 생겨 산독증이 나타나는 합병증이다. 증상은 오심, 구토, 식욕부진, 다갈, 다뇨, 복통, 탈수, 호흡수, 맥박수 증가, 호흡시 아세톤 냄새 등이 나타나며 치료하지 않으면 혼수상태에 빠진다. 치료는 인슐린을 투여하고 탈수와 전해질 불균형을 교정한다. 정맥으로 수액공급을 하면서 혈당 저하를 막기 위해 5% 포도당용액을 공급한다.

| 표 7-8 | 당뇨 합병증의 유형별 특징

항목	고삼투성 비케톤성 혼수	당뇨병성 케톤산증
위험군	제2형 당뇨	제1형 당뇨
원인	• 노인에게서 잘 나타남 • 수분섭취 부족 • 탈수 • 인슐린, 경구 혈당강하제 복용 중단시	• 인슐린 절대 부족
기전	• 간의 당신생 증가 • 고혈당, 혈당 조절 어려움 • 신장기능 저하 • 고삼투성 혼수, 탈수, 삼투성 이뇨 • 혈액 점성 증가, 조직 저산소증 • 신경증후	• 체지방, 체단백 분해로 아세틸 CoA 증가 • 케톤체 생성 증가, 산증상태 • 전해질, 수분손실, 탈수
증세	• 다뇨, 탈수, 피로, 경련, 반신마비, 저체온, 발작, 혼수, 패혈증 • 사망률 비교적 높음	• 다갈, 다뇨, 졸림, 오심, 구토, 복통, 아세톤 냄새, 저혈압, 혼수, • 과호흡, 호흡곤란
치료	• 병원치료 원칙 • 정맥으로 수액 공급 • 소량 인슐린 공급	• 정맥으로 수액 공급 • 소량 인슐린 투여 • 때론 중탄산염 정맥 주사 • 5% 포도당 주사 • 회복 후 과일주스, 탈지유, 과즙, 채소즙, 맑은 국물

2. 만성 합병증

당뇨병이 오래되면 고혈당과 고지혈증으로 세포 내 AGEs, DAG 증가로 단백질기능 이상이 생기며 이로 인해 세포 내 산화적 스트레스가 증가하여 슈퍼옥사이드(superoxide)가 과생산된다. Protein kinase C, Hexosamine 경로의 활성화로 유해전사인자가 혈관벽에 단백질을 침착시키고 혈관구조의 변형, 미세혈관세포의 소실, 혈관폐쇄로 말초혈관이 많이 분포된 기관이 손상된다.

대표적인 합병증은 눈의 망막증으로 백내장이 많이 나타나며 또한 신장 세동맥 손상으로 신부전증이 생길 수 있다. 대혈관 장애로는 동맥경화로 뇌졸중이나 고지혈증, 심장병 등이 나타난다.

1) 당뇨병성 망막증

당뇨병성 망막증은 만성 합병증 중 가장 먼저 나타나는 합병증으로 망막의 혈관에 병변이 생겨 실명을 일으킬 수 있다. 당뇨병을 30년 이상 앓고 있는 사람은 90%, 15년 이상된 환자는 60~70% 정도 발생한다. 초기에는 아무런 증상이 없기 때문에 당뇨병이 10년 이상된 환자는 안과에 가서 정기적으로 1년에 한두 번 정도 안저 검사를 시행해야 한다.

2) 당뇨병성 신증

당뇨병성 신증은 고혈당으로 인해 신장의 사구체가 손상되어 일어나는 장기적인 합병증으로 당뇨병성 신증의 처리를 제대로 하지 않으면 신부전증이 진행되고 결국 인공투석을 해야 한다. 신장 합병증 역시 초기에는 자각증세가 없어서 매년 단백뇨 검사나 사구체 여과율 등을 검사하여 신장의 기능 상태를 파악하는 것이 좋다.

3) 당뇨병성 신경병증

당뇨병 환자에게서 흔히 발생하는 합병증으로 신경계 어느 곳이나 발생할 수 있다. 신경병증은 말초신경병증으로 발, 다리가 화끈거리거나 저린 증상이 나타나기도 하며 자율신경병증으로 발한, 기립성 저혈압, 위정체, 위배출지연, 복부팽만감, 조기만복감, 오심, 구토 등의 증상이 나타나기도 한다. 말초신경병증은 족부궤양의 가장 흔한 원인이 되기도 한다. 또한 자율신경병증인 경우 위에서 소장으로 음식물 배출이 지연되기 때문에 혈당조절이 어려워질 수 있다. 섬유질이 적은 식사, 지방이 적은 식사로 소량씩 자주 주고, 고에너지 유동식을 제공하며 입이 마른 환자는 음료수, 육즙 등 수분이 많은 음식을 제공한다.

4) 당뇨병성 족부병변

당뇨환자는 동맥경화증으로 인한 혈류감소와 신경병증으로 인한 감각신경 소실 등으로 외상과 세균 감염에 취약한 상태가 된다. 또한 당뇨시 단백질 합성 능력은 감소하기 때문에 조직 재생도 어려운 상태이므로 감염시 쉽게 괴저로 진행된다. 당뇨환자는 감염에 대한 치료 효과가 떨어져서 발에 감염이 발생하면 종종 발목이나 무릎까지 절단해야 하는 경우도 있다. 이외에도 당뇨환자는 방광염, 질염 등이 쉽게 발생한다.

당뇨 환자 발관리

- 매일 발을 상처가 있는지 주의 깊게 관찰한다.
- 발을 너무 습하거나 건조하지 않게 한다.
- 어떤 열도 가하지 않는다(열에 대한 감각이 무디어져 있음).
- 발톱은 목욕 후 부드러운 상태에서 정리한다.
- 작은 신발, 구두는 신지 않는다.
- 맨발로 다니지 않는다.
- 압박을 가하는 거들, 콜셋, 양말 등을 피한다.
- 혈액 순환 장애를 가져오는 다리 꼬는 자세를 피한다.

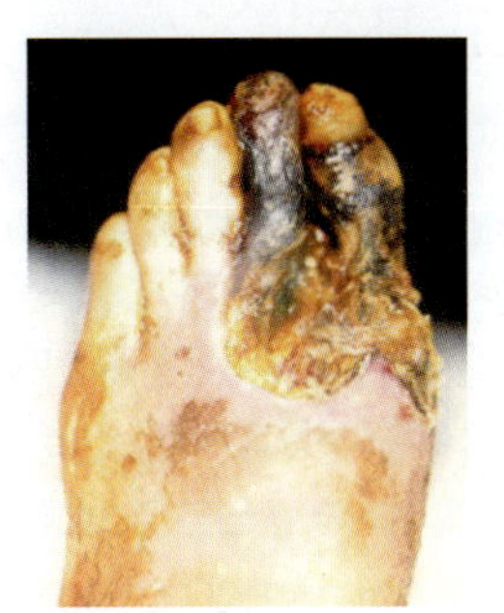

5) 당뇨병성 심혈관계 질환

당뇨병에 흔히 촉발되는 질환 역시 심혈관계질환이다. 지방대사의 결함으로 고지혈증, 고혈압이 흔히 나타난다. 따라서 포화지방, 트랜스지방, 콜레스테롤을 제한하는 DASH 다이어트가 혈압조절과 고지혈증 개선에 도움을 준다. DASH 다이어트는 신선한 채소, 과일, 저지방유제품, 도정되지 않은 곡류, 가금류, 생선 섭취를 권장하고 지방, 육류, 설탕이 함유된 음료를 줄이며 나트륨은 2,300 mg으로 제한한다.

6) 대혈관합병증(동맥경화증)

당뇨환자의 주요 사망원인은 심근경색증과 뇌졸중이다. 이는 동맥경화로 인해 발병하며 당뇨환자는 동맥경화증을 예방하기 위한 지질의 양과 종류에 변화를 주어 포화지방, 트랜스지방산 섭취를 줄이고 불포화지방산 섭취, 오메가-3 지방산의 섭취를 늘린다. 또한 비타민 C, 비타민 E, β-카로틴, Se(셀레늄) 등의 항산화제 영양소의 섭취를 권장한다.

참고문헌

고은희, 임상영양사를 위한 Focus, 당뇨병의 병태생리, **국민영양** 35(8), 2012

김수경, 식후 고혈당의 측정 및 치료목표, **임상당뇨병** vol.13(1):27~32, 2012

김준영, 성격유형을 고려한 당뇨병 교육, J Korean Diabetes vol.12:50~52, 2011

나가카와 유조 저, 정인영 역, **병을 치료하는 영양성분 가이드북**, 아카데미북, 2003

남궁신아, 당뇨병환자의 대사 수술후 식사관리, J Korean Diabetes vol.12:154~158, 2011

류혜진, 식후 고혈당의 약물요법, **임상당뇨병** vol.13(1):39~43, 2012

매리 배래시 저, 안지현·김종연·박남운·박주인·석대현·이승은·최제용 역, **한눈에 알 수 있는 영양학**, 이퍼블릭, 2009

성연아, 당뇨병, 임상영양교육과정 제8회 1학기, 강원도영양사회, 2008

손금희, 당뇨병이 있는 암환자에서 식사조절, **임상당뇨병** 33~36, 2009

심은영, 다양한 상황에서의 식사요법, J Korean Diabetes vol.12:45~49, 2011

유정아, 식후 고혈당 식사요법, **임상당뇨병** vol.13(1):33~38, 2012

유형준, 당뇨병, 임상영양교육과정 제5회 1학기, 강원도영양사회, 2005

윤지성, 식후 고혈당과 심혈관질환, **임상당뇨병** vol.13(1):18~22, 2012

이금주, 당뇨병환자의 Nutrition Care Process-영양진단을 중심으로, J Korean Diabetes vol.13:48~51, 2012

이용미, 당뇨병 영양관리, 임상영양교육과정 제2회 1학기, 강원도영양사회, 2002

이은정, 식후 고혈당이 혈당조절에 미치는 영향, **임상당뇨병** vol.13(1):22~26, 2012

이정민, 식후 고혈당의 병태생리, **임상당뇨병** vol.13(1):15~17, 2012

이지정, 컬러푸드와 당뇨병, J Korean Diabetes vol.12:219~224, 2011

정구명, 당뇨병 영양관리, 임상영양교육과정 제8회 1학기, 강원도영양사회, 2008

주달래, 비타민 D와 당뇨병, J Korean Diabetes vol.12:104~108, 2011

황원선, 당뇨병 영양관리, 임상영양교육과정 제1회 1학기, 강원도영양사회, 2001

2010 당뇨병환자를 위한 식품교환개정표, J Korean Diabetes vol.12:228~244, 2011

히가시구치 다카시 저, 강은희 역, **보건의료인을 위한 임상영양학**, 의학서원, 2012

질병관리본부 만성병조사팀, 2005 건강행태 및 만성질환 통계 자료집(Health Behavior and Chronic Disease Statistics), 질병관리본부, 2006

질병관리본부, 2010 질병관리백서, 2010

대한당뇨병학회 www.diabetes.or.kr

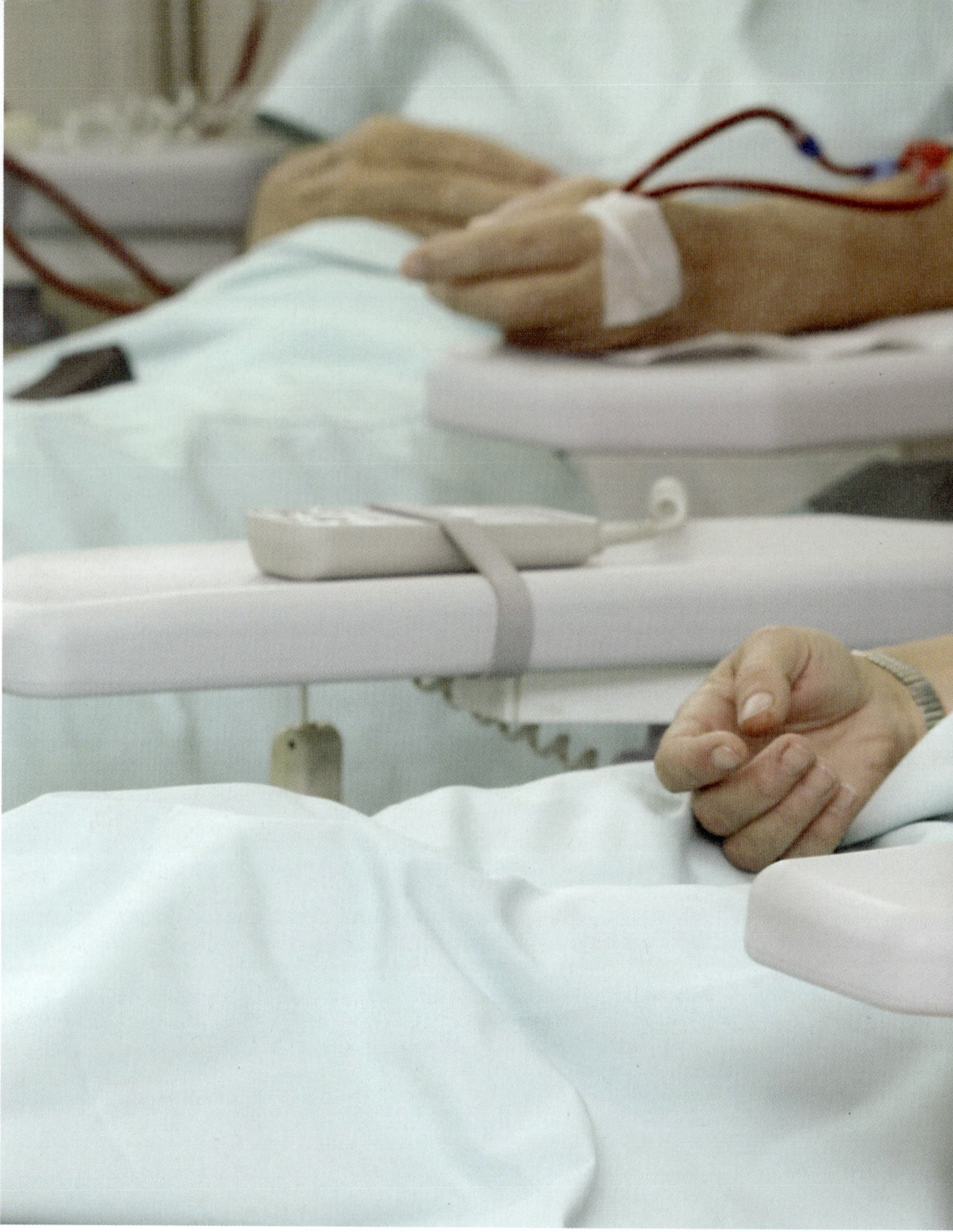

CHAPTER 08

신장질환

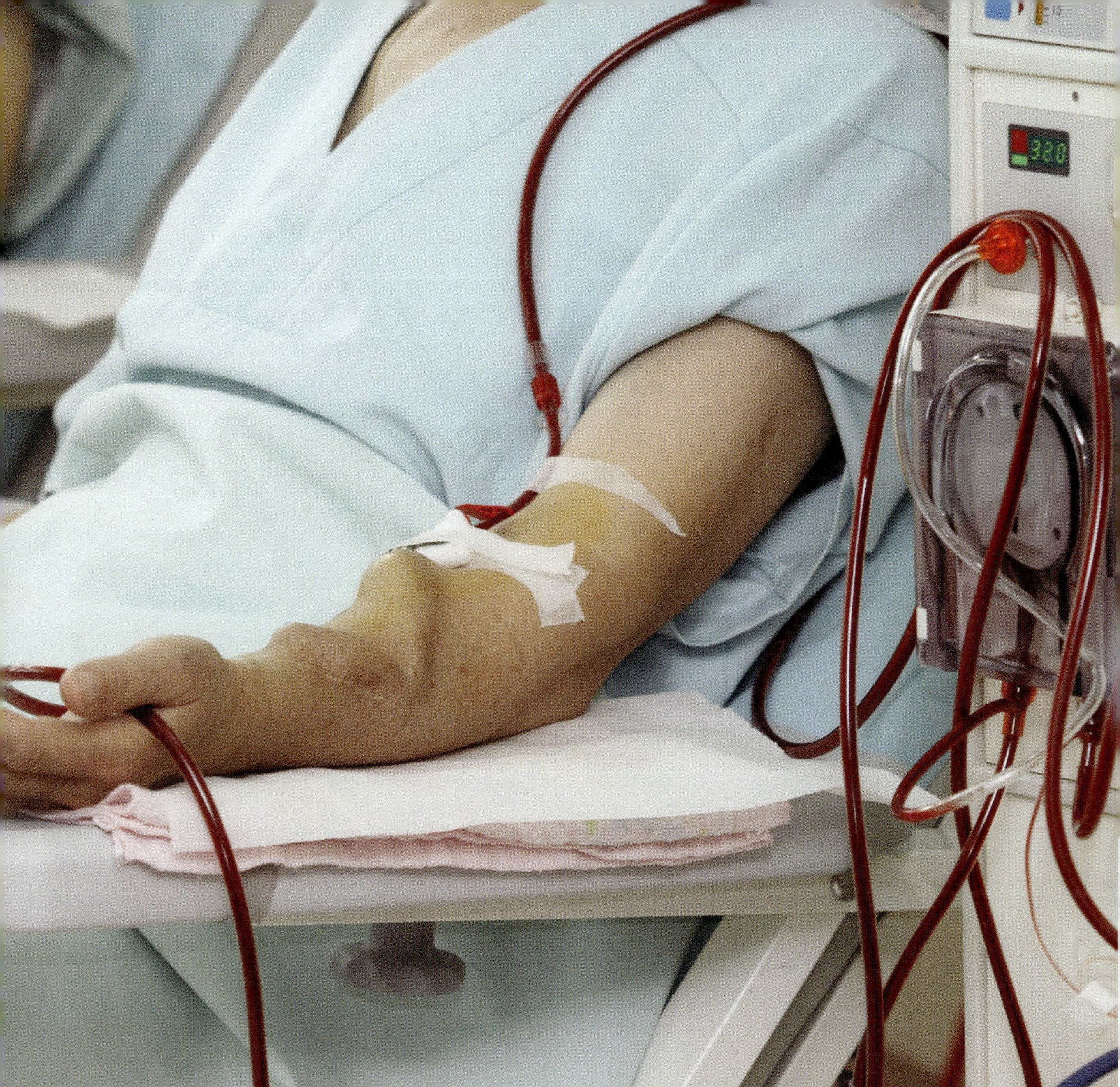

학습목표

- 신장의 구조, 기능 및 일반적 증상을 설명할 수 있다.
- 신장질환의 원인, 질환별 특징적인 증상 및 영양관리를 설명할 수 있다.
- 혈액투석과 복막투석의 영양관리의 차이점을 비교·설명할 수 있다.

제1절 신장의 구조와 기능

신장은 혈액의 노폐물을 체외로 배설하는 기관으로 배설이 원활하지 못하면 혈액 성분에 불균형이 생겨 여러 증상을 일으킨다. 증상으로는 요량과 요 성분 변화로 진단할 수 있는데, 뇨 중 단백질량이 1일 3 g 이상이면 신증후군이며, 요 배설량이 감소하면 신부전이라고 하고, 뇨 성분 이상으로 결정이 생기면 신결석이라고 한다.

1. 구조

신장은 좌우 한 쌍이 척추를 중심으로 후복벽에 위치한 강낭콩 모양의 기관으로 한 개의 무게는 100~150 g 정도이다. 우신은 간 때문에 좌신 보다 약간 낮게 위치한다. 신장은 각각 100만 개의 네프론(nephron)이 있고, 각 네프론은 신장 기능의 최소단위로 신소체와 세뇨관으로 구성되어 있다. 신장은 피질과 수질로 구분된다. 피질에는 주로 신소체가 있고, 수질에는 세뇨관이 있으며, 세뇨관은 근위세뇨관, 헨레고리(lóop of Hènle), 원위세뇨관을 거쳐 두꺼운 집합관으로 구성되어 있다. 네프론의 87%는 피질에 있고 수질에는 13% 정도 있다.

신장혈류량은 매분 1,200 mL, 심박출량의 1/4에 이르고, 체내의 혈액 5 L는 약 1/4회, 1일 350회 정도 신장을 통해 정화된다. 신동맥으로 들어온 혈액은 수입세동맥으로 사구체를 거쳐 수출소동맥이 되어 세뇨관 주위 모세혈관을 망상구조로 둘러싼 후 신정맥에 모여서 신장을 떠난다.

2. 기능

신장은 인체의 중요한 배설기관이다. 즉, 신장은 사구체에 다량의 혈장을 흘려보내고 대사산물을 배설함과 동시에 세뇨관에서는 필요한 물질을 선택적으로 재흡수하고 불필요한 물질을 배설하여 소변을 생성하고 정상체액의 조성 및 체액량을 유지한다. 이를 구체적으로 살펴보면 다음과 같다.

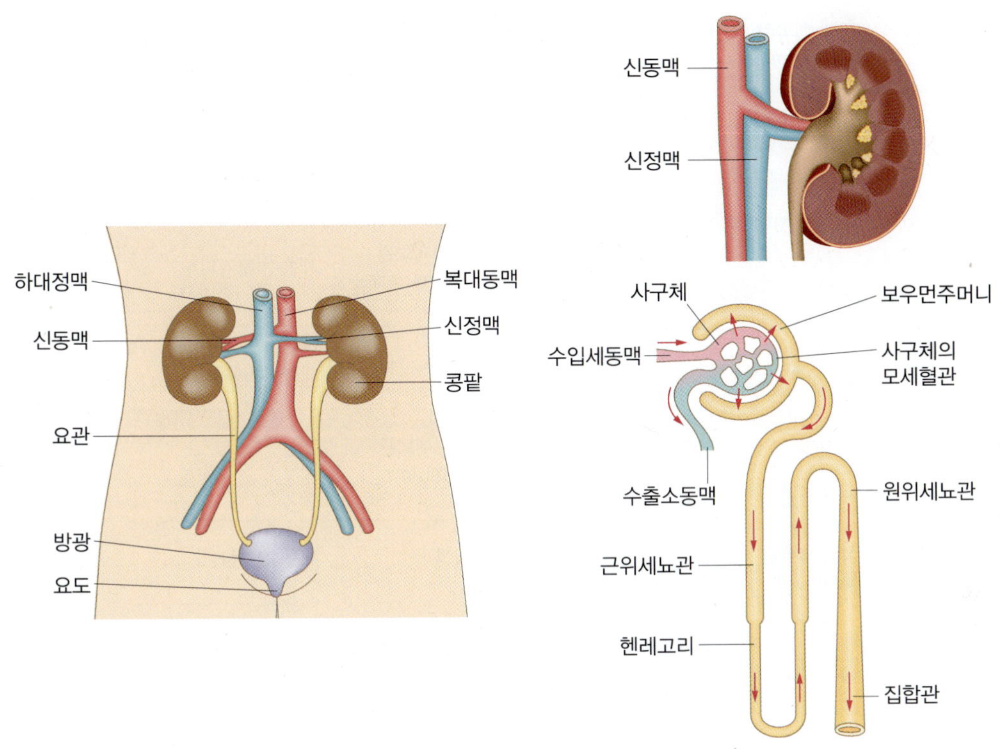

| 그림 8-1 | **신장의 위치와 구조**

1) 요 형성

(1) 사구체 여과

심박출량 중 신동맥으로 들어오는 신혈류량은 1,200 mL/min이다. 이 중 사구체 모세혈관을 통과할 때 혈구와 혈장단백질 등의 세포성분을 제외한 모든 성분은 여과되는데 이를 원뇨라 하고, 1,200 mL 중 단백질을 제외한 약 600 mL가 사구체에 들어오고, 이 중에서 20% 정도가 여과된다. 사구체에서 1분간 여과되는 혈장량을 사구체 여과율(glomerular filtrate rate, GFR)이라 하고 125 mL/min이다. 이것은 양쪽 신장을 합한 모든 사구체에서 여과되는 원뇨의 양으로, 1일량은 180 L에 달한다. 그러나 실제 요로 배설되는 양은 1.5 L 정도로 원뇨 수분의 99% 이상은 세뇨관에 재흡수된다(그림 8-2).

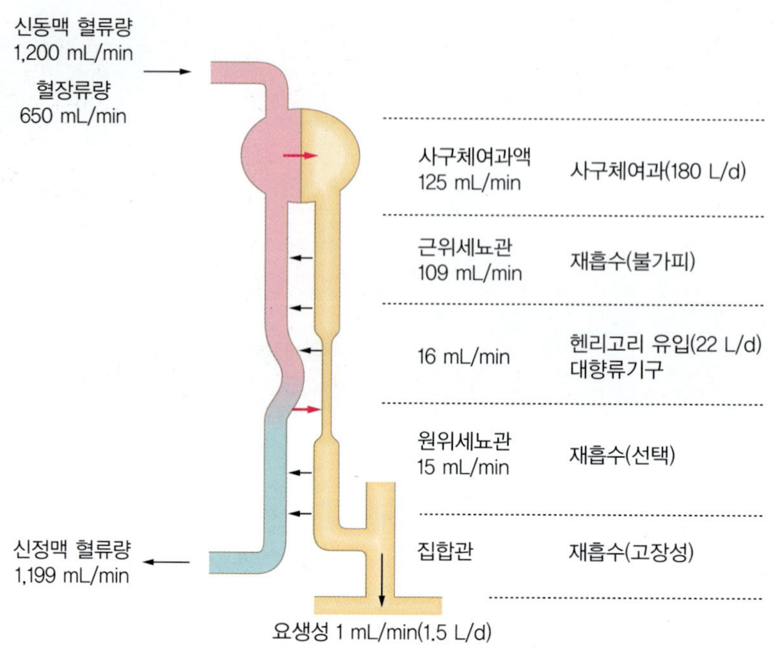

| 그림 8-2 | **혈장수분의 여과와 재흡수**

(2) 세뇨관에서의 재흡수와 분비

여과되는 원뇨는 세뇨관을 통과하는 사이에 수분뿐만 아니라 몸에 유용한 물질로 포도당, 아미노산은 100%, Na^+, Cl^-, HCO_3^-, Ca^+ 이온 등은 99% 이상이 선택적으로 재흡수된다. 한편 단백질의 대사산물인 요소, 요산, 암모니아, 크레아티닌의 배설과 독성물질, 호르몬의 대사산물과 이상 대사산물의 배설 등 인체에 불필요하고 유해한 물질(암모니아, 유기산, K^+, H^+, 요소의 일부)은 사구체에서 여과됨과 동시에 세뇨관에서 적극 분비되어 요로 배설된다. 따라서 정상인의 요에서는 포도당과 단백질은 발견되지 않는다.

또 원위세뇨관과 집합관은 생리적인 체액량, 체액의 조성, 삼투압 또는 체액 pH의 최종조절에 영향을 미친다. 즉, 부신피질호르몬인 알도스테론(aldosterone)은 Na^+의 재흡수, K^+의 배설을 촉진하여 전해질의 조정에 관여한다. 한편 뇌하수체 후엽에서 분비되는 항이뇨호르몬은 물의 재흡수를 촉진하고, 체액량과 삼투압을 조절한다. 또한, HCO_3^- 등의 재흡수, H^+이온의 배설, NH_3의 분비도 일어나고 체액 pH를 최종조절한다.

| 표 8-1 | 혈장 성분의 여과, 흡수, 배설량과 재흡수율

물질	혈장 중 농도 (mg/dL)	여과량 (g/d)	재흡수량 (g/d)	배설량 (g/d)	재흡수율 (%)
Na^+	330	560	555	5	99.6
K^+	17	29	26.8	2.2	92.6
Ca^+	10	17	16.8	0.2	98.8
Cl^-	365	620	611	9	99.5
HCO_3^-	150	256	255	0.1	99.9
$H_2POO_4^-$, HPO_4^{2-}	3	5.1	3.9	1.2	76.4
SO_2^{2-}	2	3.4	0.7	2.7	20.6
H_2O	94%	180 L	168.5 L	1.5 L	99.1
포도당	100	180	180	0	100
요소	30	51	21	30	41.2

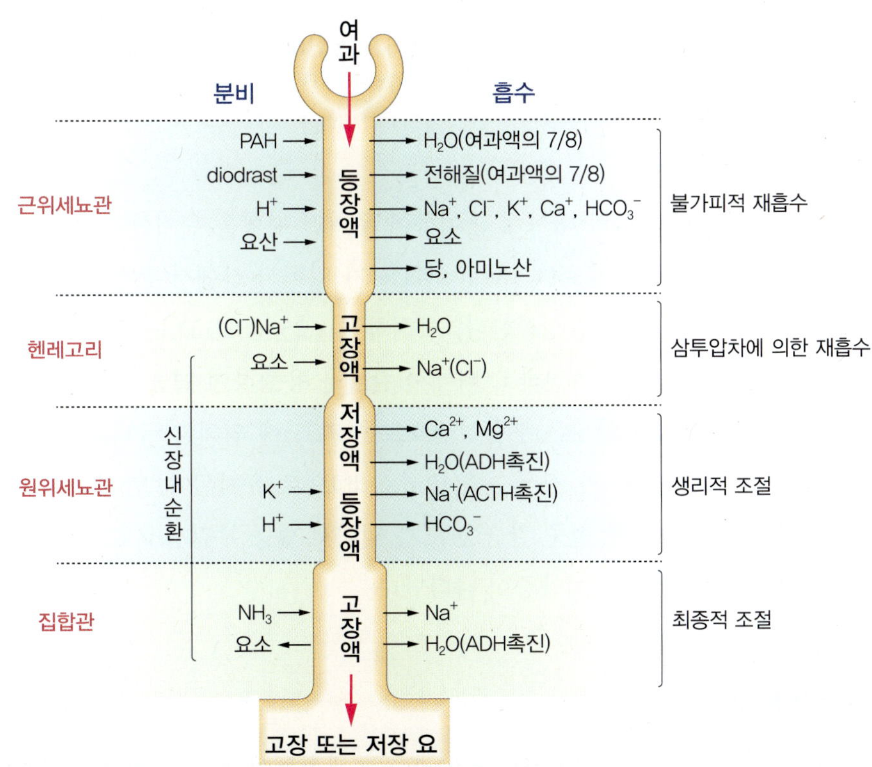

ADH : 항이뇨호르몬, ACTH : 부신피질자극호르몬(알도스테론 등), PAH : para-aminohippuric acid

| 그림 8-3 | 세뇨관에서의 재흡수와 분비

2) 체액 및 산·염기의 평형

신장은 Na, K, Ca, P, Cl 등의 각종 전해질의 배설을 조절하여 정상 체액을 조성하고 삼투압을 유지한다. 수분 및 나트륨 섭취량에 따라 세뇨관에서 수분 및 나트륨의 재흡수와 배설량을 조절한다. 식염섭취가 많아서 세포외액이 증가하여 혈압이 높아지면 신장은 사구체 여과율을 높여 혈액량을 줄이고, Na^+ 재흡수율을 감소시켜 요 중 Na^+의 배설을 촉진한다. 또한, 신장은 체내 대사산물인 산을 처리하고 알칼리는 재흡수하여 체액의 pH를 일정하게 조절한다.

3) 혈압조절

혈액량 감소로 혈압이 떨어지면 사구체의 옆기관에서 승압물질인 레닌(renin)을 분비하여 레닌-앤지오텐신계를 활성화한다. 레닌은 앤지오텐시노겐(angiotensinogen)을 앤지오텐신 I(angiotensin I)로, 이것을 다시 앤지오텐신II로 전환하여 혈압을 올린다.

4) 무기질 평형유지

신장은 칼슘, 인, 비타민 D의 대사에 관여하여 무기질 평형을 유지한다. 신장에는 비타민 D를 활성화하는 수산화효소(1-hydroxylase)가 있어서 간에서 활성화된 25-(OH) D_3 형태에서 1,25-$(OH)_2D_3$로 활성화한다. 활성화된 1,25-$(OH)_2D_3$는 소장 내 칼슘 흡수와 세뇨관의 칼슘 재흡수를 촉진하고 뼈에서 칼슘을 용출하여 혈중 칼슘농도를 높인다. 신장에서 수산화효소의 활성은 부갑상샘호르몬(PTH)에 의해 자극되고 칼시토닌에 의해 억제되어 혈중 칼슘농도가 정상수준(10 mg/dL)으로 유지된다. 만성 신부전 환자는 비타민 D 활성화의 장애로 혈중 칼슘 농도가 얻어서 혈중 부갑상샘호르몬의 분비가 항진되어 골격계질환인 신성골이양증이 나타난다.

5) 조혈작용

조혈인자인 에리스로포이에틴(erythropoietin)을 생성하여 골수의 적혈구 생성을 촉진한다. 그러므로 만성 신장질환에서는 에리스로포이에틴의 감소로 심한 빈혈을 초래한다. 그 외에 신장에서는 지방산 유도체인 프로스타글란딘과 트롬복산 등을 생성하고 인슐린, 글루카곤, 부갑상샘호르몬 등을 분해하는 장소이다. 신장은 혈액의 조성을 정상으로 유지하고, 신체 내부 환경의 항상성을 유지한다.

제2절 일반적인 증상

1. 단백뇨

정상적인 사구체에서 여과된 단백질은 소량이며, 여과되어 세뇨관에서 재흡수되어 소변으로 배출되는 단백질은 150 mg/일 이하이다. 하루 300 mg 이상의 단백질이 소변으로 배출되는 것을 단백뇨(proteinuria)라고 하며 소변검사에서 발견된다. 단백뇨는 사구체의 모세혈관이 손상되어 생기는 질환으로 단백질이 유실되는 주된 원인이며, 그 외에도 세뇨관 손상이나 심한 운동 후, 발열시에도 나타난다.

2. 부종

부종(edema)은 여러 가지 원인에 의해 발생하는데, 신성 부종은 사구체에 병변이 있으면 단백질이 다량 배설되면서 혈장 단백질의 감소와 함께 교질삼투압이 낮아지고 수분은 모세혈관에서 조직으로 이동해 부종이 생긴다. 신혈류량이 감소하여 사구체 여과율이 감소하면서 소변 배설의 감소와 함께 Na+과 수분이 체내에 저류되면서 부종이 발생한다. 또 신혈류량 저하로 레닌-앤지오텐신계 활성화로 혈관 수축, 항이뇨호르몬 분비, 알도스테론 분비로 수분과 나트륨을 보유하여 부종이 발생한다. 부종은 눈 주위가 붓는 것이 특징이다.

3. 고혈압

신혈류량 감소와 사구체 여과량이 감소하여 레닌-앤지오텐신계를 활성화하여 신장질환에서는 수분이나 Na^+이 축적하여서 체액량이 증가하여 고혈압(hypertension)을 발생시킨다. 알도스테론은 세뇨관에서 Na^+의 재흡수로 체액량을 증가시키며, 앤지오텐신은 말초혈관을 수축하여 혈압이 상승한다. 고혈압이 지속되면 신장의 소동맥에 동맥경화가 일어나 신혈류량이 적어지고 신장기능이 저하되어 신경화증, 신부전이 유발한다.

4. 혈뇨와 빈혈

신장염이나 그 외에 신결석 등 요로 계통의 질환에서도 출혈로 빈혈이 생긴다. 신부전은 신장의 조혈인자 부족으로 빈혈이 생긴다. 또 신장에 염증이나 화농이 있으면 요에 백혈구가 배출되고 이는 세균성 감염임을 시사한다.

5. 핍뇨와 다뇨

일반적으로 부종이 있으면 요량이 감소하여 핍뇨가 생기며, 부종이 사라지면서 요량이 증가하는 다뇨가 나타난다. 보통 핍뇨는 1일 500 mL 이하이며, 무뇨는 1일 200 mL 이하를 말한다. 핍뇨는 급성 신부전 초기에 많이 나타나는 증상으로 회복되면서 다뇨가 된다. 다뇨는 세뇨관의 재흡수 능력 저하로 요의 농축력이 저하하므로 요의 색깔이 연하고 배설량이 증가하는데 신장기능이 만성적으로 저하하는 만성 신부전에서 주로 나타난다.

6. 고질소혈증

신장은 단백 대사산물의 주요한 배설기관(70~80%)이다. 나머지는 대변이나 피부로 배출되는데 신장질환이 발생하면 질소 성분의 배설능력이 떨어져 혈중 질소가 상승되는 것을 고질소혈증(azotemia)이라 한다. 혈중 질소화합물은 단백질을 제외하고는 요소가 대부분이고, 나머지는 요산, 암모니아, 크레아티닌 등이다. 표 8-2는 정상인의 혈중 잔여질소량을 나타내며, 주요한 대사물질인 혈액요소질소(blood urea nitrogen, BUN)의 측정은 신장병 판정에 중요하다.

| 표 8-2 | 혈중 단백 대사산물과 비단백질소(NPN)량

단백 대사산물(mg/dL)		비단백질소(mg/dL)	
-	-	총량(NPN)	25~35
요소	20~40	요소질소(BUN)	8~18
요산(남자)	3.6~7.7	요산질소	0.83~2.31
(여자)	2.4~5.8		
크레아티닌	0.5~1.3	크레아티닌질소	0.19~0.45
크레아틴	0.02~1.5	크레아틴질소	0.06~0.19
아미노산	35~55	아미노질소	3.5~5.0
암모니아	0.07~0.19*	암모니아질소	0.01~0.03

* 확산법에 의한 측정치. 암모니아는 불안정해서 채혈 후 측정까지의 시간을 무시할 수 없다.

7. 요독증

신부전 말기가 되면 BUN이나 크레아티닌의 농도가 정상의 5배 이상 과다 축적과 함께 구아니딘 유도체와 같은 유독성 물질이 체내에 축적되고, 세뇨관에서의 산배설, 알칼리 흡수도 부전이 되어 산성증(acidosis)을 유발하여 전신 장기에 독성증세를 나타낸다. 이와 같은 말기 상태를 요독증(uremia)이라고 하며, 그 증상으로는 피로, 권태감, 집중력 저하, 허약, 혼수, 경련, 출혈, 혈액응고, 빈혈, 땀띠, 피멍, 심근염, 부정맥, 폐렴, 가슴막염, 객혈, 구취, 메스꺼움, 구토, 구내염, 위염, 장염, 흡수불량, 골연화증, 구루병 등 신성골이양증, 저체온 등의 전신증상 후에 사망에 이른다. 그러므로 요독증이 되기 전에 투석이나 신장이식 수술을 해야 한다.

제3절 신장질환 검사

1. 요검사

요검사는 가장 기본적이고 단순하며 많은 정보를 제공해주는 저렴한 검사다. 요의 색, 혼탁 정도, 요의 비중과 요 중 세포인 적혈구, 백혈구, 세균 검출이나 단백뇨를 통해 신장질환의 경중상태와 진행 여부 등을 진단할 수 있다. 즉, 적혈구의 배출은 신장염, 신결석, 요로계통의 질환에서 나타나고, 백혈구 배출은 신장에 염증이나 화농이 있음을 나타내며, 세균성 감염이 있을 때에는 요 중에 세균이 검출된다. 단백뇨는 신장염에서 볼 수 있다.

2. 혈액검사

신장질환이 있을 때에는 혈중 요소, 요산, 크레아티닌, 칼륨, 나트륨, 인 등의 수준이 정상치 이상으로 상승하거나 총 단백질, 알부민, 칼슘 등의 수준이 정상치 이하로 떨어진다.

3. 신기능 검사

혈장 제거율(plasma clearance)은 신장의 특수한 배설능력이나 혈장의 정화능력을 나타내는 것으로 이용되는 지표다. 특히 PAH에 의한 신혈류량, 신혈장류량의 측정, 크레아티닌에 의한 사구체 여과율의 측정은 신기능의 판정, 병의 상태를 추적하는 데 매우 중요하다. 그 외 신장 초음파 검사, 신장 조직 검사 등이 있다.

제4절 일반적인 영양관리

신장질환 중 주요한 것은 사구체신장염, 신우신장염, 신증후군, 신부전이 있고, 사구체신장염은 급성 , 만성 을 합해 전체의 약 2/3를 차지한다. 이러한 질환 가운데 신우신장염의 화학요법을 제외하면 유효한 원인요법이 없다. 따라서 손상된 신장을 보호하는 보호요법(안정, 보온 등)과 식사요법 등이 매우 중요하다. 안정은 체내대사를 억제해 신장의 부담을 덜어주고, 한편 신혈류를 확보한다. 식사요법은 기능이 저하된 신장을 보호함과 동시에 병의 상태 회복을 빠르게 하기 위한 중요한 치료법이다.

일반원칙으로서 손상된 신장에 부담을 감소시키고, 손실되는 영양소를 보충하여 좋은 영양상태 유지와 가능한 한 정상체중을 유지하며, 질소노폐물과 나트륨의 체내 축적을 유발하는 물질을 제거하며, 식욕을 증진시키고 사기를 향상시킨다.

1. 에너지

에너지가 부족하면 체단백질이나 섭취한 단백질을 분해하여 에너지원으로 대사되어 질소화합물이 더욱 많이 생성되어 신장에 부담을 준다. 특히 저단백식사가 처방되는 신장질환에서는 이러한 현상이 흔하므로 에너지를 충분히 공급해야 한다. 에너지원으로는 신장에 부담이 적은 당질과 지방을 공급한다. 그러나 지방은 당뇨병성 신증에 의하여 케톤체 발생이나 네프로제 증후군에 의해 고지혈증의 가능성이 있을 때나 동맥경화증의 진전이 의심되는 경우에는 주의한다.

2. 단백질

혈중의 비단백질소(NPN)가 커지면 단백질의 제한은 필수적이다. 단백질은 대사되면 요소, 요산, 크레아티닌 등 비단백질소로 되고 이것들은 신장에서 배설 처리되는데, 신기능이 저하되면 이런 물질이 혈중에 축적되어 신장질환이 더욱 악화하여 고질소혈증 또는 요독증이 되기 때문이다. 일반적으로 저단백질식이 필수적이며, 대사노폐물을 최소화하고, 체단백 소모를 방지하기 위하여 생물가가 높은 양질의 동물성 단백질을 공급한다. 반면, 네프로제 증후군이나 투석으로 단백질이 손실되므로 적절한 양의 양질의 단백질 보충이 필요하다.

3. 나트륨

신장질환의 대부분은 핍뇨와 함께 나트륨 배설이 감소되어 부종, 고혈압의 원인이 되므로 반드시 식염 제한이 필요하다. 그런 증상이 없어도 식염은 과량섭취하지 않도록 주의한다. 단, 이뇨제의 사용 중에는 식염 제한을 완화하고 세뇨관의 Na^+ 재흡수 기능이 저하하여 다량의 Na^+이 배설될 때는 식염을 제한하지 않는다. 제한하면 저나트륨혈증, 즉 고칼륨혈증을 초래할 위험이 있다.

4. 칼륨

신장질환이 있을 때 혈청 중의 K^+ 농도의 변화에 주의해야 한다. 신부전에서는 세뇨관의 K^+ 배설이 저해되어 고칼륨혈증을 초래하는 경우가 있다. 한편, 이뇨제의 사용으로 Na^+과 K^+이 함께 다량 배설되고 또 스테로이드제의 사용으로 K^+의 배설이 촉진되어 저칼륨혈증을 초래한다. 이 저칼륨혈증은 심장의 자동능에 이상을 초래하여 항진시키고 심장박동을 교란시키며, 고칼륨혈증은 돌연 심장정지를 초래하는 경우가 있다. 이 때문에 혈액의 K^+ 농도의 변화에 따라 K^+ 섭취를 조절한다.

5. 물

신장질환이 있을 때 부종과 요량을 기준으로 수분을 제한한다. 급성 신장염의 무뇨기나 만성 신장염의 핍뇨기 때 부종이 있으면 제한하고, 만성 신장염 말기와 같이 세뇨관 재흡수의 장애로 다뇨를 초래할 때는 제한하지 않는다. 제한할 때는 수분의 보충은 음식물 중의 수분을 포함하여 전일의 요량+500 mL 이하로 한다. 나트륨을 제한하면 갈증이 해소되어 수분 섭취량도 줄일 수 있다.

6. 칼슘과 인

신부전시 요량이 감소하여 인의 배설저하로 고인산혈증이 되며, 뼛속의 칼슘용출을 위해 부갑상샘 기능이 항진되어 신성골이양증이 발생한다. 또 신부전시 비타민 D가 활성화되지 않아 칼슘흡수가 저해되어 혈중 칼슘 수준이 낮아진다. 따라서 혈중 인의 양을 조절하기 위해 칼슘섭취는 증가시키고 인의 섭취를 제한한다. 식사로 조절되지 않으면 인결합제를 사용하기도 한다.

제5절 신장질환의 분류

1. 사구체신장염

사구체에 염증이 일어나는 질환으로, 세균이나 바이러스 감염에 의해 나타나는 급성 사구체신장염과 사구체가 섬유질화로 서서히 진행되는 만성 사구체신장염이 있다.

1) 급성 사구체신장염

(1) 원인

급성 사구체신장염(acute glomerulonephritis)은 감기, 폐렴, 편도선염, 후두염 등의 상기도감염을 앓고 난 후 1~3주 잠복기를 거쳐 발병한다. 병원균인 연쇄상구균이나 바이러스 등의 항원에 항체와 보체가 결합해서 면역복합체를 형성하여 신사구체의 여과(기저)막에 부착하여 염증을 일으킨다. 이러한 원인이 70% 정도이며 나머지 30%는 원인을 모르는 경우다. 염증반응과 침투에 의해 여과막은 파괴, 장애를 일으키고, 단백뇨와 혈뇨가 배출된다. 3~10세의 어린이에게 이환율이 높고, 가을과 겨울에 주로 발생하여 추위와 습윤, 과로도 원인이 된다.

(2) 증상

좌우 신장이 동시에 감염되어 사구체 여과막에 염증이 심해져서 요 중 적혈구 등이 나타나는 혈뇨, 부종, 고혈압, 단백뇨, 핍뇨를 수반한다. 초기에 핍뇨를 보이나 악화하면 무뇨가 나타나기도 한다. 핍뇨는 부종을 초래하여 얼굴, 특히 눈 주위 부종으로 시작하여 하지에서 전신부종으로 이어져 흉수, 복수를 동반하기도 한다. 핍뇨와 부종은 고혈압을 초래하고 고혈압이 지속하면 심장에 영향을 주어 심부전을 유발할 수도 있다. 자각증상으로서는 전신권태, 식욕부진, 두통, 요통, 인두증상 등이 나타난다. 증세가 가벼울 때는 느끼지 못할 정도이므로 주의가 필요하다. 소아에서는 예후가 양호(치유율 90%)하고 빨리 완쾌되며 2~3개월에 치유되지만 성인은 치유가 늦거나 장기화되어서 20~30%가 만성 신장염으로 이행된다.

(3) 치료 및 영양관리

좋은 영양상태를 유지하면서 만성으로 진행되는 것을 방지하는 것이 치료의 목표이다.

특효약은 없다. 일찍 자고, 안정과 보온 등의 보호요법과 식사요법이 중심이 된다. 안정하면 대사가 억제되고 신장의 부담을 줄이면서 동시에 신혈류를 확보해서 이뇨가 잘 되게 한다. 반대로 운동은 근혈류를 증가시키고 신혈류를 억제해서 대사산물을 축적한다.

① 단백질

급성 신장염의 급성 기에는 핍뇨로 요소, 요산, 크레아티닌 등 혈중 질소량이 증가하므로 엄격한 신보호식으로 단백질은 0~0.5 g/kg 이내(25~30 g)로 제한하고, 점차 요량이 증가하면 사구체 재생을 위해 0.5~0.7 g/kg(40~50 g), 1.0 g/kg(50~60 g)으로 점차 섭취량을 늘리며 양질의 단백질로 공급한다.

② 에너지

체단백 분해 방지와 세포 재생을 위하여 에너지를 35~40 kcal/kg로 충분히 공급한다. 당질의 대사산물은 신장에 부담을 주지 않으므로 에너지는 주로 당질을 1일 300~400 g 공급한다. 지방은 케톤증이나 고지혈증, 동맥경화를 유발할 수 있으므로 80 g 정도 적당량 공급한다.

③ 나트륨

핍뇨로 부종과 고혈압이 있으면 나트륨 섭취를 제한하고 회복되어 요량이 증가하면 섭취를 어느 정도 허용하여 1,000~3,000 mg(식염 3~8 g 정도) 범위에서 요량에 따라 조절한다. 핍뇨기에는 1,000 mg 이내(식염 3 g 미만)로 제한하고, 부종과 고혈압이 소실되는 이뇨기에는 1일 1,000~2,000 mg(식염 3~5 g), 증상이 사라지는 회복기에는 2,000~3,000 mg(식염 5~8 g)의 나트륨을 공급한다.

④ 수분

부종이 있으면 전날 요량에 500 mL의 수분을 더해 공급하며, 부종이 소실되면 갈증이 없을 정도로 허용한다. 이뇨기에는 1일 1,000~1,500 mL, 부종과 고혈압이 없어지는 회복기에는 자유롭게 섭취한다.

⑤ 칼륨

핍뇨기에는 고칼륨혈증으로 심장마비를 초래할 수 있으므로 섭취를 제한한다.

급성 사구체신장염의 예방은 감기 등 원인질환의 치료와 외출 후 귀가시 양치질과 충분한 휴식, 균형식을 섭취한다. 염증 치료를 위해 적절한 항생제를 복용한다. 안정과 보온으로 체내대사 억제로 신장의 부담을 줄이고, 신혈류량을 확보하여 요량이 증가하도록 돕는다.

2) 만성 사구체신장염

만성 사구체신장염(chronic glomerulonephritis)은 1년 이상 만성인 상태로 장기간에 걸친 병이며 성인의 신장염 중 대부분을 차지하고 병의 상태도 다양하다.

(1) 원인

급성 사구체신장염에서 이행한 경우 또는 어린 시절의 급성 이 성인이 된 후 재발하여 만성 화하기도 하나 대부분 감염에 의한 항원항체반응의 사구체 염증 때문에 처음부터 만성으로 진행하는 경우가 많으며 85%가 이에 속한다. 염증 진행이 장기화되면 사구체가 섬유질화(fibrosis)되어서 문제시된다.

(2) 증상

증상이 없든지 있어도 경미하고 병의 상태에 따라 초기에는 소변에 1일 0.5 g 이하의 단백질(알부민)과 소량의 적혈구가 보이고, 다른 증상이나 자각증상이 없는 잠복형으로 대부분 두통, 야뇨, 단백뇨, 혈뇨 등이 약하게 나타난다. 병이 진행함에 따라 사구체 여과율 저하, 고혈압, 단백뇨가 심해져서 부종이 나타나며 고혈압이 뚜렷해져서 심비대가 보이는 심부전을 초래한다. 말기에는 만성 신기능부전 때문에 요독증을 초래하여 식욕부진, 구토, 경련, 신경통 등의 증상을 보이며, 고도의 쇠약으로 수면상태나 혼수상태가 되면 사망에 이른다.

(3) 치료 및 영양관리

안정과 보온이 절대적으로 필요하다. 특히 허리 밑을 보온해야 하며 따뜻한 방에 누워서 감기에 걸리지 않도록 주의한다. 피부를 청결하게 하여 피부로의 배설작용을 촉진하여 신장의 배설작용 부담을 덜어준다. 일반적으로 식염의 양을 줄이고 단백질 제한, 수분 제한을 하지만 병의 형태나 상태에 따라 가감한다. 또 원칙적으로 생활에 필요한 에너지를 확보하고, 단백질도 신기능이 50% 이상이면 제한하지 않는다. 만성 사구체신장염의 영양관리는 급성 사구체신장염의 회복기와 유사하나 증상의 진행에 따라 다소 차이가 있다. 단백질은 요량이 증가하여 단백질 대사산물의 배설이 원활하므로 1일 1.0 g/kg을 공급한다. 나트륨은 섭취량은 요량에 따라 조절되어 1,000~3,000 mg(식염 3~8 g) 범위에서 공급한다.

2. 신증후군

신증후군(nephrotic syndrome)이란 고도의 단백뇨(3.5 g/dL 이상)로 저단백혈증(5 g/dL 이하), 저알부민혈증(1 g/dL 이하)을 초래하여 심한 부종을 나타낸다. 알부민이 감소하는 대신 간에서 지단백질의 합성 촉진으로 지단백질이 증가하여 고지혈증(고콜레스테롤혈증 250 mg/dL 이상)을 수반하는 질환으로 단일 질환이 아니어서 신증후군이라 부른다.

1) 원인

주로 사구체 모세혈관의 투과성이 증가하는 퇴행성 병변인 것으로 판명되었다. 즉, 신장 원발성의 일차성 신증후군과 신장 이외의 질환이 계속하여 일어나는 이차성 신증후군이 있다. 일차성이 전체의 70~80%를 차지하며 대부분 15세 미만이고, 중년 이상에서는 당뇨병, 감염, 화학물질에 의한 손상, 면역 이상, 유전질환, 악성 종양 등의 이차성과 동반되어 나타난다.

2) 증상

여러 증상(그림 8-4)이 나타나므로 신증후군이라고 한다. 신증후군은 급격하게 발증하고 단시일에 부종과 그 밖의 증상이 나타난다. 발병증세는 불명확하고, 그 후의 경과도 늦어서 자각증상이 드물다. 신장염성은 급성 사구체신장염과 같이 핍뇨를 가지고 급격히 발증하는 것과 만성의 것이 있다. 병 상태의 진전이 느린 것은 부종도 느리게 나타나는데 혈압은 정상인 경우가 많다.

자각증상으로서는 부종, 핍뇨와 오심, 구토, 복통 등 복부증상이 있으며 요소 등 질소화합물을 적당히 배설하고 혈뇨나 고혈압은 잘 나타나지 않는 대신, 사구체 투과성 증가로 단백질이 3.5 g/1.73 m^2 이상 배설될 경우 신증후군으로 진단한다. 고도의 단백뇨로

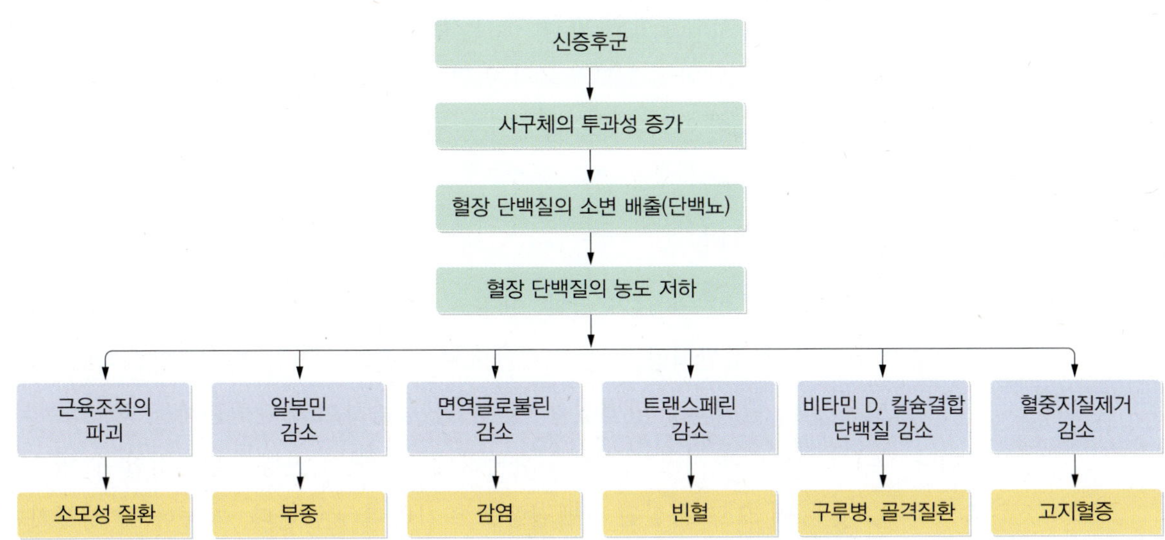

| 그림 8-4 | **신증후군의 단백뇨 배설로 인한 증상들**

1일에 5~30 g까지 단백질이 손실되어 저단백혈증(5 g/L 이하), 저알부민혈증(1 g/L 이하)으로 심한 부종이 나타난다. 특유의 네프로제 패턴(그림 8-5)을 보이는데, 혈장 단백질 중 대부분 알부민이 감소하여 간에서 지단백질의 아포단백질(α, β-글로불린)합성이 항진되어 LDL과 VLDL의 증가로 고지혈증, 특히 고콜레스테롤혈증이 된다. 혈관 벽

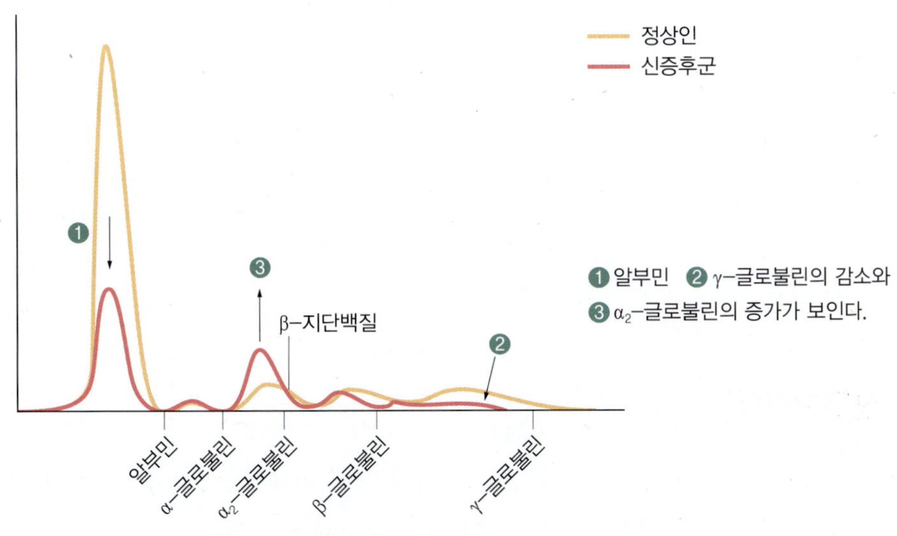

| 그림 8-5 | **신증후군의 전기영동 패턴**

에서 지단백분해효소가 감소하여 VLDL이 증가하는 원인이 된다. 단백뇨는 혈액응고 저해 단백질 손실을 초래하여 혈액응고의 위험이 증가하여 심장질환과 뇌졸중의 위험이 증가한다. 신증후군이 악화하여 신부전으로 진행된다.

3) 치료 및 영양관리

안정과 식사요법 및 약물치료가 있다. 안정은 신기능이 불안정하거나 온전하지 못할 때에 중요하다. 요량, 요단백량, 부종이 개선되고 그 변화가 거의 없다면 완화해도 좋다.

식사요법은 심한 단백뇨로 단백질과 에너지를 충족하여 체단백분해를 최소화한다. 그러나 지나친 고단백은 사구체 손상을 유발하여 신질환의 진행을 가속화할 수 있으므로 0.6~0.8 g/kg에 요로 손실된 단백질량을 추가하여 공급한다. 가능한 한 생물가가 높은 양질의 단백질을 1/2 이상 섭취하도록 한다.

에너지는 표준체중당 35 kcal/kg 이상의 충분한 열량을 공급한다. 체중감소나 감염이 있으면 에너지 섭취를 늘리도록 한다.

지방은 혈중 지질의 정상화를 위해 포화지방, 콜레스테롤, 단순당이 적은 식사를 공급한다. 지방 섭취량은 총 열량의 15~20%로 제한하며, 콜레스테롤은 1일 200 mg 이하로 제한한다. 고지혈증이 3개월 이상 지속되면 식사요법만으로는 조절이 어려우므로 약물을 함께 처방한다.

식염은 1일 2,000~4,000 mg(소금 5~10 g)으로 부종의 정도에 따라 섭취를 제한한다. 부종으로 이뇨제가 처방되었으면 이뇨제 특성에 따라 칼륨 섭취량을 조절한다. 수분섭취는 핍뇨기에는 전일의 요량+500 mL로 하지만 요량이 충분하면 제한할 필요가 없다.

약물로서는 스테로이드 호르몬인 predonisolone, 면역억제제인 cyclophosphamide, azathioprine 등을 병용하는 예도 있다. 이뇨제로서는 주로 furosemide로 치료한다.

3. 신우신장염

신우신장염(pyelonephritis)은 세균감염에 따라 신실질(네프론) 및 신우, 신피질에 염증이 발생하여 급성이나 만성의 경과를 얻는다. 여성에게서 결혼, 임신 등과 관련하여 20~40대에 많이 발병한다.

1) 원인

신우신장염의 주요한 병원균은 대장균, 변형균 등의 그람음성 간균과 장구균이다. 대장균 등 요로를 역행하여 신장에 도달하는 것이 약 80%를 차지한다. 따라서 요도가 짧은 여성에게서 많이 발병하고 남성은 전립선 분비액이 살균작용을 하므로 여성에 비해 발병률이 낮다. 그리고 요 흐름의 장애(신결석, 역류 등)가 일어난다. 그러나 때로 혈행성이나 림프관성에 병원균이 신장에 도달해서 일어나는 경우도 있다(신결핵).

2) 증상

신우신장염은 급성 과 만성 으로 나누어지며, 급성 은 나쁜 느낌, 발열 등의 전신증상과 함께 측복통, 신우의 압통 등의 국소증상이 나타나고 때로는 방광염 증상이나 배뇨통, 요의 혼탁, 혈뇨 등이 나타난다. 또 요의 농축능이 초기부터 장애가 나타나는 특징이 있다. 만성 은 미열, 피로하기 쉽고 식욕부진, 요통 등 일정하지 않은 증상이 나타난다. 그러나 요검사로 침사에 세균(배양법으로 세균수 10^5/mL 이상), 백혈구, 백혈구 원주를 많이 보면 진단이 쉽다.

3) 치료 및 영양관리

신우신장염은 세균감염이므로 화학요법약, 항생물질이 유효하다.

식사는 무자극성(알코올, 향신료 금지)과 수분을 충분히 공급하고, 배뇨에 따른 세균의 배제, 백혈구 탐식기능의 활성화를 도모한다. 예후는 양호하나 만성 신우염은 재발방지를 위해 장기적인(반년 이상) 관찰이 필요하다. 고혈압으로 신장이 위축될 수 있다.

4. 신부전

신부전(renal failure)은 신장 자체나 신장 이외의 원인에 의한 신장의 기능, 즉 배설, 대사, 분비 등에 장애가 생겨 혈중 요소 질소, 크레아티닌 등 노폐물이 축적되고 체액의 양과 조성을 정상적으로 유지할 수 없는 상태로 콩팥기능의 상실을 말한다.

급성 신부전은 네프론 당 사구체 여과율이 감소하는 것으로 비교적 회복이 가능(회복률 60%)하지만, 만성 신부전은 네프론의 손상보다 기능 네프론의 수가 감소하여 회복 가능성이 적다.

1) 급성 신부전

급성 신부전은 수 시간~수일 내에 급격하게 손상하여 신기능이 저하되는 것으로 갑자기 사구체 여과율 감소와 세뇨관이 괴사(80%)하면서 혈중 대사노폐물이 배설하지 않는 무뇨나 핍뇨 상태가 된다. 결국 혈액에 질소대사물이 축적되면서 요독증(uremia)이 나타난다. 신장 기능 이상은 다양하여 사망률은 35~65%로 높은 편이나 즉시 치료하면 완치할 수 있다. 원인이 다양하다.

(1) 원인

급성 신부전은 신전성(腎前性), 신성(腎性), 신후성(腎後性)의 다양한 원인에 의해 일어난다.

① 신전성(prerenal)

신장에 유입되는 혈류량이 갑자기 감소하는 것이 원인으로, 주로 순환계 장애에 의한 것이다. 대수술, 대출혈, 화상, 심한 탈수로 체액상실, 심근경색 등에 의해 혈압이 급격히 하강하여 신장에 허혈이 일어나는 경우로 신실질의 손상이 없고 세뇨관 기능이 정상이므로 혈류량이 정상화되면 신장 기능도 신속히 회복한다. 60~70%가 이에 속한다.

② 신성(interrenal, 신실질 장애)

신성의 원인은 25~40%로 사구체 병증, 급성 세뇨관 괴사(장시간 허혈, 신독성 약제 : 방사선 조영제, 항생물질, 소염진통제), 세동맥 손상(악성 고혈압, 혈관염, 전신성 홍반성 낭창, 용혈성 요독 증후군), 약제 유발성 급성 간질성 신장염(설파제, 비스테로이드성 진통제), 신장 내 침착(항암요법 후 요산 침착, 다발성 골수증), 콜레스테롤 색전증(혈관 내 중재술 후) 등으로 신실질의 조직학적 변화를 수반하므로 신전성·신후성 원인에 의한 것과는 달리 원인이 개선되어도 신기능은 신속하게 개선되지 않고 수주~수개월에 걸쳐 서서히 개선된다.

③ 신후성(postrenal)

요 생성 이후 요로계의 장애에 의한 경우로, 요로폐색(결석, 출혈, 압박증 등), 전립선종(양성, 악성) 등으로 신혈관이 압박되어 사구체 여과율이 감소하여 세뇨관 세포에 영향을 준 것이다. 5~10%가 신후성으로 나타난다.

(2) 증상 및 합병증

급성 신부전은 핍뇨, 신기능의 현저한 장애, 요독증 증상을 보인다. 급성 신부전은 요량에 따라 특징적인 3단계로 나눌 수 있다. 1~2주간 지속되는 '핍뇨기'로 사구체 여과율이 감소하여 요량이 500 mL/d 이하가 되는 시기로 혈중 요소, 크레아티닌, 칼륨, 인산의 농도가 상승하고 전해질 이상으로 산독증, 고칼륨, 고인산과 함께 저칼슘혈증, 고혈압, 부종 등이 유발한다(제1위험기). 이 기간이 1주 이상 지속되면 투석해야 한다.

이 시기를 지나면 결국 '이뇨기'로 이행하는데, 세뇨관의 재흡수 능력 저하로 요량은 1일 3 L에 달하고 이것이 1주일 가까이 계속되면 다량의 수분과 전해질을 잃으므로(제2위험기) 보충이 필요하다.

이뇨기 후 2~3주 후에 '회복기'에 들어와 서서히 회복하는 데는 수개월이 걸린다(환자의 60% 정도 회복).

주요한 합병증은 요독증과 신경증상, 고혈압, 고칼륨혈증 또는 이것에 관련한 심부전, 조혈인자(에리스로포이에틴) 생성부족에 의한 빈혈, 칼슘 대사에 관련된 신성골이양증(골연화증, 구루병 등) 등이 있다.

(3) 치료 및 영양관리

급성 신부전이 신장 이외에서 유래한 것은 원인을 제거하고, 신장 내부에 원인이 있으면 우선 안정과 보온, 식사요법으로 신장 기능을 회복하고 합병증을 예방하도록 한다.

영양관리로 신성의 것은 우선 안정과 보온을 하며, 대부분 환자는 초기에 식욕부진, 오심, 구토, 의식불명으로 구강 급식을 못하면 정맥 영양으로 보충한다. 식사요법의 목표는 체조직의 이화방지, 부종 예방, 혈압조절 및 요독증을 예방하여 신기능 회복이 중요하다. 신부전의 1일 영양기준량은 표 8-3과 같다.

| 표 8-3 | 신부전의 1일 영양기준량

신부전	구분	단백질 (g/kg 건체중)	에너지 (g/kg 건체중)	나트륨(mg)	수분(mL) (음식 중 함량도 포함)
급성	핍뇨기	0~0.5	35~40	<1,000	전날 요량 +500~600
	이뇨기	0.6~0.8		1,000~2,000	1,000~1,500
	회복기				자유
만성	다뇨기			2,000~3,000	1일 요량이 2 L 넘도록 허용

요독증 예방을 위해서 단백질을 제한하는데 단백질 섭취 과잉의 지표인 혈중 BUN/크레아티닌비가 정상치인 10 가까이 될 때까지 억제한다. 핍뇨기에는 체중 당 1일 0.6 g 미만, 이뇨기와 회복기에는 체중 당 1일 0.6~0.8 g으로 제한하여 질소노폐물 생성을 막아야 한다. 투석을 실시하면 1일 1.0~1.5 g/kg을 공급한다. 저단백식을 장기간하면 영양결핍을 초래하므로 1일 50 g 이하의 식사에서는 칼슘(Ca), 철(Fe) 등을 포함한 종합영양제의 보충이 필요하고, 20 g 이하인 경우에는 에너지가 부족하므로 에너지 보충이 필요하다. 에너지는 단백질 이화방지를 위해 35~50 kcal/kg/d로 공급한다.

고혈압, 부종이 있으면 식염을 제한하여 초기 핍뇨기에는 1일 나트륨 1,000 mg 미만(식염 2.5 g 미만)의 무염식으로 조리시에도 식염을 첨가하지 않는다. 이뇨기와 회복기(부종, 고혈압 소실)에는 1일 나트륨 1,000~2,000 mg(식염 3~5 g)을 허용한다.

또 급성 신부전 환자는 단백질 제한으로 체조직 분해로 세포로부터 칼륨이 방출되고, 신장에서의 칼륨 배설 저하로 인해 고칼륨혈증이 되어 갑작스럽게 심장마비를 초래할 수 있으므로 칼륨을 제한한다. 핍뇨시에는 1 g/d 이하이고, 이뇨시에는 소변량, 칼륨 배설량, 혈중 칼륨치, 투석 빈도수, 사용하는 약제의 종류에 따라 보충이 필요하나, 1일 2~3 g 이하로 제한한다. 수분은 전날 요량(주로 설사량 포함) + 500 mL를 공급하고, 이뇨기에는 오히려 충분한 섭취가 필요하다.

2) 만성 신부전

신장기능이 점진적, 비가역적으로 손상되는 질환으로 수년간 특별한 증상 없이 진행되는 것이 일반적이다. 그래서 만성 신부전을 진단받을 때는 이미 신장기능의 75% 이상이 손상된 경우가 대부분이다.

(1) 원인

만성 신부전은 만성 사구체신장염(만성 신장염), 당뇨병(43%), 고혈압(26%)이 주요 3대 원인질환이며, 그 외에 자가면역질환, 결석, 종양, 전립선비대 등에 의한 요로폐쇄, 만성 신우신장염 등의 감염성 질환, 기타 약물이나 방사선 조영제 등의 신독성 물질에 의해 유발된다. 급성 신부전이 정상으로 회복되지 못한 경우나 점진적으로 네프론이 퇴화하여 초래된다. 예후는 일반적으로 좋지 않아서 결국 요독증에 걸려 사망한다.

(2) 증상

만성 신부전은 사구체 여과량과 요량의 감소로 체내에 대사산물이 축적되고, 신장의 내분비 및 대사기능의 장애로 신체 모든 기관을 손상시켜 다양한 이상 현상이 나타난다.

만성 신부전은 사구체 여과량이 1/3 이하가 되면 증상이 나타나 고요소질소혈증, 1/5 이하가 되면 제4기로 만성 신부전의 최종 단계로 혈중 요소질소와 크레아티닌 상승으로 요독증을 일으킨다. 수분과 나트륨 대사장애로 체액과다에 따른 부종 및 고혈압, 칼륨 배설장애로 고칼륨혈증, 칼슘 및 대사장애로 신성 골이영양증과 부갑상샘기능항진증, 조혈기능 이상으로 빈혈이 나타나고, 대사산증, 심혈관계 이상으로 동맥경화증 등의 전신증상을 일으켜 사망에 이른다. 그러므로 요독증이 되기 전에 투석이나 이식 수술을 해야 한다.

그림 8-6은 만성 신부전의 진행에 따라 사구체 여과량 및 혈중 요소질소의 변화를 나타낸다. 진행성 질환인 만성 신부전은 사구체 여과율에 따라 제1기, 제2기, 제3기, 제4기로 구분하고 제3기부터 신부전에 해당된다(표 8-4). 즉, 상기의 병 기간에 신중히 대응하고 요독증 등의 합병증을 적극적으로 방지하는 것이 중요하다. 사구체 여과량이 1/10이 되면 투석요법이 필요하다(표 8-5).

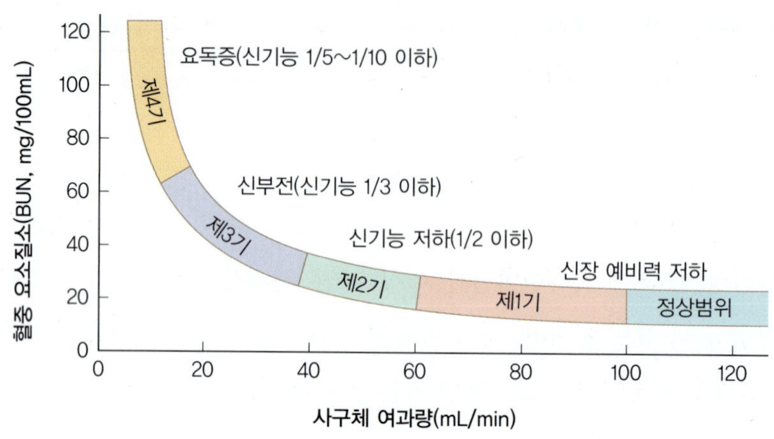

| 그림 8-6 | 만성 신부전의 진행에 따른 사구체 여과량 및 혈중 요소질소의 변화

| 표 8-4 | 신부전으로의 진행단계

특징	제1기	제2기	제3기	제4기
	신장 예비력 저하	신기능 저하	신부전	요독증(말기신부전)
신장기능	> 1/2	≤1/2	≤1/3 이하	≤1/5~1/10
사구체 여과율 정상범위 (100~120 mL/min)	60~80 mL/min	정상의 30~60% (30~50 mL/min)	<5~30% (12.5~30 mL/min)	<5% (<12.5 mL/min)
네프론	60% 손상	80% 손상	90% 손상	90~100% 손상
증상	• 네프론수 감소 대신 크기가 커짐 • 요소, 크레아티닌 정상 • 아무 증상 없음	• 혈중 질소화합물 농도 약간 상승 • 세뇨관의 재흡수 저하(다뇨, 야뇨) • 빈혈, 고혈압	• 핍뇨 • 고질소혈증 • 부종, 빈혈 • 산혈증 • 저칼슘혈증	• 심한 핍뇨, 무뇨 • 혈중 요소농도 : 정상치(20 mL/dL 이하)의 5배 이상 (100 mL/dL 이상)

| 표 8-5 | 신부전의 진행단계와 대책

혈중 크레아티닌 (mL/dL)	크레아티닌 · 클리어런스 (mL/min)	대책 및 방침
A) 정상치 B) 정상~2.4	80~100 50~80	관찰 운동 제한
C) 2.5~4.9 D) 5~7.9	20~50 10~20	대중요법(식사 제한)
E) 8~12 F) 12 이상	5~10 5 이하	인공투석 필요

(3) 치료 및 영양관리

만성 신부전의 치료는 말기 신부전으로 신기능이 악화되는 것을 예방하거나 지연하며 합병증을 예방하는 것을 목표로 한다. 투석을 하지 않는 신부전 환자의 식사요법은 환자의 상태와 혈중 요소농도를 지표로 개인별로 식사 조절을 해야 한다. 신장질환 환자의 식사계획을 위한 '신장질환 환자를 위한 식품교환표'를 이용한다.

신부전 환자의 85% 이상이 고혈압이 발생하며 신부전 진행을 가속화시키므로 단백뇨가 없는 경우 130/85 mmHg, 하루 1 g 이상의 단백뇨가 있는 경우는 129/75 mmHg 이하로 조절한다.

단백질은 근육조직의 분해를 방지하기 위하여 에너지를 충분히 공급하며 1일 0.6~0.8 g/kg 이하의 단백섭취 제한으로 질소 노폐물의 축적을 줄이고 단백뇨를 감소하여 신부전 진행속도를 지연시킨다.

에너지는 이상체중유지와 단백질을 효과적으로 이용하기 위하여 충분한 양의 에너지 섭취가 요구된다. 정상체중인 경우에는 35 kcal/kg, 비만자는 20~30 kcal/kg, 체중미달인 경우에는 40~45 kcal/kg을 공급한다. 정상체중인 사람을 기준으로 할 때 1일 2,000~2,200 kcal를 공급하고, 주요 에너지원으로는 신장에 부담이 적은 탄수화물과 식물성 지방을 이용한다.

염분 및 수분은 1일 염분을 5 g 이하로 제한하여 체액 과잉을 방지하고, 수분은 하루 배설량에 500~600 mL(불감 손실량)를 더한 양으로 제한한다.

칼륨은 사구체 여과율이 20 mL/min 이하로 감소하면 칼륨 섭취를 하루 40 mEq 이하로 제한하고, 사구체 여과율이 5 mL/min 이하로 감소하면 요량이 급격히 감소하여 고칼륨혈증이 발생하므로 칼륨 제한이 필요하다. 1일 요량이 1 L가 넘으면 칼륨은 제한하지 않는다.

인은 사구체 여과율이 50 mL/min 이하로 감소하면 인의 섭취를 1일 800 mg 이하로 제한하며, 필요하다면 인결합제나 탄산칼슘을 복용한다.

비타민은 단백질과 무기질을 제한하면 비타민의 결핍을 초래한다. 수용성 비타민으로 엽산, 피리독신, 기타 B 복합체, 비타민 C와 지용성 비타민 D의 공급이 필요하다. 비타민 A는 만성 신부전이 진행될수록 체내에 축적되므로 보충하지 않아도 된다.

지방은 만성 신부전 환자는 정상인에 비해 동맥경화성 질환의 발생률이 더 높아 혈중 지질 이상으로 심혈관계 합병증과 신질환의 악화를 유발한다. 그래서 고지혈증을 방지하기 위해 총 에너지의 25~35%로 조절하며 특히 포화지방산이 다량 함유된 버터, 치즈, 크림, 육류의 섭취를 제한한다.

3) 투석

신장기능의 현저한 장애나 폐색에 의해 생명에 위험이 있을 때 대체요법으로 투석(dialysis)이나 신장이식이 필요하다. 투석이란 반투막을 경계로 노폐물의 농도가 높은 혈액과 농도가 낮은 투석액을 접촉하여 확산에 의해 혈액으로부터 투석액 쪽으로 노폐물을 이동함으로써 체액의 조성을 정상화시키는 것이다. 신기능이 정상의 5% 미만인 요독증 환자는 투석이 필수적이고, 요독증이 되기 전, 신기능이 정상의 10% 정도일 때 미리 투석을 실시하는 것이 바람직하다. 이런 환자에 대해 인공신장의 반투막을 이용한 혈액투석이나 환자의 복막관류에 의한 복막투석이 있다.

(1) 혈액투석

① 혈액투석의 원리

혈액투석(hemodialysis, HD)이란 동맥과 정맥을 연결(동정맥문합)하기 위해 상완부에 외과적 수술로 누공(fistula)을 만들어서 투석시 누공 내로 큰 바늘을 삽입하여 혈액을 체외순환으로 유도하여 투석기에 오면 불필요물질을 제거하고 유용한 물질을 보급하여 다시 체내 혈액으로 돌려보내는 방법이다.

혈액투석에서 필수적인 기본 요소는 투석기, 혈액펌프, 헤파린펌프, 각종 감지장치, 혈액관 및 삽입관으로 구성된다(그림 8-7). 투석장치는 크게 혈액유도장치(blood access), 투석기(dialyser), 투석액으로 구성되어 있다. 투석액은 병의 상태에 따라 각종 투석액이 시판되고 있다.

혈액투석은 투석 1회에 4~5시간씩, 주 2~3회 시행하므로 투석 간에 노폐물이 위험 수준까지 축적될 수 있으므로 반드시 식사조절이 필요하다. 또 투석은 신장 기능의 많은 부분을 수행하지만 정상 신장만큼 융통성을 가지지는 못한다. 즉, 인공신장은 분자량이 작은 요소, 요산, 크레아티닌 등은 처리하지만 분자량이 큰 물질은 제거능력이 떨어지고 식욕저하, 말초신경장애, 피부의 이상색소, 당질과 지질 대사이상 등이 나타나며, 비타민 D를 활성화하지 못하고, 혈압조절인자인 renin이나 조혈인자인 erythropoietin 등을 생성하지 못하여 골절, 고혈압, 빈혈을 초래한다.

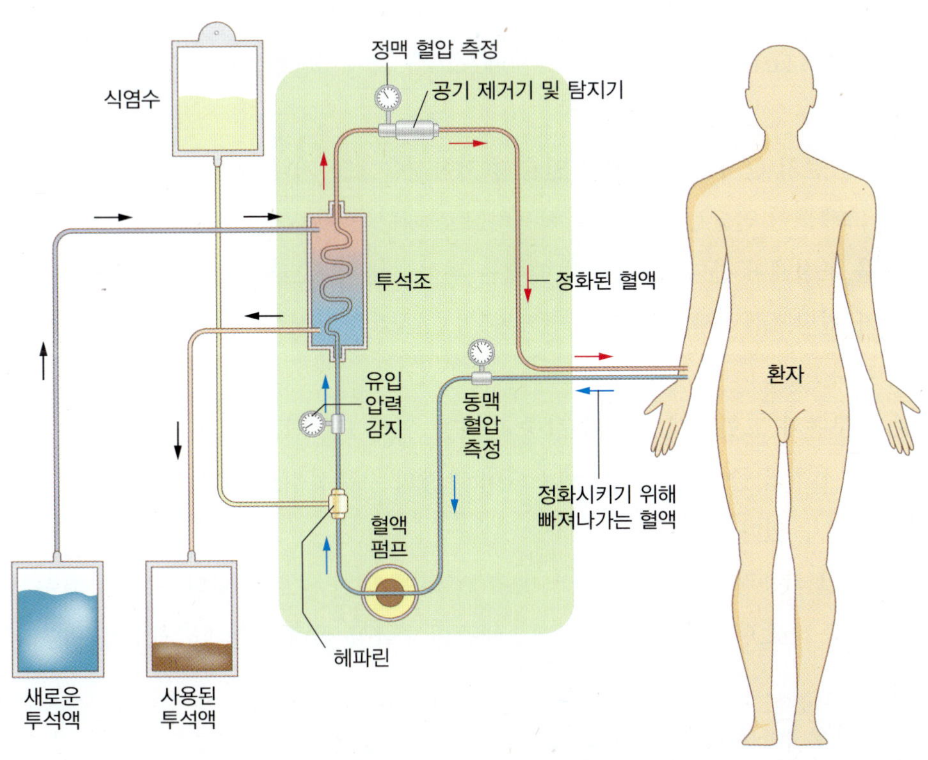

| 그림 8-7 | **혈액투석의 원리**

② 영양관리

투석은 요독증을 예방하고 체내의 화학적 조성과 혈압 및 수분 평형을 정상에 가깝게 유지하게 하여 신기능 저하로 인한 문제점을 최소화하며, 적절한 영양상태를 유지하는 것을 목표로 한다. 영양기준량은 주당 투석횟수, 잔여 신기능과 환자의 체격에 따라 달라진다. 투석횟수는 환자의 현재 체중, 잔여 신기능, 요성분에 의해 처방된다. '신장질환 환자를 위한 식품교환표'를 이용하여 식사계획을 한다.

단백질은 양의 질소평형 유지와 투석 중 손실되는 아미노산과 질소 보충을 고려하여 결정된다. 대체로 신기능이 거의 없고 1주에 2~3회 투석시 단백질은 하루 체중 당 1.0~1.2 g을 공급하며, 그중 2/3는 양질의 단백질로 공급한다. 그러나 과량의 단백질 섭취는 투석 간 노폐물을 축적하므로 주의한다.

에너지는 표준체중 유지와 체조직 분해를 막기 위하여 충분히 섭취한다. 정상체중인 경우는 30~35 kcal/kg, 비만자는 20~30 kcal/kg, 체중미달인 경우는 40~45 kcal/kg을 공급한다.

신장질환 말기 환자는 조직에서 인슐린 저항성을 보이거나 요독증과 같이 혈중 축적된 대사 노폐물이 인슐린 길항제로 작용하므로 내당능 저하가 나타난다. 그러므로 식사로 당질을 조절해야 한다. 저혈당일 때에는 투석액에 덱스트로스를 첨가하며, 투석환자의 40%가 혈당조절식사가 필요한 당뇨가 있으므로 당뇨식에서 투석환자에 대한 변형이 요구된다.

염분은 부종과 고혈압의 조절과 갈증 완화를 위해 1일 염분을 5~8 g 이하로 제한한다. 나트륨 섭취를 줄이면 갈증이 해소되어 과량의 수분섭취로 인한 혈압상승과 체중증가를 방지할 수 있다.

수분의 1일 허용량은 1일 요량에 500~700 mL를 더한 양으로 한다. 수분섭취량은 투석 간 혈액증가로 인한 체중증가가 건조체중의 4~6% 이내 2~3 kg 정도가 되도록 조절한다.

칼륨은 하루 40~60 mEq(1,600~2,400 mg) 이하를 공급한다(체중 60 kg인 경우 1일 60 mEq 내외). 고칼륨혈증은 근육무력감, 심장부정맥, 심장마비 등을 일으킬 수 있으므로 혈액투석 환자는 반드시 칼륨을 제한해야 한다.

인 및 칼슘은 저칼슘혈증과 고인산혈증이 잘 조절되어야 한다. 일반적으로 1일 인 섭취는 15~17 mg/kg 표준체중 이하로 한다. 대개 인과 칼슘의 조절은 식사만으로는 조절이 어려워 식사 조절과 함께 인산결합제, 칼슘보충제를 사용한다.

비타민은 투석 중 투석액으로 수용성 비타민, 특히 비타민 B 복합체와 비타민 C가 대부분 빠져 나가므로 수용성 비타민의 보충이 필요하다. 지용성 비타민 중 비타민 D는 칼슘 흡수에 필요하므로 공급이 필요하다.

(2) 복막투석

① 방법

복강 내면(위장, 대장의 외표면을 포함)을 감싸는 복막의 표면적은 체표면적에 상당하고 모세혈관이나 림프관이 풍부하다. 복막투석은 이 복막을 이용해서 복강 내에 주입하는 용액과의 사이에 투석을 일으키는 것이다.

복막투석(peritoneal dialysis, PD)은 집에서도 할 수 있고 큰 투석기가 필요하지 않아서 환자의 사회복귀율이 높다. 그러나 급성 이나 고도의 신부전에는 효율이 낮아서 쓰이지 않고 혈액투석이 행해진다. 또 복막투석은 감염에 충분히 주의해야 하고, 환자에게 백 교환시 무균조작 등을 훈련할 필요가 있다. 합병증으로 복막염 발생 위험이 높고 고지혈증이 나타날 수 있다.

투석액의 복강 내 주입, 배출을 위해 복막 카테터를 복벽에 유치한다(그림 8-8).

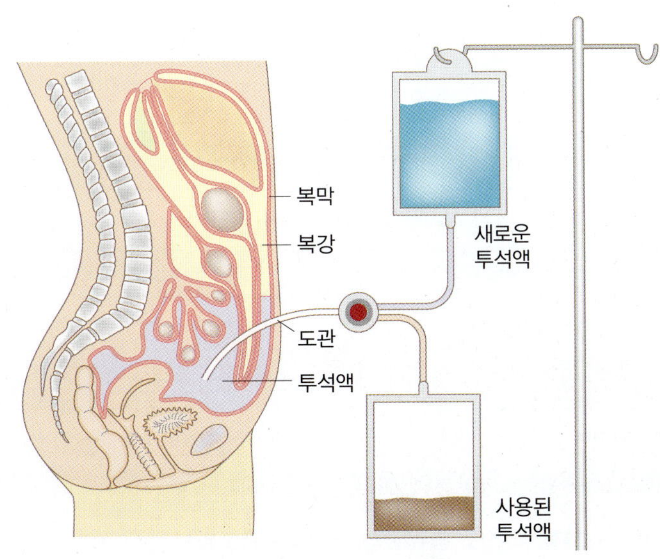

| 그림 8-8 | **복막 카테터**

복막투석은 환자가 투석액을 1일 3~4회 정도 교환하여 24시간 동안 투석이 지속해서 이루어지므로 최종 대사산물, 전해질, 수분 등이 일정한 상태로 유지되므로 엄격한 식사제한에서 벗어날 수 있다. 현재 사용 중인 투석액의 농도는 1.5%, 2.5%, 4.25% 덱스트로스액으로서 그 양은 1,000 mL, 1,500 mL, 2,000 mL이다.

② 영양관리

복막투석시 투석액으로 손실되는 필수아미노산 및 단백질량이 혈액투석에서 손실되는 양보다 많으므로 이를 보충하기 위해 충분한 단백질 섭취가 필요하다. 정상체중 유지를 위해 적절한 에너지 섭취가 필요한데, 복막투석시 투석액에 포함된 당이 흡수되어 에너지원으로 이용된다. 보통 1일 300~800 kcal가 흡수된다. 그래서 1일 에너지 필요량은 투석액으로부터 흡수되는 에너지를 제하고 결정해야 하며, 투석액으로부터 흡수되는 에너지를 제하지 않으면 중성지방을 높여 체중증가의 원인이 된다.

복막투석시의 영양기준량은 투석액의 교환 횟수, 투석액의 양, 투석액의 농도에 따라 다르며 환자의 체격 및 잔여 신기능도 고려하여야 한다(표 8-6).

| 표 8-6 | 복막투석시 영양소별 고려사항

구분	내용
에너지	식사를 통한 에너지 섭취량=총 에너지 요구량[1]-투석액으로부터 얻은 에너지량[2]
단백질	1.2~1.3 g/kg 표준체중(복막염시 단백질량 증가: 1.5 g/kg)
나트륨	2,000~4,000 mg/일(체중과 혈압에 따라 개별적으로 적용)
칼륨	일반적으로 제한하지 않음. 단, 고칼륨혈증의 경우 2,340~2,730 mg 정도로 제한
수분	2,000 mL 이상/일 또는 24시간 투석배액+24시간 요량
인	≤17 mg/kg 표준체중
칼슘	혈액 내 칼슘 농도에 따라 조절
단순당질	고지혈증이 있거나 체중이 표준체중 이상일 경우 섭취량을 제한
알코올	고지혈증이 있을 경우 피함(단, 식욕촉진을 위해 의사 처방이 있을 경우는 제외)
포화지방	고콜레스테롤혈증이 있을 경우, 포화지방산 대신 불포화지방산을 이용
콜레스테롤	고콜레스테롤혈증이 있을 경우, 저콜레스테롤 식품으로 적절한 단백질 섭취가 가능하다면 콜레스테롤을 제한함.

[1]총 에너지 요구량=30~35 kcal/kg 표준체중

[2]투석액으로부터 얻은 에너지량=덱스트로스 농도(g/L) × 3.4(kcal/g) × 0.8 × 투석액 용량(L)

부종, 갈증, 혈압을 조절하기 위해 나트륨을 제한한다. 복막투석시는 칼륨이 정상유지가 되나 과식하거나 고단백식을 하면 고칼륨혈증이 나타날 수 있으므로 1일 2,400~2,800 mg 정도로 조절하고, 고칼륨식품은 중정도로 사용한다. 고인산혈증을 예방하기 위해 인의 섭취를 제한한다. 엽산과 철을 포함한 종합비타민의 보충이 권장된다.

4) 신장이식

신부전증 말기 환자의 최상의 치료법으로 생존율이 90% 이상인 가장 이상적인 치료법이다. 신장이식 후에는 고중성지방혈증과 고콜레스테롤혈증이 흔히 나타나므로 동맥경화증의 위험이 크다. 따라서 신장이식 후의 식사는 고지혈증 환자와 동일한 식사관리가 이루어져야 한다.

또한 면역 억제제의 부작용을 막고 적절한 에너지의 공급을 목표로 하며, 고지혈증을 예방하기 위해 콜레스테롤은 1일 300 mg 이하, 지방은 총 섭취에너지의 20~25% 이하(P:M:S=1:1:1, 포화지방은 10% 이하)로 섭취하며, 단순당은 제한하고 알코올은 금한다. 단백질은 1.3~1.5 g/kg 표준체중, 에너지는 30~35 kcal/kg 표준체중으로 심한 체중증가를 막기 위해 조절한다. 고섬유소식사를 권장하고, 나트륨은 2,000~4,000 mg으로 제한하고, 칼륨은 고칼륨혈증이 있는 경우에만 2,000~4,000 mg 정도로 제한한다.

신장이식 후의 식사는 환자에게 생활의 질을 높여주면서 건강하고 정상적인 삶을 유지할 수 있도록 해야 한다.

5. 신결석

신결석(nephrolithiasis)은 요의 성분이 결정화되어 나타난다. 일반적으로 남성에게 많으며, 결석의 크기는 모래알만 한 것부터 매실만큼 큰 것도 있다. 결석은 신장에서 발생하여 비뇨기관으로 옮겨져 여러 가지 질병을 일으키는데, 장소와 크기에 따라서 증상도 다르다. 신결석은 대부분 신우에서 발생하며 이것이 신우의 출구 및 요도로 이동하면 심한 통증이 일어나 신장, 허리, 방광까지 아프며, 결석의 거친 표면에 긁혀 상처가 나면 혈뇨가 나오기도 한다. 큰 결석이 요도를 막으면 소변이 머물러서 발작을 일으켜 위험한 상태가 될 수 있고, 항상 결석 진행시에만 나타나는 혈뇨와 발열, 구토와 식은땀 등의 증상이 나타난다.

신결석은 성분별로 보면 신결석 환자의 70~85% 정도는 수산칼슘염(calcium oxalate)과 인산칼슘염(calcium phosphate)이 차지하고 한 결석에 혼합되어 있다. 칼슘결석은 남자에게 더 흔하고 호발연령은 20~40대이다. 칼슘결석은 종종 가족력을 가진다. 나머지 약 15~25%가 요산과 시스틴 결석이다. 이들 결석의 형태 및 원인과 관계없이 신결석이 일단 나타나면 치료하기 위하여 요 중 결정물질을 용해하고 배설을 촉진하며 새로운 결정이 생성되는 것을 막아야 한다. 결석 형성의 주요인은 요량의 감소로 요성분의 농축이다.

1) 수산칼슘결석

수산은 칼슘과 결합하여 결석을 이룬다. 요 중 수산량의 과다배설은 유전적 효소결핍에 의하면 수산과 수산 전구물질의 과다섭취, 비타민 B_6의 결핍을 들 수 있다. 그 외에 소장 기능 이상, 회장 절제환자 등에서 발생한다.

영양관리는 수분섭취량을 증가시켜 요를 희석, 배설하도록 하고 비타민 C는 약 1/2 정도가 수산으로 전환되므로 비타민 C 보충제 섭취를 피해야 한다. 또 음식 중의 수산(oxalic acid)에 주의해야 한다. 녹색채소 중 시금치, 아스파라거스와 초콜릿, 코코아, 카레, 무화과, 홍차, 후추, 자두 등에 많으므로 수산결석 환자에게는 금지한다. 비타민 B_6가 충분한 음식은 수산염 형성을 감소시킬 수 있다는 보고와 동물실험에 의하면 식사 중 비타민 B_6와 Mg은 수산칼슘 형성을 방지할 수 있다고 한다.

2) 인산칼슘결석

고칼슘뇨증은 부갑상샘호르몬 과다와 관련된 골격질환, 우유 섭취, 알칼리 섭취, 갑상샘기능항진증과 신세뇨관에 의한 산중독증과 관련이 있다.

일반적으로 섭취한 칼슘은 1/3 이상이 흡수되며, 흡수되지 않은 2/3는 대변으로 배설된다. 성인 남자의 1일 요 중 칼슘 배설량은 약 250 mg, 여자는 300 mg이나 칼슘결석 환자의 경우에는 400 mg 이상으로 증가한다. 예방을 위해서는 칼슘이 많은 우유 및 유제품(치즈, 연유, 아이스크림), 해조류, 멸치, 검은콩 등의 식품을 제한한다. 또한 비타민 D도 칼슘흡수를 촉진하는 조건이 되므로 필요 이상의 비타민 D 섭취는 피한다. 또한 1일 3,000 mL 이상의 물을 마셔 소변을 희석시키고 작은 결석의 배설을 돕는다.

3) 요산결석

요산결석 환자의 절반이 통풍을 동반한다. 또한 통풍이 있든 없든 간에 항상 가족력이 있다.

퓨린(purine)은 요산의 전구체이므로 퓨린 음식을 제한하면 요중 요산농도는 감소한다. 그러므로 퓨린이 많이 들어 있는 육류, 어류, 닭고기 대신 도정한 곡류와 과일의 섭취를 증가하는 것이 유용하다.

4) 시스틴결석

시스틴결석은 드물며 결석의 결정은 노란 레몬색이고 불꽃 모양이다. 시스틴뇨증은 선천적으로 신세뇨관과 장상피세포의 융모막(brush border)에서 아미노산의 수송 장애에 의하여 발생한다. 식사요법은 단백질 제한, 특히 함황 아미노산을 제한하며, 요의 pH를 7.2 이상으로 유지하기 위하여 알칼리성 식사를 권유한다.

참고문헌

이영남 · 노희영 · 임병순 · 김성환 · 이애랑 · 권순형 · 이정실 · 조금호, **임상영양학**, 수학사, 2008

구재옥 · 김원경 · 서정숙 · 손숙미 · 이연숙, **식사요법 원리와 실습**, 교문사, 2007

김화영 · 조미숙 · 장영애 · 원혜숙 · 이현숙, **임상영양학**, 신광출판사, 2001

김화영 · 조미숙 · 장영애 · 원혜숙 · 이현숙 · 양은주, **임상영양학**, 신광출판사, 2010

송경희 · 손정민 · 김희선 · 한성림 · 이애랑 · 김순미 · 김현주 · 홍경희 · 라미용, **식사요법**, 파워북, 2012

스튜어트 폭스 저, 박인국 역, **생리학** 10판, 라이프사이언스, 2008

이미숙 · 이선영 · 김현아 · 정상진 · 김원경 · 김현주, **임상영양학**, 파워북, 2010

이정윤 · 장혜순 · 서광희 · 이선희 · 이병순 · 남정혜, **식사요법**, 신광출판사, 2007

장유경 · 권종숙 · 조여원 · 김경민 · 김혜경, **임상영양학**, 신광출판사, 2006

장유경 · 변기원 · 이보경 · 이종현 · 이홍미 · 조영연, **임상영양학**, 효일, 2011

주은정 · 이경자 · 박은숙 · 유현희, 질병맞춤형 **임상영양학**, 교문사, 2012

대한영양사협회, **임상영양관리 지침서** 제3판, 2008

한국영양학회, **한국인 영양섭취기준** 개정판, 한아름기획, 2010

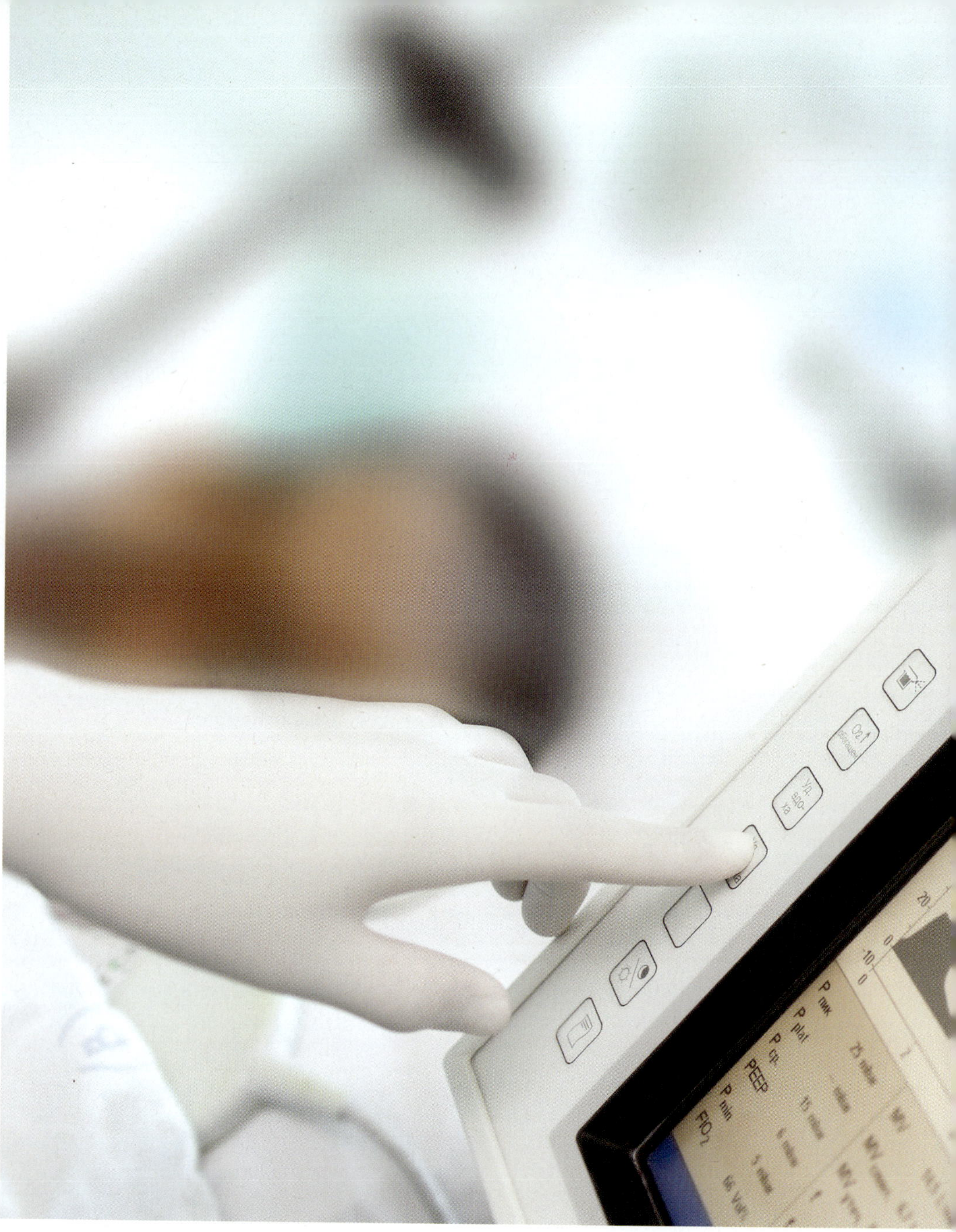

CHAPTER 09

감염 및 호흡기질환

제1절
감염과 영양

제2절
호흡기질환과 영양

학습목표

- 감염과 영양의 관계를 익히고 감염성 질환의 병태생리에 맞는 영양원리를 설명할 수 있다.
- 호흡기질환의 증상 및 영양원리를 설명할 수 있다.

제1절 감염과 영양

감염성 질환은 세균, 바이러스 및 원충 등이 인체에 침입하여 생기는 질환을 말한다. 생활 주변에 널리 퍼져 있는 감염원은 접촉을 피할 수는 없지만 감염원이 체내에 침입했다고 감염성 질환이 발병하는 것은 아니며, 영양불량일 경우 면역기능 저하로 질병의 감염률을 높이고, 염증의 정도에 따라 조직분해물이나 세균의 독소 등이 분비되어 발열과 더불어 각종 질환의 증상이 나타난다. 그러므로 감염시의 체내대사를 이해하고 면역기능을 유지하기 위한 적절한 영양관리를 실시함으로써 합병증을 예방하는 것이 중요하다. 급성 감염성 질환에는 폐렴, 감기, 편도선염, 장티푸스, 유행성 감기 등이 있고, 만성 감염성 질환에는 폐결핵이 있다.

| 표 9-1 | 감염성 질환의 종류

종류	질환명
급성 감염성 질환	감기, 폐렴, 편도선염, 유행성 감기, 장티푸스, 류머티스열 등
만성 감염성 질환	폐결핵, 만성 간염 등
희귀성 감염성 질환	학질(말라리아), 폐기종 등

1. 체내대사의 변화와 영양관리

감염 초기인 급성기에는 성장호르몬, 글루카곤, 당류코르티코이드 같은 여러 종류의 호르몬 분비가 증가하며 호르몬에 의해 글리코겐 분해와 당신생이 촉진되므로 체내 글리코겐 저장량은 감소하고 혈당이 상승하는 당질 대사가 항진되어 에너지원으로 쓰이고, 체지방이 충분하여도 골격근이 분해되어 에너지원으로 이용한다.

적응기(급성기가 지난 후)에는 호르몬 분비가 정상화되면서 혈당이 떨어지고 질소배설량은 감소하며, 에너지원으로 측쇄 아미노산의 케톤 유도체 대신 지질의 케톤체를 이용하므로 골격근의 분해는 감소한다.

감염시의 징후로는 식욕부진, 호흡수와 발한량 및 발열량의 증가가 나타나고 토사와 설사로 인한 각종 영양소, 수분 및 전해질의 상실이 증가한다. 이를 보완하기 위하여 신체는 알도스테론과 항이뇨호르몬의 분비가 증가하여 소변량의 감소와 수분 및 염분의 체내 축적을 유도한다. 그러나 회복기에는 탈수, 발열, 발한은 감소하고 이뇨작용도 활발해진다.

감염시 염증의 정도에 따라 조직 분해물이나 세균의 독소 등이 분비되어 발열의 원인이 된다. 발열시 기초대사가 항진되어 체온이 1℃ 상승함에 따라 기초대사량은 약 13%씩 증가한다. 이와 같이 에너지 소비가 높아지는 때에 에너지 공급이 충분하지 못하면 저항력이 떨어져서 회복이 늦어지고 체중감소가 일어난다. 발열시 체내대사의 변화는 표 9-2에 나타난다.

| 표 9-2 | 발열 시 체내대사의 변화

- 대사의 항진 : 체온 1℃ 상승시 기초대사량 13% 증가
- 체단백의 분해
- 간 글리코젠 소비
- 전해질 Na, K, Mg 증가, Ca 감소
- 탈수, 발한의 항진
- 혈류속도 증가
- 소화기능의 저하
- 백혈구 증가
- 지방분해 촉진
- 비타민 A, B 복합체, C, K의 소모
- 호흡수의 증가로 인한 알칼로시스
- 심박수의 증가
- 혈압저하
- 중추신경 기능장애
- 단백뇨

빠른 회복과 치유를 위해 에너지와 단백질을 보충 공급해야 한다. 에너지는 성인의 경우 체중 kg당 30~40 kcal, 아동의 경우 100~150 kcal로 충분한 양의 에너지를 공급하며, 발열, 세균감염, 활동 정도에 따라 10~30% 증가하도록 한다. 단백질은 손실된 체세포량의 정상적 회복을 위해 체중 1kg당 1.2~2 g 이상으로 면역항체 형성에 필요한 양질의 단백질을 다량 공급한다.

발열시 지방대사는 크게 변하지 않으므로 소화되기 쉬운 유화지방으로 1일 80~180 g 정도 공급한다.

발열시 다량의 열 발생으로 저장 글리코젠이 감소하므로 소화하기 쉬운 탄수화물을 충분히 섭취해야 한다. 탄수화물을 1일 300~450 g 공급하면 단백질 절약과 케톤산증을 방지할 수 있다. 특히 발열 정도가 심한 경우에는 음식섭취량 및 소화흡수율도 떨어지고 구토, 헛배 부름, 가스가 발생하며 에너지 농축식품을 유동식이나 연식으로 따뜻하고 소화에 부담을 주지 않도록 소량씩 자주 공급한다. 소화상태에 따라 우유, 달걀, 두부, 흰살생선, 수프, 국 종류, 죽, 과즙, 채소즙이 좋다. 비타민은 감염과 발열시 에너

지 대사에 관여하여 필요량이 더욱 증가하는데 비타민 B 복합체 중 특히 티아민, 리보플라빈, 니아신은 에너지 대사에 관여하는 조효소이므로 권장량의 2~3배가 필요하다. 산화환원반응에 사용되는 비타민 C도 평상시 필요량의 2~3배가 요구된다.

급성 감염시에는 호흡수와 발한량이 크게 증가하고, 발열, 설사, 구토로 수분과 나트륨의 손실이 증가하며 이화작용으로 체세포가 분해되어 칼륨이 손실되므로 적절한 수분, 나트륨, 칼륨 및 단백질의 공급이 필요하다. 수분은 1일 3,000~3,500 mL로 충분히 공급하며, 과즙, 레몬즙, 우유, 탄산음료나 물을 시원한 것으로 마시거나 덱스트로스나 기타 당질을 음료에 약간 가미한 것이 적당하다.

무기질 중 아연은 글로불린(항체)의 활성과 손상된 조직 보수에 필요하지만, 철은 미생물의 성장을 촉진하므로 감염시 철은 제한한다.

2. 급성 감염성 질환

급성 감염성 질환은 고열을 동반하며 증세가 급격하고 앓는 기간이 짧지만 수분부족과 급성 영양결핍증을 유발할 가능성이 높다. 그러므로 대사항진과 손실된 질소를 보충하기 위하여 고단백, 고에너지, 고비타민의 유동식으로 공급하고 수분을 충분히 공급한다.

1) 폐렴

폐렴(pneumonia)은 폐의 말단조직인 폐포, 폐포낭, 폐포관, 호흡세기관지의 폐실질이 감염되는 염증을 말한다. 항생물질의 사용으로 급성 폐렴의 사망률은 많이 감소하였지만, 노인과 젖먹이 유아가 폐렴에 걸리면 위험이 따른다. 특히 노인은 혈액순환 장애를 일으켜 사망에 이르는 경우가 많다.

원인은 일반적으로 급성의 감염성 병원체에 의한 것이나 화학물질, 물리적 자극, 알레르겐(allergen)이 있다.

증상은 병원체 종류와 환자의 상태에 따라 다양하나 염증에 의해 분비된 삼출액으로 고열과 화농성 가래를 배출하고 심한 기침과 오한, 근육통, 호흡곤란, 흉통, 전신 무력감 등의 전신증상이 나타난다. 특히 콧물, 인후통 등의 상기도 감염의 증상이 없을 때는 폐렴의 가능성이 높다. 열이 나므로 대사가 항진되어 정상시보다 20~50% 정도 상승하나 식욕부진으로 주로 체단백질이 분해되어 체중이 감소한다. 단백질은 하루 30 g 정도

소모되고, 특히 비타민 A, B 복합체, C의 소비량이 크다. 폐포의 상피세포가 변성되어 괴사하면 가스교환에 이상이 생겨 산소부족을 일으키고 결국에는 호흡곤란을 초래한다.

입원 환자에게서 많이 발생하는 합병증인 병원 감염성 폐렴은 입원 환자의 1~2% 발생하며 이는 병원감염의 20~30%를 차지하는데, 사망률 또한 30% 정도로 높으므로 예방과 관리가 중요하다.

치료방법으로는 심 기능을 보호하기 위해서 안정이 가장 필요하고, 적절한 항생물질을 투여하여 세균의 증식을 막아야 한다.

영양관리는 대사항진으로 인한 영양소의 소모를 보충해주며 동시에 발열에 의한 수분과 나트륨 손실을 보충해야 한다. 식사원칙은 고에너지, 고단백질, 고비타민 식사로 2~3시간 간격으로 식사를 소량씩 자주 공급하여 심장의 부담을 줄이고, 소화가 잘되도록 반유동식으로 주는 것이 좋으며, 아이스크림이나 우유가 섞인 미음, 삶은 달걀, 수프, 과즙 등을 환자의 식성에 맞추어 공급한다.

2) 장티푸스

장티푸스(typhoid fever)는 살모넬라 티포사균(*Salmonella typhi*)에 의한 수인성 전염병으로 위장관 감염으로 발병하며, 환자와 보균자의 대소변에 오염된 물 또는 음식물 등으로 인해 발생하는 감염성 질환이다. 잠복기는 6~14일로 남녀 모든 연령층에서 발병할 수 있으며 특히 유아와 60세 이상의 노인에게서 심한 증상을 보인다.

증상은 심한 고열, 설사, 구토, 두통, 근육통, 복부 경련, 복부 발진이 나타나고 심하면 장천공과 장출혈을 일으킨다.

영양관리는 발열로 신진대사율이 정상보다 40~50% 정도 증가하며 체단백 분해율도 정상보다 약 3배 이상 증가한다. 그러므로 에너지는 체중 1 kg당 40~50 kcal, 단백질은 2~3 g 이상 공급하고, 장에 궤양이 있고 심한 설사로 탈수가 심하므로 특히 고에너지식, 무자극, 저잔사식에 전해질과 수분을 충분히 공급해야 한다. 식사는 장을 자극하지 않도록 섬유소가 적은 음식으로 소량씩 자주 공급한다. 회복 정도에 따라 반유동식으로 이행하며 단백질, 비타민, 무기질의 섭취를 위하여 우유 및 유제품, 흰살생선, 반숙란, 부드러운 채소로 되도록 가열하고 자극이 없는 조리법을 택하고, 장점막에 자극을 최소화할 수 있는 식사로 소량씩 자주 공급하며, 장출혈이 있을 때에는 절식한다.

3) 콜레라

콜레라(vibrio cholerae)는 병원체인 비브리오 콜레라균으로 주로 아시아 국가에서 발생하며, 구강을 통해 소장에서 장독소(enterotoxin)를 생성하여 대량 설사로 전해질과 수분손실이 심하여 체액 농도 및 산-염기 평형에 이상이 생기고 몇 시간 내로 쇼크와 사망이 일어나는 치명적인 급성장관질환이다. 콜레라는 항생제로 치료하고, 신속히 정맥주사로 수분을 공급하고 전해질, 포도당을 구강으로 섭취한다. 설사가 멈출 때까지는 유동식이나 반유동식을 공급하고 점차 정상적인 식사를 하도록 한다.

4) 회백질염

회백질염(poliomyelitis)은 폴리오 바이러스에 의한 세균성 감염으로 주로 유아, 어린이에게 발생한다. 매우 드문 질병으로 중추신경계에 영향을 주어 골격이 마비되거나 뇌세포가 붓거나 마비, 고열 등의 증상이 나타난다. 회백질염에는 척수 회백질과 연수 회백질염이 있으며 척수 회백질염(spinal poliomyelitis)은 근육골격이 마비되고, 연수 회백질염(bulbar poliomyelitis)은 근육골격 마비와 함께 뇌세포가 붓거나 마비된다. 열이 매우 높을 때는 맑은 유동식 내지는 연식을 공급해야 하며 조직이 빠르게 파괴되므로 보충을 위해 환자의 증세에 따라 고단백질, 고에너지, 고비타민 식사를 공급한다. 주로 포도당으로 된 용액을 충분히 공급하고 단백질 가수분해물, 전해질 용액, 비타민제 등을 구강으로 공급한다.

5) 유행성 감기

감기(influenza)는 상기도의 급성 염증으로, 원인은 바이러스에 의한 1차 감염과 세균에 의한 2차 감염이다. 감기는 자주 걸릴 뿐만 아니라 감기에 걸리면 저항력이 약해지고 체력을 소모하여 다른 병에 걸리기 쉬우므로 주의해야 하는 질병이다.

감기는 찬바람이 기도 점막을 자극함으로써 혈관이 수축하여 산소와 영양소 및 면역물질 운반에 이상이 생기면서 면역력이 저하된다. 이때 공기 중의 바이러스가 침입하여 세포가 파괴되고 2차 세균감염이 되면 면역세포는 세균을 제거하기 위해 활성산소를 발생하는데 이때 정상세포도 파괴하므로 전신 증상이 나타난다.

전신 증상으로 발열, 두통, 권태감, 피로감, 근육통, 인후통 등이 나타나고, 상기도에 염증이 발생하여 기관지염을 일으킨다. 가끔 식욕부진, 구토, 설사 등의 소화기 증상으로 영양공급에 장애가 된다.

영양관리는 고열일 때 따뜻하면서 소화가 쉬운 유동식 또는 반유동식으로 수분을 충분히 섭취하도록 한다. 환자의 기호도와 소화상태에 따라서 우유, 달걀, 두부, 흰살생선, 수프, 국, 죽, 과즙, 채소즙 등을 적절히 공급한다.

6) 류머티스열

류머티스열(rheumatic fever)이란 연쇄구균(*Streptococcus*) 감염으로 신체의 많은 부위에서 발생하나 주로 관절과 심장에 염증증세가 일어나는데, 자가면역질환이나 연쇄구균을 공격하기 위해서 생성되는 항체가 관절이나 심장조직을 공격하기 때문이다. 위생과 영양이 불량한 지역에 사는 4~18세의 어린이에게 발생률이 높다.

주증상은 동통, 발적, 부종, 발열, 오한, 식욕부진, 복부통, 피로, 호흡이 짧아지고, 다리와 등에 부종이 일어나고, 류머티스성 관절염의 초기 증세와 같으며 조기에 치료하지 않으면 심장 판막에 손상이 생겨 심장에 영구적인 상처가 남는다.

영양관리는 단백질, 에너지, 비타민 및 무기질이 풍부한 음식을 섭취해야 하며, 수분부족을 막고 원활한 체내 산화환원대사 증가를 위하여 비타민 C가 풍부한 오렌지, 레몬, 포도 같은 과일즙이나 보충제를 충분히 공급한다. 영양소의 증가량은 환자의 체중, 체온, 건강상태에 따라 결정된다.

급성 류머티스열 환자에게는 나트륨과 수분을 체내에 보유하는 ACTH 성분과 코티솔이 함유된 약을 처방하며 나트륨 제한식사를 해야 한다.

3. 만성 감염성 질환

만성 감염성 질환은 수개월 내지 몇 년을 두고 장기간 앓기 때문에 에너지 및 체단백질의 손실이 장기화되고 각종 영양소의 결핍증세가 나타나기 쉽다.

1) 폐결핵

폐결핵(Tuberculosis)은 결핵균(*Mycobacterium tuberculosis*)이 호흡기를 통해 폐를

감염시켜 염증을 일으키는 질환이며 전신으로 전파될 수 있다. 질병이 진행됨에 따라 나타나는 증상이 다르다. 초기에는 증상이 거의 나타나지 않아 진단과 치료가 어렵다. 점차 미열, 만성피로, 가벼운 기침, 식욕부진, 체중감소 등의 전신증상이 나타나기도 한다. 미열은 주로 오후에 나타나고 밤에 식은땀이 나며 말기에는 가래를 동반한 기침, 흉통, 객혈, 호흡곤란 등의 증상이 나타난다.

폐결핵은 모든 연령층에서 발생하나 특히 청소년기에 필요한 영양분을 충분히 공급받지 못해서 발병하는 소모성 질환으로 사망률이 높다. 과로, 영양실조에 의한 저항력의 약화와 인구집중, 매연 등의 공기오염, 교육수준이 낮으며 빈곤하고 비위생적인 인구밀집지역에서 발생률이 증가하며, 청소년기의 흡연도 요인이 된다. 투베르쿨린 반응(결핵 피부검사)에서 음성이면 예방주사(BCG)를 접종해야 하고, 양성반응시에는 충분한 휴식을 취하며, 영양보충과 isoniazid, streptomycin, pyrazinamide, ethambutol, rifampin 등의 항생물질을 장기간 투여해야 한다.

영양관리의 목표는 체중감소와 체조직 소모의 방지, 손실된 체단백 보충, 탈수방지, 합병증 예방에 있다. 특별한 식사보다 탄수화물, 지방, 단백질, 무기질, 비타민 등이 균형 있게 배합된 일반식사를 기본으로 한다. 장기적인 고영양식은 비만의 우려가 크므로 환자의 에너지 필요량은 보통 체중 kg당 40~50 kcal로 1일 3,000~3,500 kcal로 처방한다.

활동성 결핵환자는 체단백의 소모가 급격하게 일어나므로 단백질을 체중 kg당 1.5 g으로 1일 75~100 g으로 충분히 공급한다. 열이 있을 때는 체중 kg당 2 g으로 1일 100~150 g이 필요하다. 단백질은 총 단백질 필요량 중 1/3~1/2은 양질의 동물성 단백질로 수조육류, 어패류, 알류, 유제품과 콩류를 공급한다. 일주일에 1~2회는 닭간이나 소간 등을 공급한다.

지방은 에너지원으로 충분히 공급하되 유화된 지방으로 버터, 우유 등을 이용하고, 식물성 기름을 이용한다.

활동성 결핵환자는 폐결핵 치유시 결핵 병소가 석회화되어 칼슘필요량이 증가하므로 칼슘 함유가 높은 우유나 작은 생선 등을 섭취해야 한다. 결핵환자의 칼슘 흡수를 돕기 위하여 비타민 D 보충이 필요하며, 치료용 항생제인 isoniazid(INH)가 비타민 B_6를 급속하게 배설하므로 비타민 B_6를 의사의 지시에 따라 보충해야 한다. 그리고 빈혈과 각혈로 혈액을 손실하면 철 부족 증세가 나타나므로 철 급원식품인 간, 달걀, 육류, 굴, 콩, 김, 잎채소류를 충분히 섭취해야 한다.

또한, 비타민이 결핍되면 세균감염에 대한 저항력이 감소하여 병의 증상은 더 나빠지므로 결핵에 대한 저항력을 키우기 위해 비타민 A, C의 섭취를 늘려야 하는데 간, 달걀, 버터, 우유와 감귤류, 케일주스 등을 공급한다.

제2절 호흡기질환과 영양

1. 호흡기계의 구조와 생리

호흡기계는 비강, 기도, 기관, 기관지 및 폐로 구성된 가스교환 시스템과 펌프로 작용하는 늑골로 구성되어 있다.

기관은 연골조직으로 외부의 공기를 허파로 연결해 주며, 기관의 벽에는 섬모가 발달하고 점액분비 상피세포가 있으므로 이물질이 들어오면 재채기나 기침으로 제거할 수 있다. 기관은 가슴의 양쪽으로 두 개의 기관지로 갈라지고, 왼쪽 기관지는 심장을 위한 공간을 확보하기 위해 오른쪽 것보다 더 길다. 기관지는 세기관지로 더욱 나뉘어 호흡세기관지가 된다. 이 호흡세기관지에 폐포가 있어 혈액의 이산화탄소와 산소가 폐포 상피조직과 모세관의 내피를 통해 확산작용으로 가스교환이 이루어진다.

폐는 오른쪽 폐는 3엽(상·중·하엽), 왼쪽은 2엽(상·하엽)으로 구성되어 있으며, 폐포는 근육이 아닌 탄력섬유로 이루어진 조직이므로 횡격막과 늑간 근육에 의해 수축 이완 운동이 조절된다(그림 9-1).

호흡의 과정은 밀폐된 공간과 일정한 온도에서 기체의 부피는 압력과 반비례한다는 보일의 법칙에 근거한다. 흉강은 체온이 일정하게 유지되는 밀폐된 공간으로 주위 근육의 운동으로 좁아졌다가 넓어짐으로써 폐포 내의 공기압력을 변화하여 기체를 교환한다.

폐는 기체교환 외에도 다른 많은 기능을 수행하여 다양한 면역기능에 참여하고, 계면활성제, 점질다당류, 면역글로불린, 콜라젠, 엘라스틴을 합성하고, 앤지오텐신 I 을 앤지오텐신 II로 전환하며, bradykinin, serotonin, prostaglandins을 불활성화시키고, 거대 핵세포, 비만세포(mast cell)를 저장하는 기능이 있다.

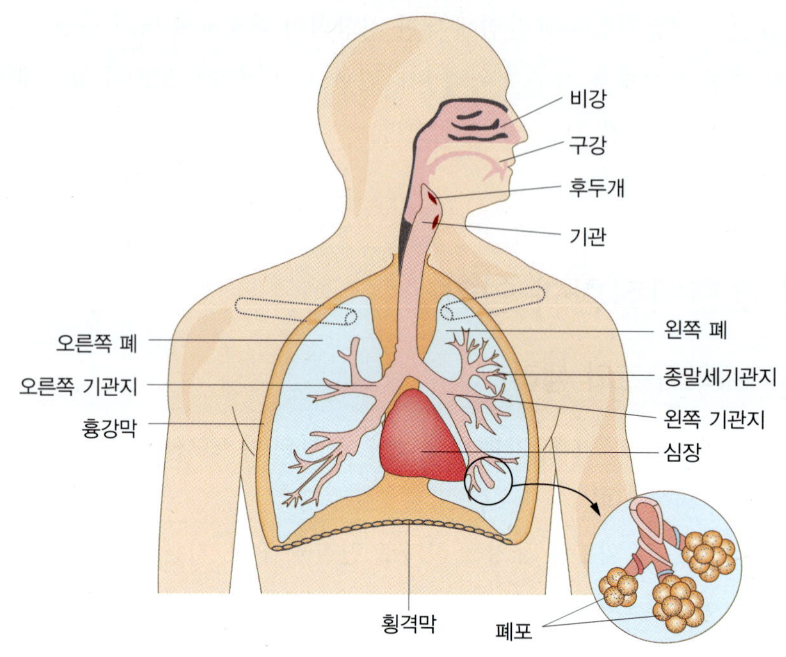

| 그림 9-1 | 기도와 폐의 구조

2. 영양불량이 호흡에 미치는 영향

영양불량은 호흡장애로 인한 질병발생률과 사망률을 증가시킨다. 즉, 폐의 선세포조직의 기능이 감퇴되어 호흡근육이 소모되며 환기기능을 약화시킨다. 또한 폐질환 발생률이 증가할 수도 있다. 형태학적인 변화뿐만 아니라 영양불량은 어린이에게는 계면활성제 생산의 감소, 항산화제의 방어기전 손상, 면역반응을 감소시킨다. 또 횡격막의 질량 감소와 폐 기능 감퇴, 면역기능 변화와 호흡기질병 전염률을 증가시킨다.

인산 감소는 저산소 상태에서의 환기능력을 감퇴시키고, Mg 고갈은 호흡근육 피로를 초래하며, Na이 고갈되면 이뇨제 작용 및 식욕저하와 환기기능을 감퇴시키고, 철 결핍은 급성 폐질환을, 비타민 A 결핍은 점액분비를 억제하고 섬모 손실과 감염에 대한 저항력을 감퇴시키며, 비타민 C 결핍 역시 점액분비를 억제한다.

최적의 영양상태를 유지하면 폐조직의 발달과 기능이 유지되는데, 예를 들면 콜라젠으로 구성된 폐포는 콜라젠 합성을 위해 비타민 C가 필요하고, 폐 공기통로의 점액질은 물, 당단백질, 전해질로 구성된 복합체이기 때문이다.

그러나 영양 과잉은 이산화탄소의 생성이 증가하여 저하된 호흡기능을 더욱 악화시

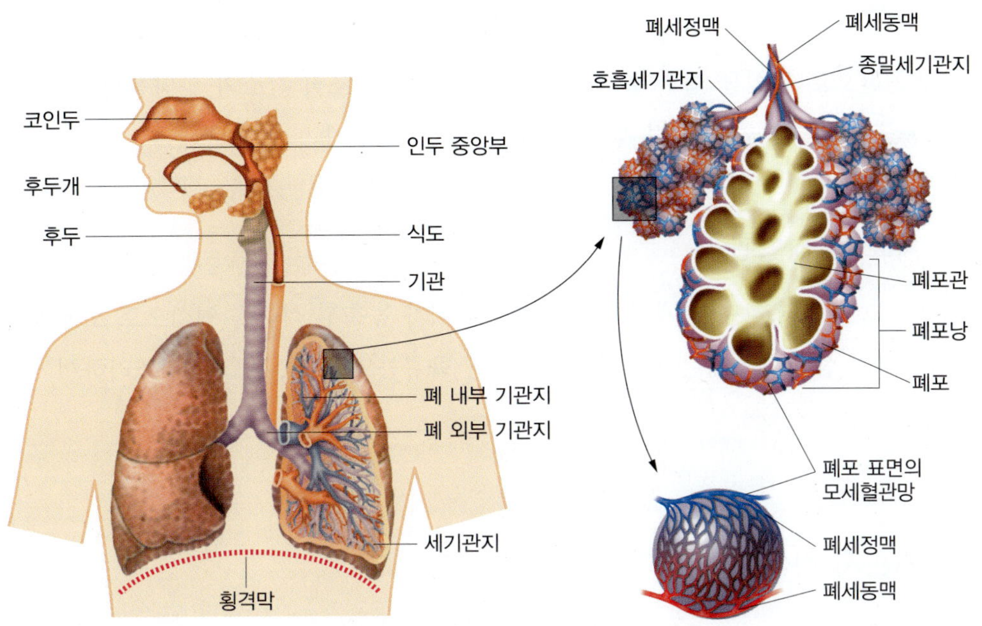

| 그림 9-2 | **호흡계의 구조 및 기관지와 폐포**

킬 수 있으므로 주의해야 한다. 호흡기의 기능저하로 인해 영양상태가 악화되면 호흡기의 기능은 더욱 저하되는 악순환이 반복된다. 폐질환으로 인하여 영양소 필요량은 증가하지만 질병과 합병증은 치료에 필요한 영양소의 체내 보유를 어렵게 한다.

3. 만성 폐기종

1) 원인

만성 폐기종(chronic emphysema)은 폐 조직 사이에 가스가 차서 조직이 팽창하는 것으로 폐포 부피가 비정상적으로 증가하여 폐포가 터져 풍선처럼 늘어나 영구적으로 호흡곤란을 일으키며 폐의 탄력성이 감소하는 질환이다. 주로 흡연에 의하며, 대기오염, 유전, 노화, 감염, 유독가스나 만성 호흡곤란으로 세기관지에 공기 유통이 안 되어 폐포가 터져 영구적으로 호흡곤란을 일으킨다.

2) 증상

호흡곤란으로 음식물 섭취가 어려워 체중감소, 근육조직 감소와 영양불량, 위궤양, 복부 통증 등이 자주 발생하며, 만성 기침과 가래가 생긴다.

3) 치료 및 영양관리

금연하고 폐조직 보수와 재생을 위하여 에너지가 농축된 식품을 연식으로 소량씩 자주 공급하며 섬유소가 많은 과일과 채소, 질긴 육류는 피하고, 부드럽게 조리하여 공급한다.

4. 기관지 천식

1) 원인

기관지 천식(bronchial asthma)은 공기중의 이물질에 대한 민감성에 의해 생기는데, 주로 꽃가루에 의한 것으로 알레르기를 일으키는 사람은 IgE 항체를 형성하는 경향이 있다. 이 항체가 과민성 물질인 히스타민을 생성한다. 이러한 과민성 물질이 폐포벽을 붓게 하고, 폐포강에 점성물질을 분비하며 폐포 연근육을 강직시킨다.

2) 증상

증상의 특징은 들숨보다 날숨이 훨씬 힘들어지는 호흡곤란으로 폐 안에 잔존하는 공기량이 많아져서 날숨이 어려워지고 천식이 오래 지속되면 가슴이 커진다.

3) 치료 및 영양관리

절대 금연하고, 꽃가루와 같이 천식을 유발하는 물질과 접촉을 피하고, 항히스타민제와 같은 약물을 복용한다. 비타민, 무기질을 포함한 영양소가 충분히 공급되어야 한다. 과민증은 건강상태가 나쁠 때나 과음, 과로 후에 나타나므로 전신 건강상태를 최상으로 유지하도록 과로하지 않는 생활습관이 중요하다.

5. 만성 폐쇄성 폐질환

만성 폐쇄성 폐질환(chronic obstructive pulmonary disease, COPD)은 만성 폐쇄성 폐질환, 만성 호흡장애 또는 만성 호흡제한으로도 알려졌으며 폐기종, 만성 기관지염 등으로 점진적으로 기도폐쇄가 진행되는 질환이다. 성인의 10~20%는 어느 정도 만성 증세와 지속적인 무기력감을 동반하는 기관지염이 있으며, 대개 금연을 하면 예방할 수 있다.

원인은 흡연이 가장 중요한 위험요소이며, 그 외에 대기오염, 공해, 노화, 유전, 감염 등이며, 증상은 호흡곤란, 만성적인 기침, 객담, 저산소증, 폐포 파괴 등이고 예후가 나쁘다. 호흡곤란과 식욕부진으로 충분한 식사를 할 수 없어서 체중감소로 쇠약해진다. 또 영양불량으로 인한 근육의 분해는 호식과 흡식 근육의 이화작용을 일으키며 횡격막의 수축 기능도 감퇴시킨다.

치료를 위하여 환자에게 금연하도록 하고 알레르기 여부를 검사한다. 치료는 항생제나 기관지 확장제의 투여, 가래 제거 조치 및 인공적인 환기를 통한 호흡부전 관리를 통해 이루어진다.

영양관리는 질병의 징후를 더욱 악화시키는 감염에 대한 저항력을 높이기 위하여 적당한 영양을 공급하고, 이산화탄소의 생산을 감소하고 호흡근육 기능을 유지하게 하여 환자의 폐 기능에 도움을 주는 영양소 혼합물을 공급한다. 식사시 총 열량의 1/3 이상이 호흡에 소비되므로 호흡곤란을 완화시키기 위해서 환자는 식사 전에 30분 정도 휴식을 취해야 하며, 식사 후에는 1시간 동안 운동을 피해야 한다. 또한 체중감소, 감염, 인 결핍을 방지하고, 비만인 경우는 표준체중을 유지하는 것이다.

식사요법시 에너지 섭취는 필요량만큼만 섭취하도록 하며 과잉섭취는 피한다. 단백질 섭취부족은 근육소모를 유발하고, 고단백식사로 측쇄 아미노산이 증가하면 뇌에서 신경전달물질 합성을 변화하여 환기를 자극한다. 또한, 음식의 저작과 소화시 요구되는 산소의 양을 감소하기 위해 식사를 하루에 6회 정도로 소량씩 자주 공급하고, 과도한 위의 확장이나 횡격막의 압박을 방지하기 위해 식간에 유동식을 제공하며, 1일 2~3 L의 유동식을 제공한다. 오메가-3 지방산은 흡연자의 만성 폐쇄성 폐질환 예방과 항염증의 효과로 폐를 보호하는 기능이 있다. 칼슘은 근육을 긴장시키고, 마그네슘은 근육을 이완시키는 효과가 있다. 마그네슘이 결핍되면 칼슘의 작용을 증진하지만 과잉섭취하면 칼슘의 작용을 억제하므로 적절한 공급이 필요하다.

참고문헌

이영남·노희영·임병순·김성환·이애랑·권순형·이정실·조금호, **임상영양학**, 수학사, 2008

구재옥·김원경·서정숙·손숙미·이연숙, **식사요법 원리와 실습**, 교문사, 2007

김화영·조미숙·장영애·원혜숙·이현숙, **임상영양학**, 신광출판사, 2001

김화영·조미숙·장영애·원혜숙·이현숙·양은주, **임상영양학**, 신광출판사, 2010

송경희· 손정민·김희선·한성림·이애랑·김순미·김현주·홍경희·라미용, **식사요법**, 파워북, 2012

스튜어트 폭스 저, 박인국 역, **생리학** 10판, 라이프사이언스, 2008

이미숙·이선영·김현아·정상진·김원경·김현주, **임상영양학**, 파워북, 2010

이정윤·장혜순·서광희·이선희·이병순·남정혜, **식사요법**, 신광출판사, 2007

장유경·권종숙·조여원·김경민·김혜경, **임상영양학**, 신광출판사, 2006

장유경·변기원·이보경·이종현·이홍미·조영연, **임상영양학**, 효일, 2011

주은정·이경자·박은숙·유현희, 질병맞춤형 **임상영양학**, 교문사, 2012

대한영양사협회, **임상영양관리 지침서** 제3판, 2008

한국영양학회, **한국인 영양섭취기준** 개정판, 한아름기획, 2010

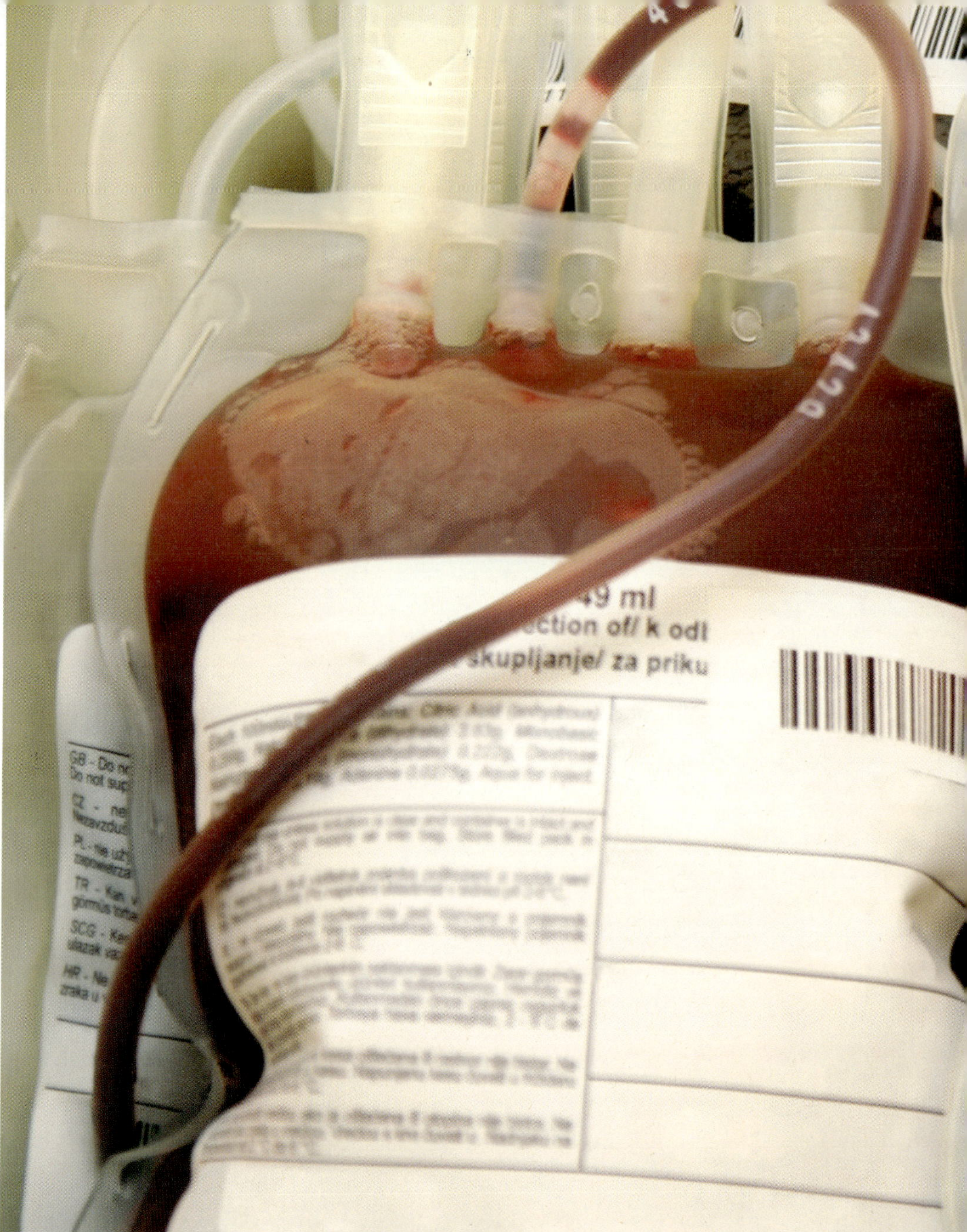

CHAPTER 10

빈혈

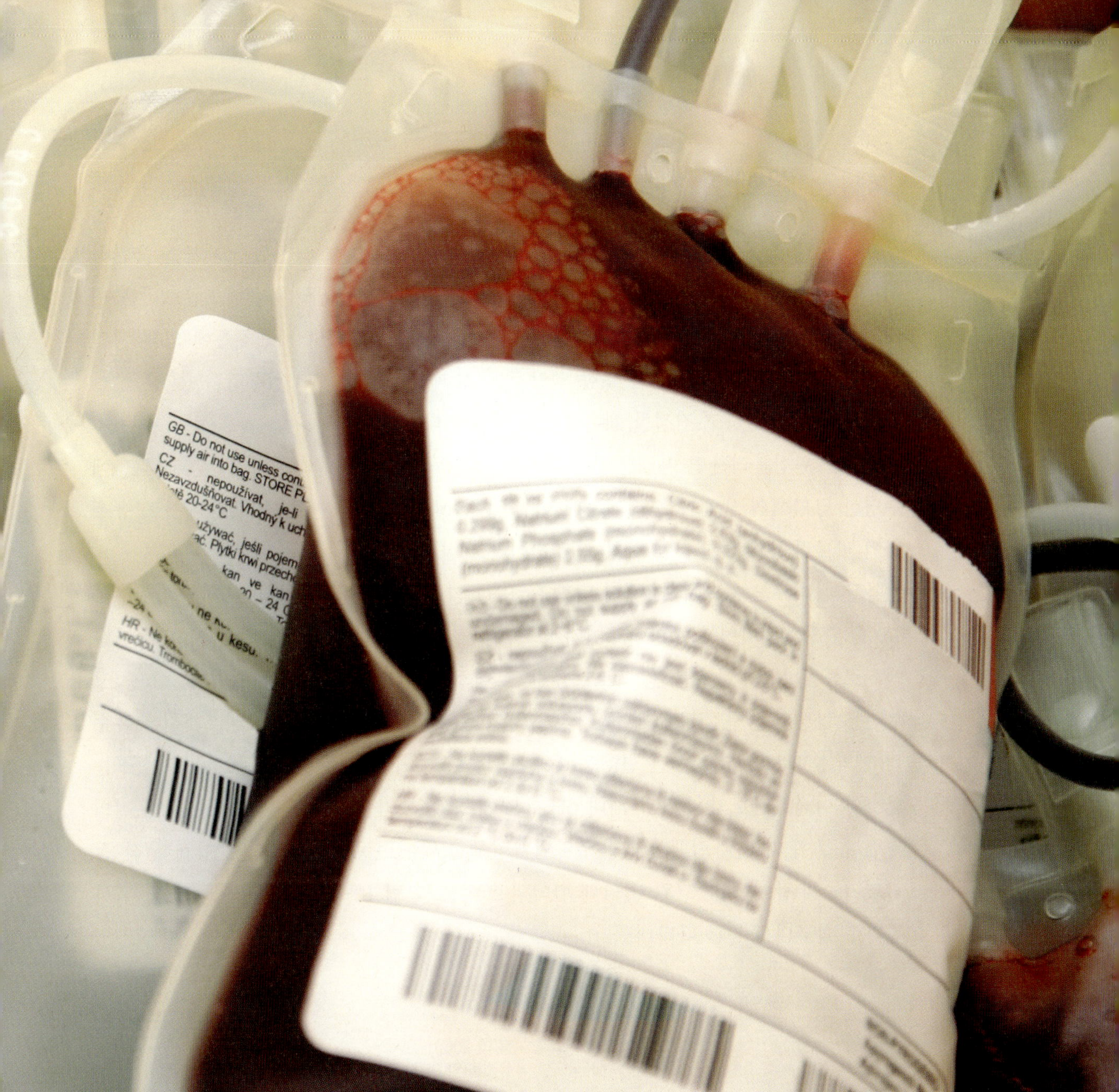

학습목표

- 혈액의 기능 및 조성에 관해 설명할 수 있다.
- 영양성 빈혈과 비영양성 빈혈의 특징을 설명할 수 있다.
- 각 빈혈의 원인, 증상 및 영양관리 등에 대해 설명할 수 있다.

제1절 혈액의 기능과 조성

혈액은 각 조직에 산소와 영양물질을 공급하고 대사로 인해 생성된 노폐물을 운반하여 체외로 배출하는 등 다양한 생리적인 일을 담당한다. 적혈구 내의 헤모글로빈은 폐에서 산소와 결합하여 전신의 조직에 산소를 공급하고, 조직의 세포호흡에 의해 생긴 이산화탄소를 폐로 운반한다. 또한 영양소 및 노폐물을 운반하고 삼투압, 수분평형, 산염기 평형을 조절하고 적절한 체온을 유지하게 한다.

혈액을 원심분리하면 아래층에는 적혈구, 백혈구 등의 세포성분이 가라앉고 위층에 투명한 담황색의 액체가 분리되는데 이를 혈장(plasma)이라고 한다. 혈장에서 섬유소원인 피브린을 제거한 것을 혈청(serum)이라고 한다.

혈장의 90%는 수분이며 7%의 단백질, 0.1%의 탄수화물, 1% 지질 등의 유기성분과 0.9% 정도의 무기성분으로 이루어져 있다. 혈구단백질로는 헤모글로빈이 있고, 혈장단백질로는 알부민, 글로불린, 프로트롬빈, 트랜스페린, 피브리노젠 등이 있다. 이 중 알부민은 혈장의 삼투압 유지에 큰 역할을 하고 글로불린은 면역작용, 트랜스페린은 흡수된 철의 운반, 피브리노젠은 혈액응고에 관여한다. 혈구의 대부분을 차지하는 적혈구는 산소와 이산화탄소의 운반과 체내 pH 유지에 중요한 역할을 한다. 백혈구는 세포질의 과립 유무에 따라 과립백혈구와 무과립백혈구로 나뉘며 주로 대식작용, 항체 생산 등 면역기능에 관여한다. 그림 10-1에 혈액의 조성을, 그림 10-2에 사람의 혈액 도말 검사 결과로 혈구의 종류를 나타내었다.

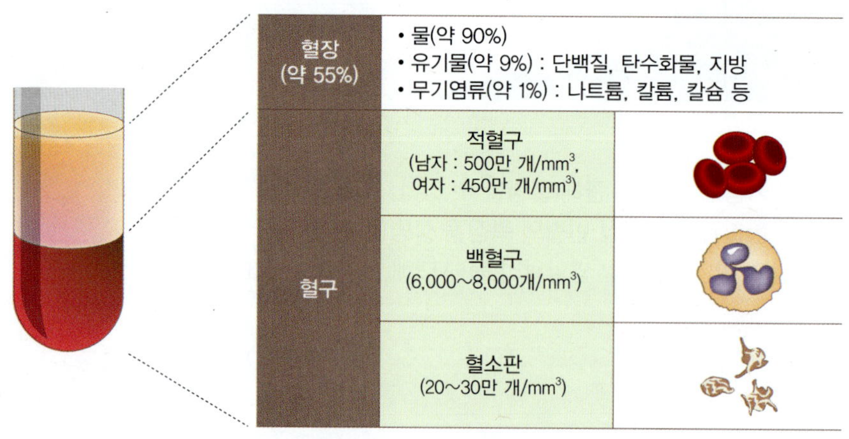

| 그림 10-1 | 혈액의 조성

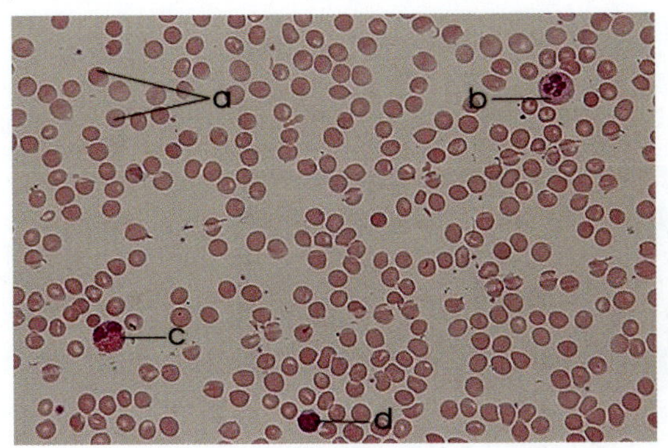

a : 적혈구(erythrocyte)
b : 호중구(neutrophil)
c : 호산구(eosinophil)
d : 림프구(lymphocyte)
* 호중구와 호산구는 백혈구의 종류

| 그림 10-2 | **혈구의 종류**

1. 혈구

1) 적혈구

성숙한 적혈구는 핵이 없고 중앙이 움푹 들어간 원반형이며, 골수에서 생성되어 순환계로 방출된다. 적혈구의 주 기능은 산소를 운반하는 것이지만 이산화탄소와 수소이온 운반도 담당한다. 적혈구의 생성에는 단백질과 철이 요구되므로 이러한 영양소 결핍이 일어나면 적혈구 부족에 의한 빈혈이 발생된다.

2) 백혈구

백혈구는 백색혈액세포의 총칭으로 과립구(58.5%), 림프구(36.5%), 단구(5%)로 구분된다. 과립구는 호중구, 호산구, 호염기구로 구분된다. 과립구의 기능은 탐식과 살균이다. 림프구에는 T-림프구(세포성 면역반응에 관여)와 B-림프구(체액성 면역반응에 관여)가 있다.

3) 혈소판

혈소판은 핵이 없고, 거핵세포에서 세포 일부가 떨어져 나온 세포 파편으로 지혈과 응고에 관여하는 인자를 함유한다. 그림 10-3은 혈구세포의 전자현미경 사진이다.

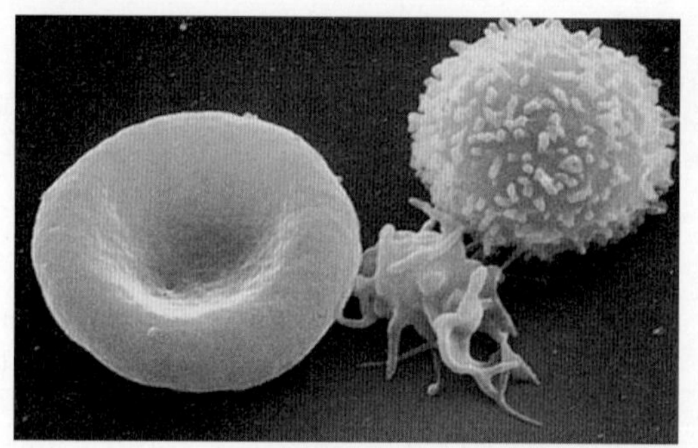

| 그림 10-3 | 혈구세포의 전자현미경 사진
왼쪽부터 적혈구, 혈소판, 백혈구

2. 혈장

혈장은 혈액의 액체성분으로 많은 무기물질과 유기물질을 수송하는 운반 매개체이다. 혈장단백질은 혈액의 pH를 일정하게 유지하는 완충작용을 하며, 60%를 차지하는 알부민은 교질삼투압의 80%를 담당하고 있어 결핍시 영양성 부종이 생긴다. 이외에도 삼투압 유지, 완충작용, 지질, 지용성비타민, 금속 등 물질의 운반, 그리고 혈액응고, 항체 및 혈전용해인자 등 생체방어인자의 공급 기능이 있다.

제2절 영양성 빈혈

빈혈(anemia)은 단위체적당의 적혈구 수 또는 헤모글로빈 농도가 감소한 상태로 혈액 사이에 O_2와 CO_2 교환이 제한되어 있는 상태를 말한다. 출혈성 빈혈, 조혈 감소, 헤모글로빈 합성 저하 또는 적혈구 파괴 항진 등이 원인이다. 세계보건기구(WHO)에서의 빈혈 판정기준은 헤모글로빈은 남자 14 g/100 mL, 여자 12 g/100 mL, 적혈구는 남자 $4.7 \times 10^{12}/mm^3$, 여자 $4.0 \times 10^{12}/mm^3$ 이하로 되어 있다. 표 10-1에 빈혈의 종류와 발생원인을 나타내었다.

| 표 10-1 | 빈혈의 종류와 원인 영양소 및 기전

종류	원인 영양소	기전
소적혈구성 빈혈 (microcytic)	• 단백질 • 철 • 비타민 C • 비타민 A • 비타민 B_6 • 구리 • 망간 등의 부족이 원인 - - - - - • 구리 • 아연 • 납 • 카드뮴 • 기타 중금속 등의 과잉에 의한 독성이 원인	• 헤모글로빈 합성 감소 • 헴철, 헤모글로빈 생성 감소 • 철 이용률 감소 • 철이 헴 합성을 위해 쓰이지 않고 축적 증가 • 헴 합성과 분비의 감소 • 철과 구리 이용 감소
거대적아구성 빈혈 (macrocytic)	• 비타민 B_{12} • 엽산 • 비타민 B_6 • 티아민 등의 부족이 원인	• DNA합성 감소로 세포분열 지연, 방해 • 푸린 합성 불량으로 인한 DNA합성 감소, 세포분열 지연 • 헴 합성 감소
용혈성 빈혈 (henolytic)	비타민 E 부족 또는 독성	적혈구 막의 손상으로 산화제에 의한 손상으로 감수성 증가

1. 철 결핍성 빈혈

1) 원인

철 결핍성 빈혈은 가장 흔하게 발생하는 영양성 빈혈로 경제수준이 낮은 지역에서 영양불량으로 인해 많이 발생하며, 그 외의 지역에서는 출혈성 궤양, 출혈성 치질, 월경혈, 기생충이나 악성 종양으로 인한 만성적인 혈액의 손실이 있거나, 성장기, 임신, 수유기 등으로 철의 수요가 증가하는데 비하여 식사로부터 공급되는 철의 양이 적거나 장관 흡수가 불충분하기 때문에 생긴다. 즉 저장철이 고갈되고 헤모글로빈 생산에 필요한 철 공급이 불충분하게 된 결과로 빈혈이 나타나게 된다.

연령별 주요 원인을 살펴보면(표 10-2) 미숙아로 태어난 영유아는 철 섭취가 부족한 경우, 편식, 부적절한 이유식 또는 이유식의 이행이 늦은 경우와 너무 빨리 우유로 이행한 경우가 많다. 청소년기는 빠른 성장으로 인한 필요량 증가와 월경으로 인한 혈액손실에 의한다. 가임기 여성의 경우는 다이어트로 인한 섭취량 부족, 월경에 의한 혈액손실, 자궁근종을 원인으로 들 수 있다. 임신부에서 보이는 철 결핍성 빈혈은 빈혈증세를 심각한 수준으로 이끌고 심기능 부전을 초래하며 유산과 조산, 사산율을 높이는 것으로 보고되어 있다. 성인의 철 결핍성 빈혈의 주원인은 소화기관 내로의 잠복성 출혈, 월경에 의한 혈액 손실, 임신기 필요량 및 손실량 증가, 기타 위절제나 소장 상부의 절제 수술을 받은 후의 흡수불량증 등을 들 수 있다. 노인은 총식품 및 철 급원식품의 섭취량 부족, 위선위축으로 인한 철 흡수 감소, 제산제의 복용, 소화기 내 출혈로 식품을 통한 철 섭취 부족 등이 일반적인 원인이다.

| 표 10-2 | 연령별 철 결핍성 빈혈의 원인

대상	원인	증상
영유아	• 생유 공급에 의한 철 결핍 • 편식 • 부적절한 이유식	• 혈변 • 철 외의 다른 영양소 부족
청소년	• 성장 • 월경	• 피로 • 창백
성인	• 가임기 여성의 경우 다이어트로 인한 영양섭취량 부족 • 위궤양이나 기타 소화관 출혈 : 소장관질환이나 위 및 장 절제 수술 후의 흡수불량 • 가임기 여성의 경우 월경혈 손실, 임신, 열량 섭취 불량 등 : 노인의 경우 열량섭취 불량 및 철 급원 식품 섭취불량 등	• 궤양증세 • 직장출혈 • 피로 • 설염 • 스푼형 손톱 • 연하곤란 • 체중감소 • 설염 • 구각염

2) 철의 흡수

적혈구의 생성에는 단백질, 철이 관여하므로 이러한 영양소 결핍이 일어나면 적혈구 부족에 의한 빈혈이 발병한다. 철은 헤모글로빈의 주성분으로 부족시 순환 헤모글로빈치가 감소하며, 저색소성 빈혈의 원인이 된다.

철은 인체 내에서 주로 헤모글로빈(약 75%)과 마이오글로빈(5%)으로 존재하며 그 외에 시토크롬, 퍼옥시데이스, 카탈레이스 등의 효소 내에 헴의 형태로 존재한다. 철은 십이지장과 공장에서 흡수되며 체내 저장철의 양이 적을 때는 흡수율이 증가하고 저장철의 양이 많을 때는 감소한다. 동물성 식품에서 유래한 철의 40%는 헴의 형태로 존재하며 흡수율은 25% 정도이다. 식물성 식품 속의 철의 상당량이 비헴철로서 소장 상부에서 능동적인 경로를 통하여 흡수되며, 그 흡수율은 10% 미만이다. Fe^{2+}은 Fe^{3+}에 비하여 흡수율이 높다. 비헴철은 곡류에 많은 인산과 피틴산, 채소에 많은 수산, 탄닌과 같은 폴리페놀 등에 결합하여 흡수율이 감소하고, 비타민 C나 동물성 조직을 함께 섭취하면 흡수율이 증가한다.

철의 흡수가 가장 잘되는 때는 공복이지만 메스꺼움, 더부룩함, 설사, 변비 등의 위장장애를 잘 일으킨다. 취침 전 공복시에 철을 섭취하면 위장장애를 줄일 수 있으나 증상이 심하면 식사와 함께 섭취하도록 권하지만 흡수율은 많이 떨어진다.

3) 증상

초기 증세는 자각증상이 거의 없을 정도로 경미하게 일어나나 병증이 진전되면 무력감, 잦은 피로, 심순환계의 항진으로 인한 빈맥, 호흡곤란, 심박출량 증가, 심장박동시 잡음, 발목 부종 등이 나타나며 두통 등의 증세를 느끼게 된다. 또한 손톱은 편평해지며 수저 모양으로 휘어지고 인후건조증, 연하곤란, 연하협착 등이 나타나기도 한다. 세포에 산소공급이 원활하지 못하면 산소요구도가 증가하게 되고, 이는 골수에 신호를 보내어 적혈구 조혈을 촉진하고 반사기전과 호르몬 체계를 통하여 심순환계를 항진시키게 된다. 철 결핍성 빈혈이 심해지면 상피조직, 특히 혀, 손톱, 입과 위의 기능 및 구조에 결함이 생긴다. 피부가 창백해지고, 혀의 유두가 위축되어 쓰리고 충혈되며, 연하곤란, 구각염, 위염이 자주 발생하고 무산증에 이르기도 한다.

철이 부족한 식사를 장기간 하게 되면 위점막을 비가역적으로 손상시켜 위산의 분비가 원활하지 못하며, 결과적으로 철의 흡수율이 떨어지는 악순환이 지속된다. 철은 전자전달계를 비롯하여 여러 대사 반응에 필요한 효소의 보조인자로 이용되므로 빈혈증세와 더불어 이러한 효소들의 활성이 저하된다.

4) 검사 및 진단

빈혈이 있는 경우 적혈구 내 헤모글로빈의 농도는 저하되고, 전혈에 대한 혈구의 비율인 헤마토크릿 수치도 저하된다. 철 결핍시에는 트랜스페린에 결합된 철, 즉 혈청 철의 농도도 저하된다. 트랜스페린에 결합한 철과 철 미결합 부분의 잠재적인 철 결합 능력을 합한 수치를 총철결합능력(TIBC)이라 하는데 이 수치는 철 결핍시에 증가하게 된다. 인체의 철은 주로 골수에 페리틴의 형태로 저장되는데 골수의 페리틴 수준은 혈청에도 반영되므로 혈청 페리틴의 측정으로 인체의 철 저장수준을 측정할 수 있다. 철 결핍성 빈혈의 진단을 위해서 보통 2개 이상의 지표를 사용하는데 표 10-3에 철의 체내 영양상태를 진단하기 위한 지표를 제시하였다.

| 표 10-3 | 철 영양상태 판정 지표인자

지표	정의	정상범위(성인)
헤모글로빈	혈액의 산소운반 능력에 대한 지표로 혈액 중 헤모글로빈 농도	남자 : 13.5~17.5 g/dL 여자 : 12~16 g/dL
헤마토크릿	총 혈액에서 적혈구가 차지하는 %	남자 : 41~53% 여자 : 26~46%
혈청 페리틴 농도	조직 내 철 저장정도(페리틴)를 알아보기 위한 민감한 지표로 혈청 페리틴 농도를 측정	남자 : 30~300 μg/L 여자 : 10~200 μg/L
혈청 철 함량	혈청 중 총철 함량(주로 트랜스페린과 결합된 철)	30~160 μg/L
총철결합능력	혈청 트랜스페린과 결합할 수 있는 철의 양을 측정	228~428 μg/dL
트랜스페린 포화도	철과 포화된 트랜스페린의 %	20~45%
적혈구 프로토포르피린 함량	헴의 전구체로 철결핍으로 인해 헴의 생성이 제한될 때 적혈구에 프로토포르피린이 축적됨	0.28~0.64 μg/dL

자료 : Nelms M. et al., Nutrition Therapy and Pathophysiology, 2nd ed., 2010

5) 치료 및 영양관리

철 결핍증상이 있을 경우 철의 보충이 필요하며 단지 빈혈의 증상 완화가 아닌 저장 철의 회복을 목표로 한다. 철의 보충 경로는 경구투여, 정맥주사, 근육주사가 가능하다. 경구투여에서 사용하는 철제제는 무기철형과 유기철형이 있으며 2가철은 3가철보다 흡수율이 3배 높으므로 황산 제1철을 처방하는 방법이 주로 사용된다. 철제제의 흡수율은 최대 30% 이내이며, 1일 최대 흡수량은 6 mg 정도이다.

철보충제 투여 후 보통 2~3일이면 적혈구 생성이 증가되기 시작해서 2~3주 후에는 적혈구 수와 헤모글로빈 수치가 정상화되면서 식욕과 기분이 호전되는 주관적 변화도 나타난다. 체내 고갈된 철저장량을 채우기 위해서는 4~5개월간 보충제 섭취를 지속하는 것이 좋다. 철은 과량 복용시 부작용을 초래하므로 임산부를 제외한 빈혈환자에게는 헤모글로빈 농도가 정상으로 돌아올 때까지만 복용하도록 한다. 헤모글로빈 농도가 정상수치로 돌아오기까지는 약 9~10주가 소요되므로 꾸준한 치료가 필요하다. 만약 철보충제를 처방했는데도 빈혈의 개선효과가 나타나지 않는다면 환자가 실제로 철보충제를 먹고 있는지, 다른 영양소의 결핍은 없는지, 출혈로 인한 손실이 있는지, 흡수불량이 있는지를 다시 확인해야 한다. 임산부는 혈액량이 매우 빠르게 증가하는데 혈장량의 증가속도에 비하여 혈구 생성속도가 늦으면 혈액희석 현상이 일어난다. 이런 경우는 철제제를 복용해도 그 효과가 잘 나타나지 않는다.

철보충제 중 경구투여제는 소장관에서 흡수 정도가 조절되어 다소 과량 투여되어도 즉각적인 문제가 발생되지 않지만, 흡수불량 때문에 비경구투여제를 처방할 때는 철이 과잉투여되지 않도록 세심한 주의를 기울여 투여량을 결정해야 한다. 또한 수술이 필요한 환자에서 빈혈증세나 심각한 영양불량증세를 보일 경우는 수술 전에 철을 보충해 주는 것이 안전하다. 특히 정맥주사시는 주입속도, 환자의 질병 여부, 알레르기 여부 등에 주의해야 하며 필요하면 사전에 소량으로 검사를 하는 것이 안전하다.

철보충제와 함께 식사성 철의 섭취도 매우 중요하다. 철을 급원하기 좋은 식품은 간, 내장, 고기류, 건포도, 서양자두, 말린 콩류, 견과류, 강화된 전곡류 등이다. 또한 식품 중의 철 함량 외에도 여러 요인이 철의 체내 이용도에 영향을 주므로 이에 대한 고려도 필요하다. 흡수율은 개인의 철저장량에 따라 달라지는데 철 결핍이 없는 사람은 철 흡수율이 5~10%인 반면, 철 결핍성 빈혈이 있는 사람은 20~30%의 흡수율을 보인다.

식사를 통해 섭취하는 철 중 헴철은 육류, 가금류, 생선류에 많이 함유되어 있으며, 헤모글로빈과 마이오글로빈 형태로 존재하며 비헴철에 비해 2~3배 정도로 흡수율이 높다. 비타민 C는 흡수율이 좋은 2가철로 환원시킬 뿐 아니라 철과 결합하여 흡수되기 쉬운 복합체를 형성한다. 차나 커피의 탄닌과 카페인, 수산, 인산, 곡류의 피티산 등은 철의 흡수를 저해한다. 철 결핍성 빈혈이라 하더라도 헤모글로빈의 정상적인 형성을 위해서는 철뿐 아니라 다른 영양소도 충분히 공급되어야 하므로 충분한 열량과 단백질 공급이 필요하며 비타민 또한 충분히 섭취하여야 한다.

철 결핍성 빈혈의 식사지침

- 규칙적으로 균형 잡힌 식사를 한다.
- 양질의 동물성 단백질을 많이 섭취한다.
  대략 동물성 단백질 식품의 철은 10~30%가 흡수되고 채소류에 포함되는 철의 흡수율은 2~10%로 낮으므로 가급적 동물성 식품으로 섭취해야 한다. 육류, 어패류 등의 동물성 단백질은 철의 흡수를 도와주며 단백질이 부족하면 골수에서 혈액을 만드는 기능이 저하될 수도 있으므로 충분히 섭취한다.
- 체내흡수율이 좋은 철분이 많이 함유된 식품을 섭취한다.
- 철이 많은 식품으로는 간, 굴, 달걀노른자, 살코기 등이 있다.
- 비타민 C 함량이 높은 식품을 섭취한다.
  비타민 C는 십이지장에서의 철 흡수를 도와주므로 비타민 C가 많이 함유된 감귤류, 딸기 등의 과일이나 신선한 채소를 매일 섭취한다.
- 위산이 잘 분비되도록 충분히 씹어서 먹는 식습관을 유지한다.
- 비타민 B_{12}와 엽산을 충분히 섭취한다.
  비타민 B_{12}가 많이 들어 있는 식품으로는 육류(특히 간이나 허파), 어류, 난류, 유제품 등이 있다.
- 철분 흡수를 저해하는 요인을 피한다.
  커피, 녹차, 홍차 등에 함유된 탄닌이라는 물질은 철과 결합하여 철 흡수를 저해하므로 식사 중이나 식사 전후에는 커피, 녹차, 홍차 등을 마시지 않도록 하며 담배도 식사 후 1시간 내에는 피우지 않는다.

2. 거대적아구성 빈혈

거대적아구성 빈혈(megaloblastic anemia)은 골수와 말초혈액에서 적혈구 DNA 합성이 저해되어 발생하는 빈혈질환이다. 엽산이나 비타민 B_{12}가 결핍되면 적혈구 세포가 DNA를 합성하지 못해 성숙한 적혈구로 분열되지 못하고 미성숙한 거대적아구 상태로 있게 된다. 따라서 성숙한 적혈구 수의 감소로 산소 운반능력이 저하되어 빈혈증상이 나타난다.

비타민 B_{12}와 엽산은 건강한 적혈구를 생산하는 데 꼭 필요한 요소인데, 이 중에 한 가지만 결핍되어도 세포 내 DNA 합성이 저해되어 거대적아구성 빈혈이 발생한다. 이 질환에서 적혈구는 성숙되는 모든 단계에서 정상적인 적혈구 모양보다 크고, 핵을 포함하여 성장 및 발달이 비정상적이다. 엽산이 비타민 B_{12}에 비해 생리적 반감기가 짧고, 안정성이 적기 때문에 엽산 결핍이 원인의 대부분을 차지한다.

1) 비타민 B_{12} 결핍성 빈혈

(1) 원인

비타민 B_{12}는 주로 동물성 식품에 존재하나 조리로 인한 손실이 적고 흡수율도 좋은 편이며 체내에 충분량이 저장되어 있으므로 특별한 생리적 상태가 아니면 결핍증이 쉽게 보이지 않는 영양소이다. 비타민 B_{12} 결핍성 빈혈은 비타민 B_{12}의 불충분한 섭취, 위나 회장 문제로 인한 흡수불량 등에 의해 발생한다. 비타민 B_{12}가 흡수되기 위해서는 위 점막에서 분비되는 내적인자(intrinsic factor, IF)가 필요하다. 위를 부분 또는 완전히 절제했을 경우에 내적인자를 분비하는 점막이 없어지므로 비타민 B_{12} 결핍증에 걸리기 쉽다. 비타민 B_{12}는 회장에서 흡수되므로 회장질환이 있을 경우 흡수가 저해된다. 노인의 경우에는 위액 분비가 저하되므로 비타민 B_{12} 흡수가 저하될 수 있다. 임신부나 용혈성 빈혈 등 비타민 B_{12}의 필요량이 증가된 경우에도 결핍증이 나타날 수 있다.

비타민 B_{12} 결핍단계는 4단계로 나뉜다. 제1단계는 비타민 B_{12} 부족으로 음의 균형이 일어나는 단계로 코발아민 운반단백질의 저하(< 40 pg/mL)가 일어난다. 제2단계는 비타민 B_{12} 고갈단계로 저장단백질인 합토코린 감소(< 150 pg/mL)가 나타난다. 제3단계는 비타민 B_{12} 결핍에 의한 조혈이상이 특징이며 적혈구에서 엽산 농도 저하(< 140 pg/mL), 호중구의 과도한 분절, 디옥시유리딘 억제 테스트 비정상이 나타난다. 제4단계는 거대적아구성 빈혈증상이 특징이며 코발아민 운반단백질 증가, 호모시스테인 증가, 메틸말론산 증가, 미엘린 손상이 나타난다.

비타민 B_{12}는 엽산의 대사에 밀접하게 관련된다. 비타민 B_{12}는 호모시스테인에서 메티오닌을 합성하는 반응에 조효소로 작용할 뿐만 아니라, 엽산의 활성형인 THFA(tetra hydrofolic acid)로 전환되어 DNA 합성에 필요한 티미딜산을 합성하는 것을 도와주므로 비타민 B_{12}의 부족은 엽산의 작용을 저하시키는 효과를 보이며 결핍증상도 매우 유사하게 나타난다. 또한 비타민 B_{12}는 신경뉴런의 수초화에 관여하므로 비타민 B_{12} 부족은 신경증상을 동반하는데 이 증상은 비타민 B_{12} 결핍이 장기화할 경우 거대적아구성 빈혈과는 달리 회복이 안 될 수 있다. 거대적아구성 빈혈증상만으로 비타민 B_{12} 결핍을 엽산결핍으로 잘못 판정하여 엽산만 다량 투여하면 빈혈증상은 호전되나 신경계 합병증은 더욱 악화하므로 정확한 원인을 진단하고 치료하는 것이 중요하다.

(2) 증상

비타민 B_{12} 결핍 빈혈을 악성빈혈이라고 하는데, 거대적아구성 빈혈증상뿐 아니라 소화기관과 말초 및 중추신경계에도 영향을 미친다. 비타민 B_{12}의 부족으로 인한 악성빈혈 환자는 일반 빈혈환자와 마찬가지로 식욕저하, 혀의 통증, 피로, 체중감소, 시각이상 등의 증상을 느끼게 된다. 또한 신경세포의 수초가 불충분하게 형성되어 신경계 증상이 나타나며, 특히 손과 발이 마비되고 떨린다. 또한 기억력이 감퇴하고 심할 경우 환각증세도 나타난다. 결핍증이 계속되면 신경세포가 손상되어 비타민 B_{12} 치료로도 회복되지 않는다.

결핍증상이 심할 경우는 신경수초의 손상으로 말초신경계와 중추신경계에 이상이 오며 사지의 마비와 감각이상, 평형감각 손실, 지각이상 등이 나타나게 된다. 일반적으로 운동능력 저하와 함께 심기능 부정과 호흡곤란 증상이 나타난다.

(3) 치료 및 영양관리

비타민 B_{12}의 섭취부족으로 인한 결핍증에는 비타민 B_{12} 급원식품의 공급이 필요하다. 비타민 B_{12}와 함께 단백질, 철, 엽산, 비타민 C도 충분히 공급한다. 비타민 B_{12}가 풍부한 식품에는 육류, 가금류, 어류, 조개류, 달걀, 우유와 유제품 등이 있다. 동물의 간과 신장은 매우 좋은 급원이다. 거대적아구성 빈혈의 경우 대부분 엽산의 부족증도 함께 발생하므로 엽산과 철이 풍부한 푸른 잎이나 동물성 조직 등을 같이 섭취해 주는 것이 유리하다.

흡수불량증이 있는 환자는 경구투여로 효과를 볼 수 없으므로 근육주사나 피하주사로 주당 100 μg의 비타민 B_{12}를 투여하는데 반응이 호전되면 한 달에 한 번 주사하고, 증상이 해소될 때까지 투여 횟수를 줄여나간다.

식사지침은 우선 조혈작용에 관여하는 엽산, 비타민 B_{12}, 단백질, 비타민 C가 많이 들어 있는 식품을 적절히 섭취하는 것이다. 단백질은 혈액을 만드는 중요한 구성성분이 되며, 동물성 단백질은 중요한 영양소이다.

2) 엽산 결핍성 빈혈

(1) 원인

엽산은 아미노산 대사와 핵산합성에서 단일 탄소의 이동을 위한 조효소로 작용하고 세포분열에 관여한다. 세포분열은 성장기 어린이와 청소년, 임신부에서 활발하게 일어나므로 이 시기에는 엽산의 필요량이 증가되면서 체내 저장량이 고갈되기 쉽다. 엽산이 DNA 합성에 필요한 단일 탄소를 공급하기 위해서는 비타민 B_{12}가 필요하다. 비타민 B_{12}가 부족하면 단일 탄소 운반이 어려워지므로 DNA 합성이 저해된다. 또한 식사가 부실한 노인, 저소득층, 알코올 중독자는 섭취부족으로 인한 결핍이 일어나기 쉽다.

영유아의 경우는 글루텐성 장염, 셀리악병, 단백질-열량부족증 등의 원인으로 발생한다. 알코올은 엽산의 흡수를 방해한다. 대부분의 음주자는 식습관이 불량하여 식품 섭취량의 감소와 동시에 미량 영양소인 비타민의 섭취량도 함께 감소한다. 크론병 같은 염증성 장질환이 있는 경우 영양소의 흡수불량이 수반된다. 이러한 질환은 식욕을 감퇴시키므로 섭취량이 줄게 되어 엽산의 영양상태는 더욱 나빠지게 된다. 임신부는 모체의 증체량과 태아의 성장으로 엽산의 필요량이 증가하여 엽산 부족에 걸릴 가능성이 높다. 노년기에는 식품섭취량이 감소하면서 영양소 섭취량이 부족하기 쉽고 입맛과 치아건강의 변화 때문에 채소류도 오래 익혀 먹게 되므로 엽산의 생체이용률이 감소하게 된다.

엽산이 결핍된 식이를 하면 2~4개월 내에 체내 저장량이 고갈된다. 혈청 엽산의 농도가 저하되고 이어서 적혈구의 엽산농도도 감소되면 DNA 합성이 저하되어 세포분열 및 상피세포에 영향을 주고 거대적아구가 나타난다. 또한 혀의 돌기가 매끄러워지고 위축이 일어나 설염이 생기고, 위점막세포에 영향을 주어 위궤양, 위산분비 저하와 함께 장점막 분열 저하로 인한 설사 등의 증세가 나타난다.

거대적아구성 빈혈이 발현되기 몇 주 전에는 골수의 거대적아구성 변화가 보이기 시작한다. 이때는 혈구세포의 형태에도 이상이 생기게 되는데 초기에는 혈소판 수가 약간 저하하다가 적혈구의 크기가 커지고 변형 적혈구가 보이기 시작한다. 그러나 음주나 위절제 수술 후 엽산 부족시에는 거대적아구성 변화 없이 혈청과 적혈구 내 엽산의 농도가 저하될 수도 있다.

대사과정에서 밀접한 관련성을 보이는 엽산과 비타민 B_{12}의 결핍은 동시에 발생하기 쉬운데, 이 경우 구강, 위, 소장의 점막 상피세포 등이 미성숙하고 세포와 핵의 크기가 증가하는 변화를 보인다. 만일 엽산 단독 결핍일 때 비타민 B_{12}를 투여하여 치료한다면 그 증세가 더욱 심각해질 수 있으므로 정확한 진단이 필요하다.

(2) 증상

엽산 결핍증은 피로, 운동 지구력 감소, 어지럼증 등 빈혈의 일반적인 증세를 보이고, 혀가 쓰리고 매끈해지는 설염, 식욕부진, 설사, 체중감소 등이 나타난다. 엽산 부족시 DNA 합성이 정상적으로 일어나지 않으므로 핵산과 단백질 합성이 저해되고 적혈구 세포의 생성에도 이상이 생긴다. 적혈구 전구세포에서는 핵의 성숙이 잘 일어나지 않아 미숙하고 크기가 큰 적혈구가 혈액 속에 나타나게 되며, 이러한 적혈구는 산소 운반 능력이 낮으므로 빈혈의 증세를 보이게 된다. 엽산 결핍시 자각증상은 일반 빈혈증세와 같이 피로, 흥분, 혓바늘, 무기력, 설사, 식욕부진, 설염, 체중감소 등이 나타나며 때때로 말초 신경염이 나타나기도 한다. 엽산이나 비타민 B_{12}의 결핍은 같은 임상 증상, 즉 거대적아구성 빈혈을 보인다.

(3) 치료 및 영양관리

엽산 부족에 의한 빈혈 환자의 치료 방법으로 가장 우선해야 할 것은 식품을 통해 엽산을 보충하는 것이다. 엽산은 체내에 저장량이 많지 않으므로 매일 적당량 섭취하는 것이 필요하다. 시금치, 냉이, 미나리, 부추, 비름, 쑥, 양배추, 브로콜리, 아스파라거스, 케일 등의 채소류나 말린 대추, 딸기, 산딸기, 망고, 체리, 멜론, 오렌지, 자두, 키위, 아보카도 등의 과실류, 두류, 견과류 등을 섭취하면 이롭다. 엽산은 열에 쉽게 파괴되므로 채소와 과일은 신선한 상태로 섭취하는 것이 좋다. 임신부나 수유부 등은 식품만으로 해결되지 않으므로 임신 초기부터 엽산 보충제를 섭취하는 것을 권장한다.

거대적아구성 빈혈은 치료하기 전에 우선 원인을 정확히 진단하는 것이 중요하다. 엽산을 보충하면 거대적아구성 빈혈은 교정되지만 비타민 B_{12} 결핍에 의한 신경학적 손상이 가려져 신경 손상이 회복 불능상태까지 진행될 수 있다. 엽산 저장량을 보충하기 위하여 매일 엽산 1 mg을 2~3주간 복용하고, 저장량을 계속 유지하기 위해서는 엽산을 매일 50~100 μg씩 식품이나 보충제로 섭취해야 한다.

3. 기타 빈혈

1) 용혈성 빈혈

적혈구 세포막은 대부분 산화되기 쉬운 다가 불포화지방산으로 구성되어 있어 산화적 요인에 의한 손상으로 용혈되기 쉬우므로 세포막의 건강을 유지하기 위해서는 항산화 영양소가 필요하다. 임신 말기 이전에 태어난 미숙아의 경우 비타민 E의 체내 저장량이 적어 용혈성 빈혈이 일어날 가능성이 크다. 항산화제인 비타민 E는 산화적 손상에 의해 세포막을 보호할 수 있으므로 비타민 E의 부족은 세포막의 산화 및 과산화적 손상을 초래하여 용혈성 빈혈을 유발한다. 특히 미숙아의 경우 비타민 E의 저장량이 적어 용혈성 빈혈 위험이 크며, 불포화지방산의 섭취가 늘어날 경우 비타민 E의 필요량이 높아서 부족증상이 나타날 수 있다. 그러나 최근 영유아용 조제분유 내에는 충분한 양의 비타민 E가 함유되어 있으므로 특별히 보충이 필요하지는 않다.

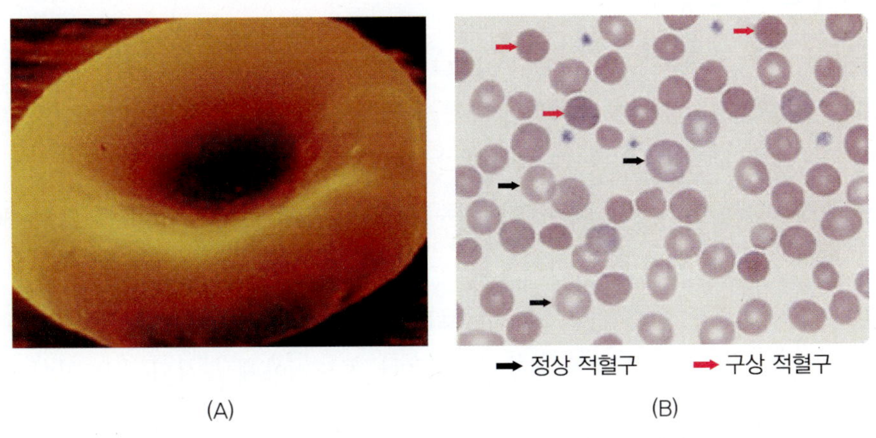

| 그림 10-4 | **정상 적혈구(A)와 용혈성 빈혈 환자의 적혈구(B)**

2) 구리 결핍성 빈혈

구리를 함유하는 셀룰로플라스민(ceruloplasmin)은 체내 저장소에서 혈액으로 철을 이동시키는 단백질로 구리가 부족하면 헤모글로빈 합성에 필요한 철의 이용률이 저하되므로 빈혈이 유발된다. 헤모글로빈 생합성에 필요한 구리 양은 매우 적어 일상 식사에서 공급이 충분히 이루어지고 있다. 그러나 구리가 결핍된 조제유를 먹는 유아나 구리가 결핍된 중심정맥영양을 장기간 공급받을 경우, 흡수불량증일 경우에는 구리 결핍성 빈혈이 발생할 수 있다. 구리 결핍성 빈혈은 철 결핍성 빈혈과 비슷한 증상을 보이나 철만 투여해서는 효과를 볼 수 없으므로 정밀한 진단을 하여 치료를 시작하여야 한다.

3) 단백질-열량 결핍성 빈혈

단백질은 적혈구 생성이나 헤모글로빈 생합성의 필수 요소로서 단백질 결핍증일 경우 적혈구 수가 감소하고 헤모글로빈 농도가 낮은 빈혈이 나타나 철 결핍성 빈혈과 비슷한 양상을 보인다. 단백질-열량 결핍은 세포의 산소요구량을 낮추어 적혈구의 수가 감소하지만 혈장량은 상대적으로 더디게 감소하여 혈액 희석효과가 나타난다. 단백질-열량 결핍성 빈혈은 철이나 다른 영양소의 결핍, 감염, 기생충 감염, 흡수불량에 의해 복합적으로 발생할 수 있다.

4) 비타민 B_6 결핍성 빈혈

비타민 B_6 섭취 부족으로 생기는 결핍증은 매우 드물지만 잠재적 결핍증은 흔하게 볼 수 있다. 사람에게 나타나는 결핍증은 다른 수용성 비타민 결핍과 관련 있으며, 성인보다는 유아에게 현저히 나타나는데 성장부진, 경련, 빈혈, 항체합성 감소, 피부질환 등의 다양한 증세를 동반한다. 비타민 B_6가 부족하면 헤모글로빈 합성 부족에 의해 빈혈이 생긴다. 또한 헴 합성과정 중에 피리독살-5-인산을 조효소로 하는 효소의 선천적 결함으로 미성숙된 적혈구가 축적되고 헤모글로빈에 철이 결합되지 않는 빈혈이 생기는 경우도 있다. 이 경우 철은 핵 주변 세포질이나 미토콘드리아에 축적되는데, 철이 축적된 미토콘드리아는 그 기능이 저하되며 간과 골수에 과잉의 철 축적으로 손상이 일어난다. 혈청철과 조직철 농도는 정상 또는 그 이상이나 적혈구의 크기가 작아지고 저색소의 빈혈을 일으킨다.

치료는 다량의 피리독신을 지속적으로 투여하게 되며(50~200 mg/일), 효과가 있을 때는 빈혈증세의 호전과 함께 철의 침착증 소멸, 조직손상의 최소화를 기대할 수 있다.

제3절 비영양성 빈혈

1. 출혈성 빈혈

신체는 출혈이 생기면 손실된 혈장부터 먼저 채우므로 일시적으로 혈액 희석상태가 되어 저색소성 빈혈이 생길 수 있다. 혈액 손실이 크지 않을 때에는 적혈구 생성이 진행되어 3~4주 내에 정상화된다. 그러나 혈액 손실이 크고 체내에 저장된 철의 저장량이 많지 않고 식사를 통한 철, 비타민 C, 단백질 섭취량이 불충분한 경우에는 적혈구 합성이 제대로 이루어지지 않아 빈혈이 생긴다. 특히 위궤양, 위암, 대장염, 치질, 자궁근종으로 인한 만성출혈의 경우는 본인이 인지하지 못하여 손실되는 만큼 영양소의 섭취가 불충분하므로 적혈구의 크기는 작고 헤모글로빈 농도는 낮은 저색소성 소적혈구성 빈혈이 생긴다.

2. 재생불량성 빈혈

혈액은 뼛속의 골수에서 만들어지는데, 재생불량성 빈혈이란 골수에서 혈구세포의 생성이 감소되거나 결여되어 적혈구의 감소에 따른 빈혈뿐만 아니라 백혈구 및 혈소판 등 모든 혈액세포가 감소되는 질환이다. 골수에서의 조혈기능이 쇠퇴하는 것은 골수 속의 혈액을 만드는 세포(모세포)가 현저하게 감소하여, 그 부분이 지방조직으로 대치되기 때문인데, 그 원인은 아직 정확하지 않다. 50% 정도가 원인을 모르는 특발성이며, 그 외에 약물, 벤젠 화합물과 같은 독물, 바이러스감염증, 임신, 흉선종, 골수이형성 및 체질성 등이 원인이 될 수 있다.

이것은 혈액을 생성하는 골수의 기능 저하(그림 10-5)로 인해 적혈구의 수가 부족하거나 적혈구의 성숙부진으로 오는 빈혈로서, 헤마토크릿은 낮으나 적혈구 세포 크기와 헤모글로빈 농도는 정상이므로 정상 적혈구성 빈혈이라고도 한다. 재생불량성 빈혈의 원인은 대부분 알려지지 않았다. 면역계에 의해 생성된 항체가 자신의 줄기세포를 공격해서 파괴하는 자가면역기전에 의한 조혈모세포의 장애가 가장 잘 알려진 발병원인이다. 선천성 재생불량성 빈혈은 판코니 빈혈, 선천성 이상각화증 등에 의해 발병될 수 있으며 후천성 재생불량성 빈혈의 원인으로는 X-선 및 방사능에 과도하게 반복 노출되거나 독성약품 사용 및 암세포로 인한 골수의 기능저하를 들 수 있다.

가장 흔한 초기 증상은 혈소판 감소로 인한 출혈 증상이다. 대량의 출혈은 드물지만 쉽게 멍들거나 잇몸 출혈, 코피, 월경과다의 증상이 있을 수 있다. 또한 혈액 내에 적혈구 감소로 인한 허약감, 피로감, 운동시 호흡곤란 등의 빈혈 증상과 과립구 감소로 인한 세균감염으로 발열, 상기도 감염, 폐렴 등을 초래할 수 있다.

진단은 말초혈액검사와 골수조직검사로 할 수 있다. 재생불량성 빈혈은 골수의 판코

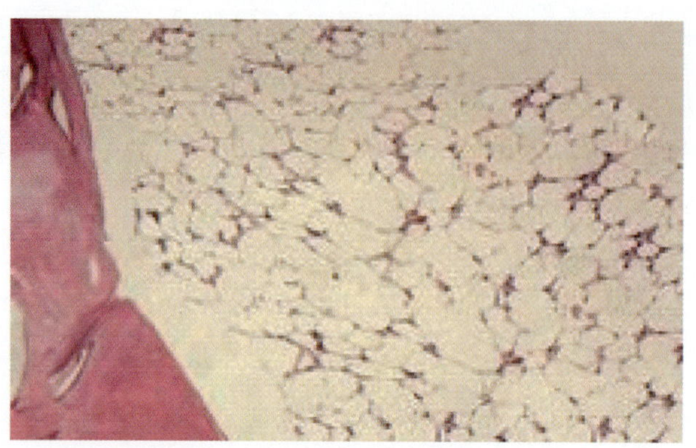

| 그림 10-5 | **재생불량성 빈혈의 골수**
자료 : 병원경영연구소

니 세포의 비정상적인 대사로 유발되는 유전성 질환이다. 이 경우 심장질환, 피부의 색소침착, 손가락 기형 등 선천성 기형을 동반하고 염색체가 잘 깨지는 특징을 보인다. 외인성 요인으로는 독성물질(항경련제, 아스피린, 머리염색약 등) 중독, 방사선 노출, 자가면역, 염증, 악성종양 등을 들 수 있으며 모두 골수에 이상이 오면서 빈혈이 생긴다. 수혈, 골수이식 등의 치료를 위한 처치 후에 영양소 손실에 따른 관리가 필요하며 염증이나 자가면역 등으로 고농도의 부신피질호르몬 제제를 투여할 경우에는 수분과 전해질 대사, 칼슘과 비타민 D의 모니터링이 필요하다.

재생불량성 빈혈환자는 원인이 될 수 있는 약제, 유기용매, 농약과 살충제에 노출을 피하고 세균감염이나 출혈의 위험성에 주의하며, 근육주사와 혈소판 기능을 억제하는 아스피린 제재의 복용을 삼가야 한다. 혈구 감소증에 의한 증상이 심해지면 모자라는 혈구의 보충을 위한 수혈을 하지만 전혈 수혈은 피하고, 혈소판 농축액 등을 수혈한다.

3. 겸상 적혈구 빈혈

헤모글로빈은 알파사슬 두 개와 베타사슬 두 개로 이루어진 4차 구조를 가지며, 사슬에서 한 개의 아미노산 또는 그 이상의 아미노산 변형물로 인해 여러 가지의 헤모글로빈이 존재한다. 그 중 겸상 적혈구 빈혈(sickle cell anemia)은 헤모글로빈 베타사슬의 6번째 아미노산 위치에 글루탐산 대신 발린이 들어가 적혈구가 정상적인 원형이 아닌 초승달 또는 낫 모양(겸상)으로 변한 유전적인 용혈성 빈혈을 말한다(그림 10-6). 흑인에

| 그림 10-6 | **정상 적혈구와 겸상 적혈구**

게서 높게 나타나며 산소 운반의 효율성을 떨어뜨린다. 겸상 적혈구 빈혈 환자는 철 저장량이 과도한 경우가 많기 때문에 철 보충으로 치료해서는 안 되며, 에너지 소모량과 적혈구 파괴율이 높으므로 세포분열을 도와주는 글루타민 보충이 도움이 되며 항산화 영양소와 조혈 관련 영양소의 요구도가 높아지게 된다.

4. 스포츠 빈혈

과도한 운동과 훈련과정에서 혈관 내 적혈구가 기계적인 충격을 받아 파괴된다. 이러한 현상은 스포츠 빈혈(sport anemia)로 일시적일 수도 있고 만성적일 수도 있다. 또한 운동 중 땀으로 철이 많이 손실되고 강한 훈련시 조직량 증가에 따른 혈액의 부피 증가로 일시적인 희석현상이 일어나 더욱 빈혈이 되기 쉽다. 이 경우 철, 단백질, 엽산 등의 조혈영양소가 풍부한 식사가 도움이 되며 차, 커피, 제산제 및 철 흡수를 방해하는 약물은 피하는 것이 좋다. 특히 지구력 운동을 하는 여성 운동선수와 급속한 성장기에 있는 선수는 철 결핍성 빈혈의 위험이 더욱 커지므로 정기적인 모니터링이 필요하다.

참고문헌

이영남 · 노희경 · 임병순 · 김성환 · 이애랑 · 권순형 · 이정실 · 조금호, **임상영양학**, 수학사, 2008

권종숙 · 김경민 · 김혜경 · 장유경 · 조여원 · 한성림, **사례와 함께하는 임상영양학**, 신광출판사, 2012

김형민 · 엄재영 · 정현아 · 홍순헌 편저, **면역과 알레르**기, 신일북스, 2008

민경찬 · 김현오 · 이애랑 · 황금희 · 김종현 · 이정실 · 김애정 · 김미옥 · 최향숙 · 박영수 · 정상열, **기초영양학**, 광문각, 2012

손숙미 · 임현숙 · 김정희 · 이종호 · 서정숙 · 손정민, **임상영양학**, 교문사, 2011

이미숙 · 이선영 · 김현아 · 정상진 · 김원경 · 김현주, **임상영양학**, 파워북, 2012

장유경 · 박혜련 · 변기원 · 이보경 · 권종숙, **기초영양학**, 교문사, 2011

주은정 · 이경자 · 박은숙 · 유현희, **질병맞춤형 임상영양학**, 교문사, 2012

채기수 · 박상기 · 심창환 · 김재근 · 김광호 · 서정식, **생명과학을 위한 생화학**, 지구문화사, 1998

Nelms M. *Nutrition Therapy and Pathophysiology*, 2nd ed., 2010

대한영양사협회

병원경영연구소

서울아산병원

위키백과

bio.magicid.co.kr

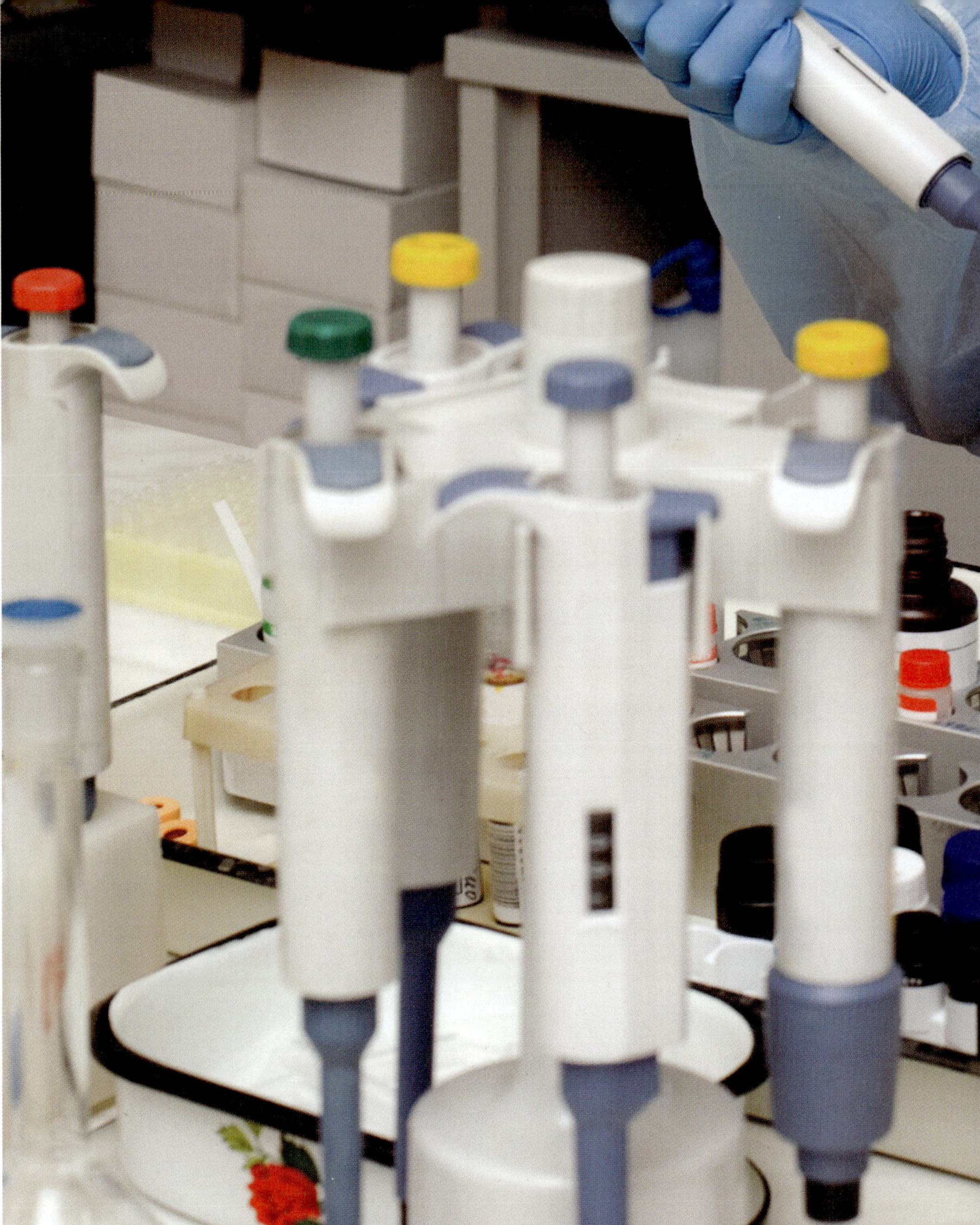

CHAPTER 11

선천성 대사장애

제1절 아미노산 대사장애

제2절 당질 대사장애

제3절 지질 대사장애

학습목표

- 페닐케톤뇨증의 원인과 영양관리를 설명할 수 있다.
- 단풍당밀뇨증의 원인과 영양관리를 설명할 수 있다.
- 갈락토스혈증의 원인과 영양관리를 설명할 수 있다.
- 지질 대사장애의 종류를 열거할 수 있다.
- 윌슨병의 원인을 설명할 수 있다.
- 낭포성 섬유증의 원인과 영양관리를 설명할 수 있다.

선천성 대사장애는 이상 유전자에 의하여 신체의 대사과정이 장애를 받는 유전질환으로 조기진단과 그에 따른 조기치료가 필수적이다. 각각의 질환마다 이상 유전자가 특정 대사과정에 필수적인 특정효소의 생산에 영향을 미친다. 선천성 대사장애는 200여 종류가 발견되었으나 각각의 질환은 드문 편이다. 이들 대사장애를 일으키는 이상 유전자의 대부분은 상염색체의 열성 유전방식으로 나타난다. 대표적인 아미노산 대사장애로 페닐케톤뇨증, 타이로신혈증 및 단풍당밀뇨증 등이 있으며 당질 대사장애로 글리코겐축적증과 갈락토스혈증이 있다. 지질 대사장애로 고쉐병, 니먼-피크병, 테이-삭스병 등이 있으며 무기질 대사장애로 구리가 축적되는 윌슨병이 있다. 한편 낭포성 섬유증은 염색체 이상에 인한 것이다.

제1절 아미노산 대사장애

1. 페닐케톤뇨증

페닐케톤뇨증(phenylketonurea, PKU)은 페닐알라닌을 타이로신으로 전환시키는 효소의 결여로 인하여 육체적 성장저하, 지능장애, 색소결핍에 의한 피부와 모발의 탈색 등을 일으키는 선천성 대사장애이다.

1) 원인

PKU는 페닐알라닌을 타이로신으로 전환시키는 효소인 페닐알라닌 수산화효소(phenylalanine hydroxylase)의 결핍으로 발생한다. 혈액 중 페닐알라닌이 증가되고 페닐케톤체로 전환되며 이로 인하여 비정상적인 대사물질이 다른 장기에 축적되어 증상을 일으킨다.

페닐알라닌 수산화효소의 유전자는 12번 염색체에 위치하고 있으며 이 유전자의 돌연변이에 의하여 효소가 결핍된다. 백인은 14,000명 중 한 명의 빈도로, 한국인은 7만~8만 명 중 한 명의 빈도로 발생한다.

혈액 중에 페닐알라닌이 축적되어 다른 대사경로로 가서 페닐케톤산(phenyl pyruvic acid, phenyl acetic acid, phenyl lactic acid)이 생산되어 소변으로 배설된다.

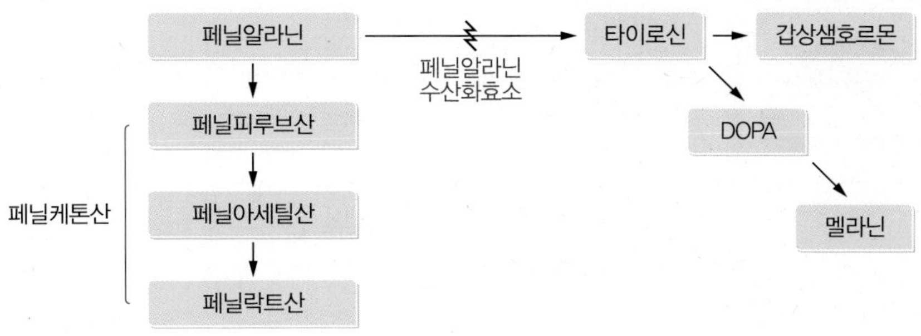

| 그림 11-1 | 정상과 PKU의 페닐알라닌의 대사

2) 증상

PKU 환자는 소변과 땀에서 특이한 쥐오줌 냄새가 난다. 타이로신의 부족으로 갑상샘호르몬이 생성되지 않아 성장과 발달에 영향을 미친다. 영아기에 구토, 피부와 모발의 탈색, 운동과 정신발달의 지연이 나타나고 일부 영아에서는 경련이 나타난다.

3) 치료 및 영양관리

생후 2~3일에 발뒤꿈치에서 채혈을 하여 신속하게 선별검사(Guthrie법)를 시행한다. 혈액의 아미노산 분석상 혈중 페닐알라닌이 지속적으로 20 mg/100 mL 이상인 경우 비정상으로 판정한다.

PKU로 진단되면 바로 저페닐알라닌 특수조제유를 먹인다. 페닐알라닌 섭취량이 필요량보다 지나치게 적으면 발육장애, 빈혈, 저단백혈증 등의 페닐알라닌 결핍증이 나타나므로 적절한 성장을 위하여 혈중 페닐알라닌을 6 mg/100 mL 전후로 유지시키기 위해 제한된 양의 페닐알라닌을 투여한다. 6세까지는 페닐알라닌이 소량 들어 있는 식품과 저페닐알라닌 조제유로 혈중 페닐알라닌을 3~8 mg/100 mL로 유지시킨다.

사춘기 이후는 혈중 농도가 3~15 mg/100 mL로 유지시키는 것이 바람직하다.

산모가 PKU 환자인 경우 저페닐알라닌식을 섭취하지 않으면 태아의 혈중 페닐알라닌 수치가 증가하여 발육 장애를 가져와 유산이 되거나 출산하여도 저체중아, 소두증, 정신박약 및 기형이 나타나기 쉽다. 이를 막기 위하여 임신 전부터 저페닐알라닌 식사를 섭취하고 전체 임신기간 중 혈중 페닐알라닌 수치가 10 mg/100 mL 이하가 되도록 유지하여야 한다.

| 그림 11-2 | 저페닐알라닌 식품

2. 타이로신혈증

타이로신혈증(tyrosinemia)은 타이로신이 정상적으로 대사되지 않고 이상대사 물질이 쌓이면서 간에 손상을 입혀 사망에 이르게 하는 유전성 희귀질환이다. 타이로신 대사질환에 관련된 효소는 fumarylacetoacetate hydroxylase(제1형a), maleylacetoacetate isomerase(제1형b), tyrosine aminotransferase(제2형) 및 para-hyroxyphenylpyruvic acid dioxygenase (제3형) 등이 있다.

1) 원인

타이로신이 분해되는 과정의 마지막 단계에서 fumarylacetoacetate hydroxylase(제1형a)의 결핍으로 succinylacetone이 생성되어 간과 신장에 축적되고 신장기능 이상, 말초신경장애 등 심각한 손상을 입힌다. 특별한 조치가 없으면 간기능장애와 간암으로 사망에 이른다.

제2형은 tyrosine aminotransferase의 결여로 혈중 타이로신이 증가한다.

2) 증상

제1형의 경우 간과 신장에 타이로신이 축적된다. 급성기에 황달이 나타나고 복부가 커지며 성장이 저해된다. 구토와 설사 외에도 저혈당과 출혈을 보인다. 만성적으로는 간기능장애, 간경화, 신세뇨관기능장애, 구루병 및 말초신경장애와 간암을 보인다.

제2형인 경우 각막염으로 인하여 눈물이 나오고 빛을 보기 힘들어 하며 염증과 궤양으로 인하여 흉터가 생긴다. 손바닥과 발바닥의 케라틴층이 두터워지고 갈라지며 정신지체가 나타난다.

3) 치료 및 영양관리

식사 중 타이로신과 페닐알라닌을 제한하면 혈청 타이로신이 감소되고 신세뇨관의 기능이 호전되나 타이로신과 페닐알라닌의 제한식사로 성장장애가 오며 간암이 예방되지 않는다. 혈청 타이로신은 550~700 μgmol/L를 유지한다.

3. 단풍당밀뇨증

단풍당밀뇨증(maple syrup urine disease, MSUD)은 측쇄아미노산 대사장애로 치료하지 않으면 신체 불구, 정신지체, 사망을 유발하며 모든 인종에서 발현되며 빈도는 인구 22만 5,000명 중 1명 수준이다.

1) 원인

단풍당밀뇨증은 측쇄케토산뇨증이라고 하며 측쇄아미노산의 branched-chain keto acid decarboxylase의 결핍으로 발생되는 상염색체 열성 유전질환이다.

측쇄아미노산인 류신, 아이소류신, 발린은 아미노전이효소에 의하여 α-케토산이 된다. 이 중 α-케토산의 탈탄산효소의 이상으로 측쇄아미노산과 그 부산물인 α-케토산이 축적되어 신생아에 심한 신경증상을 유발한다(그림 11-3).

2) 증상

신생아 22만 5,000명당 1명의 비율로 발병하는데, 출생시에는 정상으로 보이나 4~5일이 지나면 포유곤란, 식욕감퇴, 구토 등의 증상을 보인다. 출생 후 일주일쯤 되면 소변과 땀, 타액에서 특유의 단풍시럽 냄새가 난다. 신생아는 식욕감퇴, 발육부진 및 무기력, 산독증, 감염, 중추신경계의 손상, 경련, 혼수에 이르러 결국 사망하게 된다.

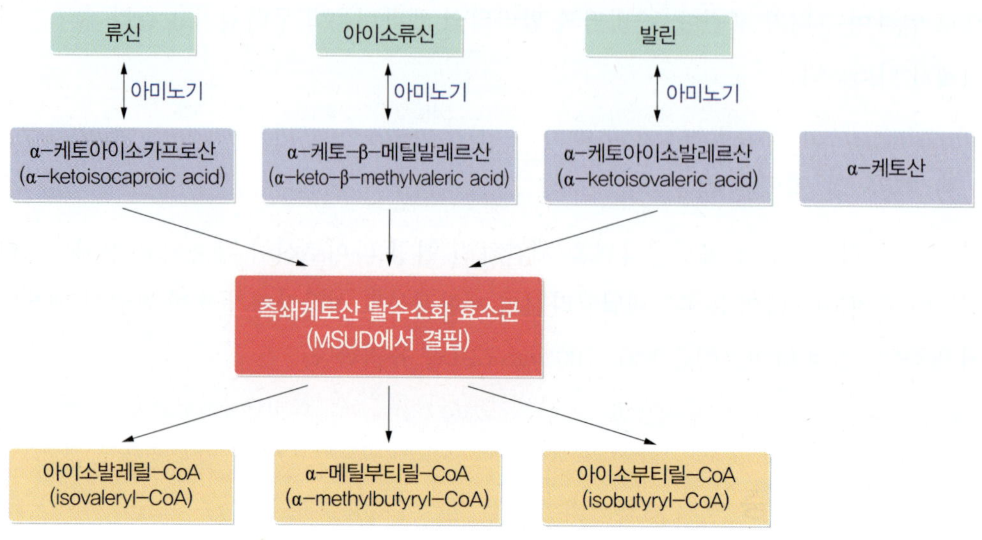

| 그림 11-3 | 측쇄아미노산의 대사경로 및 단풍당밀뇨 대사이상

3) 치료 및 영양관리

단풍당밀뇨증은 생후 24시간 이내에 발뒤꿈치에서 채혈하여 테스트한다. 조기진단과 조기치료가 매우 중요하다. 질환이 의심되거나 확실한 경우 가능한 한 빨리 치료한다. 조기치료로 혈중 측쇄아미노산의 수치를 신속히 감소시켜야 한다. 중증인 경우 복막투석으로 측쇄아미노산과 α-케토산을 제거한다.

치료를 시작하기 전에 탈탄산효소의 조효소인 티아민(thiamine)을 대량 투여하여 반응 유무를 확인한 다음, 측쇄아미노산을 제한한 조제식을 공급한다. 혈액 중 측쇄아미노산(특히 류신)의 농도와 어린이의 성장, 일반적인 영양요구량을 고려하여 식사를 조정한다. 보통은 성장과 발달에 필요한 측쇄아미노산을 보강하기 위하여 적절한 아미노산과 비타민 복합체를 공급을 위해 고안된 조제식에 우유나 유아용 조제분유를 소량 보충하여 사용한다. 류신, 아이소류신 및 발린이 제한된 특수조제유로 수유하며 수유하는 동안에도 혈중 측쇄아미노산 수치를 확인하고 조절한다. 성장 이후에도 특수 조제분유를 섭취시키고 육류, 달걀, 낙농제품 등의 고단백식품을 제한하며 측쇄아미노산이 적게 함유된 식품 섭취에 대한 영양교육이 필요하다.

4. 호모시스틴요증

호모시스틴요증(homocystinuria)은 메티오닌의 대사과정 중 시스타티오닌 합성효소의 장애로 발생되는 선천성 대사질환으로 발생빈도는 인구 20~30만 명 중 1명 수준이다.

1) 원인

21번 염색체에 위치한 시스타티오닌 합성효소의 유전적 결핍으로 메티오닌과 호모시스테인이 체내에 축적된다. 상염색체 열성으로 유전되며 보인자인 부모에게서 환자가 발생한다.

2) 증상

지능장애, 경련, 보행장애 등의 정신신경증상과 시력장애, 백내장 등의 안과적 증상이 나타난다. 골다공증과 혈전을 형성하는 경향이 있어서 혈관이 막혀 사망의 원인이 되기도 한다.

3) 치료 및 영양관리

신생아기에 정신지체를 예방하기 위하여 발뒤꿈치에서 채혈하여 선별검사를 한다. 혈액 중 메티오닌 수치가 높고 소변으로 대량의 호모시스테인이 배설되는 것으로 진단할 수 있다. 진단시 우선 비타민 B_6를 대량 투여한다. 혈액 내 메티오닌이 정상화되고 소변 중 호모시스테인의 배설이 소실되면 계속 비타민 B_6를 투여하며 예후가 좋다. 효과가 없는 경우 시스틴을 첨가한 저메티오닌식과 베타인을 6~9 g/일 투여하여 치료한다.

제2절 당질 대사장애

1. 글리코젠축적증

글리코젠축적증(glycogen storage disease)은 당질 대사이상이나 효소의 결여로 인하여 간이나 다른 장기에 글리코젠이 과잉 축적되는 질환이다. 발견된 순서에 따라 I형에서 VIII형까지 있으며 어디에 축적되는지에 따라 간형과 근육형으로 분류한다.

1) 분류

(1) 간형 글리코젠축적증

간형 글리코젠축적증에는 글리코젠 합성효소의 결핍증과 glucose-2-transferase의 결핍증 등이 있으며 I형, III형, IV형, VI형 등이 해당된다. 주증상은 금식했을 때 저혈당이 나타나며 간이 비대해진다.

제Ia형은 glucose-6-phosphatase의 결함으로 발생하며 glucose-6-phosphate를 포도당으로 전환시킬 수 없다. 금식했을 때 저혈당이 나타난다. 성장지연, 간과 신장의 비대, 저혈당 증세가 나타난다. 저혈당, 젖산혈증, 고요산혈증, 고지혈증이 보인다.

제Ib형은 glucose-6-phosphate transketolase의 결여로 나타나며 증상은 Ia형의 증상 외에도 백혈구의 기능장애가 나타난다.

(2) 근육형 글리코젠축적증

제II형은 출생 후 얼마 안 되어 발병하며 호흡곤란, 청색증, 근력저하가 나타나고 심부전으로 생후 1~2년 이내에 사망한다.

제V형은 근육에 글리코젠이 너무 많이 축적되고 근력이 저하되어 운동할 수 없게 된다. 강도가 높거나 지속적인 운동을 하면 근육에 통증을 느끼게 된다. 운동 전에 포도당이나 과당을 공급하면 증상이 훨씬 가볍게 나타나고 고단백 식사도 증상을 완화시킨다. 심한 운동을 피하면 특별한 치료가 필요하지 않은 경우가 많다.

2) 치료 및 영양관리

글리코젠축적증 환자는 간에서 생성된 글리코젠의 이동능력이 좋지 않아 비정상적으로 증가하여 주기적으로 저혈당이 된다.

식사요법은 간에 글리코젠이 축적되지 않도록 다량의 에너지를 섭취하지 않으면서도 적절한 에너지를 공급하여 저혈당을 예방하여야 한다. 식사 중 단순당질을 제외하고 당질이 적게 함유된 식사를 조금씩 제공하여 혈당을 정상적으로 유지할 수 있게 한다. 과당과 갈락토스는 유리 포도당으로 전환되지 않기 때문에 제한해야 한다. 식사 중 칼슘 등의 무기질과 비타민류를 충분히 제공한다.

2. 갈락토스혈증

갈락토스혈증(galactosemia)은 매우 드문 유전질환으로 galactose-1-phosphate uridyltransferase(GALT) 결핍증, galactose kinase 결핍증, epimerase 결핍증 3가지가 있다.

1) 원인

상염색체 열성으로 유전되며 galactose-1-phosphate uridyltransferase 결핍증은 제1형, galactokinase 결핍증은 제2형, epimerase 결핍증은 제3형이라 하며 이중 제1형이 가장 보편적이며 임상증상도 가장 심하다.

Galactose-1-phosphate → glucose로 되는데 갈락토스가 포도당으로 전환되지 못하고 혈액과 조직 중에 갈락토스와 galactose-1-phosphate가 축적된다(그림 11-4). 대사되지 못한 갈락토스가 축적되어 신장, 간, 뇌를 손상시킨다. 출생아 5만~6만 명 중 1명 수준으로 발생한다.

2) 증상

제1형의 경우 생후 1~2주 이내에 수유 후에 구토, 설사, 식욕부진이 나타나고 체중이 감소한다. 계속 수유하면 황달, 간경변, 백내장이 나타나며 부분적인 실명과 정신지체가 발생한다.

제2형은 제1형보다 심하지 않으며 일반 수유를 계속할 경우 이른 나이에 백내장이 나타나지만 간이나 신경장애는 나타나지 않는다.

제3형은 별다른 증상이 없으며 발생빈도도 매우 희박하다.

3) 치료 및 영양관리

생후 2~3일에 신생아의 발뒤꿈치에서 혈액을 채취하여 효소의 결손 여부를 측정한다. 갈락토스혈증으로 의심되면 곧 갈락토스가 함유되지 않은 분유로 바꾸어 먹인다. 그 밖에도 일반유제품이나 우유가 포함된 모든 식품을 엄격히 제한한다.

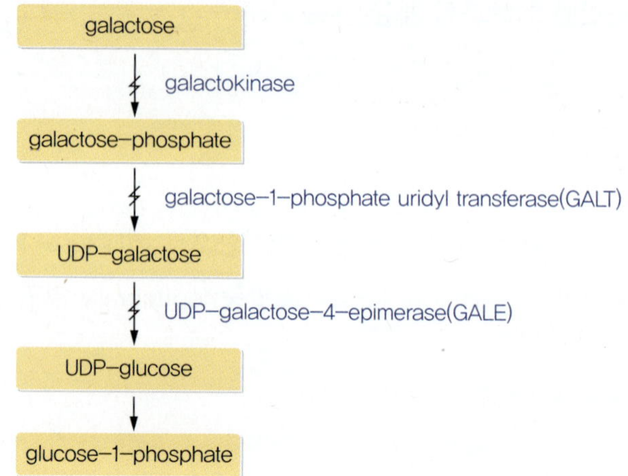

| 그림 11-4 | 갈락토스의 대사장애

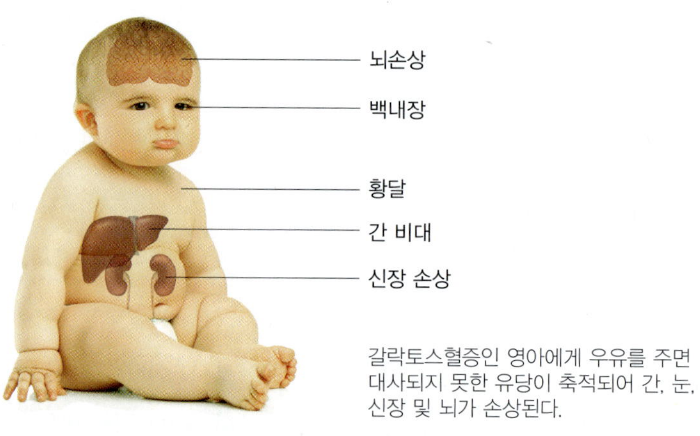

| 그림 11-5 | 갈락토스혈증 증상

| 그림 11-6 | 갈락토스혈증 환자용 분유

제3절 지질 대사장애

지질 대사장애는 지질을 분해하는 특정효소의 결여로 나타난다. 대표적인 질환으로 고쉐병, 니먼-피크병, 테이-삭스병 등이 있다.

1. 고쉐병

1) 원인

고쉐병(Gaucher's disease)은 지질대사 중 분해효소인 glucocerebrosidase의 결여로 glucocerebroside가 간, 비장, 림프에 축적되어 나타난다.

고쉐병 환자는 glucocerebrosidase의 결여로 glucocerebroside가 리소좀 내에 축적되고 glucocerebroside를 함유한 대식세포가 비장에 축적되어 비장이 정상의 25배까지 팽창한다. 비장의 과도한 활동으로 적혈구를 파괴하여 빈혈이 발생한다. 상염색체 열성 유전으로 독일, 폴란드, 러시아계 유대인에게서 주로 발생한다.

2) 증상

특징적으로 비장이 비대해져 복부가 나온다(그림 11-7). 피로, 빈혈, 혈소판 감소 등의 임상증상이 생후 3~6개월에 나타나기 시작하며 초기증상은 근육 긴장도 저하, 갑작

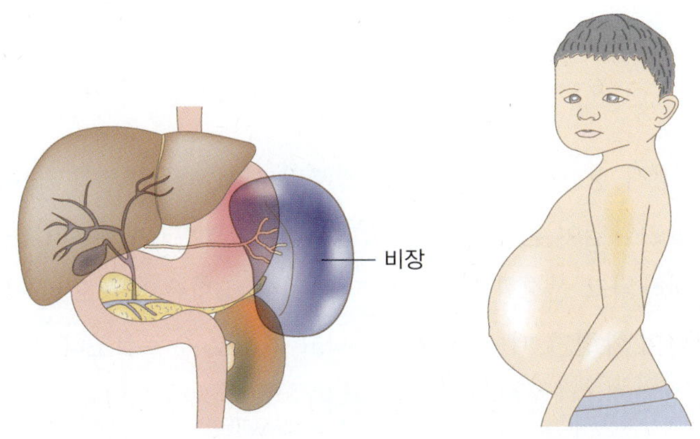

| 그림 11-7 | 고쉐병 환자의 비장비대로 인한 복부비대

스런 소음에 대한 청각 과민반응, 무력감 등이다. 곧 난청이 오고 실명하며 전신마비가 생기고 5세 이전에 사망한다.

3) 치료 및 영양관리

과거에는 증상치료(통증, 수혈, 비장제거, 뼈 복구수술)와 골수이식도 시행하였으나, 1990년대 이후 효소치료요법으로 비장비대, 빈혈, 혈소판 감소, 뼈의 통증 등에 효과가 입증되었다. 또한 glucocerebroside의 축적을 줄이기 위한 전구물질 생성 억제제도 치료제로 이용되고 있다.

2. 니먼-피크병

1) 원인

니먼-피크병(Niemann-Pick disease)은 세망내피 세포에 스핑고지질이 축적되는 선천성 지질축적질환으로 상염색체 열성유전병이다.

니먼-피크병은 영아형인 A형, 만성형인 B형 외에도 총 6가지가 알려져 있으며 A형이 급성이며 가장 보편적으로 나타난다. A형과 B형은 11번 염색체에 위치한 acid sphingomyelinase(ASM) 유전자의 돌연변이로 발병한다. A, B형의 ASM은 스핑고마이엘린을 세라마이드와 인산화콜린으로 분해하는 효소로 결핍되는 경우 지질대사에 영향을 미쳐 다량의 지질이 세포에 축적되어 세포를 파괴하고 주요기관의 기능부전을 유발한다.

2) 증상

A형의 경우 출생시 정상이며 생후 1개월경부터 서서히 진행된다. 식이장애와 이영양증을 보이며 호흡기감염이 흔하고 간이 비대해진다. 생후 6개월부터 눈을 맞추지 못하고 근육긴장이 저하되고 신경학적 증상이 악화된다. B형은 만성으로 영아기 이후에 간과 비장이 증대되며 학령기 때 성장이 둔화되고 때때로 운동실조나 지능저하가 나타나기도 하며 흔히 고콜레스테롤혈증이 나타난다.

3) 치료 및 영양관리

A형은 환자의 뇌에 직접 ASM 수치를 올릴 수 있는 방법에 관한 연구가 진행 중이며 B형의 경우 골수이식으로 효과를 보고 있고 효소치료도 시도되어 좋은 반응을 보이고 있다. C형과 D형의 경우 저콜레스테롤식사를 권장하고 있다. 저콜레스테롤식사와 콜레스테롤을 낮추는 약물로 간의 지질 침착을 막을 수 있으나 중추신경계 질환의 진행을 늦추는 것은 불가능하다.

3. 테이-삭스병

1) 원인

테이-삭스병(Tay-Sachs disease)은 지질의 축적으로 중추신경계가 점진적으로 파괴되는 상염색체 열성질환으로 지질대사에 중요한 분해효소인 hexosaminidase A 유전자의 돌연변이로 발생한다. 효소의 결핍으로 중추신경계에 GM2 ganglioside가 축적되고 신경계가 퇴화한다.

테이-삭스병은 영국의 안과의사 워렌 테이(Warren Tay)에 의해 처음으로 소개되었고, 몇 년 후 미국의 신경과 의사 버나드 삭스(Bernard Sachs)에 의해 명명되었다. 발생빈도는 일반적으로 30만 명당 1명 수준이고, 유대인에서는 3,600명당 1명 수준으로 나타나며 남녀의 차이는 없다. 3가지 유형이 있는데, 제1형(infantile)은 효소가 전혀 없는 경우로 유아기에 증상이 나타나며 가장 보편적이다. 제2형(juvenile)과 제3형(adult)은 효소의 부분적인 결핍으로 소아기에서 성인기에 걸쳐 증상이 나타난다.

2) 증상

제1형은 출생시에는 정상이며, 생후 3~6개월에 발병한 후, 빠른 속도로 진행되어 2~4세에 사망한다. 청각과민과 생후 1년 이후에 발작이 나타난다. 안과 문제로 안구진탕 및 시선이 고정되고 한 곳을 응시한다. 제1형의 특징은 인형과 같은 얼굴 모양에 깨끗하고 투명한 피부와 긴 속눈썹 및 은은한 분홍색의 머리카락을 보인다. 제2형은 2~6세에 발병하고, 5~15세에 사망한다. 중추신경계에 진행성 운동실조, 근긴장항진, 진행성 치매를 보인다. 제3형은 청소년기에서 30대 중반에 증상이 나타나며 개인마다 증상이 다양하게 발현되며, 시간이 지남에 따라 증상이 나빠진다. 신경학적 문제로 근력의 약화, 떨림, 경련, 운동조정능력 부족, 어눌한 말투 외에도 정신이상, 우울증이 나타난다.

3) 치료

효과적인 치료법은 없고 병으로 나타나는 증상을 경감시켜 환자를 편하게 해주는 방향으로 치료를 시행한다.

제4절 무기질 대사장애

1. 윌슨병

윌슨병(Wilson's disease)은 대표적인 무기질 대사장애로 1921년 영국의 신경과의사 윌슨(S.A.K. Wilson)에 의하여 처음 발견되었으며 상염색체 열성질환으로 인구 3만 명당 1명 수준으로 발생한다.

1) 원인

혈액 내 구리성분을 처리하는 셀룰로플라스민(ceruloplasmin)이 선천적으로 부족하여 나타난다.

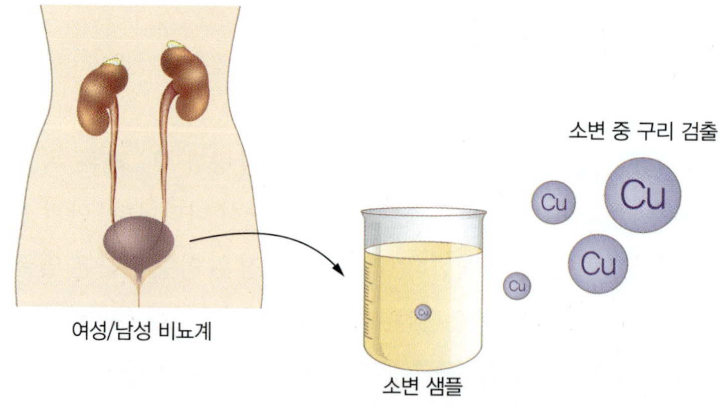

| 그림 11-8 | 윌슨병을 확인하기 위한 소변검사

13번 염색체에 구리운반에 중요한 역할을 하는 단백질의 유전자가 있다. 이 부위에 돌연변이가 있으면 인체 내 구리가 담즙으로 배설되지 못한다. 구리는 간에 축적된 후 뇌, 각막, 신장 등에도 축적되며 해당 장기를 손상시킨다.

2) 증상

윌슨병은 출생시 시작되어 인체 내 구리가 간, 뇌, 안구 등에 축적되면서 대략 6세경 이후에 증상이 나타난다. 소아기에는 주로 간증상이 나타나는데 간비대, 간염, 간부전, 간경화가 나타나며 20세 이후에는 신경증상이 나타난다.

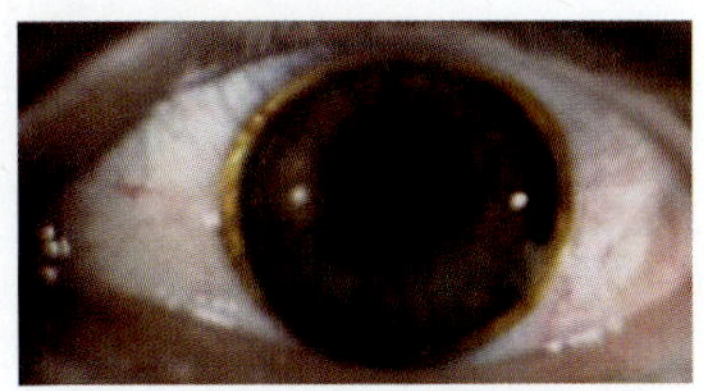

| 그림 11-9 | 윌슨병 환자의 눈동자

3) 치료 및 영양관리

구리를 배출시키는 페니실라민(D-penicillamine)이 효과적이다. 그러나 부작용으로 신증후군, 재생불량성 빈혈 등을 초래할 수 있으며 또한 비타민 B_6 대사 길항제이기 때문에 비타민 B_6를 같이 투여하여야 한다. 식사 중 구리가 다량 함유된 음식인 간, 조개, 버섯, 코코아, 땅콩, 초콜릿 등은 피해야 한다.

제5절 낭포성 섬유증

낭포성 섬유증(cystic fibrosis)은 염소를 수송하는 유전자 이상으로 인한 선천적 대사장애로 백인에게 흔히 나타나며, 미국의 경우 낭포성 섬유증 환자는 3만 명 정도이며 보인자는 1,200만 명로 알려져 있다.

1) 원인

낭포성 섬유증은 7번 염색체의 유전자 돌연변이로 나타난다. 열성으로 유전되며 낭포성 섬유증 유전자를 하나만 가지고 있는 보인자는 그 유전자를 자식에게 물려줄 수 있지만 병을 물려주는 것은 아니다.

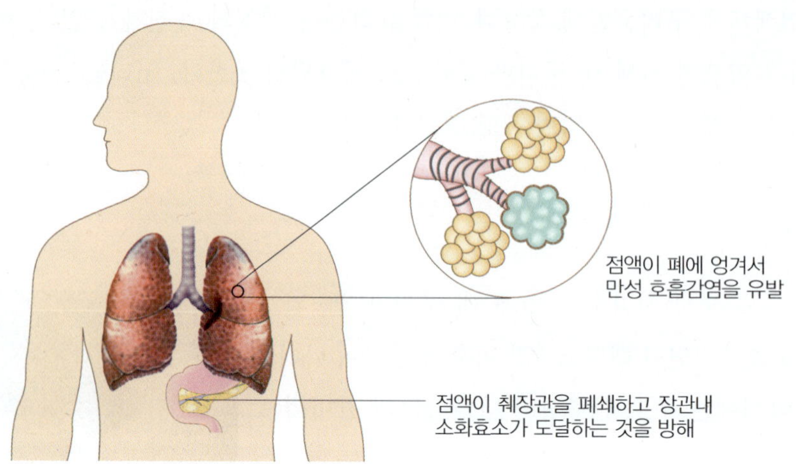

| 그림 11-10 | **낭포성 섬유증의 병리**

2) 증상

폐에 있는 점막생성세포의 결함을 초래하여 체내에 점액이 다량 생산되어 소화효소가 소장에 도달할 수 없다. 점막이 두꺼워지고 폐와 이자의 기능을 방해하여 호흡과 소화작용에 문제가 발생한다. 점액이 정상적으로 만들어져야 하는 세포에서 두껍고 끈적한 점액이 만들어져 수분과 염분의 조절이 잘 이루어지지 않는다. 폐에서 나오는 끈끈한 점액이 병원균의 이동을 막아서 세균에 잘 감염된다.

대부분 소아기에 증상이 나타나는데 생후 1~2년에 기침과 반복적인 폐 침윤을 보이며 성장이 지연된다. 대부분이 폐 감염으로 사망한다. 세균에 쉽게 감염되고 이로 인하여 간질과 당뇨가 유발한다.

3) 치료 및 영양관리

유전자치료법과 효소공급법 등으로 점막을 얇게 하거나 폐 분비물을 제거하고 감염의 위험을 줄일 수 있도록 치료한다. 대부분의 환자에게 효소를 보충하여 영양소의 흡수를 돕도록 한다. 효소공급은 환자의 체중, 복부증상, 대변의 상태에 따라 조절하며 비타민 E, K의 보충이 필요하다.

참고문헌

이영남 · 노희경 · 임병순 · 김성환 · 이애랑 · 권순형 · 이정실 · 조금호, **임상영양학**, 수학사, 2008

김명애 · 김복랑 · 김영경 · 김혜령 · 민혜숙 · 박상연 · 서부덕 · 서순검, **그림으로 보는 병리학**, 정담미디어, 2005

김화영 · 조미숙 · 장영애 · 원혜숙 · 이현숙 · 양은주, **임상영양학**, 신광출판사, 2010

손숙미 · 임현숙 · 김정희 · 이종호, **임상영양학**, 교문사, 2011

이미숙 · 이선영 · 김현아 · 정상진 · 김원경 · 김현주, **임상영양학**, 파워북, 2010

이정실 · 김희숙 · 박문옥 · 윤옥현 · 이미숙 · 이영순, **영양사 학습목표에 맞춘 식사요법**, 교문사, 2002

장병수 · 김태전 · 김주성 · 황구연, **기초병리학**, 고려의학, 2001

장유경 · 변기원 · 이보경, **임상영양관리**, 효일, 2008

주은정 · 이경자 · 박은숙 · 유현희, **질병맞춤형 임상영양학**, 교문사, 2012

히가시구치 다카시 저, 강은희 역, **보건의료인을 위한 임상영양학**, 의학서원, 2012

대한영양사협회, **임상영양관리지침서 제3판**, 2008

한국선천성대사질환협회 www.kcmd.or.kr

CHAPTER 12

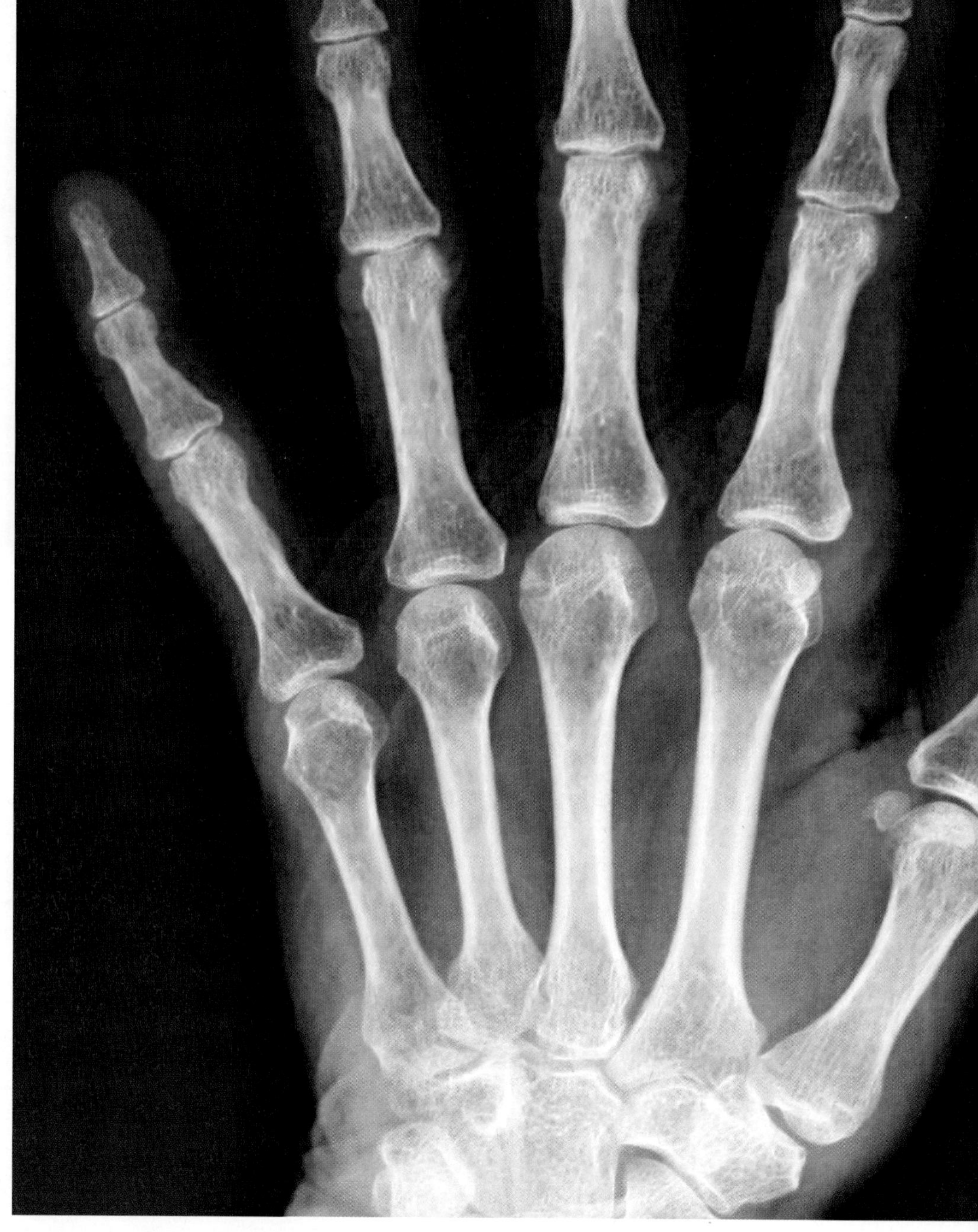

골격계 질환

제1절
골다공증

제2절
구루병과 골연화증

제3절
관절염

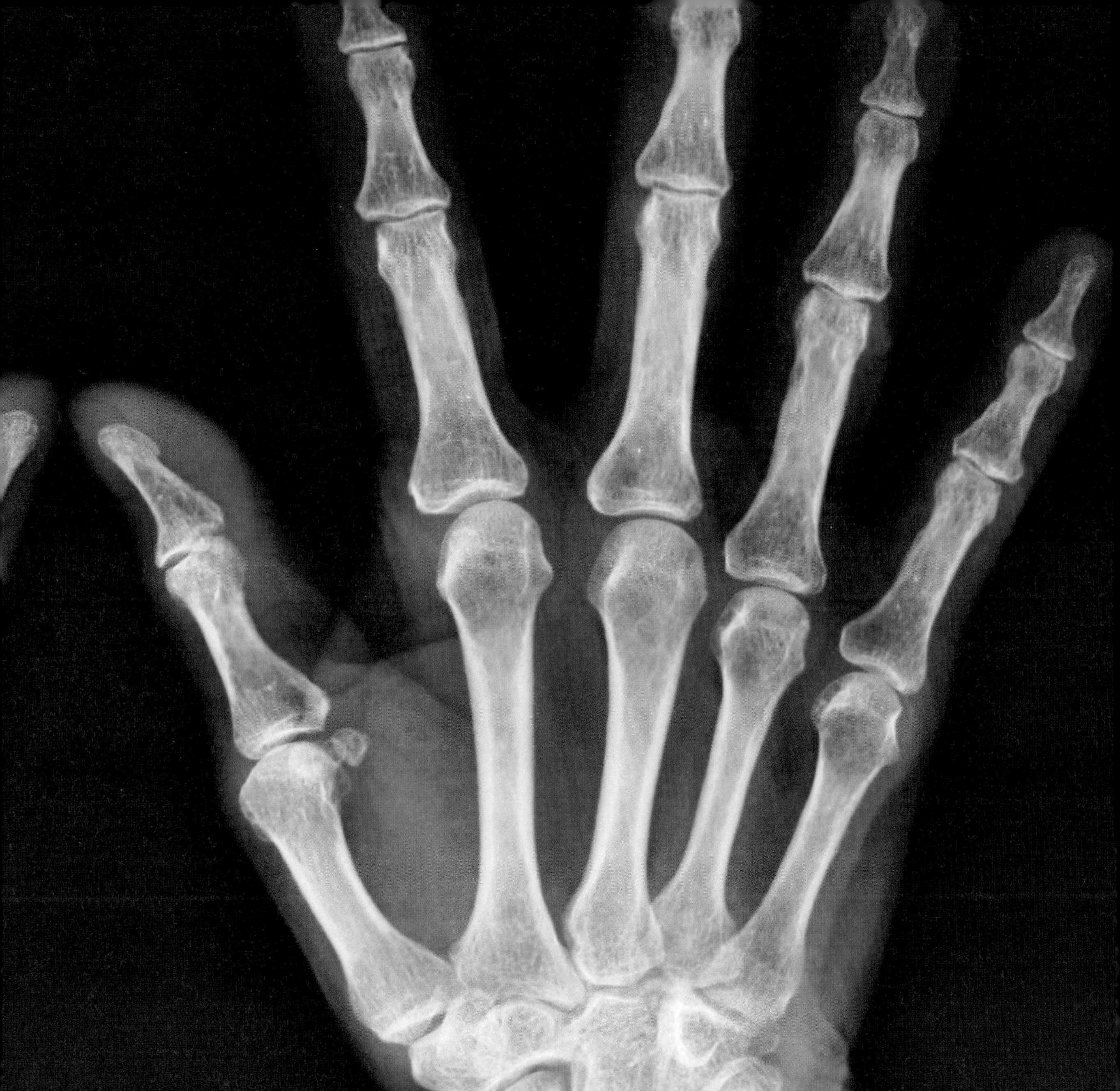

학습목표

- 인체 골격 구조와 골격 내 칼슘 대사를 이해한다.
- 골격계 질환(골다공증, 구루병, 골연화증, 관절염, 류머티스성 관절염, 통풍)에 관한 발병원인 등을 이해하고 영양관리를 설명한다.

인체는 뼈와 연골이 결합하여 골격을 이루고 있으며 골격은 신체의 기본 형태를 유지·지탱한다. 또한 힘줄과 근육 등이 연결되어 각종 장기를 보호하고 신경과 함께 근육의 수축, 이완운동의 중심 역할을 하고 있다. 또한 혈구를 생산하고 무기질의 저장고로서 역할을 한다. 골격은 비교적 튼튼하지만 외상이나 감염, 영양결핍, 비만, 노화, 면역질환 및 내분비계 이상 등으로 병적이상을 일으킨다.

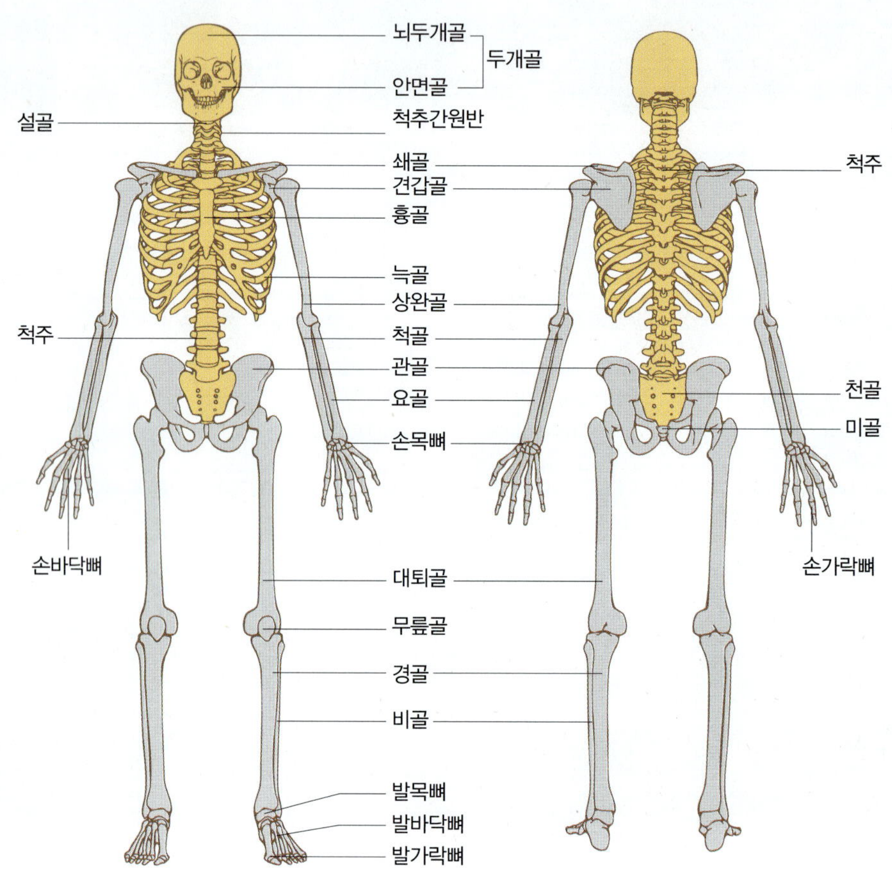

| 그림 12-1 | **인체의 골격**

제1절 골다공증

1. 원인

골다공증(osteoporosis)은 뼈의 단위 용적당 무기질 및 단백질량의 감소로 뼈의 미세 구조에 이상을 초래하여 뼈가 스펀지처럼 되는 질환으로 골 형성보다는 골 재흡수작용이 더 많이 일어나는 현상이다. 골 재흡수 증가는 체내 칼슘과 비타민 C, D 그리고 단백질의 결핍, 갑상샘호르몬 및 부갑상샘호르몬의 조절기능 이상, 에스트로젠호르몬 부족, 운동 등 신체활동 부족, 비만 등이 주요 원인이다.

생애주기에 있어서 노화에 따른 골밀도의 감소는 작은 외부 충격에도 골절이 발생하므로 정상적인 일상생활에 어려움을 초래하며 주로 손목, 엉덩이, 척추 부위에서 많이 발생한다. 이로 인한 노인 신체 활동장애와 2차적인 감염을 초래하여 이환율과 사망률을 높인다. 특히 50대 이후의 폐경기 여성에서 문제가 되며 남성의 경우도 70세 이후에는 이환율이 증가하므로 젊어서부터 치료보다는 예방에 꾸준히 힘써야 하는 질병이다.

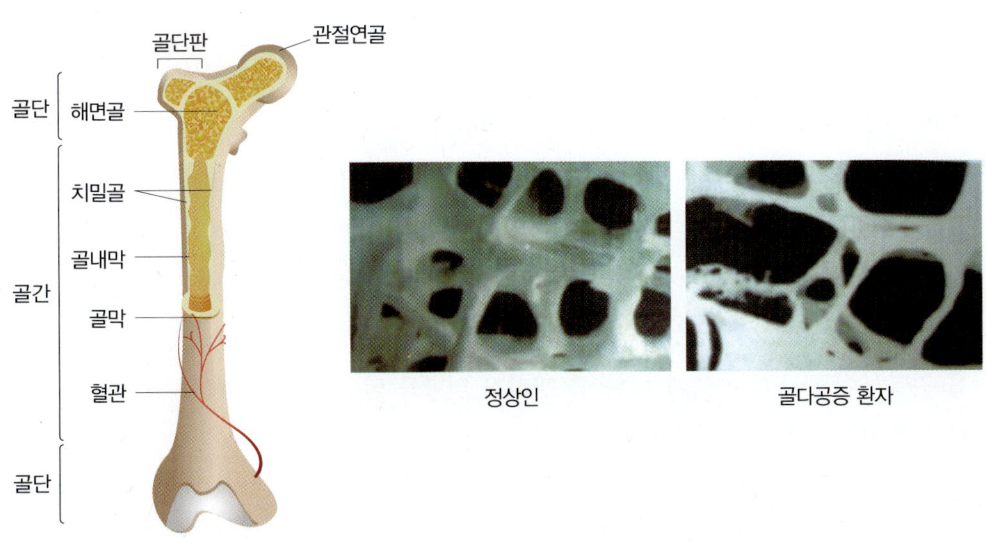

| 그림 12-2 | 정상인과 골다공증 환자의 골밀도

| 표 12-1 | **골다공증 유발 위험요인**

- 골다공증의 가족력
- 성별(여성)
- 인종(동양인)
- 허약 체형
- 에스트로젠 호르몬 결핍
  - 폐경
  - 조기 난소 절제 여성
  - 무월경 여성
- 생식샘저하증의 남성
- 노화
- 운동 부족
- 약물복용
  - 스테로이드 호르몬
  - 외인성 갑상샘호르몬
  - 항경련제
  - 테트라사이클린(tetracycline)
  - 알루미늄 함유 제산제
- 칼슘균형 음을 유발하는 질환 및 상태
  - 갑상샘기능항진증
  - 부갑상샘기능항진증
  - 만성 신부전
  - 만성 설사와 흡수부진
  - 당뇨병
  - 만성 폐쇄성 폐질환
  - 부분 위 절제
  - 반신불수
  - 저체중
  - 흡연
- 알코올 과다섭취
- 섬유소 과다섭취
- 카페인 과다섭취
- 칼슘과 비타민 D 섭취 부족

자료 : 대한영양사협회, 임상영양관리지침서 제3판, 2008

1) 골격 내 칼슘의 대사

인체의 골격은 주로 칼슘과 인을 주성분으로 하는 무기질과 단백질 등으로 구성되어 있으며 체내 칼슘은 체중의 약 1～2%를 차지한다. 인체 내 칼슘의 99% 이상이 결정형 격자 형태인 하이드록시아파타이트(hydroxyapatite[$Ca_{10}(PO_4)_6(OH)_2$])로 뼈를 구성하며 1%는 세포내액과 외액에 존재하고 신체 내 생리기능을 조절한다. 뼈는 바깥쪽의 치밀골과 안쪽의 해면골로 이루어져 있고 골단부위는 성장판이 있어 성장에 관여하며 장골부위의 골수에서 혈구를 생성한다. 또한 세포 내 칼슘은 혈장 칼슘 수준에 따라 신경 자극을 전달하여 근육의 수축과 이완 등 생리적 역할을 담당한다. 혈액 중 칼슘은 프로트롬빈을 활성화시켜 혈액응고에 관여한다.

칼슘의 평균 소화흡수율은 25～40% 정도이고 어린이나 임신부는 흡수율이 높으나 폐경기 이후 여성은 20% 정도로 매우 낮다. 또한 골격 중의 칼슘교체율이 신생아 및 성장기에는 높으나 연령이 증가함에 따라 점차 낮아져 성인의 경우 약 2～3% 수준이다. 따라서 사람의 골밀도는 30대까지 증가하여 최대골질량에 도달하였다가 30대 중반 이후 골 손실이 시작되어 지속해서 낮아지므로 평소 꾸준히 관리해야 한다. 최대골질량은 주로 유전, 성, 나이, 생활습관 등의 개인적 요인에 의해 영향을 받는다.

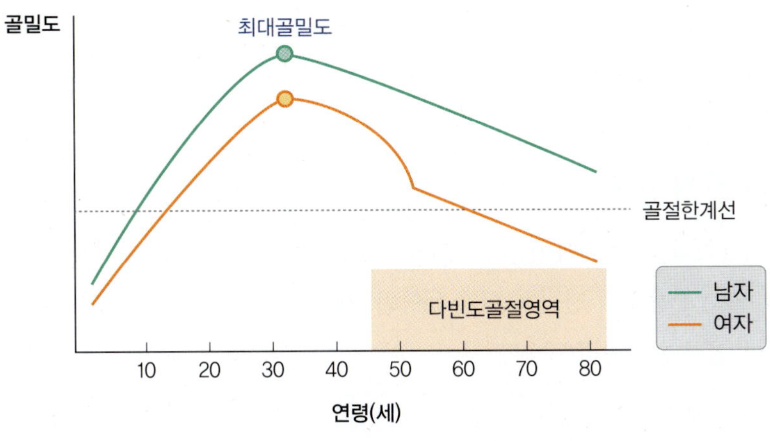

| 그림 12-3 | **연령에 따른 골밀도 변화**

뼈-혈장의 칼슘농도의 평형 유지는 생리적으로 매우 중요하며 혈액 중의 칼슘농도는 주로 갑상샘에서 분비되는 칼시토닌과 부갑상샘호르몬, 비타민 D, 에스트로젠, 성장호르몬 등에 의해 조절된다.

혈액 중 칼슘농도가 약 10 mg/dL 아래로 낮아지면 부갑상샘호르몬이 분비되어 신장에서 활성형 비타민 D(1,25-dihydroxycholecalciferol)가 생성되어 소장에서 칼슘의 흡수를 증가시키고 신장에서 인의 재흡수는 감소시키나 칼슘의 재흡수는 촉진시켜 골 재흡수가 증가한다. 반대로 칼슘농도가 정상 이상으로 높아지면 갑상샘에서 칼시토닌이 분비되어 조골세포에 의한 뼈의 무기질화가 일어나 골격으로 칼슘이 침착된다. 비타민 D는 소장에서 칼슘과 인의 흡수를, 신장에서 칼슘과 인의 재흡수를 증가시켜 골 재흡수

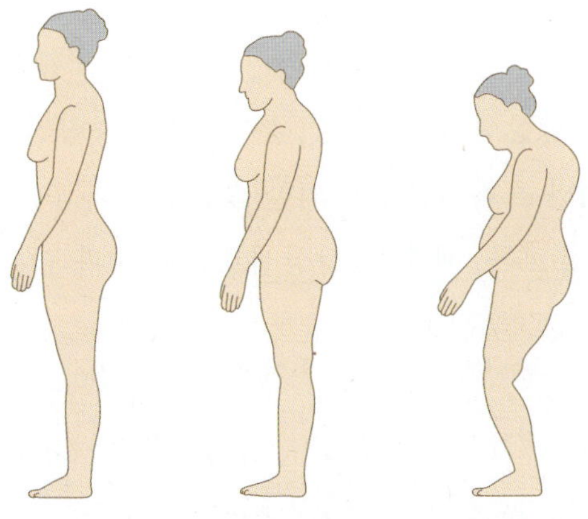

| 그림 12-4 | **골다공증에 의한 자세 변화**

를 증가시킨다. 성장호르몬은 연골과 콜라젠 합성을 촉진하며 비타민 D의 활성화와 소장에서 칼슘 흡수를 증가시킨다. 에스트로젠은 골 재흡수를 억제한다.

2) 골다공증의 분류

임상에서는 골밀도 측정에 주로 이중에너지 X선 흡수법(dual energy X-ray absorptiometry, DEXA), 정량적 전산화 단층촬영법, 정량적 초음파법 등이 있으며 측정부위는 전완부(팔의 앞부분), 종골(발뒤꿈치뼈), 척추, 대퇴골(넓적다리뼈) 또는 몸 전체이다. 세계보건기구(WHO)에서는 이중에너지 X선 흡수법에 따른 골밀도 측정결과, 30대 중반 여성의 평균 골밀도를 기준으로 T-스코어-2.5 이하를 골다공증으로 진단하고 있으며 골다공증은 일차성 골다공증과 이차성 골다공증으로 분류된다.

(1) 일차성 골다공증

일차성 골다공증에는 특별한 원인 없이 발병하는 원발성 골다공증과 원인이 알려진 퇴행성 골다공증이 있다. 원발성은 어린이나 청장년에서 다른 질병과 관련 없이 일어나는 원인불명성 골다공증이다. 퇴행성은 폐경기 이후 여성에게서 약 70세까지 에스트로젠 분비 감소에 의해 일어나는 폐경성 골다공증과 주로 70세 이상의 남녀 노인에게서 노화에 의해 불가피하게 일어나는 노인성 골다공증이 있다. 노인성 골다공증은 대퇴경부, 근위상완골, 골반 골절부위에서 많이 발생한다. 노화로 인해 조골세포의 기능이 감소되고 활성형 비타민 D의 합성감소와 부갑상샘호르몬 활성증가 등이 주요 원인으로 알려졌다.

(2) 이차성 골다공증

이차성 골다공증에는 갑상샘기능항진증, 부갑상샘기능항진증과 같은 내분비질환이나 신장질환, 혈액암, 기타 소화기장애에 의한 속발성 골다공증과 골밀도를 감소시키는 코르티코스테로이드계 호르몬, 헤파린, 갑상샘호르몬 등과 같은 약제의 반복 사용으로 인한 경우가 있다.

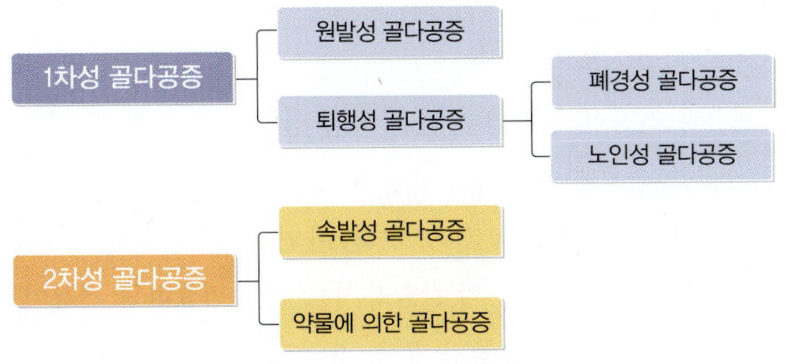

| 그림 12-5 | 골다공증의 분류

2. 치료 및 영양관리

골다공증은 심한 경우 경구나 주사 등을 통해 체내에 칼슘을 직접 공급하거나 골의 재흡수를 억제하는 에스트로젠과 프로게스테론, 칼시토닌, 비타민 D제제, 알렌드론산(alendronic acid), 리세드론산(risedronic acid) 등을 투여하거나 골 형성을 촉진하는 오스테오칼신(osteocalcin), 부갑상샘호르몬 등의 약물요법을 시행한다. 골다공증은 발병 후 약물치료보다는 평생에 걸쳐 예방관리가 더욱 중요하다. 골다공증을 예방하려면 성

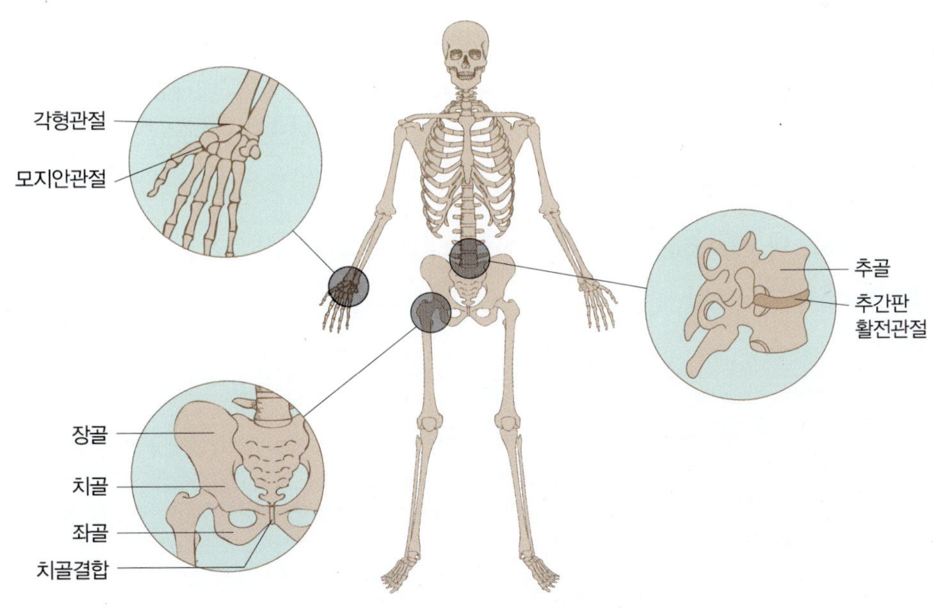

| 그림 12-6 | 골다공증의 경우 골절이 일어나기 쉬운 부위

장기부터 최대골질량에 도달하는 연령까지 골질량을 최대한 높이고 골손실을 최소화하여야 한다.

골다공증의 예방과 건강한 골격의 유지를 위한 일차적 방법으로는 골격 형성기인 성장기부터 골밀도 수준이 최대한 높게 도달할 수 있도록 평소 충분한 영양공급이 중요하다. 따라서 칼슘, 단백질, 비타민 D, C, K, 구리, 아연, 망간 등을 많이 함유한 식품의 섭취를 권장하며 영양섭취권장량 수준의 칼슘유지를 위해 필요하면 건강기능식품으로 보충한다. 특히 칼슘함량과 흡수율이 높은 우유, 요구르트, 치즈, 아이스크림 등의 유제품과 멸치, 뱅어포와 같은 뼈째 먹는 생선 등의 충분한 섭취는 물론이고 칼슘 흡수를 증가시키기 위하여 비타민 D를 함유한 식품으로 달걀노른자, 동물 간, 표고버섯을 함께 공급하면 효과적이다. 양질의 단백질 섭취가 필요하나 동물 단백질의 과잉 섭취는 소변을 산성화하여 고칼슘뇨증의 원인이 되므로 적당량 섭취해야 하고 과잉의 식이섬유소 섭취는 칼슘이용률을 저하시킨다.

또한 칼슘 흡수를 억제하는 피틴산, 수산, 과량의 인을 함유한 식품과 카페인, 알코올 섭취를 자제하고 소장 내부의 약산성 상태를 유지하여 칼슘 흡수에 좋은 환경을 만들어야 한다.

2차적 예방 방법은 골손실을 최소화하는 것으로 규칙적인 운동 습관과 필요시 호르몬요법을 시행하는 것이다. 즉 걷기나 조깅과 같은 적당한 운동으로 뼈에 물리적 힘을 가해 조골세포를 자극하여 골밀도를 증가시켜 골질의 손실을 억제한다. 에스트로젠은 제1형 골다공증의 예방과 치료에 효과적이며 자궁내막염의 발생을 억제하기 위하여 프로게스테론을 병용한다. 여성호르몬의 장기간 사용은 유방암을 일으키는 것으로 알려졌으므로 규칙적인 검진이 요구된다.

여성의 경우 대두류나 칡 등에 많은 아이소플라보노이드류와 같은 천연 여성호르몬의 섭취를 권하기도 한다.

제2절 구루병과 골연화증

1. 원인과 증상

구루병(rickets)과 골연화증(osteomalacia)은 비타민 D 결핍이 주원인으로 비타민 D의 섭취 부족이나 자외선 노출량 부족, 소장에서 칼슘 흡수장애, 신장에서 칼슘 재흡수 감소, 수유, 약물의 장기복용(경구 당뇨치료제, 항우울제, 항경련제 등)으로 인해 혈중 무기질 농도가 옅어질 때 발생한다. 뼈-혈장의 칼슘농도 평형 유지를 위해 뼈에서 칼슘이 혈액으로 유리되어 뼈의 골기질에 무기질 침착이 충분히 일어나지 않아서 뼈가 얇아지고 강도가 낮아지는 질환이다.

성장기에 비타민 D가 부족하면 구루병이 되고 성장기 이후에 비타민 D가 부족하면 골연화증을 일으킨다.

구루병은 어린이 골격의 대사성 질환으로 뼈 이상, 성장판 이상, 무기질화 저하로 근무력증과 발육부진을 초래하고 다리뼈가 휘어 O형이나 X형의 다리, 새가슴, 굽은 등 증상이 나타난다.

골연화증은 골다공증과 달리 골기질은 형성되어 있으나 무기질 침착 과정에 이상이 생겨 뼈가 얇아지고 구부러지며 골밀도가 감소하여 뼈의 통증유발, 유연화, 근육약화가 일어난다.

2. 치료 및 영양관리

비타민 D의 결핍을 방지하기 위해 비타민 D 함유 식품을 충분히 섭취하고 야외활동 시간을 늘린다.

양질의 단백질과 칼슘의 섭취를 높이며 필요시 활성형 비타민 D 및 칼슘보충제를 처방한다. 어린이의 경우 비타민 D를 강화한 조제분유를 사용하거나 비타민 D를 강화한 우유 500 mL/일 이상 섭취하고 임신·수유부나 다산 여성의 경우 골연화증이 일어나기 쉬우므로 보충제를 섭취해야 하며 성인 여성의 경우 비타민 D 5 μg/일 섭취를 권장한다.

제3절 관절염

1. 원인 및 증상

관절염(arthritis)은 부상으로 인해 직접 관절이 손상되거나 심한 육체 활동이나 비만 등으로 관절연골이 손실되고 나아가 골절이 발생하거나 치아감염이나 편도선염, 신장염 등과 같이 뼈 이외의 다른 조직에 세균감염이 생겨 2차적으로 관절부위에 염증을 일으키는 질환이다. 또한 노화나 관절의 과다 사용에 의한 퇴행성 관절염 등을 포함하며 염증으로 인해 관절의 통증과 미열, 운동 능력손실, 관절변형 등을 동반한다.

2. 치료 및 영양관리

일상생활에 지장을 초래하는 경우 환자의 병력과 통증의 정도에 따라 물리적인 치료나 약물요법 및 수술요법을 시행한다.

식사요법을 시행하는 경우 식사조절을 통해 과체중 감소와 함께 수영이나 산책과 같은 가벼운 운동을 병행하는 것이 효과적이다. 골관절염 환자의 경우 단백질 및 칼슘이 풍부한 유제품과 뼈째 먹는 생선, 칼슘의 대사에 관여하는 비타민 D 및 세포손상을 억제하는 항산화 영양소인 비타민 C, 토코페롤, 베타카로틴, 셀레늄을 많이 함유하는 식품을 공급하며 연골의 구성 성분으로 알려진 뮤코다당류인 글루코사민이나 황산콘드로이틴 함유 식품 섭취를 권장한다.

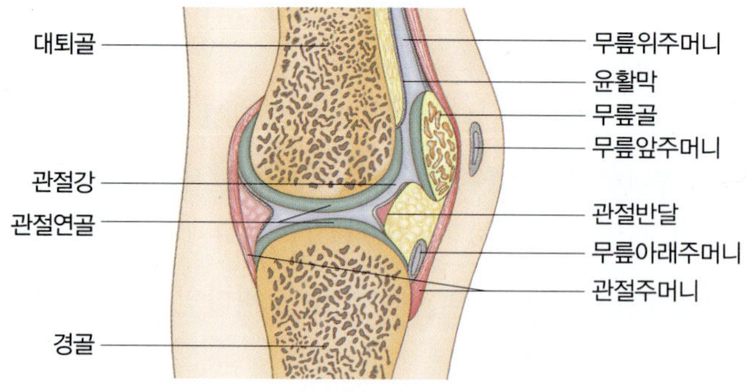

| 그림 12-7 | 관절의 구조

| 표 12-2 | **관절염, 류머티스성 관절염, 통증의 주요 원인 및 증상**

	관절염	류머티스성 관절염	통풍
원인	골절, 염증질환으로 인한 관절 부위 2차 감염, 노화, 관절 과다 사용	자가면역 이상, 원인 불명이 많음, 기타 감염 및 호르몬 대사이상 등	요산 대사이상, 고퓨린식, 비만, 알코올 과잉, 스트레스, 유전적 요인 등
증상	활동시 관절 통증, 관절 변형	주로 손·발가락 뒤틀림, 관절 부종, 간헐적 통증, 미열	관절 통증을 동반한 만성 염증, 취침시 통증, 통풍결절
주 발병 성/연령	50세 이상	20~50세 여성	30세 이상 남성
영양관리	칼슘, 단백질, 비타민 D, 체중감량, 적당한 운동	칼슘, 엽산, 비타민 D·B_6·E·C, Se, Zn, Fe, ω-3 지방산, 항산화 영양소	저퓨린식, 정상 체중유지

제4절 류머티스성 관절염

1. 원인

류머티스성 관절염(rheumatoid arthritis)은 자가면역에 의한 질환으로 정확한 발병 원인은 밝혀지지 않았으나 바이러스나 박테리아의 감염이나 여성은 임신이나 수유, 피임 등 호르몬의 변화와 관련 있는 것으로 알려졌다.

2. 증상

초기에는 증상이 없지만 진행되면 관절의 활막이 감염되어 염증을 일으키고 점차 손가락이나 발가락 등이 뒤틀리거나 관절 마디가 붓는 증상이 나타나며 통증을 수반한다. 특징적으로 아침에 관절이 뻣뻣하게 경직되는 증상을 보이며 발병 후에는 간헐적으로 증상이 반복되고 남성보다는 여성에게 3배 이상 많이 발생한다.

3. 치료 및 영양관리

주로 비스테로이드성 소염진통제나 스테로이드제제 및 항류머티스성 약물요법을 시행하며 통증으로 일상생활에 지장을 초래하는 경우 수술요법이나 유산소 운동이나 근력 강화와 같은 물리치료를 한다.

식사요법을 시행하는 경우 염증반응물질 사이토킨에 의한 염증반응으로 대사율 증가와 기능적 손상으로 인한 신체활동 제약으로 근육단백질의 이화를 보충할 수 있는 수준의 충분한 열량과 양질의 단백질을 공급하며 류머티스성 관절염 환자의 경우 잦은 심혈관계 질환의 예방과 항염증 작용을 위해 오메가-3 지방산 및 엽산을 많이 함유한 잡곡, 종자류, 견과류 등의 섭취비율을 높인다. 또한 양질의 단백질과 뼈에 좋은 칼슘이 풍부한 유제품과 뼈째 먹는 생선 그리고 칼슘의 대사에 관여하는 비타민 D 및 세포손상을 억제하는 항산화 영양소인 비타민 C, 토코페롤, 베타카로틴, 셀레늄을 많이 함유하는 식품 및 아연, 철분을 함유한 식품을 공급한다.

제5절 통풍

통풍(gout)은 요산 대사 이상으로 침상의 요산이 비정상적으로 체내 축적되어 관절 부위의 조직이 손상을 일으키는 질병이다. 히포크라테스가 통풍을 'podagra'라고 하였는데 '못생긴 발'이라는 뜻으로 엄지발가락에 생기는 통풍의 동통을 말하며 옆 사람이 걸을 때 일어나는 바람에도 심하게 통증이 느껴질 정도로 아프다는 의미에서 붙여진 이름이다. 특히 손이나 발과 같은 부위의 관절에서 통증을 동반한 만성 염증을 일으킨다. 식생활의 발달로 육류와 해산물의 섭취가 증가하여 젊은 층에서도 많이 발생하는 추세이다. 현대의학으로 통풍의 치료가 가능하지만 치료를 중단하면 재발하므로 평생 식생활을 관리하며 요산 수치를 조절하여야 한다.

1. 원인

통풍의 발병원인은 요산 대사 이상 및 고퓨린식품의 섭취, 과음, 당뇨, 신장질환, 노화, 유전적 요인 등이 있다. 체중이 증가하면 고요산혈증을 유발할 수 있으므로 비만환자에서 통풍 발병률이 높다. 또한 역학조사에 의하면 통풍과 고지혈증, 당뇨병, 인슐린 저항성이 관련 있는 것으로 알려졌다.

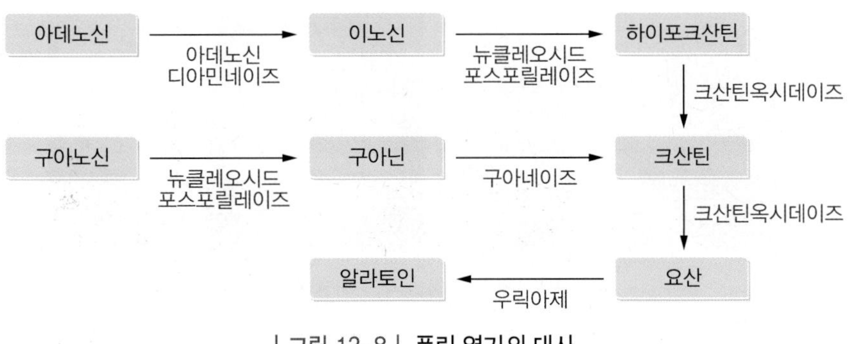

| 그림 12-8 | **퓨린 염기의 대사**

우리 신체의 기본 구성을 이루고 있는 세포 중 핵단백질은 핵산과 단백질이 결합하고 있으며, 핵산은 퓨린 염기(purine base) 또는 피리미딘 염기(pyrimidine base)와 당 그리고 인산으로 구성되어 있고 퓨린 염기의 최종 체내 대사산물이 통풍의 원인이 되는 요산이다. 따라서 백혈병, 악성 임파종, 골수암, 용혈 빈혈, 감염, 수술, 스트레스, 과로 등으로 인한 과도한 세포의 이화도 요산생성을 증가시키며 통풍을 일으킬 수 있다.

정상 혈중 요산농도는 100 mL당 3~6 mg 수준이고 혈중 요산 농도가 7~10 mg 이상인 경우 고요산혈증으로 진단한다. 일반적으로 여성이 남성보다 통풍에 덜 걸리는데 여성호르몬 에스트로젠이 요산치를 낮추기 때문이다. 또한 성인 남성의 사회활동에 따른 어육류 과잉섭취로 인한 고퓨린 섭취와 남성의 격렬한 근육운동도 신진대사를 촉진시켜 세포가 파괴되면서 핵산을 다량 방출시키는 요인이다. 그러나 나이가 들면서 남녀의 통풍 발병률은 비슷해진다.

2. 증상

통풍은 평소에는 특별한 증상이 없으나 음식물로부터 섭취한 외인성 요산 또는 신체 내 대사과정에서 생성된 내인성 요산에 의해 혈중 요산이 증가할 때 고요산혈증이 일어나며 이때 요산 생성량과 배설량 간의 균형이 깨지면 과잉의 요산이 칼슘과 결합하여 관절에 침착되면서 염증과 함께 통증을 유발한다. 특히 인체 내 체온이 낮은 부위에서 요산의 혈중 용해도가 낮으므로 통풍결절 침착이 많이 나타나며 주로 손·발가락, 귓바퀴, 손목, 관절, 무릎 등이다. 증상은 발생 후 얼마 뒤에 사라졌다가 수개월 후 재발하기도 한다.

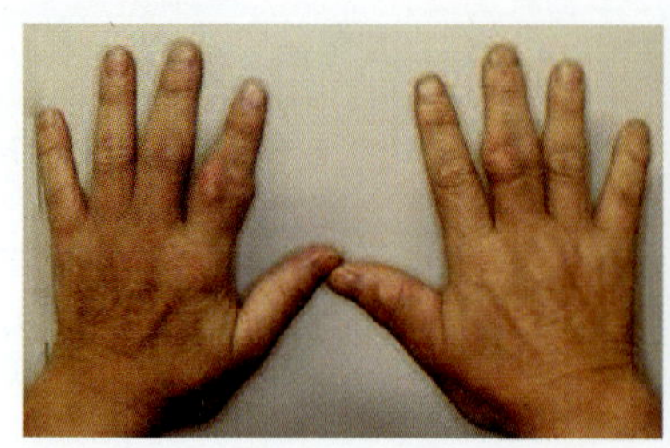
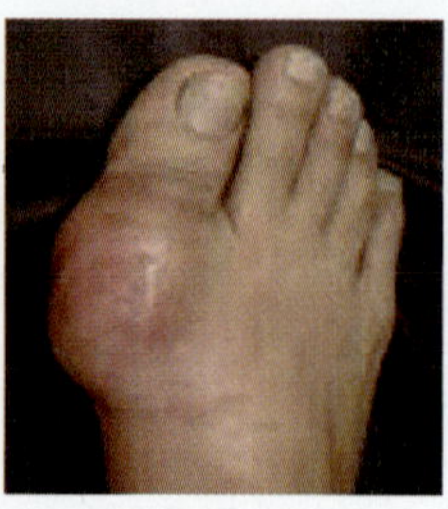
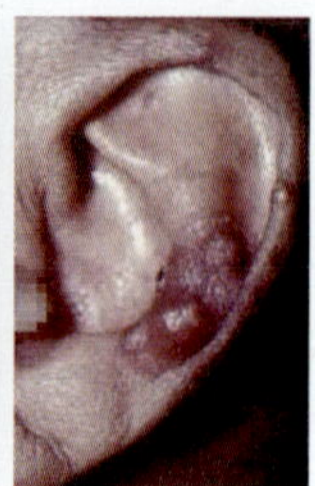

| 그림 12-9 | 통풍의 부위별 증상

3. 치료 및 영양관리

통증의 경감을 위해서 주로 약물치료를 하며 알로퓨리놀(allopurinol)이나 프로베네시드(probenecid) 등의 요산배설촉진제는 혈중 요산을 배설시켜 만성 고요산혈증 환자에게 도움을 준다. 또한 질병의 진행을 저지하기 위해 퓨린 섭취량을 600~1,000 mg/일로 제한하고 증세가 심한 경우는 100~150 mg/일까지 제한하는 저퓨린식을 공급한다. 요산의 배설촉진과 요산에 의한 신결석을 억제하기 위해 소변의 pH를 높이는 알칼리성 식품 및 1일 3 L 이상의 충분한 수분 섭취를 권장한다.

통풍의 증상을 악화시키는 식품은 표 12-3에서 보는 바와 같이 퓨린 함량이 많은 수·조·어육류 및 어패류 등이다. 맥주는 혈액 내 요산치를 상승시켜 통풍의 위험성을 높이지만 적정량의 포도주는 영향을 미치지 않는다고 한다. 채소 중에는 일상적으로 섭취하는 수준의 시금치, 버섯, 아스파라거스 등에 함유된 퓨린은 통풍 증상을 악화시키지 않는다.

| 표 12-3 | 퓨린 함량에 따른 식품군 분류

많은 식품(150~800 mg)	중간식품(50~150 mg)	적은 식품(0~15 mg)
내장부위(간·심장·신장·지라·혀·뇌), 육즙, 거위, 생선류(정어리·청어·멸치·고등어), 가리비, 게, 홍합, 효모, 베이컨	고기류, 가금류, 생선류, 조개류, 콩류(강낭콩·잠두류·완두콩·편두류), 채소류(시금치·버섯·아스파라거스)	달걀·치즈·우유, 곡류(오트밀·전곡 제외), 빵, 채소류(나머지), 과일류, 설탕
급성기인 경우, 증세가 심할 때 섭취할 수 없음	회복 정도에 따라 소량 섭취할 수 있음	제한 없이 섭취할 수 있음

자료 : 대한영양사협회, 임상영양관리지침서 제3판, 2008

참고문헌

이영남 · 노희경 · 임병순 · 김성환 · 이애랑 · 권순형 · 이정실 · 조금호, **임상영양학**, 수학사, 2008

구재옥 · 이연숙 · 손숙미 · 서정숙, **식이요법**, 한국방송통신대학교출판부, 2002

김경임 외 한국식품영양관련학과 교수협의회, **임상영양학**, 교문사, 2001

손숙미 · 임현숙 · 김정희 · 이종호 · 서정숙 · 손정민, **임상영양학**, 교문사, 2008

스튜어트 폭스 저, 박인국 역, **생리학** 10판, 라이프사이언스, 2008

윤선외, **기능성 식품학**, 라이프사이언스, 2006

이미숙 · 이선영 · 김현아 · 정상진 · 김원경 · 김현주, **임상영양학**, 파워북, 2010

이양자 외, **고급영양학**, 신광출판사, 2006

이영택 외, KIMS Drug Index, 메디메디아 코리아, 2012

이정윤 · 장혜순 · 서광희 · 이선희 · 이병순 · 남정혜, **식사요법**, 신광출판사, 2007

장유경 · 권종숙 · 조여원 · 김경민 · 김혜경, **임상영양학**, 신광출판사, 2006

장유경 · 변기원 · 이보경 · 이종현 · 이홍미 · 조영연, **임상영양관리**, 효일, 2011

장유경 · 정영진 · 문현경 · 윤진숙 · 박혜련, **영양판정 이론과 실습**, 신광출판사, 2008

최현, **인체생리학**, 수문사, 1992

대한영양사협회, **임상영양관리지침서** 제3판, 2008

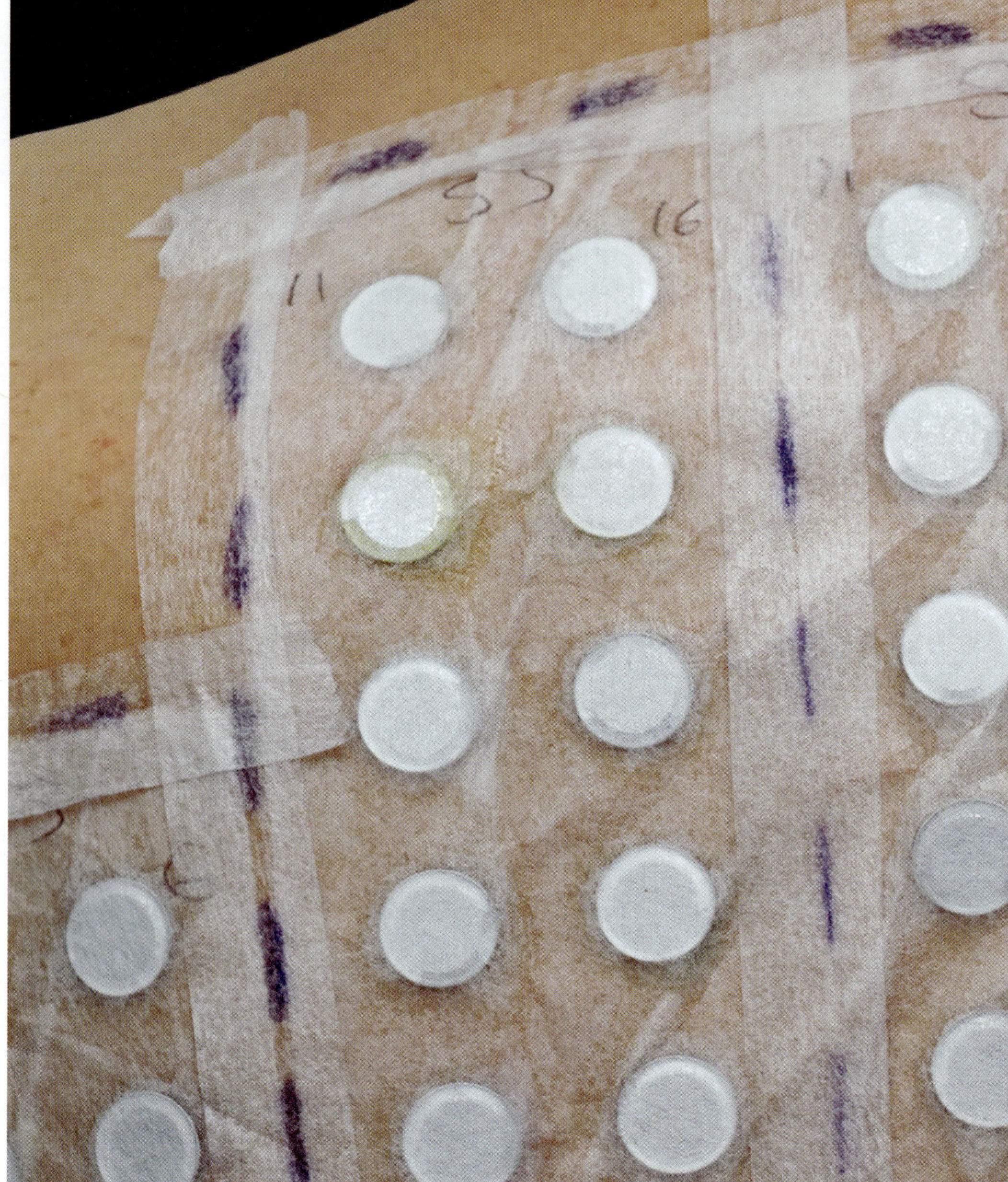

CHAPTER 13

식품알레르기

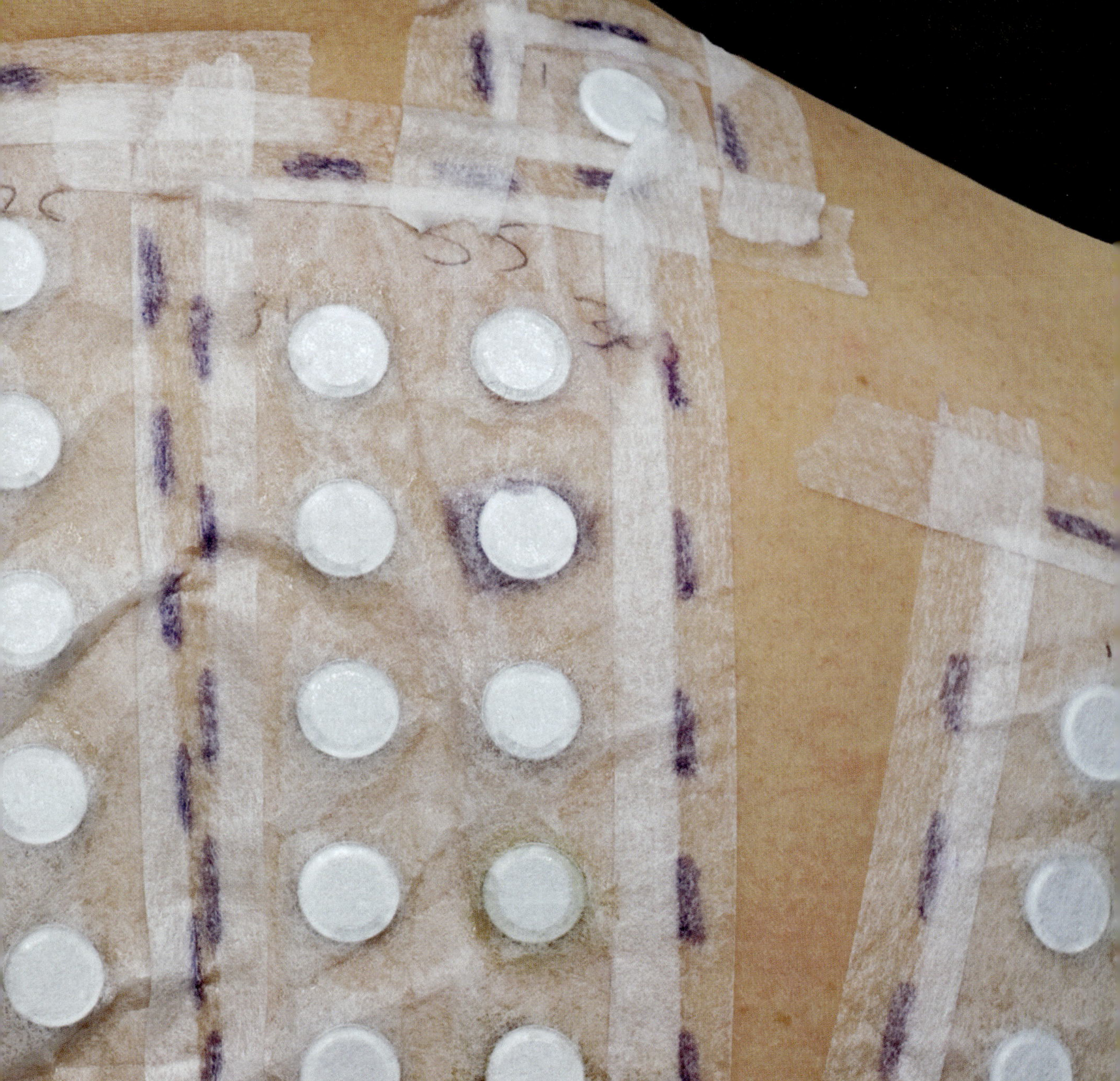

학습목표

- 면역반응 및 면역계의 개념을 설명할 수 있다.
- 인체 내 방어기전을 설명할 수 있다.
- 영양소와 관련하여 면역기능 이상을 설명할 수 있다.
- 식품알레르기의 원인, 증상 및 식사요법 등에 대해 설명할 수 있다.

제1절 면역과 알레르기

면역(immune)이란 생체가 독소, 외부 물질 또는 유해한 세포로부터 자신을 보호하기 위해 일으키는 반응을 말하며 항체의 합성을 통한 거부를 체액성 면역, 세포에 의한 거부를 세포성 면역이라고 한다. 즉 면역은 외부에서 침입한 이물질에 대해 자기(self)와 비자기(nonself)를 식별함으로써 자기 자신을 지키려는 생물체의 자기방어기전이라고 볼 수 있다.

면역계(immune system)는 생체의 방어기능을 담당하고 있는 면역기구를 말하며 가슴샘, 림프절, 비장, 장관 림프조직, 편도, 맹장, 아데노이드, 피부, 점막 등이 포함된다. 면역계에서 중요한 기능을 담당하는 혈액간세포(hematopoietic stem cell)는 생체 방어기능을 담당하는 모세포이다. 이 세포에는 골수의 기질세포 등과 결합하여 B-림프구로 분화하는 세포, 분화·성숙하여 골수의 기질세포와 결합하고 흉선에 들어가서 흉선의 상피세포 및 간질세포와 상호작용하여 T-림프구로 분화하는 세포와 대식세포 등이 있다.

세포성 면역에 관여하는 T-림프구는 면역계 전반을 제어하는 중심세포이며, 항원의 영향을 받으면 활성화되어 림포카인을 생성하거나 세포살해능을 나타내게 된다.

T-림프구와 더불어 생체 방어기능의 중요한 역할을 담당하고 있는 B-림프구는 각종 항원에 상응하는 각각의 특정 항체를 생성함으로써 숙주를 보호하는데 이를 체액성 면역이라 하며 각종 면역글로불린이 이에 해당한다.

선천적으로 항원이 존재하는 경우를 자연면역, 후천적으로 항원과 접촉하여 면역을 획득하는 경우를 획득면역이라고 한다. 후자의 경우 차후 또다시 감염이 반복될 경우 훨씬 빠른 속도로 대응할 수 있는 특징이 있다. 이 면역반응이 장해로 작용하는 경우에는 알레르기, 아나필락시, 아토피가 일어난다. 양상은 다르지만 이러한 거의 모든 면역요소가 영양소에 의존적이라고 알려졌다. 면역과 관련된 여러 세포와 백혈구를 표 13-1에 나타내었다.

알레르기는 어떤 항원에 감작되어 있는 생체에 다시 같은 항원이 침입하는 경우에 일어나며 처음보다도 높은 반응성을 나타내는 상태를 말한다. 선천적으로 각종 항원에 대하여 보통 사람보다도 높은 반응성을 나타내는 아토피와는 구분된다. 알레르기 반응에는 즉시형 알레르기 반응과 지연형 알레르기 반응이 있다. 알레르기는 유전적인 요인과 환경적인 요인이 복합적으로 작용하여 발생하는 것으로 알려졌다.

| 표 13-1 | 면역과 관련된 세포 및 백혈구

세포		종류	기능
피부, 점막세포			외부물질에 대한 일차 방어선
대식세포(macrophage)			식세포작용, 독성물질 분비, T-세포에 항원제공
백혈구	호중구 (neutrophil)		식세포작용, 고름 형성
	호염구 (basophil)		염증반응, 알레르기 반응에 관여
	호산구 (eosinphil)		항체에 둘러싸인 기생충 제거
	단핵구 (monocyte)		대식세포의 전구세포, 식세포작용
	림프구 (lymphocyte)	B-세포	형질세포로 분화되어 항체분비
		세포독성 T-세포	감염세포, 암세포 사멸
		보조세포 T-세포	다른 면역세포 활성화 1형 T-세포(Th1), 2형 T-세포(Th2)가 있으며 Th1은 세포성 면역(대식세포와 세포독성 T-세포), Th2는 체액성 면역(B-세포)을 활성화
		자연살해세포	감염세포 사멸 비특이적으로 반응하나 특이적 면역의 사이토카인의 영향 받음
형질세포(plasma cell)		항체 분비	
비만세포(mast cell)			히스타민, 염증에 관여하는 화학물질 분비 알레르기에 관여

식품알레르기는 음식에 대한 면역반응으로서 여러 음식이 알레르기의 원인이 될 수 있다. 식품알레르기는 이전에 한 번이라도 알레르기를 일으키는 원인물질에 노출되어야만 알레르기 반응을 일으킨다. 처음 노출에서는 알레르기 원인이 되는 알레르겐이 림프구를 자극하고 그 알레르겐에 특이한 E형 면역글로불린이 만들어진다. E형 면역글로불린이 다른 장소에 있는 비만세포에 가서 부착된 후에 그 음식에 또 노출되면 알레르겐 비만세포 E형 면역글로불린과 반응하여 비만세포로 하여금 히스타민 같은 화학물질을 내놓는다. 이러한 화학물질이 분비되는 위치에 따라서 여러 가지 식품알레르기의 증상이 나타나게 된다.

1. 영양과 면역

영양이 결핍되면 각종 질병에 쉽게 감염되며 면역결핍을 초래한다. 영양불량은 섭취하는 식품의 총량뿐 아니라 식품의 질이나 영양적 균형과도 관련이 있으며 개인의 식품 선택, 사회경제적 요인 등에 의해서도 영향을 받는다. 특히 단백질과 열량의 부족(PEM)은 세포성 면역을 떨어뜨리며 장기적으로는 체액성 면역도 저하시켜 생체 방어능력을 떨어뜨리게 된다. 정상적인 면역기능을 발휘하기 위해서는 적절한 영양섭취가 필요하므로 평생 영양의 중요성이 강조되어야 한다.

면역에 중요한 역할을 하는 영양소는 비타민 A·C·B_6·E, 필수지방산, β-카로틴, 망간, 셀레늄, 아연, 구리, 철, 황, 마그네슘 등이 있다.

1) 비타민 A

비타민 A와 카로티노이드류는 T-림프구 및 B-림프구의 반응을 증가시키고 생체 방어기능을 높인다. 비타민 A가 부족한 경우 점막 장벽의 정상적인 재생을 방해하고, 호중구·대식세포·자연살해세포의 기능을 저하시키고 항체반응을 낮춘다.

2) 비타민 C와 E

비타민 C와 E는 산화 손상을 줄여 호중구, T-세포, B-세포의 기능을 돕는다. 많은 동물실험 연구에서 식이성 비타민 E가 세포성 면역과 체액성 면역을 높이는 것으로 보고된다. 비타민 C는 알레르기를 일으키는 원인 물질인 히스타민을 해독시키며, 세포성 면역 및 면역응답능을 증가시키나 이에 대한 정확한 기전은 알려지지 않았다.

3) 비타민 B_6

비타민 B_6는 단백질 대사와 가슴샘, 림프 등의 세포 성장과 유지에 관련 효소의 조효소로서 영향을 미친다.

4) 아연

아연 부족은 성장저해, 빈혈, 성기능장애, 위장질환, 신장병, 당뇨병, 알코올중독, 만성 감염증, 암 등을 일으키며, B-세포와 T-세포의 소멸을 촉진하고, 대식세포의 기능을 방해하거나 사이토카인의 생성을 변화시키며 신생아의 흉선 발달을 저해한다. 또한 아연은 생체 내에서 활성산소와 활성질소의 생성을 억제한다.

5) 셀레늄

모체가 셀레늄 결핍이었던 신생아는 세포독성 보조 T-세포, B-세포, 자연살해세포의 숫자가 적어지고, 또한 이후 셀레늄 부족시에도 호중구와 보조 T-세포 수가 줄어들고 기능저하가 일어난다.

6) 철

철의 결핍은 세포성 면역능과 대식세포 및 호중구의 살균능력을 떨어뜨린다. 대식세포 및 호중구의 살균능력은 철 보충에 의해 회복되나 철 결핍에 의한 세포성 면역능 저하는 철 보충에 의해 원상회복되기 어려운 것으로 알려져 있다.

7) 필수지방산

필수지방산인 ω-3, ω-6 지방산은 면역세포의 생성과 유지에 필요하다. 필수지방산 섭취 부족시 면역능이 감소하나 포화지방산인 콜레스테롤의 과잉 섭취시에도 면역능이 감소되는 것으로 보고되고 있다.

2. 면역 관련 질환

생체는 외부로부터 이물질, 즉 항원이 침입하면 면역세포에 의해 이를 비자기(non-self)로 인식하여 이들에 대한 항체를 생산하게 된다. 일단 항원에 감작된 개체가 재감작되면서 이미 만들어져 있는 항체와 2차적 항체 매개 면역응답반응이 일어나는 경우를 과민반응 또는 알레르기 반응이라 한다. 항원-항체의 복합체가 조직에 침착되어 염증반응을 일으킴으로써 조직의 손상을 가져와 질병을 유발하는 것을 면역복합체 과민반응이라 한다.

항체는 대부분 단백질로서 혈청 중에 면역글로불린 IgG, IgM, IgA, IgD, IgE와 T-림프구, 활성화된 마크로파지가 있다. 과민반응 또는 알레르기 반응은 Type I · II · III · IV형으로 분류된다.

Type I형은 식품알레르기를 포함하며 피부, 위장관, 호흡기 등 광범위하게 나타난다. Type II형은 세포독성형으로 주로 적혈구를 포함하며 혈구성분의 세포막 또는 세포막과 관련된 항원과 작용하며 IgG, IgM이 관여한다. Type III형은 항원-항체의 복합체반응으로 항원-항체 복합체와 주로 IgG가 관여하며 사구체신염 등이 이에 해당한다. Type IV형은 지연형 과민반응으로 세포성 면역반응이다.

Type I · II · III형은 B-림프구, Type IV형은 T-림프구와 밀접한 관계를 가진다. Type I형은 아나필락시스 반응을 나타내며 대부분의 알레르기 반응이 이에 속하고, 혈청 중의 IgE 및 IgG 농도와 밀접한 연관성을 가진다. 특히 IgE는 비만세포 표면에 부착되어 존재하는데, 감작된 비만세포가 특이 항원에 노출되면 IgE가 특이 항원과 결합하여 탈과립에 의해 유리되는 히스타민과 결합하는데, 이들 수용체에 따라서 생리적 활성이 다르게 발현된다. 그 밖에 HIV(human immnunodeficiency virus)에 의한 후천성면역결핍증(AIDS)이 있다.

제2절 원인

생체는 단백질과 같은 물질이 체내로 들어오면 이것에 대하여 항체를 형성한다. 일단 항체가 생긴 후에 다시 항원이 들어오면 항체 사이에서 항원항체반응이 일어난다. 항원항체 때문에 생체에 강한 반응이 일어나는 것을 알레르기 반응이라 한다. 일반적으로 여러 가지 면역현상인 항원항체반응 중에서 생체에게 유리한 현상을 면역이라고 하고, 불리한 현상을 알레르기라고 한다. 알레르기의 원인물질을 알레르겐이라고 하는데 진입하는 경로에 따라 표 13-2와 같이 4가지로 분류된다.

| 표 13-2 | 알레르겐의 종류

원인		알레르겐
식품		밀가루(글루텐), 우유, 달걀, 어패류, 채소류, 바나나, 초콜릿, 새우, 게 등
신경성 원인		스트레스
기타	흡입성	실내의 먼지, 진드기, 깃털류, 꽃가루, 곰팡이, 담배연기 등
	접촉성	화장품, 화학약품, 옻나무, 세제, 비누, 고무장갑 등
	약물	페니실린, 아미노피린, 아스피린, 설파제, 혈청주사제 등

1. 식품

식품알레르기는 최근 지속적으로 증가하고 있고 과거 20년 전에 비해 2배 이상 증가하고 있다. 전체 인구의 20~25%는 식품알레르기가 있다고 보고되어 있으나 실제로는 5% 미만이 임상적으로 식품알레르기 반응이 있다고 진단된다.

식품알레르기는 음식물 중의 어느 성분에 의하여 비정상적으로 나타나는 일종의 부작용으로 음식에 대한 면역학적 내성이 발달되지 못한 소아에게서 흔히 발병한다. 알레르기를 유발시킬 수 있는 음식물은 우유(주요 원인물질은 카세인과 β-락토글로불린), 달걀(주요 원인물질은 흰자의 오브알부민과 오보뮤코이드), 생선, 과일, 초콜릿 등이며 식품첨가물에 의한 알레르기 증상도 심각하다.

식품알레르기는 그 진단에 어려움이 많은데 성인의 경우 주로 갑각류, 견과류, 땅콩, 콩, 생선 등이 원인이 된다. 아이들에게서는 우유, 달걀, 땅콩, 밀, 콩, 견과류가 대부분 알레르기의 원인으로 나타난다. 이 외에도 과일, 채소, 종실류 등도 식품알레르기를 유발할 수 있으며, 알레르기를 일으키는 성질은 조리와 식품가공과정 중에 변화할 수도 있다. 이 중 달걀 단백질은 많은 식품에 포함되어 있고 식품표시에 의해 쉽게 찾을 수 없는 경우가 대부분이기 때문에 달걀에 알레르기가 있는 경우 진단 및 치료가 쉽지 않을 수 있다.

모든 식품은 알레르겐으로 작용할 가능성을 가지고 있으며, 특히 단백질 식품에는 알레르겐이 강한 식품이 많다. 알레르겐이 되는 물질은 대개 질소를 가지고 있으며 단백질이 분해되어 중독현상으로 과민증이 일어난다. 또한 식품 간 교차반응으로 알레르기가 심해질 수도 있는데 그림 13-1에 알레르기 반응을 일으키는 식품과 교차반응으로 문제가 될 수 있는 식품을 나타내었다.

알레르기 반응을 일으키는 식품	교차반응으로 문제가 될 수 있는 식품	교차반응률
우유	염소의 젖 (염소)	92%
멜론 (캔터로프)	그 외 과일 (수박, 아보카도, 바나나)	92%
갑각류 (새우)	그 외 갑각류 (게, 바닷가재)	75%
꽃가루 (자작나무, 돼지풀)	과일/채소 (사과, 배, 감로)	55%
복숭아	그 외 장미과 과일 (자두, 사과, 체리, 배)	55%
생선 (연어)	그 외 생선 (황새치, 가자미)	50%
견과류 (호두)	그 외 견과류 (브라질, 캐슈넛, 헤이즐넛)	37%
라텍스 (장갑)	과일 (키위, 아보카도, 바나나)	35%
곡류 (밀)	그 외 곡류 (보리, 호밀)	20%
과일 (키위, 아보카도, 바나나)	라텍스 (라텍스장갑)	11%
우유	육류 (햄버거)	10%
콩류 (땅콩)	그 외 곡류 (완두콩, 렌즈콩, 대두)	5%
우유	암말의 젖 (암말)	4%

| 그림 13-1 | **식품 간 교차반응**

자료 : 한영신, 식품알레르기 교육 및 급식관리 매뉴얼, 서울특별시, 2010
www.foodallergy.or.kr

2. 유전

알레르기를 일으키기 쉬운 신체를 특이체질이라고 하며 일종의 유전성으로 알려지고 있다. 음식에 반응하는 E형 면역글로불린을 만들어내는 능력은 유전에 따라 다르다. 일반적으로 알레르기 반응을 보이는 가족이 있는 사람이 없는 사람보다 알레르기에 걸릴 확률이 더 높다.

3. 신경성 원인

알레르기 반응은 자율신경과 밀접한 관계가 있다고 알려져 있으며, 특히 부교감신경과 자율신경이 관계한다. 부교감신경이 쉽게 긴장되고 자율신경이 불안정한 사람에게서 식품알레르기가 잘 일어난다. 스트레스도 알레르기의 유발과 밀접한 관계가 있다.

4. 기타

실내의 먼지, 진드기, 깃털류, 꽃가루, 곰팡이, 담배연기 등의 흡입성 요인, 화장품, 화학약품, 옻나무, 세제, 비누, 고무장갑 등의 접촉성 요인, 페니실린, 아미노피린, 아스피린, 설파제, 혈청주사제 등이 알레르기의 원인이 될 수 있다.

제3절 증상

위장관에서 보이는 알레르기 증상은 식품불내성과 혼동되기 쉽다. 알레르겐이 흡수되어 혈액으로 들어가서 피부에 이르면 구진과 습진을 일으키고 폐에 도달하면 천식을 유발한다. 알레르겐이 혈액을 따라다니면서 기운이 없고 혈압이 급격히 떨어지는 과민증이 올 수도 있다. 이런 과민반응은 입 주위가 따끔거리거나 복부가 불편한 약한 증상으로 시작될 때도 있으나 심각한 증상도 일으킬 수 있으므로 저혈압이나 호흡곤란으로 인한 사망을 방지하기 위해 이러한 경우 빨리 치료해야 한다.

영아나 어린이들에게도 식품알레르기에 의한 증상이 생길 수 있다. 우유나 콩으로 만든 유아용 조유에 대한 알레르기가 있을 수 있는데, 이러한 알레르기는 구진이나 천식

같은 것은 일으키지는 않으나 복통, 혈변, 성장장애가 일어날 수 있다. 음식물에 의한 아나필락시스(anaphylaxis)가 수반되면 호흡곤란, 실신 등을 초래하여 치명적일 수 있다.

식품 유발 알레르기를 즉시반응과 지연반응으로 분류하여 표 13-3에 제시하였다.

| 표 13-3 | 식품 유발 알레르기의 즉시반응과 지연반응

표적기관	즉시반응	지연반응
피부	발진, 가려움, 두드러기, 홍역모양홍반, 혈관부종	발진, 홍조, 가려움, 홍역모양의 홍반, 혈관부종, 습진
눈	가려움, 결막홍반, 눈물, 눈 주위 부종	가려움, 결막홍반, 눈물, 눈 주위 부종
상기도	코막힘, 가려움, 콧물, 재채기, 후두부종, 쉰 목소리, 마른기침	
하기도	기침, 흉부압박감, 호흡곤란, 천명, 호흡시 부속근 사용	기침, 호흡곤란과 천명
위장관(입)	입술, 혀, 입천장의 혈관부종, 입안 가려움, 혀 부종	
위장관(하부)	오심(구역질), 복통, 역류, 구토, 설사	오심(구역질), 복통, 역류, 구토, 설사, 혈변, 보채기, 식사거절과 체중감소
심혈관	빈맥(때때로 아나필락시스에는 서맥), 저혈압, 어지러움, 실신, 의식상실	
기타	자궁수축	

자료 : 한영신, 식품알레르기 교육 및 급식관리 매뉴얼, 서울특별시, 2010
www.foodallergy.or.kr

식품알레르기 증상은 히스타민이 분비되는 장소에 의해 영향을 받는다. 즉 귀, 코, 목구멍에서 반응이 나타나면 입안이 간지럽고 숨쉬기나 삼키기가 어려워진다. 반면에 위장관계에서 반응이 있으면 복통, 구토, 설사 등이 나타난다. 두드러기는 피부의 비만세포에서 히스타민이 분비되어 나타날 수 있다. 피부에서는 즉시반응으로 발진, 가려움, 두드러기, 홍반, 혈관부종이 나타날 수 있다. 눈에서는 가려움, 결막홍반, 눈물, 눈 주위 부종이 나타나기도 한다. 상기도에서는 코막힘, 가려움, 콧물, 재채기, 후두부종, 쉰 목소리, 마른기침 증상이, 하기도에서는 기침, 흉부압박감, 호흡곤란, 천명, 흉골견축 등이 나타날 수 있다. 식품에 의한 아나필락시스는 신체 전부가 관여되는 심각한 알레르기 반응이다. 히스타민은 기도를 수축시켜 숨 쉬기 어렵게 하고 혈관을 확장시켜 혈압을 낮추며 혈류에서 조직으로 수분을 이동시켜 쇼크나 두드러기가 나게 할 뿐 아니라 복통, 경련, 구토, 설사 등을 일으킨다.

식품알레르기 증상은 음식을 먹은 지 몇 분 내에 일어나는데, 처음에는 입 주위에 가려움증이 나타나고 삼키는 작용과 숨쉬는 작용이 원활하지 않게 되며, 기침과 호흡곤란 및 불쾌감이 나타나는 경우가 많다. 또 소화관에서 소화가 진행되는 동안 메스꺼움, 구토, 설사, 복통이 시작된다(그림 13-2).

식품알레르기 증상은 표 13-4에 제시한 바와 같이 피부, 호흡기, 위장관 및 전신에 문제를 일으킬 수 있다.

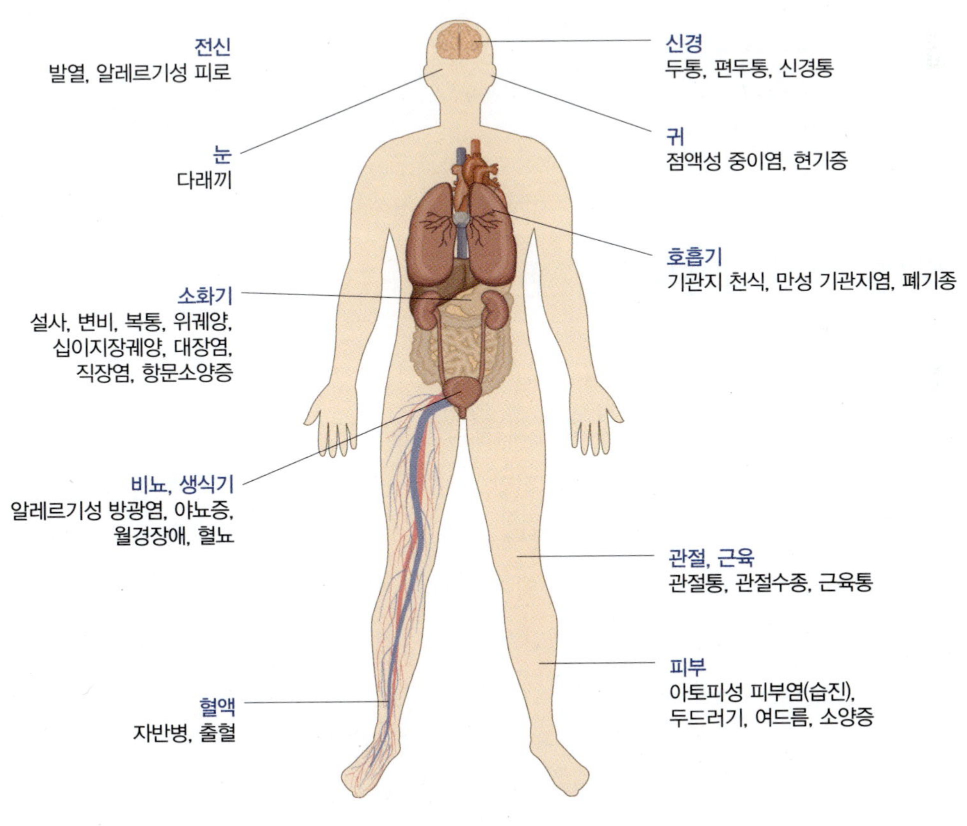

| 그림 13-2 | 알레르기 증상

| 표 13-4 | 식품알레르기의 증상

발생 부위별 증상	IgE 매개	IgE 무관	급성형	만성형
피부				
두드러기(urticaria)	+		+	+
아토피성 피부염(atopic dermatitis)	+	+	+	+
혈관부종(angioedema)	+		+	
호흡기				
천식(asthma)	+		+	+
비염(rhinitis)	+		+	+
위장관				
구토(vomit)	+	+	+	+
설사(diarrhea)	+	+	+	+
복통(pain)	+	+	+	+
전신				
아나필락시스(anaphylaxis)	+		+	

자료 : 한영신, 식품알레르기 교육 및 급식관리 매뉴얼, 서울특별시, 2010
www.foodallergy.or.kr

제4절 검사 및 진단

1. 과거력, 식이기록 조사

식품알레르기를 진단하는 첫 번째 단계는 식품일지 등을 통해 자세한 과거력을 조사하고 식이기록, 제거식이 등을 근거로 진단을 내리는 것이다. 이로써 어떤 음식에 대해서 과민반응이 있다는 것을 확인해야 한다.

식품알레르기 진단에 사용하는 식품일지는 매일 끼니마다 섭취한 내역을 적고 알레르기 증상도 기록한다. 알레르기의 진단에 있어 병력은 진단에 큰 도움을 주므로 현재 병력, 과거병력, 가족력을 물어보고, 증상이 계절적으로 나타나는지, 지속적으로 나타나는지, 특정식품과 관계가 있는지 등을 조사해야 한다.

2. 피부검사

의심되는 식품 추출물을 피부 위에 떨어뜨린 다음 바늘이나 기구로 표피에 상처를 낸

후 양성이 나타나면 그 음식에 대해 피부 비만세포가 E형 면역글로불린 항체를 가지고 있다는 뜻이다. 반응은 붓거나 빨갛게 나타나는데 알레르기 반응이 있을 때 20분 내에 피부 표면에 반응이 나타난다. 이 검사는 빠르고 간단하며 안전하나 알레르기 반응이 아주 심한 사람은 이 검사만으로도 부작용이 나타날 수 있으므로 조심해야 한다. 이 검사는 간단하기는 하나 원인 식품을 진단하는 데 충분하지 못할 때도 있다.

3. 혈액검사

피부검사로 진단이 어려운 경우 혈액검사를 하여 혈액의 E형 면역글로불린 항체를 발견해 낸다. 그러나 이 방법은 비용이 많이 들고 결과가 나오기까지 시간이 오래 걸린다. 또한 혈액검사만 가지고는 진단이 되지 않고 임상적인 증상과 일치해야 한다. 특이 알레르겐에 대한 IgE 수준을 측정하기 위해 RAST, ELIZA, CAP-FEIA를 시행한다. 이들은 다른 검사와 달리 의심스러운 알레르겐에 사람이 노출될 필요가 없어 검사를 하는 동안 알레르기 반응에 대한 걱정을 할 필요가 없고, 혈액을 사용하므로 환자나 의사 모두에게 편리한 검사법이다. 그러나 결과가 일정하지 않아 신뢰성에 문제가 제기되기도 한다.

4. 제거식이 및 음식물 유발검사

제거식이를 통해 의심되는 음식을 제거했을 때 반응이 나타나지 않는지 조사해보고 그것을 다시 넣고 시험하여 반응이 나타나는지 조사함으로써 원인을 진단할 수 있다. 제거식이나 음식물 유발검사의 경우, 의심이 되는 식품을 2주 동안 섭취하지 않고 증상이 사라지면 의심되는 식품을 한 번에 하나씩 추가하여 정상 섭취량까지 양을 증가하거나 또는 증상이 나타날 때까지 양을 증가하여 검사한다. 어떤 식품에 알레르기가 있는지를 조사하기 위해 의심이 되는 식품을 제거하여 검사를 시행할 때는 이중맹검법을 이용하여 심리적으로 느끼는 효과를 상쇄시킨다.

위약조절 음식물 유발검사는 단일 또는 이중맹검을 할 수 있는데 사람들의 반응이 심리에 의해 영향을 받지 않기 위해서는 대상자도 관찰자도 의심식품을 섭취하는지 여부를 알 수 없게 해야 한다. 이 검사는 환자의 동기와 협조가 필요하며 맹검 시행시 의심되는 식품은 위약과 식품이나 캡슐에 숨겨 대상자가 무엇을 먹는지 알지 못해야 한다. 반응의 위험 때문에 이 검사는 훈련받은 의료 전문가들이 있고 에피네프린, 항히스타민, 스테로이드, 심장 및 폐 소생기구 등이 갖추어진 기관에서 시행하여야 한다.

제5절 치료 및 영양관리

1. 영양관리

식품알레르기의 가장 확실한 치료는 식품 알레르겐을 완전히 피하는 것이다. 알레르기를 유발하는 식품을 알아내고 피하기 위해 주의해야 할 식품과 제한해야 할 성분을 표 13-5에 제시하였다. 그러나 원인 식품을 제거하는 것이 어려운 경우가 많아 세심한 주위가 필요하다. 예를 들어 달걀이나 우유에 알레르기가 있는 사람은 빵류나 쿠키류도 피해야 하는데, 피해야 하는 식품이 원래 형태가 아닌 다른 형태로 음식에 포함되어 있거나 같은 조리도구의 사용으로 인해 피해야 할 식품이 오염되어 섞임으로써 반응 결과가 나타날 수 있으므로 세심한 주의가 필요하다.

부모에게 식품알레르기가 있는 경우 자녀도 식품알레르기를 가질 확률이 높으므로 예방에 주의해야 한다. 생후 6~12개월 사이에 우유나 콩에 알레르기가 생기는 것을 막기 위해서 모유를 권장한다. 모유는 아기에게 이물질이 될 수도 있는 단백질을 우유나 콩보다 덜 가지고 있다. 그러므로 식품알레르기가 생길 만한 영아에게 모유를 통한 영양공급은 중요하다. 어떤 아이는 특정한 음식에 매우 민감한데, 이런 경우 모유를 주는 엄마도 그 음식을 피하는 것이 좋다. 영아에게 적어도 6개월이 되기 전까지 고형식을 먹이는 것을 피하면 알레르기를 일으키는 음식에 노출되는 것을 지연시킬 수가 있고, 모유를 주는 것은 식품알레르기가 나타나는 것을 지연시킬 수 있다.

식품알레르기가 있는 사람에게는 식이섬유가 풍부한 자연식을 위주로 한 균형 있는 식사를 하도록 권하고 있다. 식이섬유는 알레르기 원인이 되는 금속이나 독성물질 제거에 도움이 되고, 비타민 B_6는 외부물질을 해독하는 과정을 돕는다. 환자의 경우에는 민감한 음식이 발견되면 그 음식을 완전히 피해야 한다. 또한 음식을 먹을 때는 그 안에 어떤 성분이 포함되어 있는지를 잘 조사하고 먹어야 한다.

부적절한 또는 과도한 식이제한을 하는 경우 영양불량과 성장 저해가 나타날 수 있으

| 표 13-5 | 제한식품 및 성분

제한식품	포함된 음식	제한해야 할 성분
달걀	과자, 케이크, 빵, 마요네즈, 샐러드드레싱, 아이스크림, 달걀이 포함된 어묵, 만두, 국수, 튀김, 부침 등	알부민, 난황, 난백, 달걀가루, 아비딘, 라이소자임, 리베틴, 에그노그, 오브알부민, 오보글로불린, 오보뮤신 등
우유	유제품(요구르트, 치즈, 피자, 아이스크림, 버터, 분유, 우유, 크림(생크림), 초콜릿, 캐러멜, 푸딩, 우유가 포함된 과자 및 빵류, 기타 우유성분이 함유되어 있다고 표시된 식품)	카세인, 카세이네이트, 버터밀크, 버터, 탈지분유, 칼슘카세이네이트, 락토알부민, 락토글로불린, 유당, 요거트, 커스터드, 캐러멜캔디, 에그노그, 유단백, 칼륨카세이네이트, 밀크초콜릿
대두	간장, 된장, 두부, 두유, 소스류, 콩기름, 낫토	대두분말, 대두단백질, 식물성단백질, 간장, 된장, 콩기름
밀	과자, 빵, 국수, 스파게티, 핫도그, 튀김, 부침, 도넛	밀가루, 글루텐, 밀기울, 밀배아, 밀전분

므로 여러 식품을 한꺼번에 제한해야 하는 경우에는 비타민과 무기질을 보충해야 한다. 또한 식이로부터 식품을 제거하는 경우 영양을 공급해 줄 대체식품이 필요하다.

2. 약물치료

히스타민은 위장관계 증상, 두드러기, 재채기, 콧물 같은 것을 조절할 수가 있고, 기관지 확장제는 천식을 완화시킨다. 이러한 약물은 알레르기가 있는 음식을 먹었을 때 증상이 나타나는 경우 복용한다. 심한 알레르기가 있는 사람은 반응이 일어나면 자기가 주사를 할 줄 알아야 하고, 빨리 응급구조대를 부르거나 병원으로 가야 한다. 그 외에 동반되는 증상의 치료를 위해 몇 가지 약물이 사용되고 있고 면역치료 등이 고려되기도 하지만 아직까지 효과는 확실하지 않다.

아토피 아토피란 알레르기가 피부에 나타나는 것으로 비염, 두드러기, 천식과 같은 알레르기성 질환을 동반한다. 장기간 가려움이 수반되며 피부가 두꺼워지는 태선화 현상이 나타난다. 아토피 피부염은 유전적인 성향이 있는 사람에게서 발생하는 만성 염증성 알레르기 질환이다. 아토피 피부염 환자의 80% 정도가 혈청 내 총 IgE 및 항원 특이 IgE 수치가 상승되어 있고 피부반응검사에서 여러 종류의 항원에 대해 양성반응을 나타낸다.

아토피는 단순 피부의 결함이 아니라 면역학적 이상, 특히 여러 가지 항원과의 작용이 주요 원인이 되는 질환이다. 아토피 피부염과 식품과의 연관성은 2~80% 정도로 그 차이가 매우 크게 나타나는데 이는 나이와 증상의 중증도에 따라 연관성이 다르게 나타나기 때문이다. 영·유아기에는 식품과의 연관성이 높아 아토피의 50~70%가 식품과 관련이 있고, 학령기와 성인기에는 아토피의 10~20%가 식품과 연관성이 있는 것으로 알려져 있다. 알레르기의 원인이 되는 주요 식품으로는 달걀, 우유, 대두, 땅콩, 견과류, 밀 등으로 영·유아기에는 주로 달걀과 우유가 원인이 되고 나이가 들면서 갑각류, 밀가루, 견과류, 밀가루 등으로 변해간다. 아토피는 유전적 요인도 관련이 있다. 부모 중 한쪽이 아토피인 경우에 자녀의 60%가, 부모 모두 아토피인 경우에는 자녀의 80%가 발생한다. 또한 환경적 요인도 중요하게 작용한다. 음식, 공기, 땅의 오염이 아토피 발생과 관련이 있는데 항원이 들어오면 그 항원에 특이 IgE를 생산하고, IgE는 비만세포와 결합하여 히스타민 등 화학물질을 발생한다. 이들 물질은 붉은 반점, 부종, 가려움증을 유발한다. 아토피는 그림에서 보는 것처럼 피부상태와 관련이 있다.

주증상으로는 가려움증, 특징적인 피부병변, 피부건조증 등이 있다.

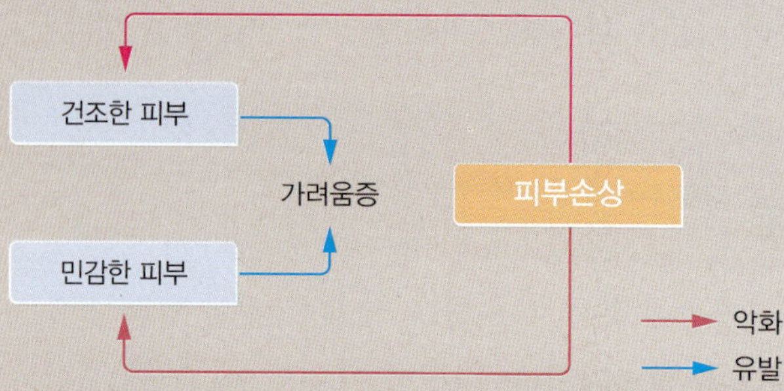

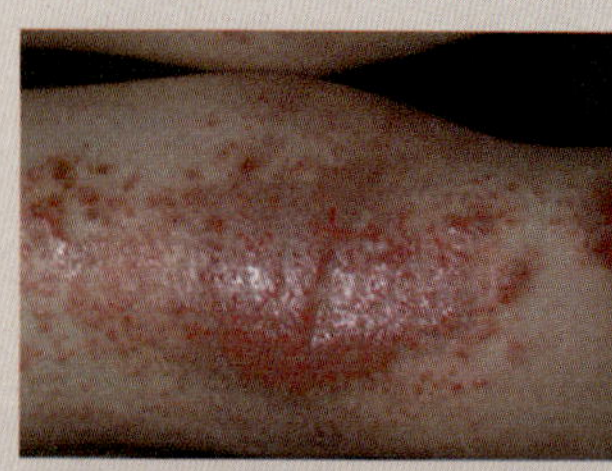

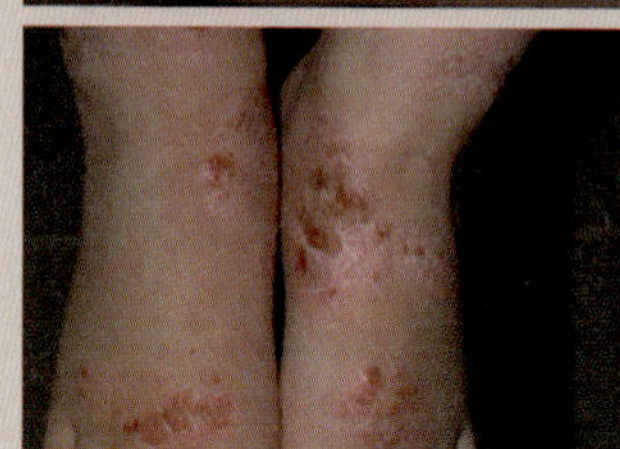

진단은 임상 양상을 근거로 하는데 주증상으로는 가려움증, 연령에 따른 특징적인 병변의 부위와 모양, 그리고 만성 혹은 재발성 경과를 취하는 병의 진행과정, 본인 또는 가족력에서 아토피의 병력(아토피 피부염, 기관지 천식, 알레르기 비염)이 있으며 이 중 3가지 이상 있으면 아토피 피부염이라 진단할 수 있다. 진단에는 가려움증과 특징적 피부병변이 반드시 있어야 하고 대부분의 경우에 적용되는 중요한 소견으로는 어린 나이에 시작하고 아토피력, 피부건조증이 있다. 검사 방법으로는 혈액검사(면역글로불린 검사), 피부반응검사, 제거식이, 부하시험 등이 있다.

아토피 피부염은 국소 스테로이드제 사용, 국소 면역억제제 사용, 면역요법, 항생제 요법, 항원의 회피, 자극 요인 회피, 피부 관리, 항-IgE 치료 등 다양한 방법으로 치료를 하는데 가장 근본적인 치료는 원인이 되는 항원의 제거이다. 확인된 식품 항원을 적절히 제한하였을 경우 다른 치료를 병행함이 없이도 증상이 호전된다. 식품을 제한함에 있어 소량을 섭취하더라도 식품 항원은 식품-특이 IgE를 합성할 수 있기 때문에 철저한 제한을 원칙으로 한다. 가공식품에 들어 있는 소량의 식품도 간과해서는 안 된다. 따라서 섭취 전 표시사항을 확인하는 것이 중요하다.

아토피 피부염을 적절히 치료하지 않으면 성장장애를 유발할 수 있고, 유·소아기에 영양결핍상태를 유발할 수 있으며, 성격장애 및 집중력 저하로 학습장애를 유발할 수 있으므로 신중히 치료에 임하여야 한다.

참고문헌

이영남·노희경·임병순·김성환·이애랑·권순형·이정실·조금호, **임상영양학**, 수학사, 2008

권종숙·김경민·김혜경·장유경·조여원·한성림, 사례와 함께하는 **임상영양학**, 신광출판사, 2012

김형민·엄재영·정현아·홍순헌 편저, **면역과 알레르기**, 신일북스, 2008

류병호, **류병호 박사가 쓴 알레르기의 예방과 치료**, 나라, 1997

민경찬·김현오·이애랑·황금희·김종현·이정실·김애정·김미옥·최향숙·박영수·정상열, **기초영양학**, 광문각, 2012

손숙미·임현숙·김정희·이종호·서정숙·손정민, **임상영양학**, 교문사, 2011

이미숙·이선영·김현아·정상진·김원경·김현주, **임상영양학**, 파워북, 2012

장유경·박혜련·변기원·이보경·권종숙, **기초영양학**, 교문사, 2011

주은정·이경자·박은숙·유현희, **질병맞춤형 임상영양학**, 교문사, 2012

채기수·박상기·심창환·김재근·김광호·서정식, **생명과학을 위한 생화학**, 지구문화사, 1998

Anna Nowak-Wegrzyn, Hugh A. Sampson, Clinical reviews in allergy and immunology : Future therapies for food allergies, *J. Allergy Clin. Immunol.* 127(3):558~573

Harold S. Nelson, Current reviews of allergy and clinical immunology : Update on food allergy, *J. Allergy Clin. Immunol.* 113(5):805~819

대한영양사협회

위키백과

인천시 영양사협회

청뇌한방병원그룹

CHAPTER 14

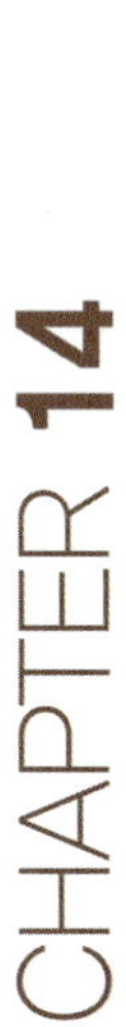

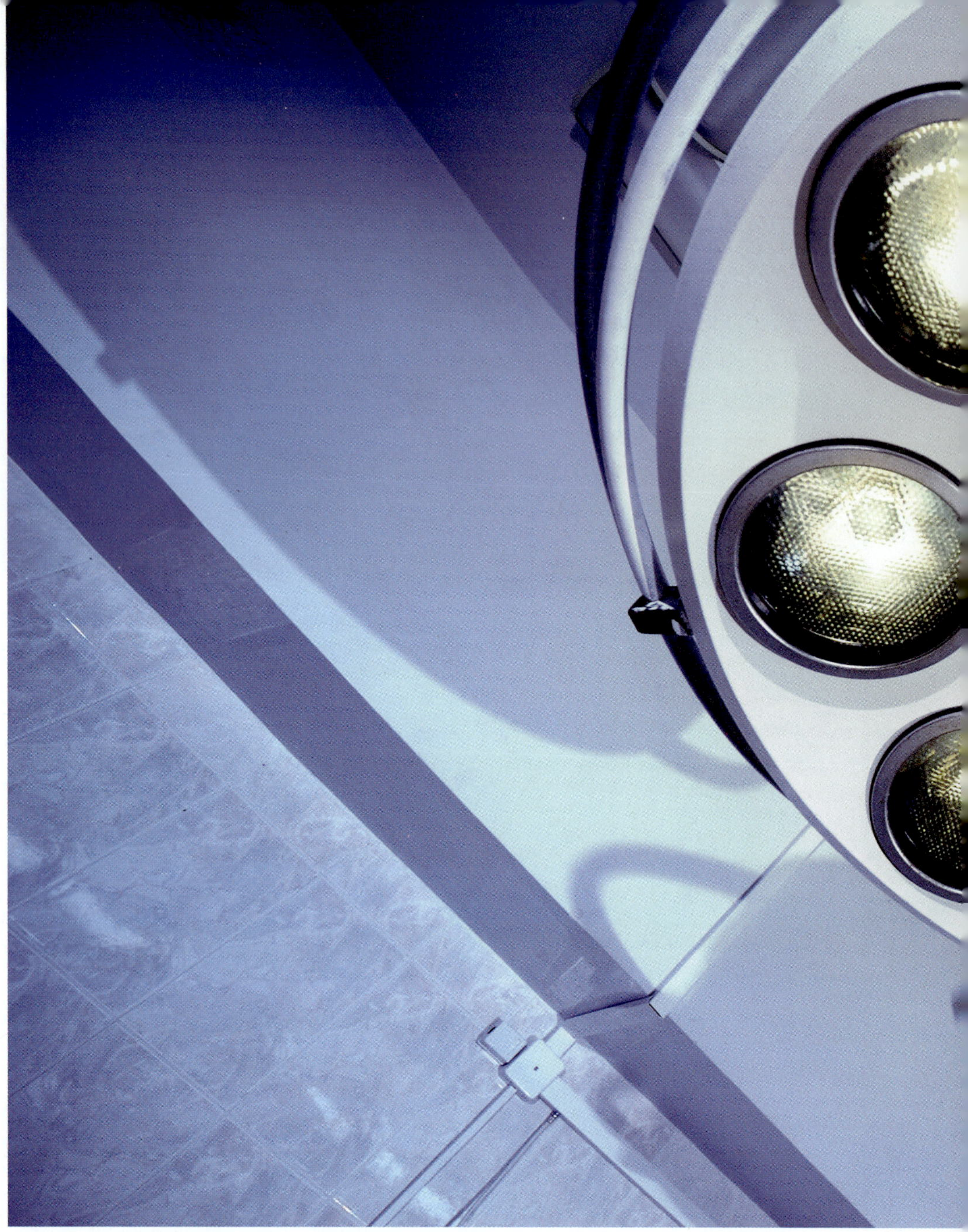

수술과 화상

제1절
생리적 스트레스

제2절
수술의 영양관리

제3절
화상

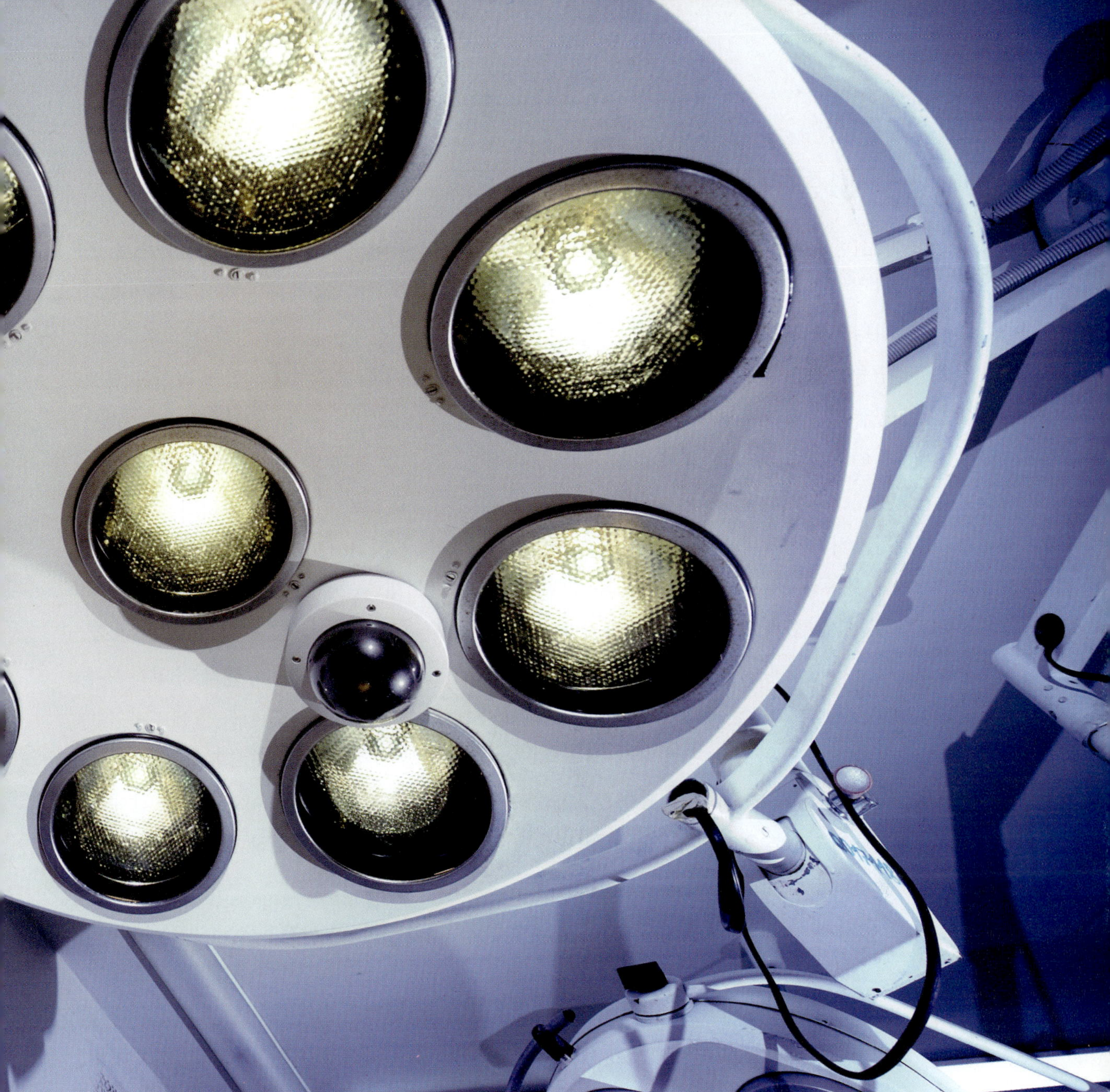

학습목표

- 생리적 스트레스를 설명하고 이에 따른 신체증상 및 대사를 이해한다.
- 수술과 화상에 대한 생리적 변화와 영양치료를 설명한다.

제1절 생리적 스트레스

심한 외상이나 질병, 화상, 수술 등의 신체적 충격을 받으면 생리적인 스트레스를 받아 손상된 신체 부위는 물론이고 전신적으로 정상적인 조건일 때와는 다른 신체반응이 나타난다. 주로 심리적 불안정으로 인한 식욕감퇴와 신체손상으로 인한 체성분 손실, 염증반응 및 신체 내 대사생리변화 등이 나타나는데 이때 전문치료와 함께 적절한 영양공급을 통해 빠른 회복을 도와야 한다.

수술 및 외상 등 신체 손상 초기에는 일반적으로 조직 혈액 및 체액의 손실과 함께 스트레스로 인해 글루카곤, 부신피질호르몬과 교감신경호르몬 등이 분비되어 고혈당을 일으키지만 체내 이용률이 떨어져 에너지 요구량이 증가한다. 기아시에는 에너지 공급이 부족하므로 적응현상에 의해 에너지 소비량을 최대한 줄이고 에너지원으로 포도당 대신 지방산과 케톤체를 사용하지만 생리적 스트레스는 스트레스로 인한 대사항진으로 에너지 필요량이 증가하나 적응현상이 일어나지 않으며 에너지원의 변화도 일어나지 않는다. 즉 고혈당 생성과 함께 체지방의 분해가 급속히 증가하여도 이들의 에너지원으로 이용률은 감소한다. 반면에 생리적 스트레스는 상처 부위 염증 대처와 조직의 회복을 위해서 기초대사량과 단백질 요구량이 증가하여 근육단백질의 이화촉진과 간에서 새로운 단백질 합성이 증가하고 일련의 과정에서 음(-)의 질소 평형상태에 이르며 요소합성이 증가하여 간에 부담을 주게 된다.

따라서 이때에 충분한 당질과 양질의 단백질을 공급하여야 하며 특히 간에서 대사되지 않고 근육에서 대사되어 간에 부담을 주지 않는 발린, 류신, 아이소류신 같은 측쇄아미노산(branch chain amino acid)의 공급은 매우 유용하다. 회복기에 이르면 스트레스 호르몬 분비가 감소하며 체단백질의 회복과 함께 양(+)의 질소평형을 이루고 신체대사 기능이 정상으로 회복된다.

제2절 수술의 영양관리

수술은 질병의 치료나 경감을 목적으로 외과적인 처치를 하는 행위로 환자는 수술계획에 의해 수술 시행 전후에 각종 검진을 받게 된다. 이로 인해 질병 자체에 대한 두려움 이외에도 수술 경과에 따른 육체적, 심리적 고통을 겪게 된다. 식사 섭취에 대한 부담과 생리적 스트레스는 식욕감퇴와 호르몬 분비의 변화를 초래하고 이에 따른 영양불량을 일으켜 수술부위의 회복지연이나 합병증 유발 및 수술 후 이환율이나 사망률을 높인다. 따라서 정상 체중유지와 최적의 영양관리가 요구되며 수술 전과 수술 후 신체의 병태생리적 요구에 따라 별도의 영양관리가 필요하다.

1. 수술 전

수술을 준비 중인 환자는 오랜 투병으로 인해 건강은 물론이고 영양상태가 좋지 않을 수 있으므로 정상 체중유지와 최적의 영양상태로의 회복을 목표로 영양중재를 시행한다.

비교적 영양상태가 양호하고 식욕이 좋은 환자는 수술을 위해 금식시행 전까지 정규식사를 하여 충분한 에너지와 양질의 단백질을 공급하여 수술 중의 혈액손실과 수술 후에 손상된 조직의 신속한 회복을 도와야 한다.

영양상태가 불량한 환자는 열량과 단백질을 평소 필요량의 30~50% 정도 높여 영양집중지원을 한다. 식욕이 양호한 경우에는 고열량·고단백질 식이를 경구 또는 경장영양을 통해 공급하고, 영양상태가 많이 손실된 경우에는 중심정맥영양을 실시한다. 또한 탄수화물과 단백질의 대사를 돕고 전해질의 균형을 위해 비타민과 무기질을 함께 보충해준다. 수술 전 환자의 영양상태는 수술 후 회복에 영향을 미치며, 특히 혈청 단백질 수준이 중요한 지표가 된다.

수술 전에는 마취로부터 깨어날 때 구토에 의한 기도흡입을 방지하기 위해 위장관에 식사 잔사를 남기지 말아야 한다.

2. 수술 후

수술 후에는 수술로 인한 혈액과 체액의 손실, 조직의 손상과 생리적 스트레스로 인한 대사 항진 및 체단백의 손실 등이 일어난다. 또한 마취약에 의한 식욕부진과 수술 부위에 따라서 연하곤란과 흡인, 덤핑증후군, 유미 유출, 섭취량 부족, 영양소 흡수불량, 수분/전해질 불균형 등으로 영양문제를 초래한다. 따라서 평소보다 에너지는 약 10~25% 정도, 단백질은 약 150 g 정도, 비타민과 무기질은 영양권장량의 2~3배 정도 추가 공급하여 빠른 회복을 돕는다.

그러나 수술 직후에는 스트레스로 체내대사가 항진되어 평소보다 많은 열량 소모와 체단백질 분해반응이 일어나므로 고열량, 고단백질을 공급하는 것은 상황을 더욱 악화시킬 수 있다. 수술 후 24~48시간 동안에는 저농도의 포도당과 아미노산을 함유한 수액제제를 정맥주사하여 체단백질의 분해를 최대한 줄이면서 수분과 전해질을 공급하여 탈수를 방지한다.

경구 섭취가 가능해지면 맑은 유동식으로부터 시작하여 점차 유동식, 고형식으로 진행하며 고열량, 고단백질 식이를 소화가 잘되고 자극성이 적은 형태로 소량씩 나누어

| 표 14-1 | 머리와 목 부위 수술에 따른 부작용과 식사지침

부작용	식사지침
연하와 흡인 기능성 (compromised swallowing & aspiration potential)	• 걸쭉하거나 묽은 음료와 부스러지는 식품은 피할 것 • 액체에는 농후제 사용 • 퓨레식 • 영양요구량의 60% 이하 섭취시 경관보충 고려
삼킴 지연 (delayed swallowing, ≥10초)	• 처음 10~21일 정도 비장관급식(nasogastric tube feeding) • 구개막(palatal drop)이 있다면 10일에 경구 시작 • 목표는 적절한 수화(hydration)를 유지하면서 체중유지와 체중감소 예방
연하곤란, 연하통, 수술 후 부종 (dysphagia, odynophagia, postoperative swelling)	• 통증과 부종이 있다면 moist foods나 pureed foods로 섭취 • 향이 강하고 시고 자극적인 음식은 피할 것 • 영양보충음료 이용 • 탈수를 예방하기 위해 매일 수분섭취량 체크
치아적출, 치아변형 (dental extraction/ altered dentition)	• 식품 질감 조절 • 장기간 치아 평가와 이에 따른 적절한 기구 제공 • 적절한 시기 틀니 사용에 대해 치과의사와 상의 • 환자와 보호자에게 체중유지와 함께 구강 수술부위 회복을 위한 적절한 단백질과 칼로리 섭취의 중요성에 대해 설명
구강건조, 미각변화 (dry mouth, altered taste)	• 잦은 수분 공급 • 촉촉하고 부드러운 음식 • 빵, 토스트 등과 같은 마른 식품은 피할 것 • 치아와 구강관리 • 입안 자주 헹구기(특히, 식사 전·후) • 항상 물병을 가지고 다닐 것 • 적절한 수분요구량을 충족시키기 위해 매일 수분섭취량 체크
섭취량 부족 (inability to meet caloric needs)	• 수술 전 경장영양 • 소화기능에 문제가 있으면 정맥영양

자료 : 대한영양사협회, 임상영양관리지침서 제3판, 2008

자주 공급한다. 또한 충분한 비타민과 무기질을 공급하고 특히 상처 부위 결체조직의 회복을 돕는 비타민 C와 아연 및 출혈에 의한 혈액생산을 위해 철분을 보충한다. 원활한 식사가 어려운 경우에는 지방유화액(intralipid)을 통해 필요한 에너지를 보충한다.

| 표 14-2 | 위장관 부위 수술에 따른 부작용과 식사지침

부작용	식사지침
위마비(gastroparesis) 위정체(gastric stasis) 위식도 역류(gastric reflux)	• 영양요구량의 70~75% 이상 경구 섭취가 가능할 때까지 경관급식 • 미음부터 1일 6회 소량씩 시작 • 섬유소가 많은 음식 제한 • 취침 2~3시간 전에는 음식 섭취 제한 • 지방이 많은 음식, 소화가 어려운 음식 제한 • 상체 세우기 • 허리가 꽉 죄는 옷은 착용 금지
지방흡수불량(fat malabsorption)	• 식사와 간식 섭취시 췌장효소(pancreatic enzymes) 사용 고려 • 저지방식 : MCT oil 사용 고려
고혈당(hyperglycemia)	• 혈당강하제나 인슐린 사용고려 • 단순당 섭취 제한
유미유출(chyle leak)	• 경구 또는 경관으로 섭취하는 지방 섭취 제한 • 칼로리 보충을 위해 MCT oil 사용 • 경우에 따라 TPN
덤핑증후군(dumping syndrome)	• 고삼투압 음식 제한(단순당 제한) • 고단백, 복합당질 식품 섭취 • 식사와 간식을 소량씩 자주 섭취 • 식사 전후 30~60분에 물 섭취 • 가스가 차는 경우 탄산음료 제한 • 너무 차거나 뜨거운 음식 제한 • 식후 활동 제한하고 휴식을 취함 • 이완된 분위기에서 천천히 식사 • 체중감소가 심할 경우 야간에 경관영양 고려

자료 : 대한영양사협회, 임상영양관리지침서 제3판, 2008

제3절 화상

1. 분류

화상(burn)은 열, 화학물질, 전기, 방사선 등에 노출되어 피부를 비롯하여 근육, 뼈 등의 근연조직이 손상되는 심각한 외상이다. 주로 열에 의하며 화상의 심한 정도는 노출된 열의 양, 노출 부위, 노출시간에 따라 달라지며 화상의 분류는 아래와 같이 상처의 깊이, 신체표면의 손상 정도에 따라 1~4도 화상으로 나뉜다. 화상시 외상 자체는 물론이고 2차 감염으로 인한 발열과 패혈증에 유의하여야 한다.

① 1도 화상

피부의 표피층 외부에 입은 화상으로 홍반과 표피층에 세포 괴사가 생긴다. 주로 장시간 해안가의 강한 태양광선이나 순간적으로 뜨거운 액체에 노출되는 경우이다.

② 2도 화상

표피와 진피층의 화상으로 홍반, 물집과 진피 내 괴사를 보인다.

③ 3도 화상

표피와 진피층 및 피하조직의 화상으로 피부혈관과 지방층을 포함한 피부 전체의 괴사와 손실을 일으킨다.

④ 4도 화상

피부 전층과 피하 근육 아래 조직까지 괴사나 극심한 손상을 일으킨다.

일반적으로 1도 화상은 상피세포로부터 새로운 피부조직을 재생할 수 있으나 2도 이상으로 표피 전층에 화상을 입은 경우에는 장액성 염증을 일으키고 손상된 세포의 재생과 회복에 필요한 피부를 충분히 가지고 있지 않으므로 피부이식이 필요하다. 화상으로 인해 화상부위에서 삼출물이 분비되면서 체액, 전해질, 혈청단백질 등이 손실되고 피부보호막의 손상으로 병원미생물의 감염, 스트레스에 따른 호르몬 변화 등으로 과도한 체단백질의 분해가 일어나고 또한 대사율 증가에 의해 에너지 요구량이 증가한다.

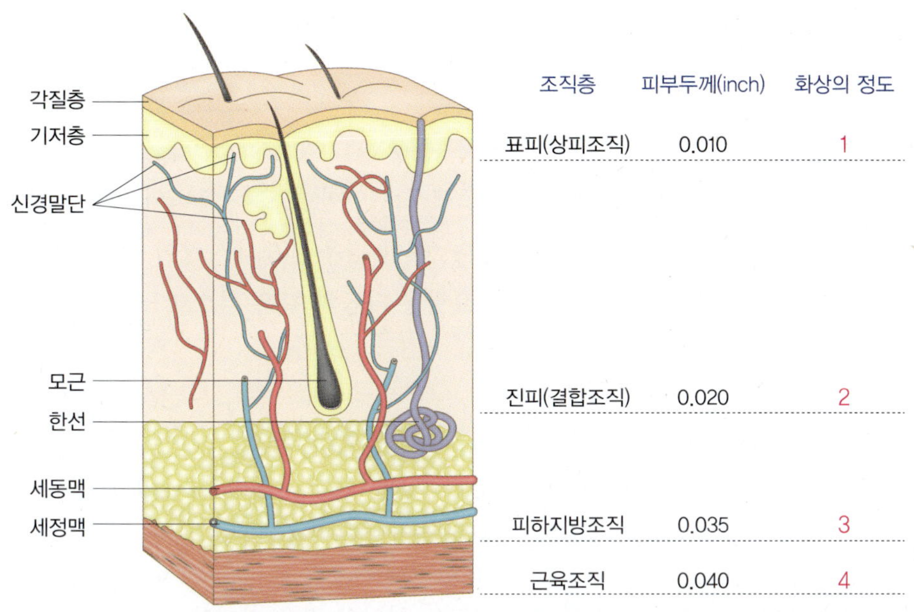

| 그림 14-1 | **피부모형(상피조직, 결합조직, 피하지방조직, 근육조직)과 화상의 분류**

2. 치료 및 영양관리

화상시 영양지원은 환자의 나이, 건강상태, 심한 정도에 따라 다르다. 피부면적의 20% 이상 심한 화상을 입었거나 피부에 염증이 생긴 경우, 화상 후에 체중이 10% 이상 감량되는 경우에는 적극적인 영양관리를 시행해야 한다. 일반 성인의 경우 피부의 15~20%, 노인이나 어린이의 경우 피부의 10% 이상 화상을 입었을 때에는 화상 초기에 체액의 손실이 심하게 일어나므로 수분과 전해질을 정맥으로 직접 공급한다.

약 1주일 정도 지나 회복기에 이르면 고열량(3,000~5,000 kcal/일), 고단백질(125~150 g/일), 고비타민, 고무기질의 식이를 공급하는데 경구 섭취가 불편한 경우에는 경관급식을 권장한다.

1) 수분과 전해질의 평형유지

화상 초기에는 체내대사가 항진되고 식욕부진과 체액의 손실이 심하게 일어난다. 따라서 단백질이나 열량 공급은 오히려 고혈당을 유발함으로써 체액과 전해질 손실을 보충할 수 있는 충분한 양의 수분과 전해질을 정맥영양으로 공급한다. 일반적으로 포도당을 함유하지 않은 링거액과 같은 생리식염수가 많이 사용된다.

2) 에너지

화상시 염증으로 인한 발열, 생리적 스트레스로 인한 호르몬 분비의 변화 등으로 대사가 항진되므로 에너지 요구량이 증가한다. 심한 경우 기초대사량이 약 2배까지 증가된 고에너지 식이를 공급한다. 1일 열량필요량은 다음과 같은 식으로 구한다.

성인 {25 kcal × 화상 전 정상체중(kg)}
+ {40 kcal × 전체 피부면적에 대한 화상 피부면적(%)}

어린이 {30～100 kcal(연령에 따른 영양권장량) × 화상 전 정상체중(kg)}
+ {40 kcal × 전체 피부면적에 대한 화상 피부면적(%)}

이때 전체 피부면적에 대한 화상 피부면적은 성인의 경우 머리와 목 전체 9%, 앞가슴과 배 부위 18%, 등과 허리 부위 18%, 한쪽 팔 각각 9%, 한쪽 다리 각각 18%를 적용한다.

3) 단백질

화상 환자의 단백질 요구량은 화상 정도에 따라 다르며 화상 초기에는 최고수준이나 점차 회복 정도에 따라 감소한다. 화상 후 질소평형을 유지하기 위해서 성인의 경우 체중 kg당 1.5～3 g 정도의 고단백질 식이가 요구된다. 어린이는 영양권장량의 약 2～4배 정도의 단백질이 필요하다.

1일 단백질 필요량은 다음과 같은 식으로 구한다.

{단백질 1 g × 화상 전 정상체중(kg)} + {단백질 3 g × 전체 피부면적에 대한 화상 피부면적(%)}

4) 당질

적절한 당질 공급은 화상 환자의 단백질 절약작용을 위해 필요하다. 화상 환자가 정맥영양시 산화시킬 수 있는 포도당량은 1분당 체중 kg당 최대 6～7 mg 정도이며 이 양은 전체 열량필요량의 약 60% 정도이다. 과다한 당질공급은 고혈당을 초래하고 삼투적 이뇨, 탈수, 호흡곤란 등을 일으킨다. 대사되지 못한 포도당은 지방으로 전환된다.

5) 지방

화상 환자의 적절한 지방섭취량에 대해서는 아직 논란이 있다. 화상 환자에게 지방은 농축된 열량공급원이 될 수 있으나 지방의 지나친 섭취가 면역기능을 약화시켜 감염에 노출될 수 있기 때문이다. 일반적으로 지방공급은 비단백질 열량의 15% 이하로 제한하고 ω-3 지방산의 함량을 높여 면역력을 강화시킨다.

6) 비타민과 무기질

화상 환자의 경우 항진된 대사와 새로운 조직의 합성을 위해 평소보다 많은 양을 공급하는 열량과 단백질의 대사를 위해 비타민과 무기질의 요구량이 증가한다. 특히 손상된 피부와 조직의 재생을 위해 비타민 C, 비타민 A, 아연, 마그네슘 등을 충분히 섭취해야 한다. 화상이 심한 경우 저나트륨혈증과 혈청 칼슘 수치가 낮아지므로 보충이 요구된다.

참고문헌

이영남 · 노희경 · 임병순 · 김성환 · 이애랑 · 권순형 · 이정실 · 조금호, **임상영양학**, 수학사, 2008

구재옥 · 이연숙 · 손숙미 · 서정숙, **식이요법**, 한국방송통신대학교출판부, 2002

김경임 외 한국식품영양관련학과 교수협의회, **임상영양학**, 교문사, 2001

김화영 · 조미숙 · 장영애 · 원혜숙 · 이현숙, **임상영양학**, 신광출판사, 2001

손숙미 · 임현숙 · 김정희 · 이종호 · 서정숙 · 손정민, **임상영양학**, 교문사, 2008

스튜어트 폭스 저, 박인국 역, **생리학** 10판, 라이프사이언스, 2008

이미숙 · 이선영 · 김현아 · 정상진 · 김원경 · 김현주, **임상영양학**, 파워북, 2010

이정윤 · 장혜순 · 서광희 · 이선희 · 이병순 · 남정혜, **식사요법**, 신광출판사, 2007

장유경 · 권종숙 · 조여원 · 김경민 · 김혜경, **임상영양학**, 신광출판사, 2006

장유경 · 정영진 · 문현경 · 윤진숙 · 박혜련, **영양판정 이론과 실습**, 신광출판사, 2008

대한영양사협회, **임상영양관리 지침서** 제3판, 2008

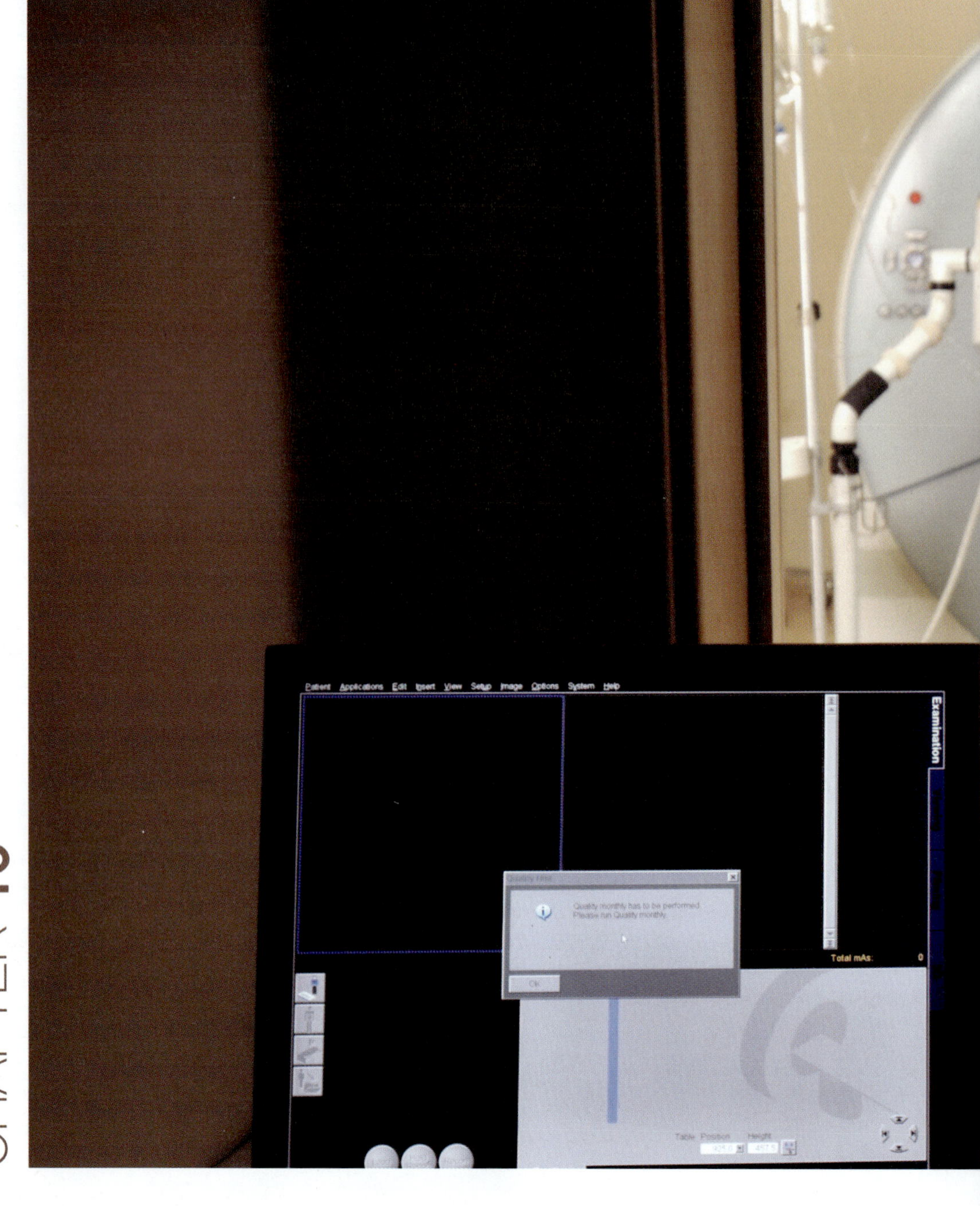

CHAPTER 15

신경계 질환

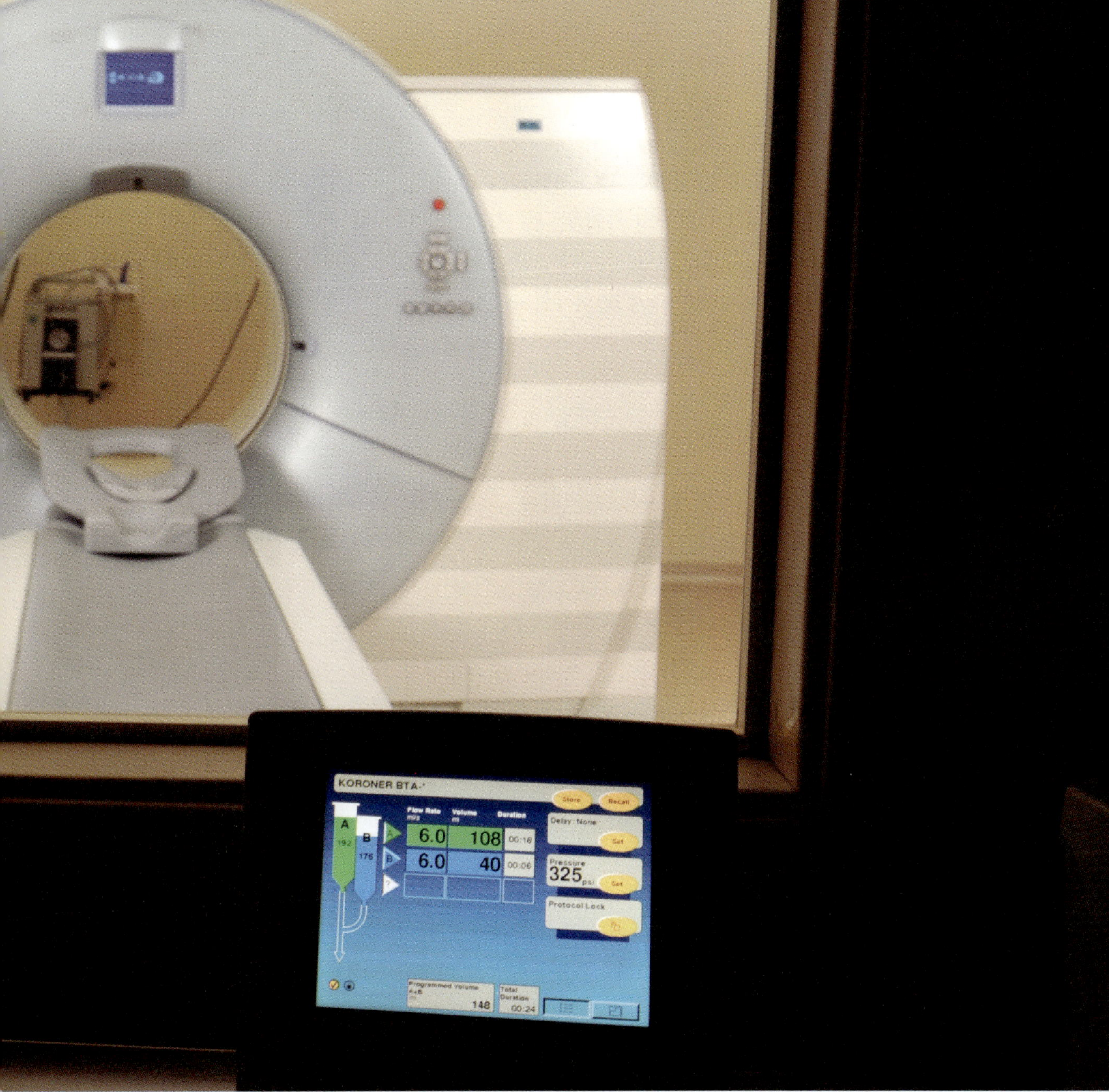

학습목표

- 뇌전증의 원인과 영양관리를 설명할 수 있다.
- 뇌혈관성 치매와 노인성 치매를 비교 설명할 수 있다.
- 뇌졸중의 원인과 영양관리를 설명할 수 있다.
- 파킨슨병의 원인과 영양관리를 설명할 수 있다.
- 월경전증후군의 원인과 영양관리를 설명할 수 있다.

제7절
근위축성측삭 경화증

제8절
월경전증후군

제9절
만성통증증후군

다양한 신경계 질환(neurologic disorder)은 운동신경뿐만 아니라 소화기능에도 영향을 미쳐 영양상태가 저하되어 회복을 더욱 어렵게 하기 때문에 재활과 치료를 위하여 임상영양 치료가 매우 중요하다. 신경계 질환 환자의 임상영양 치료의 목적은 근육의 손실을 막고 신경학적 기능을 유지 및 회복하도록 도우며 대사 이상을 완화시키는 것이다.

제1절 뇌전증

뇌전증(epilepsy), 즉 간질은 그 어원이 그리스어로 '악령에게 영혼이 사로잡히다'라는 의미이며, 뇌세포의 전기방전이 과잉 자극되어 발생한다. 로마시대에는 황제 시저가 뇌전증 발작을 일으킬 때 신과 대화하는 경외의 순간으로, 중세에는 악마와 대화하는 것으로 극과 극을 달렸다.

뇌전증의 발작형태와 뇌파의 소견에 따라 부분발작과 전신발작으로 분류한다. 부분발작으로 시작하여 전신발작으로 이행되기도 한다. 일반적으로 정신을 잃고 쓰러지면서 온몸이 뻣뻣해지는 증상은 대발작이다. 소발작의 경우 어린이에게서 빈발하며 수초간 멍하다가 다시 정신을 차리는 일이 반복된다. 뇌전증은 뇌질환이므로 방치하면 뇌가 손상될 수 있으며 의식이 없는 상태에서 넘어져 다칠 수도 있다. 선진국의 뇌전증 발생률은 연간 10만 명 당 20~50명 정도이나 후진국은 이보다 2~3배 정도 높다. 이는 출생 전후의 뇌손상이나 풍토병 등의 요인 때문으로 알려졌다. 국내 유병률은 1%이며 매년 2만 명의 환자가 새로 발생한다. 연령별 뇌전증 발생률은 생후 1년 이내에 가장 높다가 낮아지고 청소년기 이후 낮은 발생률을 유지하다가 다시 60세 이상에서 급격히 증가한다. 이는 뇌졸중이나 뇌 외상 등으로 인하여 뇌전증 발생이 증가하기 때문이다.

1. 원인

뇌전증은 다양한 원인으로 자극된 뇌세포가 전기적으로 지나치게 흥분되어 경련을 유발한다. 유전 외에도 어릴 때는 뇌염, 뇌 기형, 대사장애 등이 원인이며 성장 이후에는 외상, 뇌졸중, 뇌종양 등의 후유증으로 나타난다(표 15-1).

| 표 15-1 | **연령별 뇌전증 발생원인**

연령	뇌전증 발작의 원인
출생~6개월	분만 전후의 손상, 뇌염, 선천성 기형, 중추신경계 급성 감염
6~24개월	급성 열경련, 중추신경계의 급 성감염, 분만 전후의 손상, 뇌 발달이상
2~4세	중추신경계의 급성 감염, 분만전후의 손상, 뇌 발달이상, 뇌종양
6~16세	특발성, 뇌종양, 중추신경계의 급성 감염, 뇌 발달이상
성인	뇌 외상, 중추신경계의 감염, 뇌종양, 뇌혈관질환(뇌졸중)

2. 증상

뇌전증의 증상은 의식소실, 경련, 감각혼란, 교감신경계의 교란이 나타난다. 경련이 시작되기 전에 안절부절못하거나 감각 이상 등을 호소하기도 한다. 모든 환자가 경련을 일으키는 특정 요인은 없으나 발작에 앞서 깜박거리는 불빛이나 강한 햇빛과 같은 시각적으로 느끼는 현상이 나타난다고 한다. 경련은 스트레스, 피로, 불충분한 음식 섭취나 잘못 처방된 약물 복용 등으로 일어날 가능성이 높다. 뇌전증 발작에는 부분발작과 전신발작이 있으며 증상은 표 15-2와 같다. 뇌전증 환자의 발작이 자주 일어나지 않더라도 MRI 촬영 결과 뇌전증과 관련된 병리적 변화가 발견되면 뇌전증으로 간주한다.

| 표 15-2 | **뇌전증의 종류별 증상**

종류		특징적 증상
부분발작	단순 부분발작	신체 일부가 떨리거나 감각장애가 생김
	복합 부분발작	부분발작이 일어날 때 어느 정도 의식장애가 동반됨
전신발작	소발작	10초 전후로 의식이 없이 '멍'함
	대발작	의식 없이 쓰러져 사지를 흔들거나 뻣뻣해짐
	탈력발작	온몸의 근력이 갑자기 사라지면서 털썩 주저앉음
	근간대성 발작	근육수축이 깜짝 놀란듯 보임(식사 중 갑자기 젓가락 던지기 등)

3. 치료 및 영양관리

뇌전증의 치료에 카르바마제핀(carbamazepine), 페노바비탈(phenobarbital), 페니토인(phenytoin) 등의 항경련제를 이용한다. 항경련제는 간에서 비타민 D 대사를 증가시켜서 장 내 칼슘의 흡수를 방해하는 부작용을 유발하므로 오랫동안 약물을 복용하면 골연증이나 구루병이 발생할 수도 있다. 약물치료로 발작이 조절되지 않는 경우는 수술로 원인이 되는 부위를 제거하기도 한다.

케톤체는 항경련 효과를 지니므로 식사요법으로 인체에서 케톤체의 생성을 유도하도록 한다. 케톤체는 신경전달물질의 방해인자로 작용하여 항경련 효과를 발휘하나 아동기 후반에는 효과가 저하되는 것으로 보고된다. 단기간에 케톤증(ketosis)을 유발시키기 위하여 3~5일간 금식시킨다. 절식하는 동안 제한된 양의 물, 육수, 차, 무가당 오렌지주스를 공급한다. 처음에는 당질을 75 g에서 나중에는 15~30 g 제공하며 나머지는 모두 지방으로 필요에너지를 제공한다. 이러한 식사로 케톤증을 유발하는 데 약 1주일이 걸린다. 단백질과 당질의 섭취를 최소로 하고 고지방식을 주어 뇌가 이를 에너지원으로 사용하게 한다. 조리 중 식물성 기름을 이용한 드레싱과 중쇄지방산을 섭취하도록 한다. 곡류와 과일의 섭취가 제한되므로 비타민, 무기질 및 식이섬유의 보충이 필요하다. 뇌전증 환자의 경련발작은 수분대사 장애와 관련이 있고 대부분의 환자가 탈수현상을 일으켰을 때 발병률이 낮다고 알려지면서 수분공급이 제한되기도 한다. 일반적으로 수분은 500~600 mL/일로 제한한다. 케톤식에 허용되는 식품과 제한되는 식품은 표 15-3과 같다.

| 표 15-3 | 케톤식의 허용 식품과 제한 식품

허용 식품	제한 식품
맑은국, 육수	허용량 이외의 빵류, 곡류제품
무가당 코코아가루	가당연유, 설탕, 꿀, 당밀시럽
겨자, 식초	잼, 마멀레이드
홍차, 디카페인커피	케이크, 쿠키, 파이, 페이스트리
향료	아이스크림, 셔벗
실파, 파슬리	케첩
소금, 후추	푸딩, 검

제2절 치매

치매(dementia)는 특정한 질병을 의미하는 것이 아니라 여러 가지 원인에 의하여 전반적인 인지기능의 장애가 일어나는 임상증후군을 말한다. 과거에는 병적인 상태로 보지 않고 나이가 들면서 일어날 수 있다고 생각하였으나 지금은 뇌신경의 여러 가지 변화에 의하여 지적능력 장애가 일어나는 것이 알려지면서 치료를 필요로 하는 질병으로 인식하게 되었다. 노령화와 함께 치매환자도 급증하고 있는데 한국보건사회연구원에 의하면 2012년 53만 명으로, 2020년 75만 명, 2030년 115만 명으로 급격히 늘어날 것으로 예견된다.

1. 원인

치매의 원인과 병태는 불분명하나 크게 3종류로 나눌 수 있다. 중추신경계의 변성으로 인한 알츠하이머병(Alzheimer's disease)과 노화에 따른 노인성 치매(senile dementia), 뇌혈관 장애로 인한 뇌혈관성 치매(vascular dementia) 등이 있다.

알츠하이머병은 1900년대 초 독일 의사인 알츠하이머가 처음으로 언급한 병으로 그는 환자의 뇌를 부검하여 신경세포 안에 비정상적인 단백질이 실타래처럼 꼬여 농축된 것과 아밀로이드 섬유덩이, 이를 둘러싸고 있는 변성 신경돌기를 발견하였다. 알츠하이머병의 원인으로 신경전달물질인 아세틸콜린의 결핍과 신경세포 내 변성단백질인 β-아밀로이드의 축적을 설명하기도 하며 알루미늄 중독도 원인이라고 하는데 투석을 한 환자에서 치매 확률이 높았는데 투석액에 고농도의 알루미늄이 포함되었기 때문이다.

뇌혈관성 치매는 뇌혈관 장애가 원인으로 주로 뇌동맥경화에서 기인하며 뇌경색에 의한 것 외에도 뇌출혈에서 기인한다. 뇌졸중 환자에서 치매발생은 60세 이상에서 약 16%, 65세 이상에서 약 27%이다. 뇌혈관성 치매의 위험요인은 고혈압과 관상동맥질환 등이며 고혈압의 치료가 뇌혈관성 치매 예방에 가장 중요하다. 뇌혈관성 치매의 발병빈도는 표 15-4와 같다.

| 표 15-4 | 뇌혈관성 치매의 발병빈도

위험요인	발병빈도(%)
비정상적인 심전도	80
고혈압	60
관상동맥질환	30~50
흡연	35
고지혈증	21
당뇨병	20

2. 분류

치매의 임상 특징으로는 실어증 외에도 시각, 청각, 후각, 미각 및 촉각의 감각 상실과 운동기능 상실 및 무의미한 움직임이 있다. 치매 발병 후 대부분이 6~10년 사이에 사망한다. 뇌혈관성 치매와 알츠하이머성 치매는 뇌조직의 파괴와 혈류장애가 주증상이다. 뇌혈관성 치매와 노인성 치매의 비교는 표 15-5와 같다.

| 표 15-5 | 뇌혈관 치매와 노인성 치매의 비교

	뇌혈관성 치매	노인성 치매
발병 시기	고령이 되면서 증가 노인성 치매보다 젊은 연령에 발생	고령이 되면서 증가
경과	급성, 단계적으로 진행	잠행성으로 발병, 서서히 진행
자각증상	초기에 두통, 현기증, 불면, 우울증	없음
정신증상	인격, 판단력, 상식 유지 산재적 치매, 증상이 변동됨	현저한 인격붕괴 전반적 치매, 점차 진행성
대뇌소증상	병변 발생부위에 따라 발생	현저하지 않음
신경증상	초기부터 편마비, 가성 구마비	말기에 근위축
전신질환	고혈압, 당뇨, 허혈성 심장병	특기할 병 없음
병식	말기까지 어느 정도 보유하고 있음	끝까지 없음
감정	정동(精動)의 불안정이나 제어곤란	없음
CT촬영	다발경색	진행에 따라 뇌실확대, 뇌구개대

알츠하이머병의 진행에 따른 경과

1단계
기억력 손실, 공간지각력 상실, 즉각적 감정반응 상실

2단계
익숙한 것에 대한 청각, 시각, 후각적 감각 상실, 음식 거부, 목적지 없이 걷기

3단계
경기 발생, 말을 못하며, 강박적으로 먹거나 먹을 수 없는 음식 먹기, 음식 먹기 거부

치매와 건망증의 차이

치매	건망증
어떤 일 자체를 잊는다.	어떤 일의 세세한 부분을 잊는다.
귀띔을 해주어도 전혀 기억하지 못한다.	귀띔을 해주면 금방 기억한다.
본인의 기억력에 문제가 있다는 것을 인정하지 않는다.	본인이 기억력에 문제가 있다는 것을 인정한다.

3. 증상

치매의 주증상은 기억력과 집중력 감퇴, 언어장애, 공간지각능력 장애, 실행능력 장애, 판단력 장애, 행동과 인격의 변화 등이다(표 15-6). 초기에는 인지기능의 장애가 나타나며 점차 신체변화가 나타난다. 서서히 전신의 근육이 경직되며 일부에서는 경련성 발작이 나타나기도 한다.

| 표 15-6 | **치매의 주증상**

주증상	내용
기억장애	자주 되풀이해서 물어보고 평소에 익숙했던 일도 잘하지 못한다.
언어장애	말할 때 적절하지 않은 단어를 사용하거나 의사전달이 잘 안 된다.
시공간능력 저하	시간과 장소의 감각이 없어지고 판단력이 떨어진다.
계산력 저하	숫자의 의미를 모르고 계산 실수를 한다.
성격 및 감정변화	성격이 급변하고 흥분과 의심, 두려움 등의 감정을 반복한다.

4. 치료 및 영양관리

치매의 초기에는 기억력이 감퇴하면서 식사의 여부도 인지하지 못하고 식욕조절 부위의 장애로 포만감도 느끼지 못한다. 에너지 요구량은 Harrison-Benedict 공식에 의한 활동계수와 스트레스 계수를 고려하여 산정한다. 치매가 심해지면 무의미한 활동이 증가하면서 에너지 소모가 증가하므로 충분한 에너지와 단백질을 공급하여 체중을 유지하도록 계획한다. 단백질은 1~1.25 g/kg 정도로 권장한다. 소화가 잘되는 음식으로 균형식을 제공하고 조용한 분위기에서 식사할 수 있도록 한다. 탈수되지 않게 2시간마다 1컵의 물을 제공하고 급하게 음식을 먹는 환자의 경우 큰 덩어리의 음식은 위험하므로 작게 잘라 제공한다. 체중감소가 계속되면 상업용 영양보충음료를 추가로 제공한다. 누워 지내며 혼자 식사를 할 수 없으면 경장영양지원을 고려한다. 항산화 영양소인 비타민 C, 비타민 E 외에도 비타민 B_6, B_{12}, 엽산을 비롯하여 불포화지방산이 풍부한 식품은 치매 예방에 도움이 된다.

치매 예방을 위한 10가지 원칙

1. 고혈압과 당뇨를 치료한다.
2. 콜레스테롤을 점검한다.
3. 절대 금연하고 과음하지 않는다.
4. 심장병은 초기에 발견하고 치료를 받는다.
5. 적절한 운동으로 비만을 방지한다.
6. 머리를 많이 쓰고 적극적으로 생활한다.
7. 폐경기 후에 여성호르몬을 투여한다.
8. 우울증 치료를 받고 많이 웃고 밝게 살아야 한다.
9. 성병에 걸리지 말아야 한다.
10. 기억 및 언어에 장애가 있으면 빨리 검사를 받는다.

제3절 뇌졸중

흔히 중풍이라고 하는 뇌졸중(cerebrovascular accident, stroke)은 뇌동맥경화증으로 혈관에 협착이나 혈전이 생겨서 뇌로 산소와 영양소의 공급이 원활하지 않는 상태이다. 주로 뇌경색이나 뇌혈전증이 생기며 동맥류가 파열되면 뇌출혈이 일어나기도 한다.

1. 원인

뇌졸중이란 뇌혈관의 순환장애로 인하여 뇌에 산소와 영양분을 공급하는 뇌혈관이 막히거나 파열하면서 뇌조직에 손상을 유발한다. 뇌졸중의 가장 위험한 인자는 고혈압이며 동맥경화증, 협심증, 과로와 스트레스, 흡연 등도 원인이 된다.

| 그림 15-1 | **뇌졸중의 원인**

2. 증상

뇌졸중에는 뇌경색, 뇌출혈 및 뇌혈전증이 있다(그림 15-2). 뇌경색은 혈관에 협착이나 혈전이 생겨서 신경조직에 산소와 영양분의 공급이 되지 않아 괴사된 것으로 뇌동맥의 죽상경화가 원인이다. 고혈압, 비만, 내당능 장애가 있는 사람에게 많이 발생한다. 뇌출혈은 고혈압과 뇌혈관의 괴사로 인하여 뇌혈관이 터지는 것으로 혼수상태에 빠지는 경우가 많다. 출혈부위에 따라 반신불수 및 언어장애 등이 나타난다. 뇌혈전증은 혈관 내막에 혈전이 생겨 발생한다.

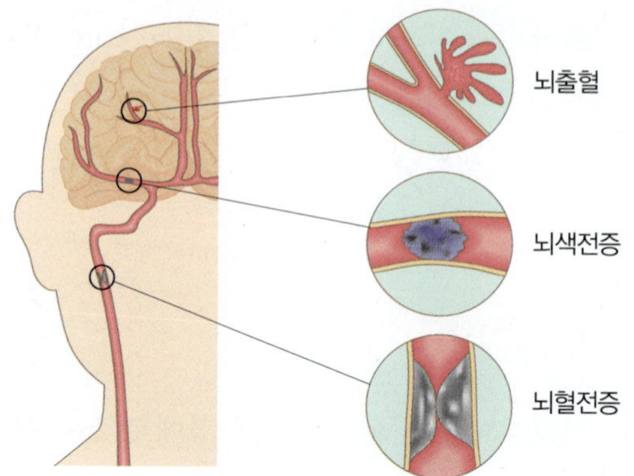

| 그림 15-2 | **뇌졸중의 종류**

뇌졸중이 발생하면 심한 두통과 메스꺼움, 구토 등을 일으키며 지각이상, 운동이상, 의식장애를 일으켜 쓰러진다. 뇌졸중의 전형적인 증상으로 한쪽 팔과 다리의 마비, 감각이상, 안면마비, 시각장애, 어지럼증, 운동이상, 평형감각이상, 보행이상, 언어장애와 실어증 등이 있으며 의식장애와 반신마비가 뒤따른다(그림 15-3).

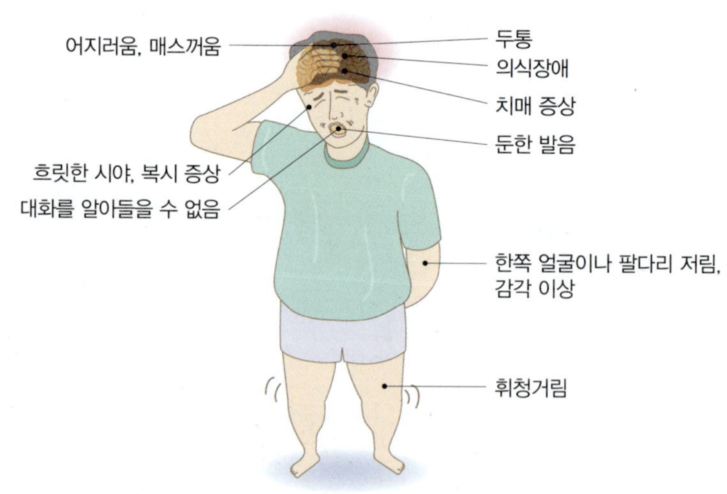

| 그림 15-3 | **뇌졸중의 증상**

3. 치료 및 영양관리

뇌졸중의 치료 방법에는 절대안정, 약물치료, 수술, 물리치료 및 식사요법 등이 있다. 발병 초기의 재활치료는 심부정맥 혈전, 욕창 등을 예방한다. 대개 뇌졸중 발생 3~7일에 기본치료를 시작하는데 이동 동작과 일상생활 동작 등의 기능 회복을 증진하는 것이 목적이다. 적극적 재활치료는 발병 한 달 이내에 시작한다.

뇌졸중 직후 초기영양치료에서 경구섭취를 금한다. 환자의 상태에 따라 정맥영양이나 경관급식을 한다. 뇌졸중 환자의 40~50%에서 연하곤란이 나타나며 이들 중 40%에서 증상이 없이 흡인이 나타나기도 한다. 흡인을 예방하기 위하여 앉아서 식사하게 하고 식사 전 30분 정도 휴식을 취하도록 한다.

구토가 있는 경우 금식을 한다. 의식은 있으나 연하곤란인 경우 유동식을 제공한다. 뇌졸중 발작 직후 탈수가 오기 쉬우므로 뇌부종이나 뇌압이 항진되지 않도록 전해질과 수분을 공급한다.

제4절 파킨슨병

파킨슨병(Parkinson's disease)은 1817년 영국 의사 파킨슨이 처음으로 기술한 병으로 진전(tremor) 마비가 특징이다. 신경계의 만성 퇴행성 질환으로 뇌에서 도파민 생성 부족으로 인해 행동이 느려지고 손발이 떨리며 관절이 경직되고 표정이 굳어지며 보행이 어렵고 우울증이나 대소변 장애가 나타난다.

전세계적으로 파킨슨병 환자는 60세 이상 인구에서 1%로 추정되는데 증상이 서서히 악화되어 발병 5~10년 후 다양한 합병증으로 사망한다.

1. 원인

파킨슨병은 신경전달물질인 도파민을 생성하는 뇌간의 흑색질 내에 있는 뉴런이 점진적으로 퇴화되어 발생한다. 정상적인 뉴런은 신경전달물질인 도파민을 만들고, 도파민 운동을 조절하고 신경자극 억제제로 작용하면서 의도하지 않은 움직임을 억제한다(그림 15-4). 도파민을 만드는 뉴런이 손상되면 도파민의 농도가 감소하면서 신경 신호체

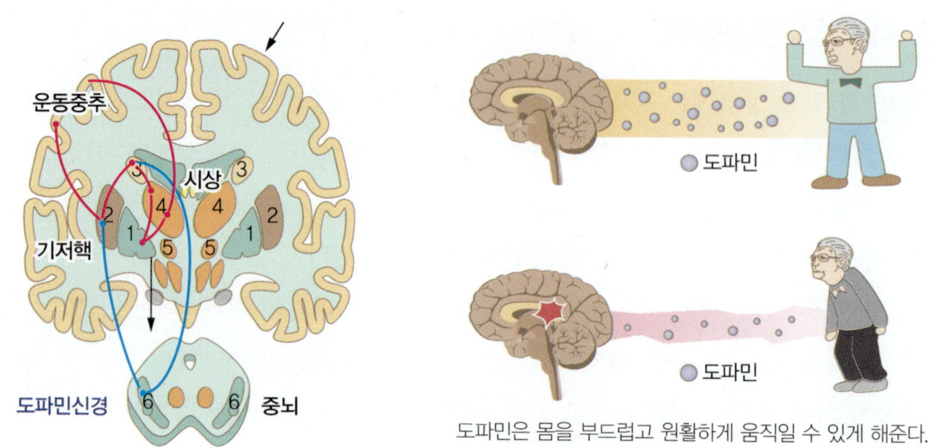

| 그림 15-4 | **파킨슨병의 발생 기전**

계가 붕괴된다. 파킨슨병의 증상은 뉴런의 60~80%까지 파괴되어도 나타나지 않는다.

파킨슨병의 유전적 요인은 높지 않은데 가족 중 파킨슨병 환자가 있는 경우는 파킨슨 환자의 10% 미만이며 유전될 확률이 높지 않다. 환경적 요인으로 약물, 감염, 독성물질, 부갑상샘결핍증, 뇌혈관계질환, 외상, 알츠하이머병, 윌슨병 등이 있다. 그 외에도 면역기전 이상, 유리기에 의한 신경파괴 및 신경 독성물질의 중독성 등으로 도파민의 퇴행성 변화는 유전적, 환경적 요인의 복합작용으로 발생하는 것으로 예상된다.

2. 증상 및 진단

파킨슨병이 진행되면서 점차 운동기능을 상실하게 된다. 걸음걸이가 어색하고 느려지며 사지가 굳어진다. 파킨슨병의 특징적인 1차 증상은 얼굴에 표정이 없어지면 손발 떨림, 보행장애가 나타난다(그림 15-5). 2차 증상은 언어장애, 수면장애, 치매, 불안장애 및 우울증이 나타난다. 자신의 의지와 상관없이 침을 흘리고 눈이 감긴다. 연하곤란, 어지럼증, 체중감소 외에도 발에 부기가 나타난다. 자율신경계 장애가 나타나서 자주 넘어지면서 외상이 잦아지고 인지기능 장애가 나타난다. 손 떨림으로 식기를 다루기 어

| 그림 15-5 | **파킨슨 환자의 특징적인 자세와 걸음걸이**

렵고 음식을 먹고 마시기 곤란하므로 체중이 감소하는 경우가 많다.

파킨슨병의 진단에는 신경검사 외에도 MRI(뇌자기공명 영상촬영), PET(양전자방출 단층촬영) 및 SPECT(단일 혈류광자방출 단층촬영) 등이 시행된다.

3. 치료 및 영양관리

파킨슨 환자는 정상인에 비해 10 kg 이상의 체중감소가 있으므로 고열량의 식사가 필요하다. 고단백식은 치료약인 L-도파의 효과를 감소시키므로 과잉섭취하지 않도록 한다. 낮 동안의 단백질 섭취량을 0.5 g/kg 이하로 제한하면 밤에 강직현상이 심해지지만 낮에는 운동능력이 개선된다. 그러므로 1일 단백질 섭취량을 저녁에 섭취하도록 권장한다.

체중을 유지하기 위하여 섭취하기 쉽고 소화가 잘되는 음식을 제공한다. 씹고 삼키기 쉬우며 그릇에 담긴 음식을 수저로 뜨기 쉽게 준비한다. 영양이 균형 잡힌 간식이나 영양보충음료로 영양상태를 개선하도록 한다. 사지의 강직이 심해지면 식사행동에 장애가 생긴다. 파킨슨병의 후기 합병증으로 연하곤란이 발생하여 흡인의 위험이 커진다. 많은 환자는 기침반사의 손상과 의식 저하로 소량의 흡인을 느끼지 못한다. 그러므로 쉽게 씹고 삼킬 수 있는 형태나 점도로 조정해준다.

약물치료로 인하여 거식증, 후각저하, 변비, 구강 건조 등의 부작용이 나타날 수 있는데 이때 L-도파를 투여하면 위장관 합병증이 감소한다.

제5절 편두통

편두통(migraine)은 머리혈관의 기능 이상으로 주기적이며 발작적으로 나타나는 1차성 두통이다. 주로 머리 한쪽에서만 통증이 나타나는 경우가 많으며 전체 두통 중 60% 정도를 차지한다. 편두통은 어느 연령에서나 발생하지만 10대에 처음 나타나는 경우가 가장 많고 여성에게서 더 흔하다.

1. 원인

두통에는 1차성과 2차성이 있다. 1차성은 특별한 기질적 원인이 없이 두통 자체가 하나의 질병인 경우이며, 2차성은 두개 내 염증, 감염, 종괴 등의 병변에 의해 일어나는 질병이다. 편두통을 유발하는 원인은 다양하지만 3차 신경혈관계의 이상으로 자주 나타난다. 편두통의 발생기전은 그림 15-6과 같다. 일반적으로 옆머리가 아프면 편두통이라 생각하지만 이는 잘못된 상식으로 실제로 긴장성 두통이 많고 편두통은 유병률이 낮다. 긴장성 두통과 편두통의 차이는 표 15-7과 같다.

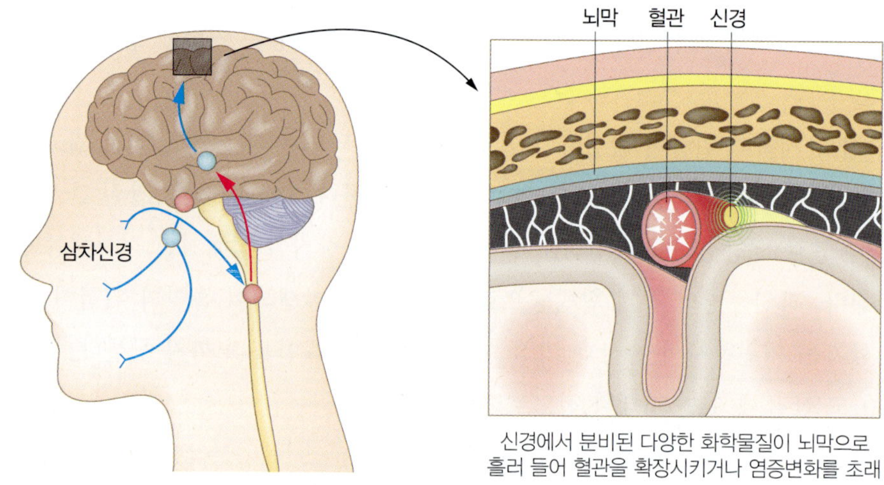

| 그림 15-6 | 편두통의 발생기전

| 표 15-7 | 긴장성 두통과 편두통

	긴장성 두통	편두통
부위	양측성 또는 띠 모양	편측성 전두부
양상	무겁게 누른다.	박동성
동반증상	식욕부진 동반 가능	오심, 구토, 광선공포, 소음공포
강도	대부분 정도가 가벼우며 일상생활에 큰 지장이 없다.	정도가 심하며 일상생활에 커다란 지장을 초래한다.
악화인자	스트레스, 과로	스트레스, 카페인 음료 때로는 일상 활동에 의해서도 악화

편두통의 병리기전은 명확하지 않으나 뇌조직과 두개 내 순환 간의 상호작용의 결과로 나타나며 혈관이나 신경에서 유래한다는 것이 널리 받아들여지고 있다. 혈관에서 유래한다는 것은 뇌 내의 큰 동맥과 뇌막 순환에 있는 감각신경을 자극하여 두통이 나타난다는 이론이다. 한편 신경에서 유래한다는 것은 3차신경과 다양한 염증성 신경전달물질의 상호작용에 의하여 혈중 단백질이 넘쳐서 신경말단을 자극하여 통증이 유발한다는 이론이다. 명확한 원인은 밝혀지지 않았으나 혈관과 신경이 상호작용을 하여 편두통을 유발하는 것으로 보인다.

2. 증상

편두통은 남성보다 젊은 여성에서 자주 나타난다. 특히 생리기간 전후에 자주 나타나며 증상은 머리 한쪽이 욱신욱신 쑤시거나 속이 메스꺼워지면서 구토와 오한증세가 나타나기도 한다. 몸이 붓거나 청각 이상이 나타나기도 한다. 두통환자의 25~40%가 편두통이며 대부분 일상생활에 지장을 받고 있다.

편두통의 진단기준

1. 두통이 있을 때 주로 한쪽 머리가 아프다.
2. 욱신욱신 거리고 쿡쿡 쑤시듯 아프다.
3. 두통 때문에 일상생활에 지장을 받거나 일상생활을 하기 어렵다.
4. 걷거나 계단을 오르면 두통이 더 심해지고 가만히 있으면 편해진다.
5. 두통이 있을 때 구역질이나 구토가 있다.
6. 밝은 곳에 있거나 시끄러운 소리를 들으면 두통이 더 심해진다.

* 1~4번 중 2개 이상, 5~6번 중 1개 이상이면 편두통으로 의심

자료 : 국제두통학회

편두통의 임상양상은 5단계가 있다.

1) 전구증상기

10~30%의 환자는 편두통 발생 수 시간 전이나 1~2일 전에 전신불쾌감, 정서변화, 피로, 식욕저하 등의 증상이 나타난다.

2) 전조기

두통 수분~수십 분 전에 발생하는데 시각 전조가 가장 흔하며 편마비, 이상감각, 복시 등도 나타난다.

3) 두통발작기

수 시간~수일간 두통이 나타나며 머리를 움직이면 악화되고 광과민, 청각과민 등이 있을 수 있다. 90% 이상의 환자에서 구토감이 동반된다.

4) 두통소멸기

수면이나 구토 후에 증상이 호전되기도 한다.

5) 회복기

두통이 사라진 후 근육통, 식욕감퇴, 전신쇠약감 등을 느끼기도 한다.

3. 치료 및 영양관리

아스피린, 아세트아미노펜 등은 두통이 심하지 않을 때 사용할 수 있다. 예방적 차원에서 1단계로 베타차단제, 항우울제, 칼슘차단제 등을 사용하고, 2단계 약물로 MAO 억제제 등을 이용한다.

편두통을 완화시키기 위해서는 아침을 꼭 챙겨 먹고 인슐린 수치를 정상적으로 조절할 수 있도록 고섬유식, 저지방식으로 식습관을 바꾸도록 한다. 너무 적은 양의 저녁은 수면 중 혈당을 저하시켜서 두통을 일으킬 수 있으므로 밤참을 약간 먹거나 취침 전에 우유 한 컵을 마시게 하면 도움이 된다. 커피는 두통을 유발하므로 하루 2~3잔 이내로 마시도록 한다. 커피를 갑자기 끊으면 수축된 혈관이 반동적으로 확장하기 때문에 두통이 심해질 수 있으므로 서서히 양과 횟수를 줄이도록 한다.

제6절 중증 근무력증

중증 근무력증(myasthenia gravis)은 일명 가마비성 중근무력증으로 불리는 자가면역 질환이다. 근육이 신경으로부터 전달된 신호에 반응하는 방식을 침범하여 근육 쇠약을 일으키는 만성 질환이며 주로 20~30대의 여성에게서 많이 발생한다.

1. 원인

정확한 원인은 밝혀지지 않았으나 시냅스 후부의 근육세포막에 있는 아세틸콜린 수용체를 손상시키는 항체 매개성 자가면역질환으로 손상된 근육에 따라 증상과 정도가 다양하다. 중증 근무력증은 드물게 가족력을 가진 경우가 보고되었는데 비율은 1~4% 정도로 예측한다.

신경섬유 말단에 있는 근섬유의 접합부위에 아세틸콜린 수용체에 대한 항체가 생성되어 수용체가 제 기능을 발휘하지 못하면 신경 자극이 근육으로 제대로 전달되지 않는다.

2. 증상

초기에 눈을 조절하는 근육이 약해지며 이로 인하여 위쪽 눈꺼풀이 처지는 안검하수증과 사물이 2개로 보이는 복시가 나타난다(그림 15-7). 점차 병이 진행되면서 얼굴, 턱, 목의 근육이 약해지고, 팔과 다리도 약해진다.

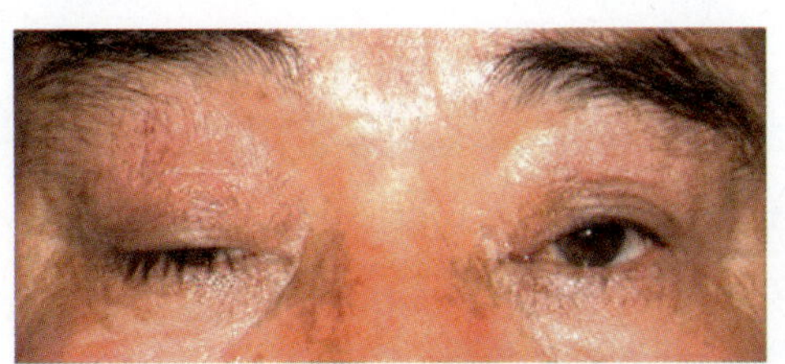

| 그림 15-7 | 중증 근무력증에 의한 안검하수

3. 치료 및 영양관리

약물요법으로 스테로이드, 항콜린에스터레이스 등이 있다. 면역억제 치료는 면역항체의 생성기구인 흉선을 절제하는 방법으로 증상을 개선하는 효과가 있다. 스테로이드 치료는 면역억제 효과를 보여주므로 증상을 완화시킨다. 항콜린에스터레이스는 아세틸콜린의 분비를 억제하는 물질로 신경근접합부에서 신경자극전달물질인 아세틸콜린의 작용을 지속시킨다.

환자는 씹기, 삼키기 등이 제대로 되지 않는다. 이로 인하여 식사시에 어려움이 있으며 침을 많이 흘린다. 반면에 위장관의 운동은 과도하게 일어나 설사가 자주 나타난다. 식사 중 씹고 삼키는 데 문제가 있으므로 적절한 점도가 있으며 크기가 작은 음식형태로 제공한다. 식사량은 필요한 만큼 섭취할 수 있도록 유의한다. 설사가 잦은 경우 수분과 무기질 섭취에 주의한다. 정상체중을 유지할 수 있도록 한다. 에너지 요구량은 Harrison-Benedict의 공식에 스트레스 계수를 적용하여 공급한다. 근육 피로, 연하곤란으로 체중이 감소할 수 있으므로 고열량으로 점도를 조정한 식품을 조금씩 자주 공급하고 상업용 영양보충음료와 쉽게 준비할 수 있는 식품을 권장한다. 근육의 힘을 최대한 확보하기 위해 식사 30분 전부터 휴식을 취하도록 한다. 특히 아침에 영양밀도가 높은 식사를 계획한다. 단백질은 1.0~1.5 g/kg으로 정상인과 비슷하게 제공한다.

제7절 근위축성측삭 경화증

근위축성측삭 경화증(amyotrophic lateral sclerosis, ALS)은 영국의 천재 물리학자 스티븐 호킹이 앓고 있는 루게릭병으로 알려져 있다. 1930년대 미국 양키스 야구팀의 루게릭이 38세에 이 병으로 사망한 후 그의 이름을 따서 부르게 된 것이며 척수와 뇌, 뇌간의 신경세포가 천천히 퇴행하는 질환이다. 운동신경세포에서 나타나기 때문에 근육이 위축되고 근력이 점차 약해진다.

인구 10만 명당 1명꼴로 발생하고 일반인보다 운동선수나 군인에게 더 많이 발병한다. 연하곤란으로 탈수와 영양불량이 되며 대부분 진단 후 5년 이내에 사망한다.

1. 원인

ALS의 원인은 밝혀져 있지 않으나 신경세포끼리 신호를 전달하는 데 사용되는 물질 중 하나인 어떤 화학물질이 운동신경세포의 죽음에 중요한 역할을 한다는 최근의 가설이 있다. 또한 최근에 이 병을 앓는 환자 중에서 체내에서 생성되는 활성산소를 제거하는 슈퍼옥사이드 디스뮤테이스(SOD) 유전자의 결핍으로 활성산소가 제거되지 못하고 척수운동신경이 손상을 받을 수 있다는 가능성도 제시되었다. 이 유전자는 노인성 치매의 원인으로 생각되는 아밀로이드와 같이 21번째 염색체에 있다. ALS는 일반적으로 50~70세 사이에서 발병하며 여성보다는 남성에게 더 많이 발생하고 5~10%가 유전되는 것을 볼 수 있다.

2. 증상

ALS 환자는 척수신경계에서 운동신경세포가 서서히 망가지면서 지배하고 있던 사지의 근육이 위축되고 마비가 일어나지만 뇌는 침범당하지 않는다. 개인의 정신, 성격, 지식, 기억력 외에도 시각, 후각, 미각, 청각 등의 감각능력도 침해당하지 않는다. 보통 환자는 안면근육을 조절할 수 있고 방광이나 장의 기능도 유지한다. 그러나 진행성으로 마비증상이 나타나며 결국은 호흡부전으로 사망한다.

발병 초기에 경부 척수에 있는 운동신경세포가 주로 손상되는 사지형(limb type)과 뇌간에 있는 운동신경세포가 주로 손상되는 구형(bulbar type)으로 구분된다.

1) 구마비

미주신경과 설하신경이 관련된 뇌간의 운동신경세포가 파괴되어 구음장애, 연하곤란, 혀 위축 등이 나타나서 말소리가 어둔해지고 음식물을 삼키는 데 어려움을 느낀다. 자주 사레에 걸리고 음식이 기도로 들어가 폐렴에 걸릴 수 있다. 턱기능이 약해져서 씹기가 곤란해지고 입으로 호흡하는 경우도 많다. 영양불량, 체중감소, 탈수를 예방하기 위해 식사형태와 점도 조정이 필요하다.

2) 상지 운동기능장애

상지의 근력이 약화되고 근위축으로 스스로 식사하기가 어렵다.

3) 상하지 근력약화

상지와 하지의 근육이 침범하여 근력이 저하되고 근위축 현상이 뚜렷해진다. 병이 진행되면서 보행이 더욱 어려워진다.

4) 호흡곤란

ALS가 진행되면서 호흡 관련 근육이 약해지면서 호흡이 어려워져 초기에는 숙면을 취하지 못하고 더 심하면 호흡곤란으로 사망에 이른다.

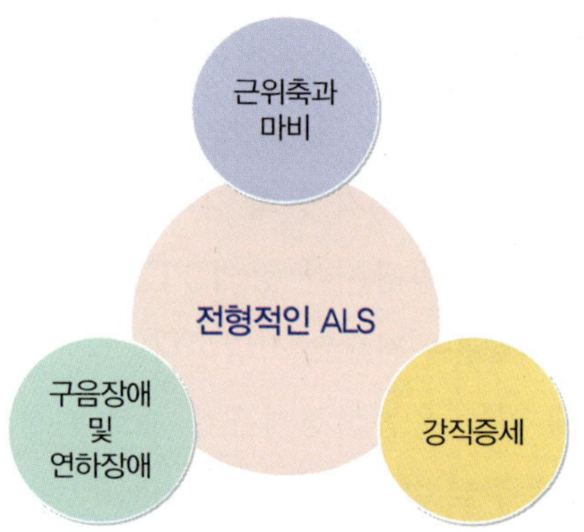

| 그림 15-8 | ALS의 전형적 증상

3. 치료 및 영양관리

ALS 환자는 체중이 감소함에도 불구하고 호흡유지를 위한 노력으로 기초대사가 증가하므로 열량을 보충해야 한다. 강직, 과잉운동, 운동반응의 증가가 있는 경우 추가 열량 공급이 필요하다. 단백질은 1 g/kg 수준으로 권장한다. ALS 환자의 20~30%가 연하곤란 증상으로 영양불량과 탈수가 되기 쉽고 이로 인하여 사망률이 높아질 수 있다. 연하곤란에는 상체를 세우고 턱을 약간 숙인 자세가 안전하게 삼키는 데 도움이 된다. 또한 경관유동식을 권장한다. ALS 환자의 대부분에서 수분과 식이섬유소의 부족 및 활동량 감소와 배변시에 필요한 복부근육의 약화로 급성, 만성의 변비 증세를 보인다. 일반적으로 1,500~2,500 mL/일의 수분 섭취가 필요하다. 수분함량이 높은 걸쭉한 음료와 부드러운 식품 공급으로 수분섭취량이 부족하지 않도록 한다. 생과일을 갈아서 셰이크에 섞거나 서양자두주스 등을 마시면 도움이 된다.

제8절 월경전증후군

20~40대의 여성중 월경에 즈음하여 기분의 변화와 불편함을 호소한다. 월경을 하는 여성의 10~20%에서 월경전증후군(premenstral syndrome)의 증상이 매우 심한데 월경이 시작되기 7~10일 전에 시작하여 월경기간 동안 최고조에 달한다. 가장 흔한 증상은 초조감, 우울증, 현저한 기분의 변화, 피로감, 체중 증가, 두통, 복통, 유방통 및 부종이며 월경주기마다 다양하게 나타난다.

1. 원인

식습관, 환경요인, 사회·심리적 요인, 호르몬 및 유전자 등과 관련이 있다고 보고되나 아직 정확히 밝혀지지 않았다. 에스트로젠, 프로게스테론 등의 호르몬 순환의 변화로 혈액순환 중에 나트륨을 보유하여 뇌를 비롯한 신체조직에 부종을 유발하고 체중이 증가하는 등의 증상이 나타난다.

2. 분류

흔한 증상인 월경전 긴장(premenstrual tension, PMT)의 원인은 불확실하나 조직 내 과도한 수분이 정체되어 여러 증상을 유발한다. 전체 여성의 40%에서 가벼운 월경전 긴장을 보이며 중증은 드물지만 정신병 상태와 유사한 양상을 보이고 감정의 심한 변화를 보인다. 흔히 나타나는 증상에 따라 4종으로 분류한다.

1) PMT-A

가장 흔한 증상으로 월경주기 중간부터 불안하고 안정되지 못한 신경성 긴장상태가 나타나 황체기에 심해져서 우울증이 나타나기도 한다.

2) PMT-H

월경전에 체중 증가, 복부 팽만감, 유방의 울혈, 통증, 전신부종 등의 증상이 나타난다.

3) PMT-C

월경전에 식욕이 증가하고 단맛에 대한 욕구가 증가한다. 정제된 당질을 다량 섭취한 후 심계항진, 두통, 피로감이 나타난다. 특히 정신적 스트레스를 느낄 때 이러한 증상이 자주 나타난다.

4) PMT-D

월경전에 우울증, 위축감, 자살 충동 등이 나타난다. 심하면 혼수상태, 혼돈, 정신착란, 언어장애를 보이기도 한다.

3. 치료 및 영양관리

월경전증후군의 병리는 에스트로젠과 프로게스테론의 불균형, 신경전달물질의 합성장애, 필수지방산의 대사장애, 영양소의 결핍과 관련이 있는 것으로 추측된다. 그러므로 균형 잡힌 식사와 규칙적인 운동, 스트레스의 경감은 월경전증후군을 극복하는 데 도움이 된다. 월경기간 동안 식염 섭취를 줄이고, 단백질 대사에 관여하는 비타민 B_6를 50~100 mg/일 공급하고 우유, 유제품 및 칼슘을 섭취하면 월경전증후군을 감소시키는 데 도움이 된다.

제9절 만성통증증후군

만성통증증후군, 즉 복합부위 통증증후군(complex regional pain syndrome, CRPS)은 신경계 질환의 일종으로 통증을 감지하는 회로가 망가져서 생기며 현재 치료법은 알려지지 않았다.

1. 원인

CRPS는 매우 드물게 발생하며 팔이나 다리에 외부 충격을 크게 받아 손상을 입은 후, 만성적으로 통증이 나타난다. 신경에 손상을 입거나 비정상적인 신경기능 때문에 발생하는 통증으로 일반적으로 느끼는 충격의 정도보다 훨씬 큰 통증을 느끼거나 통증이 생기고 없어지는 현상이 반복된다.

CRPS의 발병기전은 그림 15-9와 같으며 다음과 같은 원인설이 있다.

1) 통증전달물질 증가

급성통증이 반복되고 3~6개월이 지나면 통증 자체가 통증을 전달하는 체계를 망가뜨린다. 신경세포에 통증을 전달하는 전기신호가 많아져서 통증은 더욱 심해지고 지속시간도 길어진다.

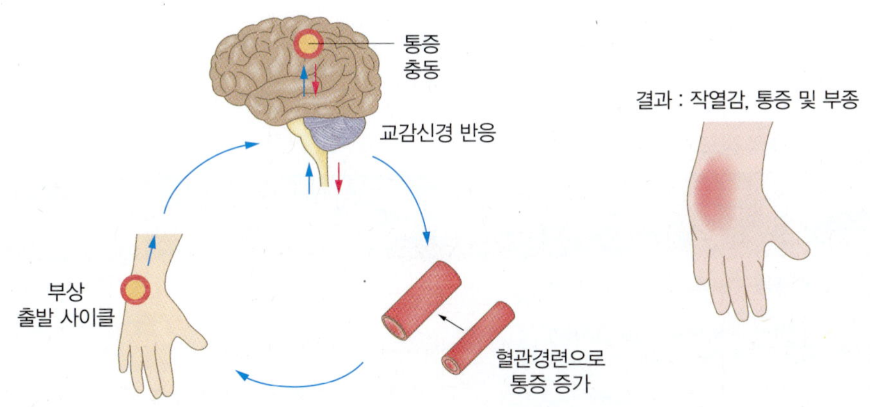

| 그림 15-9 | **만성통증증후군 발병기전**

2) 통증수용단백질 증가

통증이 계속되면 신경세포 내에서 통증자극을 전달하는 역할을 하는 칼슘이 통증을 받아들이는 단백질을 더 많이 만들어 내고 그 결과 통증에 더욱 예민해지거나 자극이 전혀 없는 데도 통증을 느끼게 된다.

3) 마약수용기의 감소

신경세포의 마약수용기는 통증을 억제하는 물질과 결합하는 조직으로 마약수용기가 줄어들면 체내의 엔도르핀 같은 통증억제물질도 제 역할을 못한다. 진통제를 써도 신경세포에 제대로 결합하지 못하므로 약효를 내지 못한다.

4) 신경전달물질 감소

통증이 지속되면 스트레스가 심해져서 세로토닌, 도파민 등의 뇌신경전달물질이 줄어들어 약을 써도 통증억제가 잘되지 않아 만성 통증으로 진행된다.

2. 증상

CRPS는 작은 상처로도 생기며 걸리기만 하면 여성의 출산 이상의 고통이 반복적으로 나타나고 47%가 자살 충동을 느끼며 실제로 15%는 자살을 시도한다. 인간이 느끼는 최대의 고통을 10이라고 할 때 고통의 정도는 표 15-8과 같다.

| 표 15-8 | 고통의 정도와 느낌

고통의 정도	유형	느낌	고통의 정도	유형	느낌
1	신경통	포진 이후의 신경통	6	만성 요통	허리가 끊어질 듯 아픔
2	생리통	여성의 생리시 복통	7	고환마찰	남성이 고환을 맞았을 때
3	타박상	근육에 손상을 입는 고통	8	출산	임신 후 아기를 출산할 때
4	환상자통	잘려나간 부위에 느끼는 고통	9	절단	손가락 혹은 발가락의 절단
5	암	암에 의한 통증	10	작열통	몸이 불에 탈 때의 고통

3. 치료 및 영양관리

오랫동안 통증에 노출되면 뇌에 통증의 정도가 입력된다. 통증의 경험이 쌓이면 척추 안에 있는 신경이나 뇌신경이 망가져서 만성 통증으로 고착된다. 급성 통증이 나타나면 반드시 최소한 3개월, 가능하면 3주 이내에 고통을 없애는 것이 중요하다. 만성 통증이 있으면 스트레스에 약하기 때문에 다른 사람이 스트레스를 받지 않는 정도에도 힘들어하고 그 스트레스가 통증을 악화시키므로 악순환이 이어진다.

운동을 하지 않으면 말초조직 자체의 순환이 나빠지고, 순환이 나빠지면 신경주위에 염증이 가라앉지 않는다. 즉 골고루 먹고 적극적으로 운동하면 자연치유력이 증가한다.

참고문헌

이영남 · 노희경 · 임병순 · 김성환 · 이애랑 · 권순형 · 이정실 · 조금호, **임상영양학**, 수학사, 2008

구재옥 · 김원경 · 서정숙 · 손숙미 · 이연숙, **식사요법 원리와 실습**, 교문사, 2007

김화영 · 조미숙 · 장영애 · 원혜숙 · 이현숙 · 양은주, **임상영양학**, 신광출판사, 2010

손숙미 · 임현숙 · 김정희 · 이종호 · 서정숙 · 손정민, **임상영양학**, 교문사, 2011

올리버 색스 저, 강창래 역, **편두통**, 알마, 2011

이미숙 · 이선영 · 김현아 · 정상진 · 김원경 · 김현주, **임상영양학**, 파워북, 2010

이정실 · 김희숙 · 박문옥 · 윤옥현 · 이미숙 · 이영순, **영양사 학습목표에 맞춘 식사요법**, 교문사, 2002

이채우, **파킨슨병, 치매에 대한 고찰**, 고령자 · 치매작업치료학회지 3(2):59~71, 2009

장병수 · 김태전 · 김주성 · 황구연, **기초병리학**, 고려의학, 2001

장유경 · 변기원 · 이보경 · 이종현 · 이홍미 · 조영연, **임상영양학**, 효일, 2011

주은정 · 이경자 · 박은숙 · 유현희, **질병맞춤형 임상영양학**, 교문사, 2012

히가시구치 다카시 저, 강은희 역, **보건의료인을 위한 임상영양학**, 의학서원, 2012

대한영양사협회, **임상영양관리지침서** 제3판, 2008

보건복지부 · 질병관리본부, **국민건강통계-국민건강영양조사 제4기 3차년도(2009) 결과보고**, 2010

한국근위축성측삭경화증협회, **ALS 질환**, 2012

한국영양학회, **한국인 영양섭취기준 개정판**, 한아름기획, 2010

CHAPTER 16

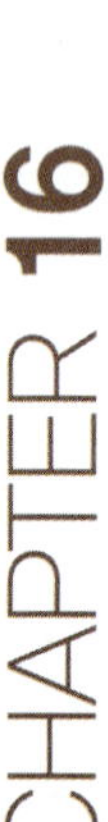

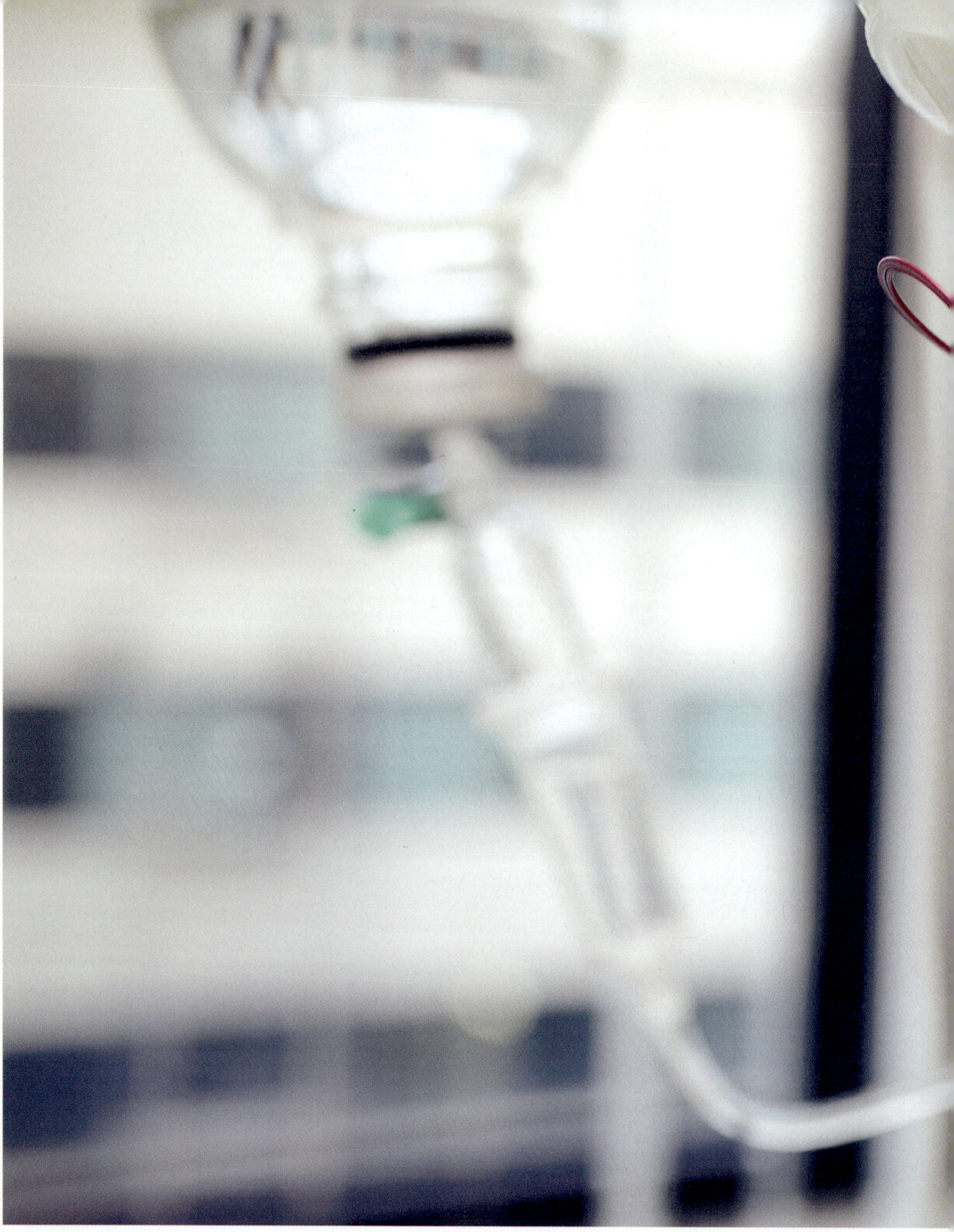

암

제1절
정의 및 발암기전

제2절
발생원인

제3절
대사적 변화 및 증상

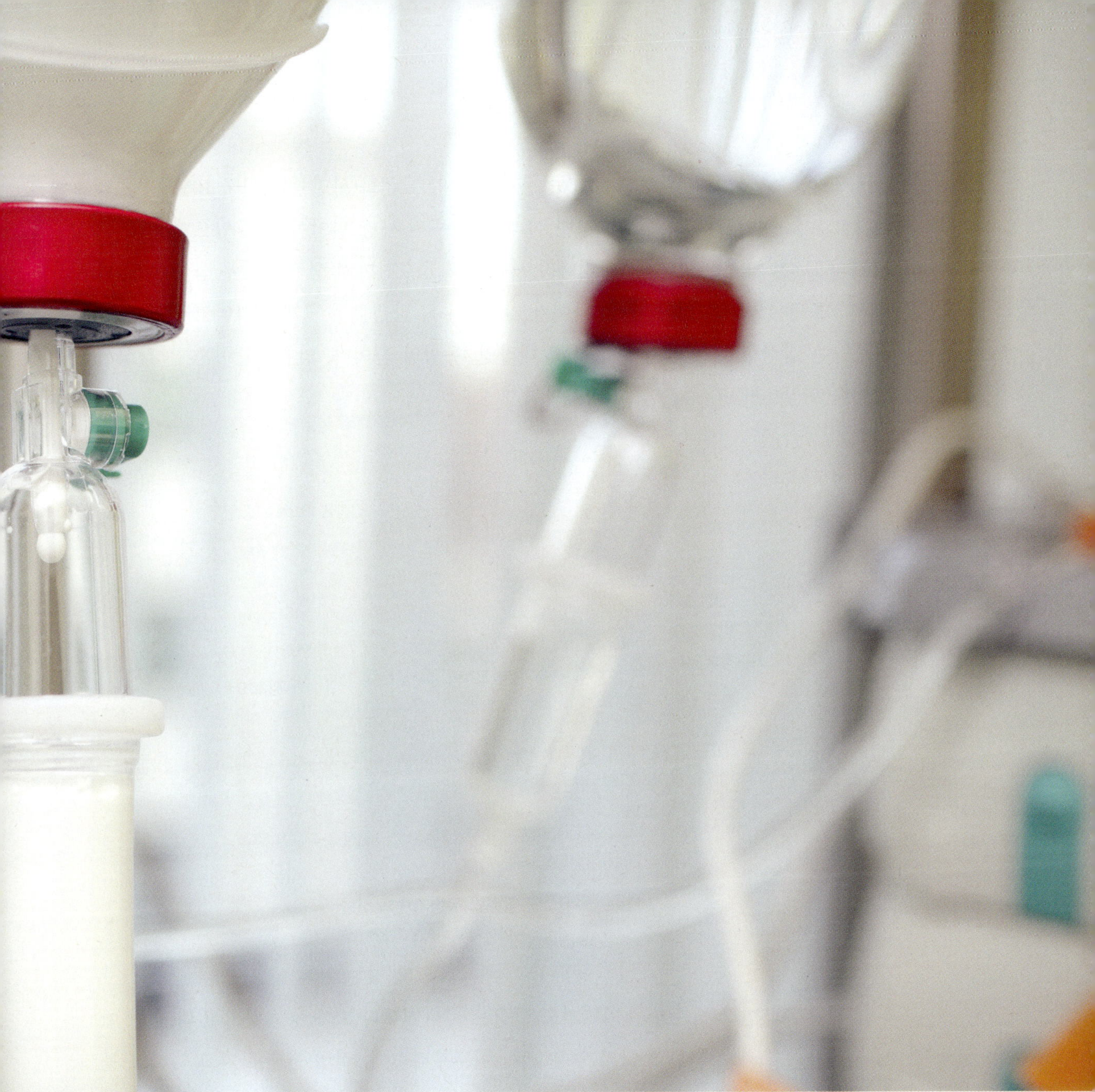

학습목표

- 암환자의 대사적 변화를 이해하고 설명할 수 있다.
- 대사적 변화에 따른 암환자의 영양문제를 파악하고 영양기술을 적용할 수 있다.
- 암환자의 치료에 따른 영양문제를 파악하고 영양기술을 적용할 수 있다.

국가암정보센터에서 보고한 2010년 우리나라 암 표준화 사망률은 인구 10만 명당 남자 147.8명, 여자 64.1명으로 1983년 이래 암은 주된 사망 원인이 되고 있으며 전체 사망자의 1/3를 차지하고 있다. 우리나라 사람이 평균수명까지 생존할 경우 암에 걸릴 확률은 3명 중 1명 정도이다. 암은 나이가 많아질수록 발생률이 크게 증가하고 있으며 암 유병률은 갑상샘암, 위암이 가장 많고 대장암, 유방암 순이다. 암유병률이 높은 갑상샘암이나 위암, 대장암 등은 특히 식사관리가 중요하다.

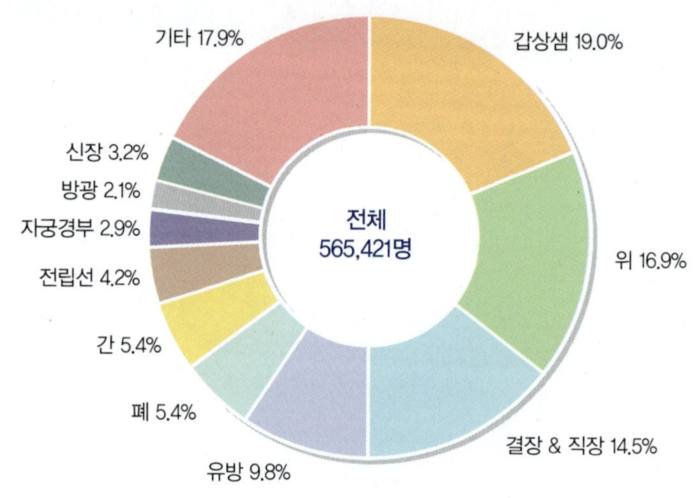

| 그림 16-1 | **암 종류별 유병자수의 비율**

자료 : 국가암정보센터

암 진단 후 5년간 생존율은 의료기술 향상으로 과거보다 크게 증가하고 있다. 5년 이상 생존율이 크게 증가함에 따라 암은 진단 이후부터 만성 질병 형태로 가고 있다고 볼 수 있다. 이에 따라 치료 및 영양관리의 중요성이 대두되며 암의 종류에 따른 영양불량의 원인을 찾고 삶의 질을 개선할 수 있도록 노력해야 한다.

제1절 정의 및 발암기전

1. 암의 정의 및 암세포 특징

암(cancer)은 세포가 제한을 받지 않고 이상 증식하는 질병군이며 정상적인 성장조절 기능의 상실, 새로운 세포의 성장과 나이 든 세포의 소멸 사이의 균형이 깨진 상태이다. 세포가 자연히 사멸할 수 있는 세포자연사(apoptosis)의 능력이 소실된 것으로 볼 수 있으며 악성 종양 혹은 악성 신생물의 일반적인 용어이다.

종양(tumor), 신생물(neoplasm)이란 분열하는 세포수 증가로 조직 종괴를 이룬 상태이며 양성 종양과 악성 종양으로 나눌 수 있는데 분열하는 세포수가 점점 증가하여 정상적인 조직의 배열이 서서히 파괴되면 악성 종양 상태의 암종을 형성하게 된다.

암세포와 정상세포의 특징은 표 16-1과 같다.

| 표 16-1 | 암세포와 정상세포의 특징

	정상세포	양성 종양세포	악성 종양세포(암)
세포분열	손상조직 대체시 분열, 세포자연사	지속적이거나 부적절한 세포 성장	지속적이며 빠른 성장
형태	구체적인 모양, 크기	정상세포와 같은 형태	미분화 형태
핵-세포질 비율	낮다	낮다	핵 비율이 증가(핵이 큼)
분화기능	한 가지 특성으로 분화	정상세포와 같다	분화기능 상실
세포 간 밀착	단단히 밀착	단단히 밀착	세포 간 연결 느슨
이동성	이동불가	이동불가	침습, 전이 가능
인접세포와의 조화	질서 있는 성장(조화)	성장은 정상, 과형성	비정상적인 과형성
성장속도	-	느림	빠름
성장양식	-	경미한 조직손상	주위조직 침범, 염증, 궤사, 궤양을 일으킴
예후	-	사망하지 않음	주요 장기에 전이시 사망
외과처치 후 재발	-	재발하지 않음	잔여조직 있으면 재발

상피암(carcinoma) 가장 흔한 암의 형태. 인체 표면을 이루는 상피세포에서 발생하는 암

육종(sarcoma) 뼈, 연골, 결합조직, 근육과 같은 지지조직에서 발생하는 암

침습(invasion) 암세포가 인접조직으로 이동, 침투하는 것

전이(metastasis) 암세포가 림프관, 혈관을 통해 전신을 순환하면서 어디든지 정상조직을 침습

과형성(hyperplasia) 세포의 구조가 정상이고 질서정연한 배열로 암은 아니나 과도한 세포분열로 정상세포와 비교해 세포가 수적으로 증가한 상태

이형성(dysplasia) 정상조직의 배열, 세포구조가 소실되는 특징을 보이는 세포증식의 비정상적인 상태이나 아직은 암은 아님. 점진적으로 암으로 변형될 수 있는 상태

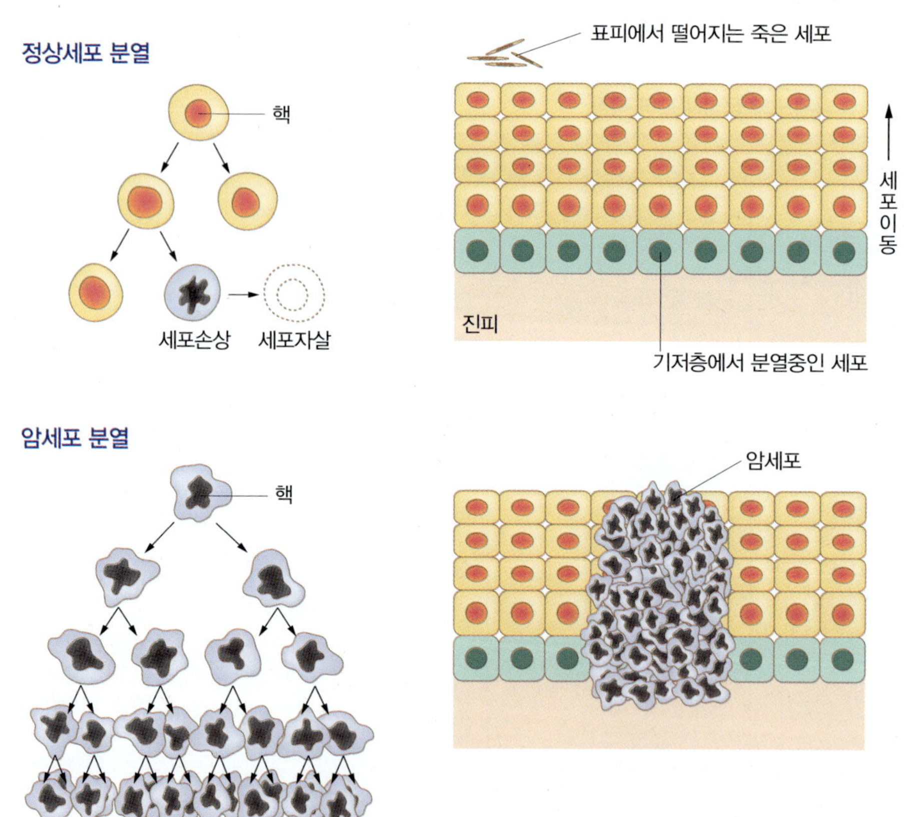

| 그림 16-2 | **정상세포와 암세포의 분열 특성**

2. 발암기전 및 진행단계(병기)

암은 발생 인자에 노출된 후 바로 발생하는 것이 아니다. 어떤 경우는 수십 년에 걸쳐서 진행되기도 하여 노년기에 주로 암이 많이 발생한다.

1) 암의 발암기전

① 1단계(암 유발 개시, 발단기)

발암물질이 세포 내부 핵으로 들어와 DNA의 구조를 변화시키고 정상세포가 암세포로 전화된다. 이때의 발암물질을 개시자(initiator)라고 한다.

② 2단계(암 유발 촉진기, 증진기)

세포분열이 빨라지면서 종양을 형성하는 단계로 명백한 종양이 될 때까지를 잠복기라고 하며 보통 암의 경우 잠복기는 수개월에서 수년 걸린다. 이때 암 형성을 촉진하는 인자를 촉진자(promotor)라고 한다.

③ 3단계(암 진행기)

암이 발견될 정도로 커지고 종양에 새로운 혈관을 형성하며 다른 조직으로 전이되는 시기이자 암 유전자, 암 억제 유전자의 돌연변이가 증가하는 시기이다.

2) 암의 진행단계

종양의 크기, 주위 조직에 침습 정도, 림프샘 침범 여부, 다른 부위로의 전이 등의 상태를 판단하여 4단계 병기(표 16-2)로 진단한다. 암의 병기를 진단하는 데 주로 사용하는 방법은 TNM법으로 T는 원발종양의 크기나 침윤 정도를, N은 림프샘으로 퍼진 정도를, M은 다른 장기로 전이된 정도를 표시한다. TNM에 따라 진행단계를 1기, 2기, 3기, 4기로 나눌 수 있으며 다른 말로는 조기암, 진행암, 말기암으로 나누기도 한다. 조기암은 암이 암조직에만 있고 림프샘, 다른 장기로는 퍼지지 않은 상태의 암이며 진행암은 2기, 3기, 4기 상태의 암으로 치료 상태의 암이다. 말기암은 치료에도 계속 암이 악화되는 상태의 암을 표시한다.

| 표 16-2 | 암의 진행단계에 따른 상태

암의 진행단계(병기)	암의 상태
stage 1(T1, N0, M0)	• 종양이 원발장기에 국한된다. • 수술로 절제 가능하다. • 림프샘 혈관성 전이가 없다.
stage 2(T2, N0~N1, M0)	• 주위조직, 근접 림프샘에 국소 전이 • 수술 가능하나 완전절제 불확실 • 림프샘에 미세 침입, 생존율은 약 50%
stage 3(T3, N2, M0)	• 뼈와 더 깊은 조직에 침범 • 수술은 가능하나 절제할 수 없음 • 림프샘에 침범, 생존율 20%
stage 4(T4, N3, M1)	• 국소부위나 장기는 원격전이의 증거 있음 • 수술 불가능, 생존율 5%

T : 원발성 종양, N : 국소 림프결절, M : 원거리 전이
자료 : 국립암정보센터, 2012

제2절 발생원인

WHO가 발표한 암의 원인 중 가장 주된 요인은 음식 관련이며 그 외 흡연, 간염 등의 감염증, 출산과 성생활, 직업병, 술, 환경오염 등이다.

1. 암유전자 활성화

암과 관련된 3개의 유전자는 종양 유전자, 종양억제 유전자, DNA 복구 유전자이다. 종양 유전자, 즉 암을 일으킬 수 있는 유전자가 활성화되면 암이 발생한다. 또한 종양억제 유전자가 불활성하면 암이 발생하며 돌연변이로 불활성화하면 기능손실로 암이 발생할 수 있다. DNA 복구 유전자가 손상되면 과오를 교정하는 유전정보의 손상으로, 다시 단백질의 손상으로 이어지고 암이 발생한다.

2. 개체 내 암 유발요인

면역능력 결함, 고령(모든 암의 50%가 65세 이후에 나타남) 등이 개체 내 암 유발요인이 될 수 있으며 유전적 성향 역시 암 유발요인이 된다. 종양억제 유전자 결핍시 암이 발생하며 유방암, 전립선암, 난소암 등은 유전적 암의 경향을 보이며 부모, 형제가 선종성 용종을 가진 대상자는 대장암에 걸릴 확률이 높다.

3. 환경적 암 유발요인

환경적 요인 중 주된 것은 음식과 관련이 있으며 음식의 영양성분도 암 발생이나 예방과 관련이 있다.

(1) 음식물

지나치게 짠 음식, 태운 음식, 저섬유소, 붉은 고기, 고지방, 훈연식품 등이 암 유발요인으로 알려졌다. 짠 음식은 위암, 식도암, 구강암과 관련되고 태운 음식에 생긴 벤조피렌은 대장암과 유방암을 일으킬 수 있으며 소시지, 베이컨 등 훈연식품의 아질산염은 위암이나 식도암의 위험인자이다. 가공식품이나 인스턴트식품에 함유된 식품첨가물인 둘신, 시클라메이트는 방광암의 유발요인이며 타르색소는 간암을 유발한다.

암 예방에 확실한 근거가 있는 식품

- 소화·호흡기계 암 : 과일, 채소
- 위암 : 과일, 채소, 비타민 C
- 대장·직장암 : 채소, 엽산, 섬유소, 칼슘, 비타민 D, 신체 활동
- 폐암 : 과일, 채소
- 유방암 : 과일, 채소

암 예방 5가지 컬러 푸드

- 레드 푸드 : 사과, 토마토, 강낭콩, 붉은 양배추, 붉은 양파, 팥, 딸기, 수박
- 옐로 푸드 : 고구마, 호박, 귤, 배, 복숭아, 살구, 키위, 파인애플, 옥수수
- 그린 푸드 : 브로콜리, 양배추, 상추, 시금치, 케일, 멜론, 근대, 겨자, 부추
- 화이트 푸드 : 마늘, 도라지, 무, 양파, 콩나물, 백도
- 퍼플 푸드 : 블루베리, 포도, 자두, 건포도, 무화과, 적채, 가지, 검은콩

(2) 영양성분

암 발생과 관련된 영양성분은 표 16-3과 같다.

| 표 16-3 | 영양소와 암 관련성

영양소		관련성
에너지		• 고에너지 : 대장암, 직장암, 유방암, 자궁암, 전립선암, 식도암, 신장암 • 요인 : 비만시 체지방에서 과도하게 분비되는 에스트로젠이 암 발생과 관련
지방		• 고지방식 : 유방암, 대장암, 전립선암 • 요인 : 포화지방산의 과잉 섭취는 담즙분비를 증가시키고 대장 박테리아의 균총을 변화시켜 대장암, 직장암을 유발함. 불포화 지방산의 과잉 섭취(총에너지의 10% 이상)도 암 생성 초래
단백질		• 붉은색 육류의 과잉 섭취 : 장내 균총의 변화를 초래하며 암모니아 생성을 증가시켜 대장암, 유방암을 일으킴.
섬유소		잠재적 발암물질에 해당하는 담즙산을 희석하거나 장내 통과시간을 짧게 하며 또한 장내에 유용한 세균의 증식을 촉진하여 암 생성을 억제(대장암, 직장암)
비타민	비타민 A	• 비타민 A : 암예방 혹은 암발생 촉진, 세포분열, 분화와 관련된 영양소 • 베타카로틴 : 암 예방, 효과적인 항산화제로 DNA 손상을 막아줌.
	비타민 C	항산화제로 세포막에서 비타민 E가 지질과산화를 막는 데 도움을 주며 나이트로소아민 생성을 억제하여 암 예방.
	비타민 E	위암, 췌장암, 비뇨기계 암 예방.
	엽산	엽산은 DNA 돌연변이에 대해 보호작용을 함으로써 대장암, 자궁경부암, 폐암, 유방암, 전립선암을 예방
무기질	셀레늄(Se)	항암작용이 있으며 비타민 E와 더불어 항산화효과, 아플라톡신의 독성을 감소시키고 인터페론 생산과 작용을 증진시킴.
	아연(Zn)	세포분열에 필요한 영양소로 아연 결핍시 종양 생성 촉진
	칼슘	칼슘섭취(유제품)는 대장암 발생을 억제. 장내 지방과 결합하여 지방과 담즙산의 암 발생 위험률을 낮춤
	나트륨(Na)	• 다량의 염분 : 암 생성 촉진 • 요인 : 위의 산도를 감소시키고 식사로 섭취한 질산염을 아질산염이나 아민으로 변화시켜 발암물질로 작용 가능
알코올		세포의 흡수력, 취약성을 증가시켜 다른 전암 물질에 도움을 줌. 알코올은 소화기계 암, 간암, 호흡기계 암과 관련되며 에스트로젠 대사에도 영향을 미쳐 유방암을 일으킴.

(3) 화학물질

화학물질로는 아닐린, 타르, 카드뮴, 염료, 비소, 석면, 벤젠, 크롬 등 공업용 물질 및 담배 연기(흡연) 등이 암의 원인이 될 수 있다.

담배와 발암

담배는 모든 암 사망원인의 30% 차지.
폐암은 비흡연자에 비해 흡연자는 10배 위험률 높아짐.
담배 피는 개수, 담배 피운 기간, 연기를 깊게 마신 정도 등에 따라 영향받음.
구강암, 식도암, 후두암, 식도암, 췌장암, 방광암 위험률도 증가시킴.
씹는 담배 역시 구강암, 인두암 발생률을 증가시킴

(4) 약제

광유, 살충제, PCB, PHC 등이 발암 요인이다.

(5) 물리적 물질

저방사선, 고방사선, 자외선, 전기자장(휴대폰, 전자레인지), 만성자극 및 염증도 암의 원인이 되기도 한다.

강렬한 햇빛(자외선)과 피부암

피부암은 자외선에 노출이 많은 지역에 사는 백인종에게는 잘 알려진 질환이다. 대표적인 지역이 호주. 호주에서는 전체 암 발생 중 피부암이 차지하는 비율이 절반 가까이 된다고 알려졌다.
백인종과 비교할 때 피부암이 황인종, 흑인 순으로 발생한다. 이것은 황인종이나 흑인의 피부에 존재하는 많은 양의 멜라닌 색소가 자외선으로부터 피부의 손상을 보호하기 때문이다.

(6) 바이러스

암을 일으키는 바이러스는 사람유두종 바이러스 등(자궁경부암 등), 헤르페스바이러스(비인두암), B형 간염바이러스(간암) 등이다.

(7) 성호르몬

에스트로젠 분비가 왕성한 경우 자궁암, 유방암 등을 유발할 수 있다.

(8) 정신적 스트레스

정신적 스트레스는 면역기능을 억제시켜서 암을 유발하기도 한다.

발암 원인으로 확실한 근거가 있는 물질

- 소화·호흡기계 암 : 알코올, 흡연
- 위암 : 식품보존을 위해 소금을 치는 것(염장식품)
- 대장·직장암 : 과체중/비만, 붉은색 육류, 가공육류, 총지방량
- 간암 : 알코올, 아플라톡신
- 폐암 : 흡연
- 유방암 : 알코올, 비만, 지방섭취

제3절 대사적 변화 및 증상

1. 대사적 변화

1) 암세포의 대사

암세포의 대사는 정상세포와는 크게 차이가 난다. 에너지 대사에서 기초대사량은 증가되어 있으며 당질 대사, 아미노산 대사, 지질 대사가 정상세포와는 큰 차이가 있다.

(1) 탄수화물 대사

암세포와 정상세포와의 가장 큰 차이는 해당과정과 TCA 회로의 불균형, 오탄당인산 회로의 증가이다. 암세포 대사는 조절기능 없이 포도당의 대사 이용률을 최대한 높이기 위해 TCA 회로를 저해하고 해당과정은 증가시킨다. 이러한 결과로 암환자는 비정상적인 내당능 곡선을 보여 포도당을 공급하였을 때 5시간이 지나서야 정상 혈당으로 되돌린다. 해당과정이 증가한 암세포 대사는 해당과정의 최종산물인 젖산을 축적하고 젖산은 다시 포도당으로 전환되기 위해서는 암환자의 간으로 가서 코리회로를 거쳐야 한다. 이 과정은 암환자에게는 엄청난 에너지 손실을 일으켜 악액질(cancer cachexia)의 주된 원인이 된다.

| 표 16-4 | 암세포의 대사적 특성

세포	대사적 특성
암세포	• 해당과정의 증가 • 당신생의 감소 • HMPS과정의 증가 • 지질분해 증가 • 콜레스테롤 합성분해 조절기능 손상 • 단백질 합성 증가 • 아미노산 분해 감소 • 요소회로 효소의 감소
암환자의 정상세포	• 근육 단백질로부터의 당신생 증가(저단백혈증) • 암세포와 유사하게 해당과정 증가 • 코리회로 증가 • 지방분해 증가 • 수분과 Na 보유 증가

암세포의 또 하나의 대사적 차이는 오탄당인산회로(HMPS과정)의 증가이다. 암세포에서 이 대사과정의 증가는 세포분화가 정상세포보다 훨씬 증가되어 있음을 보여주는 것이다.

(2) 아미노산 대사

암세포는 정상세포와는 전혀 다르게 아미노산을 요구한다. 정상세포와 비교해볼 때 특정 아미노산을 더 많이 필요로 하고 어떤 경우는 더 적게 이용한다. 예를 들면 메티오닌을 암세포는 편파적으로 이용하는데, 불균형한 아미노산 요구는 암환자 전체 신체의 아미노산 대사에 중대한 영향을 미쳐 체단백 합성을 더욱 어렵게 한다. 또한 암환자에게서 흔히 나타나는 아미노산의 불균형은 숙주의 체단백이 분해되어 알라닌을 증가시킨다. 이렇게 증가된 알라닌은 간에서 포도당으로 전환되어 암세포에 이용되기도 하며 암환자의 중추신경계의 포도당 요구를 채워준다. 또한 암세포의 단백질 대사는 펩타이드와는 다른 저분자 대사산물을 만드는데 이러한 물질은 암환자의 순환에 유입되어 대사계를 혼돈상태에 빠뜨리고 뇌기능에 중대한 영향을 미쳐 식욕부진을 유발하거나 미각 이상을 초래할 수 있다.

(3) 지방 대사

암세포는 자기복제에 필요한 양만큼의 지방을 자체적으로 합성하지 못한다. 그리하여 지질분해물질을 유리하여 부족한 양만큼 암환자의 체지방을 사용한다. 지질분해와 관련된 노르에피네프린, ACTH, 성장호르몬, 글루카곤 등이 증가되는데 이러한 현상은 모두 암환자의 악액질을 유발하는 것으로 알려졌다.

(4) 수분과 전해질

암세포가 분비하는 세로토닌, 칼시토닌, 가스트린으로 인해 심한 설사가 초래, 구토, 설사로 체액과 전해질 불균형이 생기며 수용성 비타민의 손실을 초래한다.

2. 증상

암은 초기에는 특별한 증상이 없어서 초기 진단을 놓치는 경우가 많다. 암은 어느 정도 암 조직이 증가하여 인접 조직을 침습하거나 신경, 혈관을 압박하는 경우 징후나 증상이 나타난다. 암의 3대 주요 증상은 악액질, 식욕부진, 흡수불량 등이다.

1) 악액질

악액질(cachexia)은 체조직의 심한 소모, 급격한 체중감소, 쇠약감, 조기 만복감, 장기 기능장애 등이 나타난다.

2) 오심, 구토, 식욕부진

암세포에서 만들어진 사이토킨, 아나렉신(analexyn), 카테킨 등과 같은 식욕 억제물질 때문에 시상하부 기능에 영향을 미쳐 식욕부진이 나타난다. 종양의 대사산물에 의해 미각과 후각에 이상이 발생하며 우울증 등이 식욕에 영향을 미치기도 한다.

3) 흡수불량

소장 융모의 발육부진, 췌장효소 및 담즙 결핍 등으로 흡수불량이 생긴다. 소화관 폐색, 협착, 출혈 등으로 경구섭취가 곤란해질 수 있다.

4) 미각, 후각 이상

단맛, 짠맛과 신맛에 대한 민감도는 감소하고 쓴맛에 대해서는 예민해진다. 특히 후각은 예민해져서 김치 등의 냄새를 싫어할 수도 있다. 음식에 대한 질감도 변하여 특히 육류를 거부하게 된다.

3. 검사 및 진단

암의 조기 발견은 5년간 생존율에 큰 영향을 미친다. 최근 새로운 암 진단 방법이 개발되고 있어서 조기 발견율이 높아지고 있다. 암 검사는 조기검진을 위한 선별검사, 암이 의심될 때 하는 진단검사, 재발 여부 판정을 위한 추적검사로 나눌 수 있다.

암의 진단 방법으로는 의사의 진찰, 혈액검사, 조직 및 세포병리검사, 영상진단검사[X-선 검사, 투시검사, CT, 초음파검사, 자기공명검사(MRI)], 내시경검사, 핵의학검사로 양전자방사 단층촬영(PET), 종양표지자검사 등이 있다.

제4절 치료 및 영양관리

1. 암의 치료 방법

암 치료는 진단방사선과, 임상병리과, 종양내과, 종양외과, 방사선종양과 등의 전문의가 함께 환자의 과거력, 나이, 암의 종류와 병기에 따라 환자에게 가장 적합한 치료계획을 세운다. 암 치료법에는 수술, 방사선요법, 항암요법, 면역요법, 조혈모세포이식 등이 있으며 이들 치료법은 단독, 혹은 복합적으로 병용하여 치료 계획을 세운다. 암 치료법은 각각의 장점이 있지만 부작용이 나타나기 때문에 부작용에 따른 영양관리도 고려해야 한다.

2. 암 치료에 의한 영양문제

암 치료 방법은 수술, 방사선요법, 화학요법, 면역요법, 조혈모세포이식 등이 있는데 이러한 치료 방법이 영양문제를 일으킨다. 수술은 수술 부위가 어디인가, 어느 정도 절제하였는가에 따라, 즉 두경부 수술은 식사섭취 자체를 못하게 하여 영양불량을 초래하고 저작, 연하곤란을 지속해서 느낄 수 있다. 식도나 위 수술은 위 운동, 위산 생성 감소, 지방과 단백질 흡수불량, 덤핑증후군을 초래하기도 한다. 위 수술시 위를 어느 정도 절제했느냐에 따라 위의 기능이 상실될 것이다.

화학요법은 위장관의 부작용으로 오심, 구토, 구내염, 설사와 변비, 점막염, 궤양, 출혈, 흡수불량 등이 나타나며 식품혐오 등이 생긴다. 골수 부작용으로는 백혈구 수치 감소, 혈소판 감소 등이 나타나며 생식계 부작용으로 무정자증, 월경불순 등이 발생하고 모근세포에도 영향을 미쳐 탈모가 심하게 나타날 수도 있다.

방사선요법은 치료부위에 따라 치료범위, 방사선 조사량, 기간, 주기, 환자의 영양상태에 따라 부작용이 다양하게 나타난다. 두경부 쪽 방사선 조사는 타액선을 파괴하여 타액분비가 저조해져 구강건조증을 유발하고 미각세포를 파괴하여 맛을 느끼지 못하게 된다. 또한 구내염으로 인한 통증도 심해지고 연하곤란이 올 수 있다. 구강건조증은 충치, 메스꺼움을 유발할 수도 있다.

면역요법이나 조혈모세포이식은 면역능력이 현저히 저하되기 때문에 무균식에 대한 것도 고려해야 한다.

| 표 16-5 | 암 치료 방법에 따른 영양문제

치료 방법	신체부위	영양문제
수술	뇌, 목 부분	저작곤란, 연하곤란, 구강건조, 미각변화, 섭취량 부족
	식도	연하곤란, 관급식으로 인한 영양문제
	위	덤핑증후군, 저혈당, 지방흡수불량, 고혈당
	소장	담즙손실, 신결석, 비타민 B_{12} 흡수불량
	대장	전해질, 수분불균형
	이자	당뇨, 단백질, 탄수화물, 지방소화 이상, 수분·전해질 불균형
	간	고혈당, 고중성지방혈증, 뇌증, 수분·전해질 불균형

(계속)

치료 방법	신체부위	영양문제
화학요법	전신영향	항암제 종류에 따라 나타나는 부작용 달라짐. 오심, 구토, 식욕부진, 설사, 변비, 구강, 구내염, 인후통증, 점막염, 미각 이상, 골수 억제, 간, 신장에 영향, 탈모증, 구강건조증, 세뇨관 괴사, 금속맛, 고혈압, 입맛 변화, 심독성, 심근허혈, 착란, 무기력, 고칼슘혈증, 말초신경염, 신경장애, 급성 알레르기, 뼈에 통증, 소화관 누공
방사선요법	구강, 목, 인후, 혀, 턱, 갑상샘	구내염, 구강건조증, 구강궤양, 미각장애, 미각감퇴(미뢰세포소실), 충치, 점성타액, 방사선 골괴사, 누공형성, 개구장애
	식도, 흉관, 척추	연하곤란, 식도염, 식도섬유종, 협착
	위, 간, 이자, 쓸개, 소장	오심, 구토, 위궤양, 장염, 흡수불량, 장내누공, 천공, 섬유증, 협착, 출혈
	비뇨생식기, 대장, 직장	만성 대장염, 협착, 누공, 장괴사, 천공
면역요법	전신	치료 종류에 따라 다름. 오한, 발열, 허약, 근육통, 식욕부진, 오심, 구토, 설사와 같은 독감증세 발진, 타박상, 출혈, 부종이 생기기도 함

3. 영양관리

암은 암세포와 정상세포의 대사적 비정상으로 심각한 체조직의 소모를 일으키는, 즉 악액질을 일으키는 소모성 질환이다. 또한 치료 역시 영양불량을 일으키는 부작용이 많아 영양지원이 대단히 중요하다. 영양지원이 제대로 이루어지지 않을 경우 심각한 면역기능 저하가 오며 이는 암환자를 암 자체보다는 영양결핍으로 사망하게 만든다. 영양지원은 경구적으로 섭취하는 것이 가장 바람직하나 오심, 구토, 연하곤란 등 경구적으로 공급하는 영양이 불가능할 경우는 경관급식을 시행하고 경관급식도 어려우면 완전정맥영양(TPN) 등으로 영양지원을 계획해야 한다.

암환자의 영양공급은 암 종류나 중증도, 치료 방법에 따른 부작용 등이 환자마다 다르기 때문에 상황에 맞춘 개별적 영양관리가 필요하다. 따라서 각 암에 대한 특징을 잘 알고 있어야 하고 치료 방법에 따른 부작용과 이를 해결하기 위한 방법 등을 잘 알아야 한다.

예를 들면 위암인 경우 수술 전인지, 수술 후(위절제)인지, 절제 정도는 어느 정도인지, 덤핑증후군이 있는지, 항암치료의 부작용이 있는지, 위장관폐색이 있는지, 말기인 지 등에 따라 영양불량의 원인과 정도가 달라지기 때문에 영양관리의 목표와 방법이 달라질 수 있다.

의학의 발달로 부작용이 없는 표적치료제를 비롯해 무수히 많은 약제를 개발하고 있으나 여전히 대부분의 항암제는 암세포를 죽이는 동시에 정상세포 중 빠르게 성장하는 위장관의 점막, 모낭, 골수, 생식계에 영향을 미칠 수밖에 없기 때문에 부작용에 따른 면밀한 계획을 수립하여 영양지원을 고려한다.

최근에 영양중재 방법으로 NCP(nutrition care program)가 도입되고 있다. NCP는 영양관리 제공시 사용하는 표준화된 4단계 과정으로 근거중심적 접근법으로 영양을 중재하는 것이다. 병원마다 사용되는 용어를 공통용어로 사용하여 혼란을 최소화하고 영양관리의 질을 상승시키기 위해 도입되고 있다. 1단계 영양판정, 2단계 영양진단, 3단계 영양중재, 4단계 모니터링과 평가 등의 단계로 환자에게 개별화된 목표설정과 영양지원을 제공하는 것이다.

1) 1단계, 2단계 : 영양판정 및 진단

암환자의 영양상태 평가지표

- 병력 : 암세포 위치, 전이 정도, 약물사용 여부, 과거 소화기계 수술 여부, 항암치료 계획
- 영양력 : 식사력, 식습관, 열량과 단백질 섭취량, 체중변화, 식욕, 입맛변화, 씹거나 삼키는 기능 상태, 배변상태, 식품 알레르기, 보충영양제, 보충식품 등
- 신체계측 : 신장, 체중, 표준체중, 체중변화, 상완위 둘레, 상완위 피부두께
- 생화학 수치 : 혈장 알부민 농도, 트랜스페린, RBP, 총림프구 수

영양판정 및 진단을 위한 영양요구량 산출

1. 에너지 요구량

기초대사율, 활동량에 따라 산출

- 침대, 고대사 상태가 아닌 경우 : 20 kcal/kg
- 움직이는 상태, 고대사 상태가 아닌 경우 : 25 kcal/kg
- 중간 정도의 스트레스 상태 : 30~35 kcal/kg

또는

1일 기초대사량(해리스-베네딕트 공식) 이용

BEE(남) = 66 + (13.7 × Wt) + (5 × Ht) - (6.8 × Age)

BEE(여) = 655 + (9.6 × Wt) + (1.7 × Ht) - (4.78 × Age)

1일 필요 에너지 = BEE × AF × IF

AF(Activity factor) : 침대 1.2, 움직이는 경우 1.3
IF(Injury factor) : 간단한 수술, 암 처치 1.2~1.3
주요 부위 수술, 고대사 상태 1.4

2. 단백질 요구량

총에너지, 질소비율을 이용한 단백질량 산출

- 동화작용을 위한 총열량 : 질소비(kcal : N) = 100~150 : 1
- 체중유지를 위한 총열량 : 질소비(kcal : N) = 250~300 : 1
- 신부전을 위한 총열량 : 질소비(kcal : N) = 300~500 : 1
  - -1일 질소 필요량(g) = 1일 필요 에너지(kcal) ÷ (총열량 : 질소비)
  - -1일 단백질 필요량(g) = 1일 필요 질소량(g) × 6.25

1일 필요 에너지가 2,000 kcal인 암환자로 총열량:질소비 = 200 : 1로 할 경우

-1일 질소 필요량 = 2000 ÷ 200 = 10 g
-1일 단백질 필요량 = 10 × 6.25 = 62.5 g

계수 이용

- 대부분 암환자 : 1.0~1.5 g/kg
- 골수이식환자 : 1.5 g/kg
- 심하게 고갈된 암환자 : 1.5~2.0 g/kg

3. 지방

필요 열량의 20~50% 정도로 제공하며 폐암 및 다발성 허파전이 등 호흡장애가 있는 경우 특히 고지방과 코엔자임 Q10 함유 영양액을 제공하는데 지방은 대사시 이산화탄소 발생량이 적어 호흡곤란 완화에 도움을 준다. 지방공급시 필수지방산을 함유시키고 정맥공급으로 지방을 투여할 때는 0.1~0.2 g/kg/hr 속도로 투여한다.

4. 탄수화물

탄수화물 공급량 = 필요 에너지량 - (단백질 공급에너지 - 지방 공급에너지) ÷ 4

5. 수분 필요량

암환자는 구토, 설사 등의 부작용이 나타나기도 하고 연하곤란으로 수분 섭취 자체가 부족할 수도 있다. 수분에 대해서는 탈수 등이 나타나지 않도록 지속적인 모니터링이 필요하다. 수분 필요량은 보통 1 mL/kcal 수준 혹은 30~40 mL/kg/일로 제공한다. 말기암인 경우는 25~35 mL/kg/일 정도로 수분 필요량을 줄인다.

6. 미량 영양소

주기적인 생화학검사로 보충을 고려한다.

2) 3단계, 4단계 : 영양중재, 모니터링 및 평가

암환자의 영양관리 목표는 개별 영양요구량에 맞추어 환자가 식사에 잘 적응할 수 있도록 하는 것이며 영양결핍과 체중감소를 막고 병의 증상, 치료로 인한 부작용을 완화하기 위한 것이다. 암 치료를 위한 특별한 식품과 영양소는 없으며 균형 잡힌 식사가 중요하다.

암환자는 미각과 냄새에 변화를 보이며 특히 육류를 싫어하는 경향이 있다. 또한 식욕부진의 암환자인 경우 식품섭취량이 현저히 떨어지고 식사 초기에 포만감을 느끼는 등의 반응이 나타나 영양가가 떨어지는 식품을 섭취하였을 때 정상인에 비해 적응력이 현저히 낮다.

암환자 식사계획 시 고려사항

- 환자 식사력 조사(식습관, 단백질 섭취 상태, 특정식품에 대한 인식, 1일 식사횟수, 입맛 변화 등 조사)
- 식사력에 따라 식사계획 수립
- 1일 에너지 필요량, 단백질 필요량 산출
- 간식배분의 중요성을 환자에게 설명
- 환자의 음식 준비성을 고려하여 가능한 방법 제시
- 경우에 따라 영양지원 방법 고려(관급식, 정맥영양 등)
- 암환자의 식사지침
- 규칙적인 3회 식사
- 균형 잡힌 식사(단백질 음식제공)
- 채소는 매끼 충분히, 과일은 하루에 1가지 이상
- 우유는 하루 1컵 이상
- 너무 맵고 짜지 않게

| 그림 16-3 | 암환자의 식단 전시회

자료 : 원주기독병원 암 식단 전시회 자료, 2012

암환자의 식사계획은 충분한 열량과 고단백식을 기준으로 하고 영양소의 질이 우수한 농축된 음식을 자주 하루에 6~8회 공급하는 것이 바람직하며 조직재생을 위해 단백질 식품을 권장한다. 육류는 혐오식품에 들어가므로 햄, 소시지, 치즈와 같은 것으로 제공하고 식욕부진의 암환자는 단 것을 싫어하므로 아주 단 것은 피한다. 구토나 오심이 심한 경우 음식을 차게 하여 냄새를 가급적 풍기지 않도록 한다.

암환자의 경우 식품에 대한 혐오 반응이 심하고 환자 개개인에 따라 혐오식품도 크게 다르므로 그들의 영양요구를 맞추기 위해 식단은 특별히 개인의 요구에 따라 식품 선택이 이루어져야 한다. 암환자는 정신적으로도 식사를 꺼리는 경향이 있으므로 환자에게 적극적이고 밀접하게 한편으로는 강압성을 지니고 급식 방법을 선택하여 영양을 제공토록 하며 암환자의 식사지침에 대한 영양교육 자료도 제공한다. 심한 오심이나 구토를 하면 완전정맥영양(TPN)을 제공한다. 암 치료로 인한 부작용의 대처는 적절한 방법으로 개별화하여 수용되는 방법을 선택한다(표 16-6).

| 표 16-6 | 치료로 인한 부작용에 대한 대처요령

부작용	대처요령
식욕부진 조기만복감	• 식사시간에 얽매이지 않고 먹고 싶을 때, 먹을 수 있을 때, 상태가 좋을 때 먹음 • 고영양액, 영양보충액 사용 • 소량씩 자주 먹음 • 신맛은 입맛을 자극하므로 레모네이드와 오렌지주스 등을 마심 • 식사시에는 가급적 수분섭취 제한 • 과다한 지방섭취 제한 • 식사량이 적은 경우 간식을 섭취 • 고형물로 먹기 어려운 경우 주스, 수프, 우유, 두유 등 음료로 마심 • 식사시간, 장소, 분위기를 바꾸어 봄 • 가벼운 산책 등 규칙적인 운동으로 식욕 증진 • 천천히 즐거운 마음으로 여러 사람이 함께 식사
변비	• 항암제, 진통제 부작용으로 생김 • 물을 충분히 마심(하루 8~10컵) • 특히 아침에 차가운 물을 마심 • 섬유소가 많은 식품을 충분히 섭취 • 매일 조금씩 운동

(계속)

부작용	대처요령
설사	• 소량씩 자주 섭취, 맑은 유동식 • 수분을 충분히 마심 • 우유 및 유제품은 피함 • 신맛, 매운맛 음식은 피함 • 너무 차거나 뜨거운 음식 피함(상온의 음식 제공) • 가스발생식품 피함 • 자극성 있는 음식, 섬유질 제한 • 카페인, 알코올 제한 • Na, K이 풍부한 음식 섭취 • 급성 설사시에는 12~24시간 맑은 유동식 섭취
입·목 통증, 구내염	• 씹고 삼키기 쉬운 음식 • 입안이 쓰린 경우 빨대 이용 • 소량씩 자주 섭취 • 부드럽고 촉촉한 음식 • 딱딱한 음식, 술, 담배 피함 • 자극적이거나 맵고 짠 음식 피함 • 음식은 가능한 차게 하거나 식혀서 먹음 • 입안을 자주 헹구어 음식찌꺼기와 세균 제거(물 2컵, 소금 1/2 tsp, 중조 1/2 tsp을 넣어 만든 액체로 자주 헹굴 것) • 염증이 심한 경우 구강함수액(생리식염수 500 cc, 중조 10 g을 넣은 물 3에 6% 이하 알코올이 섞인 구강청정제 1의 비율로 넣어 만듦)을 1~2분 입안에 물고 있다가 헹구어 냄 • 흡연, 음주는 피함
입안 건조	• 120 cc의 온수에 중조나 소금 1/2 tsp을 탄 용액으로 식후, 취침시 입안을 자주 헹굼, 2시간에 한 번씩 입헹굼할 것 • 흡연, 음주는 피함 • 아주 달거나 신 음식 섭취(입안이 헌 경우는 피함) • 물은 조금씩 마심, 얼음, 아이스크림, 주스 등을 먹음 • 커스터드와 같은 부드러운 음식 섭취, 물기가 많은 음식을 먹음 • 딱딱하거나 마른 음식, 끈적끈적한 음식은 피함 • 딱딱한 사탕, 떫은 음식, 신 음식은 침샘을 자극함
연하곤란, 삼킴지연	• 걸쭉하거나 묽은 음료, 부스러지는 식품 피함 • 액체는 농후제 사용 • 향이 강하고 자극적인 것은 피함 • 탈수예방을 위해 매일 수분 섭취량 체크 • 잦은 수분 공급 • 촉촉하고 부드러운 음식

(계속)

부작용	대처요령
오심, 구토	• 조금씩, 천천히 섭취 • 식사 전 마른 음식 섭취(토스트, 크래커 등) • 지방이 적은 음식, 짠 음식, 맑고 찬 음식(탄산음료) 권장 • 음식냄새가 없는 쾌적한 장소에서 섭취 • 방은 환기를 자주 시킴 • 식후 1시간은 충분히 휴식 • 축축한 수건으로 얼굴을 시원하게 닦아줌 • 입안을 찬물이나 구강세정제로 자주 헹굼 • 음식은 가능한 차게 해서 먹음 • 옷은 조이지 않게 느슨하게 입음 • 구토시에는 억지로 먹지 말고 구토가 멈춘 후 물이나 육수 등 맑은 유동식으로 조금씩 섭취
면역기능 저하시	• 음식 조리 전, 식사 전 반드시 손 씻기 • 조리에 사용하는 기구, 식기, 수저는 반드시 소독 • 모든 음식은 반드시 익혀서 먹음 • 제한식품 : 치즈, 생채소, 생과일, 우유, 아이스크림, 요구르트 • 조리한 음식은 가능한 빨리 먹도록 밀봉하여 냉동 냉장 보관 • 시판되는 간식류(과자, 빵 등)는 오븐에 굽거나 쪄서 섭취
체중증가	• 체내수분 보유, 식욕의 이상증가로 기인 • 염분함량이 높은 음식 피함 • 에너지가 높은 청량음료, 초콜릿, 사탕, 과자류 섭취제한
미각변화, 냄새변화	• 향신료 사용 • 고기, 특히 육류는 피함(치즈, 달걀, 햄 등 이용) • 차가운 단백질 음식제공 • 음식에서 금속성 맛이 날 경우 그릇은 나무수저, 사기그릇 이용 • 짠 냄새가 날 경우 설탕 첨가, 단 냄새가 날 경우 소금 첨가
무균실에서의 관리	• 심한 점막염, 위장관염이 발생, 면역력은 최저상태 • 완전 조리된 음식(통조림, 병조림, 캔음료수, 멸균우유, 두유 등) • 집에서 만든 음식, 진공 포장된 음식만 섭취(완전 멸균 처리한 음식) • 익히지 않은 생과일, 생채소, 어육류, 치즈는 피할 것 • 체중감소가 5% 이상시 경구, 경관식이로는 영양공급이 부족하므로 비경구적 영양법 TPN을 사용할 것
빈혈	• 항암요법 부작용으로 나타남 • 철분 제공 • 비타민 C 제공 • 엽산 함유식품 제공

암환자에게 면역요법을 사용하거나 골수 등의 암 혹은 골수이식으로 면역이 완전히 사라진 경우는 식사공급시 감염이 생길 수 있는 어떤 음식도 제공해서는 안 되며 완전 멸균된 식사를 공급해야 한다. 예를 들어 마른 과일(건포도, 건대추)이 들어간 빵, 포장되지 않은 제빵류, 익히지 않은 어육류(생선회, 육회), 껍질에 금이 간 달걀, 조개류, 오징어, 훈제연어, 젓갈, 베이컨, 핫도그, 햄, 소시지, 내장류(간, 곱창), 살균 처리되지 않은 생우유, 천연치즈, 유산균발효유, 숙성치즈, 끓이지 않은 물, 생된장, 허브, 날달걀이 들어간 샐러드드레싱, 생꿀, 건강보조식품(효모), 유효 날짜 없는 식품 등으로 균이 있을 것으로 추정되는 음식을 제한한다.

4. 암환자의 NCP 사례

58세 여자, 위암으로 위절제 환자, 항암치료 부작용으로 입원

1) 의뢰내용

- AGC[1], s/p[2] TG[3]
- adjuvant TS-1 40 mg/m^2 bid[4](4 Wks)
- diarrhea

의뢰내용 : CT 촬영 후 설사가 발생하여 현재는 NPO(금식) 및 supportive care 하는 환자로 현재 영양보급 및 향후 영양관리를 위해 의뢰드립니다.

[1] AGC(Advanced gastric cancer) [2] s/p(status/postoperative)
[3] TG(Total Gastrectomy [4] qd : 하루 한 번, bid : 하루 두 번, tid : 하루 세 번, qid : 하루 네 번

2) 환자영양상태 평가

1. 병력

2008.8 건강검진에서 stomach cancer 진단
2008.9 본원 외과에서 total gastrectomy 시행(병기 : T3N1)
2008.10 본원 종양내과 외래진료 후 adjuvant CTx(chemotherapy)/TS-1* 40 mg/m^2 bid
2008.11 diarrhea 발생, 복통동반, 종양내과 입원

*TS-1(tegafur, gimeracil, otracil potassium capsule) : 진행성, 전이성, 재발성 위암, 위암수술 후 보조화학요법으로 쓰이는 항암제
부작용 : 골수억제, 용혈성 빈혈, 간독성, 탈수, 심각한 장염, 구내염, 소화관궤양, 소화관출혈, 급성 신부전, 발진, 전신권태감, 식욕부진, 오심, 구토, 후각 이상 등

2. 영양력

- 수술 후 위절제식 죽, 항암치료 시작시 진밥으로 매끼 1/3공기 + 2회 간식
- TS-1 복용 이후 구토, 설사로 거의 식사 못함
- 입원 후 정맥영양 1,000 kcal/35 g protein 공급

3. 신체계측

- Ht : 150.7 cm, Wt : 50 kg, %IBW : 100, BMI : 22, usual Wt : 56 kg
- 체중변화 TG 이후 퇴원 당시 54 kg → 항암치료 시작시 52 kg → 입원시 48.5 kg → 현재 50 kg

4. 생화학적 자료

Hb/Hct 11.1/32.4, BUN/Cr 13/0.6, cholesterol 100, Pro/Alb 5.4/2.5
Ca/P 7.3/1.8, Na/K 131/4

5. 영양섭취량

NPO 상태, 정맥영양(1,000 kcal/35 g pro)

6. 영양관련 문제점

- 수술 후 경구 섭취량이 회복되지 않은 상태에서 항암치료 시작, 부작용 발생이후 경구 섭취 못함, 설사 지속, 입원 전 영양섭취량 부족
- 항암치료 후 영양섭취량 감소, 부작용으로 인한 설사증상으로 급격한 체중감소 경향 보임
- 항암제에 의한 장점막 손실 : 영양소 흡수 이용률 저하
- Dextrose 40 cc/hr + Peripheral PN으로 영양공급 유지 : 에너지 27 kcal/kg/day,
  단백질 0.7 g/kg/day로 공급 : 영양공급량 부족

7. 영양상태 및 영양요구량

- 영양상태 : mild, moderate PCM
- 영양요구량 : 에너지 1,600~1,700 kcal, 단백질 75 g

3) 영양중재

1. 영양목표

- 체중유지, 영양요구량 충족을 위한 영양공급
- 정맥영양지원을 유지하면서 경구섭취 시도

2. 영양중재

- 초기 영양교육 실시 : 설사시 영양관리 방법, 위절제 수술 후 회복, 항암치료시 영양관리 중요성
- 정맥영양 지원 + 경구섭취

3. 제언

- 현재는 nausea를 호소하여 경구 섭취는 어려움, 소량 섭취도 설사를 유발하기 때문에 적극적인 정맥 영양 필요한 환자임
- 글루타민이 함유된 XGLAM을 격일로 병행, 설사로 손실될 수 있는 Zn, Mg를 모니터하여 충분히 보충할 필요가 있음
- 금일 미음이 제공되었으나 nausea로 섭취하지 못함

4) 모니터링과 평가

1. 정맥영양 지원의 적절성 평가, 혈액검사 결과 및 체중 관찰
2. 경구섭취 적응도 관찰
3. 영양관리에 대한 인식, 환자 의지 확인

5) F/U평가 및 영양중재

1. 영양평가
2. 영양중재

제5절 발생부위에 따른 영양관리

1. 갑상샘암

갑상샘암은 우리나라에서 유병률이 가장 많은 암종이며 치료가 잘되고 완치율이 높다. 수술, 방사선 동위원소요오드치료, 갑상샘호르몬 치료, 방사선 조사, 항암요법 등으로 치료한다. 갑상샘암 환자는 특별히 주의해야 할 음식은 없으며 방사선 조사로 부갑상샘에 문제가 발생하면 칼슘 섭취를 늘려야 한다.

방사선 동위원소 요오드로 치료하는 경우 요오드 섭취를 제한하는데 치료 전 2주부터 요오드 제한식을 한다. 요오드 제한식은 천일염으로 요리하면 안 되며 정제염을 사용한다. 천일염으로 만든 젓갈, 간장, 된장, 고추장, 장아찌, 김치도 제한하며 식초, 설탕, 파, 마늘로 음식의 맛을 낸다. 요리시에는 달걀흰자만 사용하고 가공식품의 섭취를 제한한다. 외식은 가급적 삼가는 것이 바람직하다. 종합비타민제 복용도 피하는 것이 좋으며 우유, 유제품도 제한하고 이에 따라 칼슘제는 보충하는 것이 필요하다. 건강보조식품 중 다시마가 주성분인 것은 피하고 국소소독제인 베타딘 사용도 금지한다. 또한 인공색소인 적색식용색소 3호는 사용하지 않는다.

2. 위암

위암은 우리나라에서 암유병률이 두 번째로 높고 남성의 암발생률로는 가장 높다. 암

요오드 제한식사 원식 및 주의사항

- 해조류, 어패류 등은 엄격히 제한(미역, 다시마, 김, 파래, 톳, 생선, 조개, 멸치, 낙지, 오징어 등)
- 요오드가 함유된 소금(외제소금, 천일염, 구운 소금, 죽염)은 사용하지 않는다.
- 천일염이 함유된 염장식품 제한
- 달걀노른자, 유제품 섭취 주의
- 가공식품, 수입식품 가급적 사용금지
- 외식 삼감, 라면을 비롯한 인스턴트식품, 패스트푸드 등을 피함
- 다시마국물, 멸치국물, 우동국물, 라면 국물 등 섭취하지 않음
- 적색식용색소가 첨가된 사탕, 과일주스, 시리얼, 과자 사용 피함
- 요오드가 함유된 비타민, 무기질 영양제를 섭취하지 않음
- 한약, 종합비타민, 물약성분인 기침약, 병원에서 처방하지 않은 약물, 건강식품 섭취제한
- 요오드 제제(가그린, 질 세정제, 베타딘 등) 사용 제한

사망률도 폐암, 간암 다음으로 높은 암으로 다루기 힘든 암이다.

위암 치료는 내시경점막절제술, 위절제수술, 항암화학요법, 방사선요법 등이 진행되며 위절제 수술을 받은 환자는 위 용량이 적어지고 위 배출 시간, 음식물 이동시간의 변화로 영양장애를 유발할 수 있다. 위 수술범위, 수술 전 영양상태, 병력 등에 따라 장애 정도가 달라진다.

위절제수술 후에는 위 수술 후 식이를 제공한다. 위 수술 후에 나타날 수 있는 덤핑증후군을 예방하기 위해서 소량씩 자주(6~9회), 천천히 먹도록 권장하고 식사와 함께 물을 섭취하는 것은 삼가도록 한다. 국물은 될 수 있으면 피한다. 식후 15~30분은 편안히 쉬고 사탕, 꿀, 음료수 등 당분이 많은 것을 한꺼번에 많은 양 섭취하지 말아야 한다. 튀긴 것은 피하고 음식은 부드럽게 조리하고 양질의 단백질을 제공하여 수술로 인해 소모된 체력을 보충한다. 섬유소가 많은 음식(더덕, 도라지, 미나리, 고구마순, 토란대 등)은 소화하기 어려우므로 가급적 제한한다. 또한 젓갈, 장아찌, 매운탕과 같은 맵고 짠 음식, 태운 음식 등은 피하며, 조미료가 많이 들어간 음식 역시 피한다. 지방이 많은 음식, 탄수화물이 많은 음식을 한꺼번에 먹지 말고 육포, 멸치, 북어와 같은 말린 식품 등은 피하고 식사 횟수를 늘려 음식섭취량을 늘리도록 한다. 식사만으로 부족한 경우에는 두유, 우유, 영양보충음료, 치즈, 달걀, 수프, 달지 않은 빵 등의 간식을 제공한다. 흡연, 과음은 반드시 하지 말아야 한다.

3. 대장암

대장암은 우리나라에서 세 번째로 유병률이 높은 암이다. 50세 이상의 고연령에서 주로 발생하며 치료 후 5년간 생존율은 71.3% 정도로 생존율이 과거에 비해 크게 높아졌다. 대장암의 치료는 점막의 침윤 정도, 림프샘 전이 정도, 타 장기로의 전이 등에 따라 수술, 항암화학요법, 방사선요법을 시행한다. 수술시에는 수술전후의 영양관리를 시행하고 항암요법의 영양관리, 방사선요법의 영양관리 및 치료 부작용에 따른 관리를 개별화하여 시행한다. 식사는 대부분 가스 배출 후 진행하고 대장암 수술 후에는 특별히 음식을 제한할 필요가 없다. 개별적 영양요구량에 맞추어 식사 계획을 하고 수술 1~2개월까지는 조직재생을 위해 고단백, 고에너지, 고비타민 C 식이를 제공한다. 기름기를 제거한 부드러운 살코기, 생선, 두부, 달걀 등 매끼 질 좋은 단백질을 포함하며 우유나 두유를 간식으로 제공한다. 조리 방법은 굽거나 튀기지 않고 찌거나 삶는 방법으로 조리한다. 섬유질은 장폐색, 변비 등을 유발할 수 있기 때문에 수술 후 6주까지는 고섬유질 음식은 제한한다. 도정이 덜된 곡류, 잡곡류는 제한하고 과일은 껍질, 씨를 제거한 후 섭취하고 섬유질이 많은 채소류, 해조류, 콩류는 소량씩 섭취하도록 한다. 반면 수술 2~3개월 이후에는 고섬유질 식사가 바람직하기 때문에 채소, 과일, 곡류 등을 충분히 섭취하도록 한다.

수분은 잦은 배변으로 수분손실이 예상되므로 하루 6~10잔 정도 충분히 섭취하도록 한다. 특히 장루조성술을 한 환자는 장루로 배출되는 배액량이 약 1,500 mL 정도이므로 수분섭취가 너무 적으면 탈수되기 쉽고 비뇨기계 결석이 생길 수도 있다. 하루에 1,500~2,000 mL의 수분섭취가 필요하다.

대장암에서 피해야 할 식품	설사유발식품(콩류, 생과일, 생채소, 양념이 강한 음식), 변비유발식품(바나나, 감, 땅콩, 버터), 가스유발식품(양배추, 양파, 콩류, 튀긴 음식, 맥주, 유제품, 탄산음료), 냄새유발식품(달걀, 생선, 치즈, 파, 마늘, 양파, 양배추, 콩류, 맥주), 장폐색유발식품(팝콘, 옥수수, 파인애플, 과일, 채소의 껍질이나 씨, 셀러리와 같은 고섬유소 채소, 코코넛, 견과류)

4. 유방암

유방암은 모든 암 중에서 가장 연구가 많이 이루어진 암종이나 정확한 원인은 알려지지 않았다. 수술, 화학요법, 방사선요법으로 치료하며 호르몬 치료와 분자생물학 표지자 치료법인 허셉틴으로 최근 치료를 하고 있다. 많은 암환자가 건강보조식품에 현혹되기 쉬운데 마늘, 은행, 인삼, 비타민 E 등은 타목시펜 약물대사 효소와 관련 있기 때문에 복용시 주의해야 한다. 모든 영양소를 골고루 섭취하는 것이 가장 좋은 영양관리법이다. 육류는 기름기 없고 연한 것으로, 생선은 신선하고 뼈째 먹을 수 있는 것으로 식사 계획을 하고, 조리법은 튀기는 것보다는 찌는 조리법이 좋으며 태운 것은 먹지 않도록 한다. 칼슘 섭취를 많이 하도록 하고(우유, 유제품, 떠먹는 요구르트, 치즈, 멸치, 마른 새우, 김, 미역, 다시마, 시금치 등 녹색채소류, 참깨, 두유, 두부와 같은 콩류), 비타민 A, C, E, 엽산이 풍부한 음식을 섭취하도록 한다. 가공육류, 훈제식품은 삼간다.

5. 폐암

폐암은 기관지부터 허파꽈리에 이르는 상피세포 조직에서 발생하는 암으로 흡연, 공해 등이 폐암의 가장 중요한 발병요인이다. 우리나라 10대 발생 암에 속하며 65세 이상에서는 두 번째로 많이 발생하는 암이다. 폐암은 치료 완치율이 매우 낮은 암으로 폐절제술 등의 수술과 항암요법 및 방사선 치료를 통해 치료한다. 폐암 치료에서 가장 중요한 일은 금연이며 식생활을 크게 변화시킬 필요는 없다. 식사는 조금씩 천천히 하고 녹황색 채소류, 과일 등을 충분히 섭취하도록 한다. 환자의 입맛에 맞도록 음식을 제공하되 균형 있는 식사가 중요하다. 식욕 증진을 위해 산책, 걷기 등 가벼운 일상생활을 유지하는 것이 바람직하며 치료의 부작용을 최소화할 수 있는 식사가 되도록 계획을 세운다.

6. 간암

간암 치료에는 주로 간절제술이 이용되며 간이식, 간동맥 화학색전술, 경피적 에탄올 주입법, 고주파열치료, 항암화학요법, 방사선 치료 등의 치료법이 있다.

간 기능이 좋은 상태는 식품에서 피해야 할 것이 없으나 간 기능이 크게 떨어진 환자는 소고기, 돼지고기 등 모든 동물 단백질은 간성혼수의 원인이 될 수 있으므로 주의해야 한다. 항암 치료 후 첫 2주간은 생선회 등 익히지 않은 음식, 끓이지 않은 물 등을 피하고 위생상태가 좋지 않은 음식은 피한다. 간경변이 동반되므로 복수를 피하려면 저염식을 해야 한다. 특히 간의 기능이 떨어진 상태에서는 성분 미상의 보약제나 약물 남용은 매우 위험하다.

7. 두경부암

구강암, 후두암, 편도암, 설암, 부비동암 등 두경부암의 치료는 수술, 방사선, 화학요법 등이 이루어지는데 다른 부위의 암과 달리 음식을 섭취하는 부위의 손상을 초래하기 때문에 치료의 부작용이 심하며 삶의 질 또한 손상시킨다. 5년간 생존율은 높은 편이어서 삶의 질을 높일 수 있는 식사 계획을 세우는 것이 중요하다. 방사선 조사로 구내염, 연하시 통증, 구강건조증, 미각 이상, 타액분비 저조, 연하곤란 등이 나타나기 때문에 정상적인 상태의 음식을 섭취하기 어렵다. 유동식을 주기도 하지만 방사선 조사가 3개월 이상 지속되면 위루술을 통한 관급식이 필요하다(30일 이상 관급식 시행시에는 위조루술을 한다).

자극적이거나 짠 것, 매운 것은 피하고 단단한 것, 거친 음식 역시 피하고 부드러운 음식(밀크셰이크, 아이스크림 등)을 권장한다. 구강건조증이 심한 경우는 가능한 유동식으로 수분이 많게 조리하여 제공하고 연하곤란시에는 걸쭉하게 만들면 삼키는 데 도움을 줄 수 있다. 식빵처럼 서로 달라붙는 것이 삼키는데 도움을 주며 참기름 사용은 건조한 입안을 윤활하게 하는데 도움을 줄 수 있다. 음식 온도는 아주 뜨겁거나 찬 음식을 피하고 입안 점막에 달라붙는 것을 피한다. 과일, 채소를 충분히 제공하는 것이 바람직하나 미각세포가 파괴되어 특히 과일과 채소의 맛을 정상적으로 느끼지 못하는 경우가 많으므로 조리법에 변화를 주어야 한다.

참고문헌

강진형, 암, 임상영양교육과정 제5회 2학기, 강원도영양사회, 2005

김미화, 갑상샘암 : 방사성 요오드 치료와 관리에 대하여, **국민영양** 2012, 6월호, 25쪽.

김정남, 암 식단 가이드, 모든 영양소를 한 그릇에 담은 요리, **국민영양** 2010, 5월호, 30~33쪽.

김지영, 효과적인 영양, 치료 적용사례, 소아암 영양, 치료 실제(서울아산병원), **국민영양** 2010, 1,2월호, 20~24쪽.

나가카와 유조 저, 정인영 역, **병을 치료하는 영양성분 가이드북**, 아카데미북, 2003

매리 배래시 저, 안지현·김종연·박남운·박주인·석대현·이승은·최제용 역, **한눈에 알 수 있는 영양학**, 이퍼블릭, 2009

서승희, 효과적인 영양, 치료 적용 사례, 성인 암환자 영양관리 실제 Ⅱ-서울아산병원, **국민영양** 2009, 12월호, 24~28쪽.

손금희, **당뇨병이 있는 암환자에서 식사조절**, **임상당뇨병** 2009, 33~36쪽.

위경애, 암 영양관리, 임상영양교육과정 제5회 2학기, 강원도영양사회, 2005

이금주, 암질환 관련 의학용어, **국민영양** 2011, 3월호, 44~46쪽.

이용상, 갑상샘암의 병태생리, **국민영양** 2012, 6월호, 18~21쪽.

질병관리본부 만성병조사팀, 2005 건강행태 및 만성질환 통계 자료집(Health Behavior and Chronic Disease Statistics), 2006

한상미, 효과적인 영양, 치료 적용 사례, 성인 암환자 영양관리 실제 Ⅰ-서울아산병원, **국민영양** 2009, 11월호, 26~31쪽.

히가시구치 다카시 저, 강은희 역, **보건의료인을 위한 임상영양학**, 의학서원, 2012

국립암정보센터, Cancer Facts & Figures 2012, 2012

원주기독병원, 암 식단 전시회 자료, 2012

CHAPTER 17

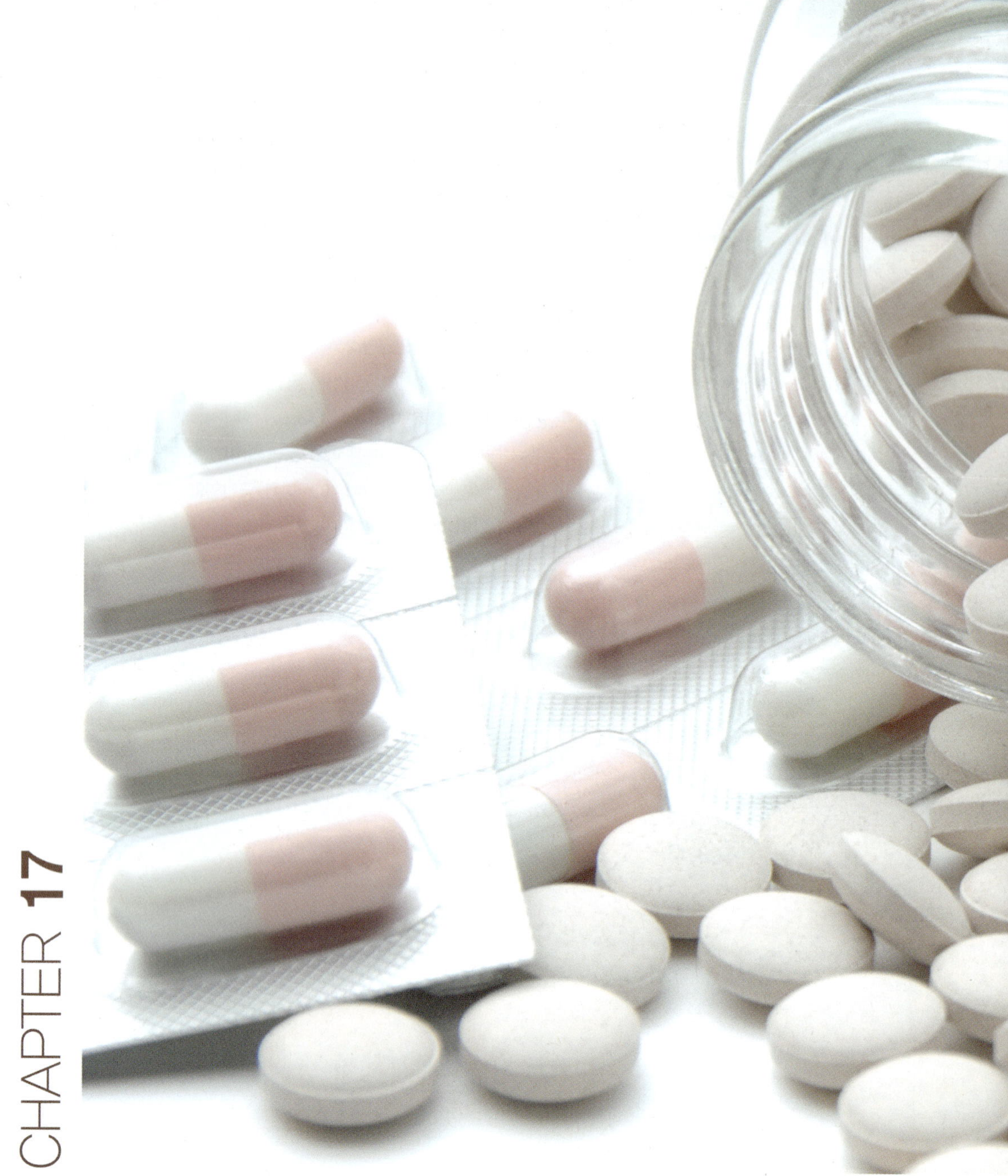

약물과 영양

학습목표

- 약물의 정의 및 영양소와 차이점을 이해한다.
- 약물작용기전을 이해하고 약물과 영양소와 상호작용을 설명한다.

제1절 약물의 작용기전

1. 약물과 영양소

건강과 생명유지를 위해서는 균형 잡힌 영양공급과 적당한 운동 및 충분한 휴식이 필요하다. 특히 오늘날 고령화로 노인 인구가 빠르게 증가하고 나이가 들수록 만성 퇴행성 질환을 앓고 있어 건강유지와 정상적인 일상생활을 영위하기 위해서는 과거보다 많은 의·약의 도움이 필요하다.

약(drug)이란 넓은 의미에서 생체에 영향을 미치는 화학적 물질 또는 천연물로써 질병의 치료와 진단 및 예방 등의 목적으로 사용하는 것이다.

화학요법제와 같이 숙주 자신에게는 영향을 미치지 않고 미생물을 살멸하는 약물이 있는가 하면 항암제와 같이 인체에도 치명적인 손상을 주나 질병의 치료 목적을 위해서 사용이 불가피한 약물도 있다.

약물과 영양소는 우리 삶에 꼭 필요한 물질인데 약은 특정의 질병이 있는 환자를 대상으로 치료기간에만 복용하나 식품 등으로부터 얻는 영양소는 남녀노소를 막론하고 평생 섭취해야 한다는 차이점을 가지고 있다.

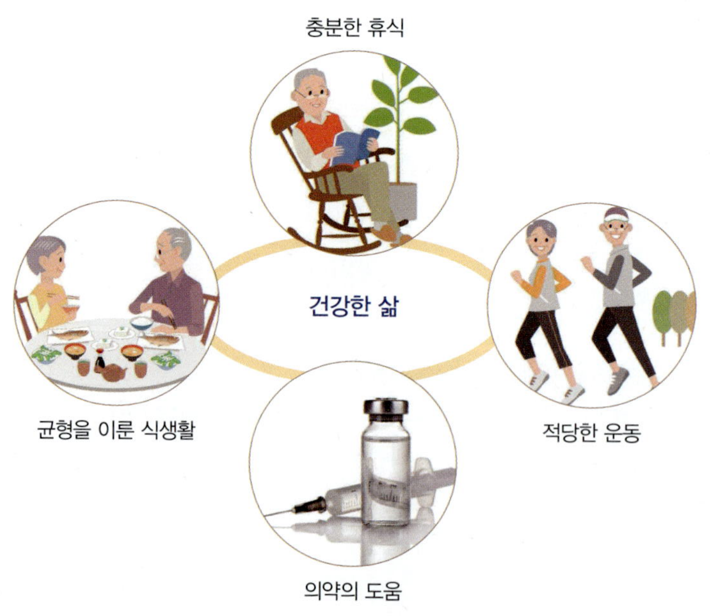

| 그림 17-1 | **건강한 삶을 위한 의약의 기여**

따라서 약은 효능·효과 및 부작용 유무가 중요하며 식품은 영양성과 함께 기호성 및 위생성, 안전성이 식품의 어떠한 가치보다 우선되어야 한다.

2. 약물의 흡수, 분포, 대사, 배설

질병의 예방, 치료, 진단 등에 사용되는 약물은 생체 내에서 흡수(absorption), 분포(distribution), 대사(metabolism), 배설(excretion) 과정을 거쳐 약리작용을 나타낸다(그림 17-2).

약물의 투여경로는 경구복용에 의한 것과 정맥주사, 근육주사, 피하주사, 점적주사와 피부·점막 등을 통한 경로가 있다. 약물의 생체 내 작용발현을 위해서는 수동수송기전과 능동수송기전에 의해 약물이 세포막을 통해 이동하여야 한다.

약물의 세포막 통과에 있어 중요한 요소는 약물분자의 크기, 지용성, 이온화 상태, pH 등이다. 즉 약물분자의 크기가 작을수록 지용성이 큰 약물일수록 비이온화 경향이 클수록 세포막 투과율이 높다. 그리고 산성 약물은 pH가 낮을수록 염기성 약물은 pH가 높을수록 안정하므로 흡수율이 높다. 산성 약물은 주로 위에서 흡수가 잘되고 염기성 약물은 장에서 흡수가 잘된다. 특히 경구 투여시 위장 내용물의 존재 여부와 그 내용물에 따라서 흡수율이 크게 달라진다.

다양한 경로로 체내에 흡수된 약물은 문맥을 거쳐 간으로 들어가 대정맥을 통하여 심

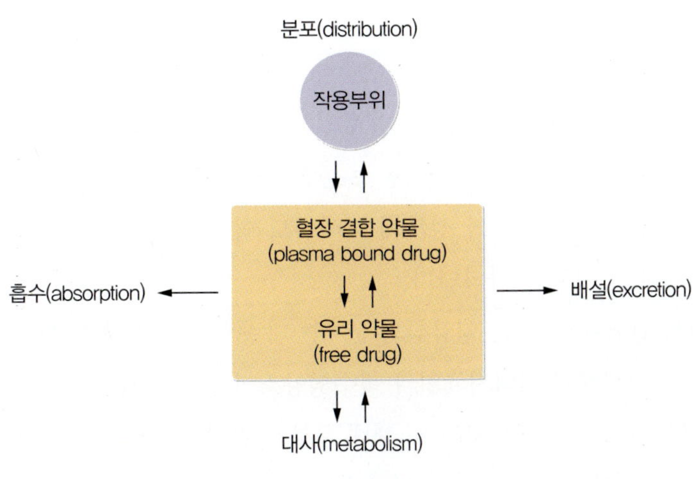

| 그림 17-2 | 약물의 작용기전

장으로 들어오거나 정맥주사시와 같이 직접 정맥을 통하여 심장으로 들어와 전신을 순환하여 각 약물의 특성에 따라 각 표적 장기 및 조직으로 이행되어 작용부위에 분포된다. 대부분 약물은 체내 표적기관에서 생체성분과 가역적으로 결합하여 특유의 작용을 나타내며 약물이 생체성분과 결합하는 부위를 수용체(receptor)라 한다. 수용체는 주로 혈장 단백질이며 약물반응효과는 약물과 수용체가 결합된 약물-수용체복합체(drug-receptor complex) 형성 정도에 정비례한다. 항생물질을 비롯한 단백결합률 90% 이상인 약물은 부록 표 5에 제시되어 있다.

약물은 생체세포 및 조직의 친화력(affinity), 분배율(partition coefficient), 투과율(permeability) 및 감수성(sensibility)에 따라 생체성분과 결합하여 분포하게 되는데 이에 영향을 주는 주요 인자는 혈장 단백질(주로 알부민과 일부 글로불린)이며 흡수된 약물과 단백 결합된 상태로 존재하면서 서서히 약물을 유리하여 약물의 혈중농도를 유지시켜 약물의 유효작용이 일어나게 한다.

동시에 약물은 체내에서 간의 마이크로솜(microsome) 효소에 의해 불활성화되어 무독화된다. 산화(oxidation), 환원(reduction), 가수분해(hydrolysis), 포합반응(conjugation) 등의 기전에 의하여 무독화된 대사산물은 주로 신장을 통해 배설되며 그 밖에 폐, 간, 위장관, 피부, 유선, 태반 등을 통해서도 배설된다.

제2절 약물과 영양소의 상호작용

1. 약물에 의한 영양 문제

약물의 작용은 투여량과 생체인자 및 신체의 내·외적 조건에 따라 크게 다르다. 특히 연령, 성별, 투여시간, 투여경로, 민족, 종족 등은 물론이고 또한 병용 투여하는 약물 상호간 또는 함께 섭취한 식품 중의 성분에 의해서도 협동작용을 나타내거나 길항작용을 나타내어 치료효과가 다르게 나타난다.

약물에 의해서 일어날 수 있는 영양상의 문제는 다량의 약물 복용시 식욕을 저하시키거나 증진시킴으로써 신체의 에너지균형과 필수영양소의 섭취량 등에 영향을 미치고 있다. 일부 약물은 약인성 설사나 구토로 인해 체내 수분과 전해질 이상을 초래하기도 한다.

식욕을 증진하는 약물로는 스테로이드계 약물과 항히스타민제인 사이프로헵타딘

(cyproheptadine) 및 페노티아진계(phenothiazine) 약물 등이 있으며, 식욕을 억제 내지 저하시키는 약물로는 항암제, 중추신경흥분제인 암페타민(amphetamine), 페닐프로판올아민(phenylpropanolamine)과 용적증가제 메틸셀룰로스(methylcellulose) 등이 있다. 이 밖에 디기톡신(digitoxin), 아세트아미노펜(acetaminophen), 시메티딘(cimetidine), 제산제(antacid) 등은 위공복감을 느끼는 시간을 지연시킨다.

또한 체내 질소평형, 혈당조절, 혈중 지질량, 비타민 및 무기질량 등에 영향을 미칠 수 있다. 단백동화 스테로이드는 질소평형을 양(+)으로 코르티코스테로이드(corticosteroids)는 질소평형을 음(-)으로 하며, 코르티코스테로이드, 싸이아자이드(thiazide), 페노티아진은 혈당상승을, 프로프라놀롤(propranolol)과 경구피임제는 혈당저하를 일으킨다.

| 표 17-1 | 약물이 영양소 흡수와 대사에 미치는 영향

약물		영향
제산제	aluminum제제	인 흡수 억제
	기타 제제	비타민 B_1의 알칼리성 파괴, 비타민 A, 철분흡수 감소, 지방변
항경련제	phenobarbital	혈청 엽산, 비타민 B_6, B_{12} 감소, 비타민 D, 대사물의 이화대사 증가
	phenytoin	혈청 엽산, 비타민 B_6, B_{12}, 칼슘 감소, 비타민 D, 대사물의 이화대사 증가
	primidone	혈청 엽산, 비타민 B_6, B_{12} 감소, 칼슘흡수 감소, 비타민 D, 대사물의 이화대사 증가
항세균제	neomycin	담즙산과 결합, 지방, 카로틴, 비타민 A, D, K, B_{12}와 칼륨, 나트륨, 칼슘, 질소 흡수 감소
	salicyl azopyridine	엽산 흡수 감소
	aminosalicylic acid	엽산, 비타민 B_{12}, 철분, 콜레스테롤, 지방흡수 촉진
	chloramphenicol	비타민 B_2, B_6, B_{12}의 필요량 증가
	penicillin	저칼륨혈증, 신성칼륨 손실유발

(계속)

약물		영향
항세균제	tetracycline	지방, 아미노산, 칼슘, 철분, 마그네슘, 아연 흡수 촉진
	cycloserine	칼슘, 마그네슘 흡수 감소, 혈청 엽산, 비타민 B_6, 비타민 B_{12}, 단백질합성 감소
	isoniazid	비타민 B_6 결핍 유발
	sulfonamide	엽산 흡수 감소, 혈청 엽산, 철농도 저하
	nitrofurantoin	혈청 엽산 감소
항핵분열제	methotrexate	엽산, 비타민 B_{12} 흡수 감소
	colchicine	비타민 B_{12}, 카로틴, 지방, 나트륨, 칼륨, 콜레스테롤, 락토오스, 질소 흡수 감소
하제	phenolphthalein	저칼륨혈증, 비타민 D, 칼슘 결핍증 유발
	mineral oil	비타민 A, D, K 흡수 감소
이뇨제		저칼륨혈증, 저마그네슘혈증 유발, 소변 중 비타민 B_1, B_6, 칼륨, 마그네슘, 칼륨 배설 증가
콜레스테롤 저하제	cholestyramine	담즙산과 결합, 지방, 카로틴, 비타민 A, D, K, B_{12}, 엽산 등 흡수 감소
	clofibrate	카로틴, 비타민 B_{12}, 철분, 포도당 흡수 감소
저혈압제제	hydralazine	비타민 B_6 결핍증
경구피임제		비타민 B_6, 엽산결핍증 유발, 기타 영양소의 요구량 증가

그리고 헤파린(heparin)은 혈중 지질을 저하시키며 코르티코스테로이드, 페노티아진은 혈중 지질을 증가시킨다.

그 밖에 많은 종류의 비타민이 식품섭취시 함께 복용한 약물에 의해 상호 길항작용을 하여 역가가 감소되거나 흡수가 저하한다. 표 17-2와 표 17-3에서와 같이 설파민(sulfamine)에 의해 파라아미노벤조산(PABA), 아이소니아지드(INH)에 의해 피리독신(pyridoxine), 사이클로세린(cycloserine)에 의해 엽산(folic acid), 다이쿠마롤(dicumarol)에 의해 비타민 K_3의 역가가 감소하거나 결핍된다. 이뇨제로 많이 사용되는 프로세마이드(prosemide)에 의한 고칼륨뇨증과 같은 이뇨제인 싸이아자이드의 장기 복용시 K^+, Mg^{++}의 고갈과 트라이암테렌(triamterene)의 장기 복용시 고칼륨혈증을 일으키고 제산제의 장기 복용시 알칼리 염류의 축적 등이 일어난다.

2. 식품에 의한 약물작용 이상

식품에 의한 약물작용은 주로 약물의 생체 내 흡수(absorption), 분포(distribution), 대사(metabolism), 배설(excretion) 과정 중 어느 한 단계 또는 그 이상에 영향을 미친다. 주로 약물의 체내흡수 감소, 약효의 과도한 증가로 인한 부작용, 새로운 부작용의 초래 등이 있다.

일반적으로 고섬유질 식이와 탄닌을 함유한 식품의 섭취는 약물의 흡수가 저하되거나 지연되며 무기질, 특히 철분과 비타민의 흡수가 저하된다. 우유는 약물흡수를 방해하거나 혈중 칼슘농도를 지나치게 높여 부작용을 유발할 수 있으며 특히 부갑상샘호르몬이나 신장 이상이 있는 경우 주의해야 한다. 우유 및 유제품에 포함된 칼슘은 항생제 테트라사이클린(tetracycline)과 불용성 화합물을 생성하여 체내 흡수를 감소시킨다. 골다공증치료제인 비스포스포네이트 계열 치료제, 퀴놀론계 항생제, 빈혈치료제인 철분제 등의 경우 우유 등과 함께 복용을 피해야 하며 무좀 치료제인 그리세오풀빈(griseofulvin)이나 편두통 치료제인 프로프라놀롤은 고지방식사 후 흡수증가로 혈중농도가 진해진다. 녹차, 홍차, 커피, 콜라 등은 항혈액응고제인 와파린(warfarin)의 작용을 저하시킨다. 또한 항우울제인 플루복사민이나 해열진통제인 아스피린을 복용하는 경우 카페인과 상호작용하여 부작용을 초래한다. 최근 허브차로 즐겨 마시는 성요한

| 표 17-2 | 식품이 약물 흡수에 미치는 영향

식품과 같이 먹으면 흡수가 증가되는 약물	식품과 같이 먹으면 흡수가 감소되는 약물	식품과 같이 먹으면 흡수가 늦어지는 약물
Carbamazepine	Amoxicillin	Acetaminophen
Griseofulvin	Ampicillin	Amoxicillin
Hetacillin	Aspirin	Aspirin
Hydralazine	Demethylchlortetracycline	Cephalexin
Lithium	salts	Digoxin
Metoprolol	Isoniazid	Doxycycline
Nitrofurantoin	Levodopa	Furosemide
Propranolol	Methacycline	Sulfadiazine
Propoxyphene	Oxytetracycline	Sulfadimethoxine
Spironolactone	Penicillin G and V	Sulfanilamide
	Phenobarbital	Sulfisoxazole
	Propantheline	
	Rifampicin	
	Tetracycline	

풀(St. John's wort)은 신경안정제인 알프라졸람, 항우울증제인 네파조돈, 파록세틴, 세르트랄린, 노르트립틸린이나 진통제 등의 흡수에 영향을 주므로 주의하여야 한다.

마늘의 경우 간에서 분해되는 일부 약물의 양을 변화시켜 약물의 혈중 농도에 영향을 미치거나 혈액응고를 억제하는 작용이 있어 부작용을 일으킬 수도 있다. 특히 면역억제제인 사이클로스포린, 항응고제인 와파린, 항혈전제인 아스피린 등을 처방받는 환자의 경우 과량의 마늘 섭취를 자제하는 것이 좋다.

과일주스 중 자몽주스에는 나린긴과 나린게닌 성분을 함유하고 있어 복용 약물의 종류에 따라 그 약효를 낮추거나 오히려 증가시켜 부작용을 일으킬 수 있다. 자몽주스에 의해 약물 효과를 과도하게 높여 부작용을 나타낼 수 있는 의약품 종류는 고지혈증치료제 중 스타틴계(아토르바스타틴, 로바스타틴, 심바스타틴 등) 약물, 부정맥치료제 중 드로네다론, 혈압강하제 중 칼슘채널차단제 계열 약물(암로디핀, 펠로디핀, 니페디핀, 니모디핀) 등이 있다. 반면, 자몽주스 성분이 약물흡수를 방해해 약효가 떨어질 수 있는 의약품 종류는 항히스타민제제 중 펙소페나딘, 항진균제 중 이트라코나졸 등이 있다. 또한 오렌지주스도 함유량은 적으나 자몽과 유사한 성분을 함유하고 있어 혈압강하제 펠로디핀, 항히스타민제 펙소페나딘, 최면진정제 미다졸람, 골다공증치료제 알렌드론산 등과 같은 약물의 효과에 영향을 줄 수 있으므로 함께 먹지 않도록 한다. 석류주스의 경우에도 항경련제인 카르바마제핀에 영향을 끼치고, 정맥혈전증 환자 등 항응고제 와파린을 장기 복용하는 여성이 석류주스를 장기간 많이 섭취하면 약효가 현저히 떨어질 수 있으므로 섭취에 주의하여야 한다. 또한 크랜베리주스는 강한 신맛 때문에 소화성 궤양용제인 란소프라졸의 흡수를 저해하고 항응고제인 와파린의 대사를 방해할 수 있는 것으로 알려져 이들 약물 복용시에는 섭취하지 않는 것이 좋다. 지용성 비타민의 경우도 식사 직후에 복용하는 것이 흡수율을 높인다.

이상 약물의 흡수 및 상호작용과 관련한 내용 이외에 대사와 관련하여 고단백질 식이 섭취는 조직 내 약물의 친화력에 영향을 주어 약물의 분포에 변화를 일으킨다.

고단백질식품과 함께 기침약인 테오필린(theophylline) 복용시 약물의 혈장 반감기를 지연시키므로 약물 투여시에 주의하여야 한다. 특히 저알부민혈증시 유리작용이 큰 약물을 복용하면 독성이 증가·발현되어 생명이 위험할 수 있다. 알코올과 함께 섭취한 약물은 일부의 경우 도움이 되는 경우도 있으나 신경안정제나 금주를 위해 복용한 약물에 의해 생명까지 위험할 수 있다. MAO억제제(mono amine oxidase inhibitor)는 아드레날린효능신경에서 카테콜아민(catecholamine)의 농도를 증가시키는 작용이 있는데 MAO억제제 복용 중 타이라민(tyramine)을 많이 함유한 닭간, 생선, 맥주, 치즈, 바나나, 커피 등을 다량 섭취시 고혈압으로 생명이 위험할 수도 있다.

따라서 식사와 관련하여 투약시간을 조절하거나 투여방법을 변경, 개선하고 섭취식품의 내용을 조절 또는 대체함으로써 식품중 성분과 약물 또는 약물 상호간의 작용에 있어서 부작용을 경감시키고 유익하게 개선할 수 있다.

3. 약물과 식사요법

질병의 치료를 위해 약물 복용시 약물과 음식물 중의 성분 상호 간에는 여러 가지 작용이 복합적으로 일어난다.

따라서 약물 복용시에 함께 섭취하지 않아야 식품이 있다. 영양사뿐만 아니라 환자에게 직접 약물을 처방하고 조제 및 투약하는 의사, 약사, 간호사 등은 이러한 지식의 습득에 특히 관심을 기울여 부작용 등으로부터 보호하고 치료 효과를 극대화해야 한다.

| 표 17-3 | 약물 복용시 함께 섭취하지 않아야 하는 식품

약품군		기피 식품
항생제	erythromycin penicillin	신맛이 나는 식품 : 카페인, 감귤류, 콜라, 과일즙, 절인 음식, 토마토, 식초
진통소염제	aspirin	신맛이 나는 식품 : 위와 같음
항생제	tetracycline	칼슘이 많은 식품 : 아몬드, 버터우유, 치즈, 크림, 아이스크림, 우유, 피자, 와플, 요구르트
항응고제		비타민 K가 많은 식품 : 소간, 기름, 녹황색 채소(양배추, 케일, 시금치)
항우울제	MAO 억제제	타이라민이 많은 식품 : 오래된 치즈, 안초비, 바나나, 맥주, 잠두, 초콜릿, 커피, 콜라, 발효된 육류(살라미, 소시지), 간(닭이나 소), 버섯, 절인 청어, 건포도, 요구르트, 간당, 연화제(이탈리아산 적포도주, 스페인산 백포도주, 효모추출물)
항고혈압제		천연감초
이뇨제		글루탐산나트륨(MSG) : 연육제, 냉동채소, 중국음식
갑상샘제		조갑상샘종 유발물질을 함유한 채소 : 양배추, 꽃양배추, 케일, 겨자잎, 순무, 콩

특히 해열진통제로 많이 사용하는 아세트아미노펜은 알코올과 병용시 간손상을 일으키는 부작용이 있다. 해열진통제인 아스피린 복용시 비타민 C의 보충을 권장하며 비스테로이성 소염진통제인 인도메타신(indomethacin)과 아스피린은 알코올과 병용시 위궤양 환자는 위출혈 등을 심화시킨다. 테트라사이클린계 항생제는 우유 등과 함께 복용하는 것을 피해야 하며 유아에게 있어 치아를 황색화하는 부작용이 있다. 결핵치료제인 아이소니아지드(isoniazid)는 생선 등을 섭취시 히스타민에 의한 알레르기를 유발하고 MAO 억제인자와 치즈는 치즈 중의 타이라민에 의해 혈압상승을 유발한다. 당뇨병치료제인 클로르프로파마이드(chlorpropamide)와 관상동맥 확장제로 많이 사용하는 나이트로글리세린(nitroglycerin)의 경우 알코올과 복용시 저혈당이나 저혈압에 의한 쇼크를 일으킬 수 있다. 항혈액응고제인 와파린은 양파나 채소, 납두 등 비타민 K를 많이 함유한 식품과 복용시 그 작용이 저하된다. 그 밖에 제산제로 많이 사용하는 수산화알루미늄젤 제제(aluminum hydroxides)의 장기복용시 무기질 섭취에 이상을 일으켜 골연화증을 초래하고 변비를 일으킨다. 알코올과 함께 섭취한 바르비탈류 신경안정제는 생명까지 위협할 수 있다.

제3절 특수상황과 약물

1. 알코올과 약물

약물과 관련하여 알코올의 이용에 관한 연구는 오래전부터 연구되었다. 알코올을 사용한 팅크제나 진액제 등이 좋은 예이다. 주로 한방에서 생약 중 유효성분의 분리나 용출을 촉진시키기 위해, 유해성분의 제거를 위해 또는 체내 흡수율을 높이기 위해서 술을 사용한다. 그러나 오늘날 많이 사용되는 양약은 한약과 비교하면 약리작용이 강하고 신속하다.

알코올은 위에서 신속하게 흡수되고 모든 조직에 분포된다. 공복시 1시간 내에 최고 혈중 농도에 도달하며 음식물과 함께할 때 지연된다. 알코올은 고위 중추를 억제하여 수면, 마취작용을 일으키며 위액분비를 촉진하고 갈증을 유발하며 이뇨작용을 나타낸다. 알코올은 간에서 알코올 탈수소효소에 의해 대사된다. 알코올과 함께 약물을 섭취하는 것은 많은 주의가 필요하다. 대부분 약물이 알코올에 의해서 작용이 증가되어 본

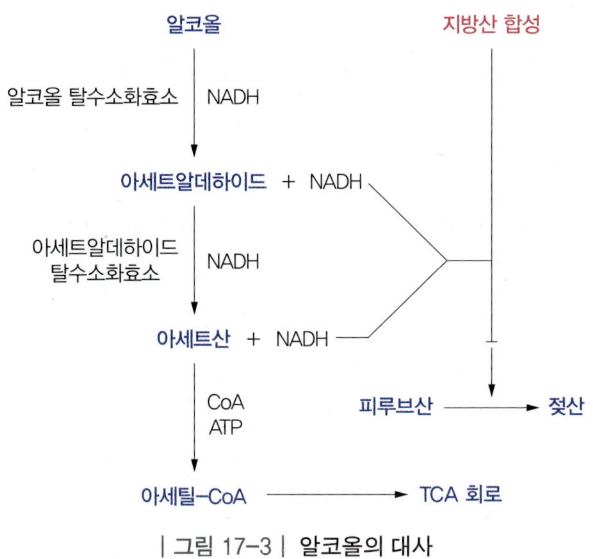

| 그림 17-3 | 알코올의 대사

래의 약효 이상의 약리작용으로 오히려 처음 의도와는 다른 부작용을 초래할 수 있기 때문이다. 특히 신경안정제나 정신병 치료 약물의 경우가 그러하다. 그 밖에 금주를 위해 사용하는 디설피람(disulfiram) 복용 후 음주는 약물에 의해 알코올 대사 효소작용을 억제함으로써 생명의 위험을 초래한다.

적당량의 음주는 생활에 활력을 주나 지나친 음주로 인한 알코올중독은 정신적, 육체적 의존성으로 자기 절제력이 떨어지며 금단증상을 나타낸다. 또한 만성 위염, 지방간, 간경화 등으로 정신적, 육체적, 사회적인 건강을 해치며 정상적인 사회생활을 영위해 나갈 수 없다. 장기간 알코올을 섭취한 경우 간의 마이크로솜(microsome) 효소가 활성화되어 투여한 약의 약효를 오히려 저하시킬 수 있다.

2. 노인과 약물

인간은 나이가 들어감에 따라 신체 세포가 노폐물 등의 축적으로 그 기능이 점차 저하되고 재생력이 떨어진다. 따라서 균형을 이룬 식생활과 적당한 운동, 충분한 휴식을 통해 건강관리에 힘써야 한다.

대다수 노인의 경우 노화로 인해 젊었을 때의 건강을 유지하기란 쉽지 않다. 즉 정신적, 사회적, 금전적으로는 좀 더 여유 있고 풍요로워졌을지라도 사회나 직장, 가족으로부터의 소외나 배우자의 사별 등으로 인한 스트레스와 신체적으로는 대사성 질환이나 만성 퇴행성 질환 등으로 본인의 일상생활은 물론이고 주위 가족에게 피해를 끼치는 경우가 허다하다.

많은 노인이 만성 퇴행성질환으로 장기간 약을 복용하고 있으며 일부는 약에 과잉 의존하거나 과신하며 치료의 기회를 놓치거나 지나쳐 건강을 해치는 일도 있다.

노인은 주로 당뇨병 치료제, 심혈관계 질환 치료제, 퇴행성관절염 치료제, 호르몬제, 기관지치료제, 자양강장제 등을 복용하고 있으며 이러한 약물은 전문가의 지도 아래 복용하여야 한다.

3. 청소년과 약물남용

약물남용은 1960년대 전후로 정치적, 사회적, 경제적 혼돈기를 거치면서 알코올, 담배 등과 더불어 수면진정제인 바르비탈류(barbiturates)와 벤조다이아제핀류(benzodiazepine), 각성제인 암페타민류(amphetamines), 진해제인 덱스트로메토르판(dextromethorphan), 마약류인 대마초, 헤로인과 코카인, 기타 부탄가스, 최근에는 일명 우유주사라 불리는 프로포폴(propofol)까지 청소년층을 중심으로 남용되고 있다. 중추신경계의 흥분이나 마비에 의한 쾌감이나 환각을 탐닉하기 위해 또는 현실도피를 위해 사용한다. 이러한 약물은 정신적, 육체적 의존성에 의해 금단증상을 일으키며 무의식 상태에서 죄의식 없이 범죄를 일으켜서 사회적 문제를 야기한다. 오늘날에는 범죄집단뿐만 아니라 청소년층, 관련 전문가, 직장인, 학생, 가정주부에게까지 급속히 파고들어 더욱 경각심을 일으키고 있다.

이러한 마약류와 향정신성 약물은 일정한 법 테두리 안에서 관리되고 홍보나 교육되고 있으나 수험생이 잠을 쫓기 위해 사용하는 각성제나 날씬해지고 싶은 욕구로 사용되는 식욕억제제, 이뇨제, 하제는 물론이고 예뻐지고 싶은 마음에 많이 사용하고 있는 부신피질호르몬제에 대한 규제나 교육은 거의 전무한 형편이다.

참고문헌

김명희 · 임영희 · 김성환, **영양과 건강**, 청구문화사, 1999

김재완 · 허인회 · 주왕기 · 이숙경, **임상약리학 및 실습**, 수문사, 1984

범진필, **약과 건강**, 청구문화사, 1997

서울대학교병원 약제부, **임상영양학**, 신일상사, 1996

서울중앙병원, **임상영양가이드**, 퍼플애드, 2000

채범석, **병원영양학**, 아카데미서적, 1992

한용봉 · 임병순 · 김성환 · 김복란, **영양학**, 신광출판사, 2002

石橋丸應 저, 주정기 외 공역, **병태생리와 약의 작용**, 계축문화사, 1983

대한민국의약정보센타, KIMS Drug Index 통권 11호, 메디메디아 코리아, 2004

대한보건공정서협회, **대한약전**, 한국메디칼인덱스사, 1992

대한영양사회, **임상영양관리지침서**, 경희정보인쇄, 1996

미국 오하이오주 www.state.oh.us

식품의약품안전청 www.kfda.go.kr

식품의약품안전평가원 www.nifds.go.kr

APPENDIX

부록

표 1
임상영양 분야에서 많이 쓰는 의학용어

약어	의미	뜻
aa	ana, of each	각각
ABR	absolute bed rest	절대안정
p.c	after meals	식후
a.c	before meals	식전
A&P	auscultation & percussion	청진과 타진
amp	ample	앰플
amt	amount	양
aq	aqua	물
b.i.d	twice a day	하루 두 번
t.i.d	three times a day	하루 세 번
q.i.d	four times daily	하루 네 번
BBT	basal body temperature	기초체온
B.P.	blood pressure	혈압
c	with	~와 함께
cap	capsule	캡슐
C.C	chief complain	주 호소
CSR	central supply room	중앙공급실
D.C	discontinue	중단, 중지
D.O.A	dead on arrival	도착시 사망함
FBS	fasting blood sugar	공복시 혈당
F.H	family history	가족력
P.I	present illness	현 증상
P.H	past history	과거력

(계속)

약어	의미	뜻
gtt	drop	방울
hr	hour	시간
h.s	hora somni/at bedtime	취침시
I&O	intake & output	수분섭취와 배설
NPO	nothing by mouth	금식
H/E/E/N/T	head/ear/eyes/nose/throat	머리/귀/눈/코/목
PE	physical examination	신체검진
pre.op	pre-operative	수술 전
post.op	post-operative	수술 후
p.r.n	whenever necessary	필요할 때 언제든지
Px	prescription	처방전
qid	every day	매일
a.h	every hour	매시간
sp.gr	specific gravity	비중
s.s	soap solution	비누용액
stat	statim/immediately	즉시
Sx	symptom	증상
Dx	diagnosis	진단
Tab	tablet	정
V.O	verbal order	구두지시
WNL	within normal limits	정상치 정상범위
Wt.	weight	체중
ht	height	키
Cath	catheterizer	도뇨
LMP	last menstrual period	최종월경일
TPR	temperature, pulse, and respiration	체온, 맥박, 호흡

(계속)

약어	의미	뜻
Abd	abdominal	복부
ANVDC	anorexia/nausea/vomiting/diarrhea/constipation	식욕부진/오심/구토/설사/변비
AP	anterior-posterior	전후
f/u	follow up	추후관리
BUN/Cr	blood urea nitrogen/creatinine	혈중 요소 질소/크레아티닌
TP	total protein	총단백
Ca	cancer	암
FUO	fever of unknown origin	원인불명의 발열
GI	gastroenterology	소화기내과
PUL	pulmonary	호흡기내과
CAR	cardiology	순환기내과
NEP	nephrology	신장내과
ONC	oncology	종양내과
HEM	hematology	혈액내과
INF	infectious	감염내과
PSY	psychology	정신과
DER	dermatology	피부과
GYN	gynecology	산부인과
DEN	dentalogy	치과
PED	pediatrics	소아과

표 2

국제임상영양표준용어(섭취영역 관련)

에너지 평형	NI-1-2	에너지 소비증가	지방과 콜레스테롤	NI-5-6-1	지방 섭취부족
	NI-1-4	에너지 섭취부족		NI-5-6-2	지방 섭취과자
	NI-1-5	에너지 섭취과다		NI-5-6-1	부적절한 지방섭취
경구 또는 영양 집중 지원 섭취	NI-2-1	경구 식품/음료 섭취부족	단백질	NI-5-7-1	단백질 섭취부족
	NI-2-2	경구 식품/음료 섭취과다		NI-5-7-2	단백질 섭취과다
	NI-2-3	장관/정맥영양 공급부속		NI-5-7-3	부적절한 아미노산 섭취
	NI-2-4	장관/정맥영양 공급과다	당질과 섬유소	NI-5-8-1	당질 섭취부족
	NI-2-5	장관/정맥영양 주입 부적절		NI-5-8-2	당질 섭취과다
수분 섭취	NI-3-1	수분 섭취부족		NI-5-8-3	부적절한 당질종류 섭취
	NI-3-2	수분 섭취과다		NI-5-8-4	불규칙한 당질 섭취
생리활성 물질	NI-4-1	생리활성물질 섭취부족		NI-5-8-5	섬유소 섭취부족
	NI-4-2	생리활성물질 섭취과다		NI-5-8-6	섬유소 섭취과다
	NI-4-3	알코올 섭취과다	비타민	NI-5-9-1	비타민 섭취부족
영양소	NI-5-1	영양소 필요량 증가		NI-5-9-2	비타민 섭취과다
	NI-5-2	영양불량(PEM)	무기질	NI-5-10-1	무기질 섭취부족
	NI-5-3	단백질-에너지 섭취부족		NI-5-10-2	무기질 섭취과다
	NI-5-4	영양소 필요량 감소			
	NI-5-5	영양소 불균형			

표 3

국제임상영양표준용어(임상영역 관련)

기능적	NC-1-1	연하곤란
	NC-1-2	저작곤란
	NC 1-3	모유 수유곤란
	NC-1-4	위장관 기능변화
생화학적	NC-2-1	영양소 이용 장애
	NC-2-2	영양관련 검사결과 변화
	NC-2-3	음식-약물 상호작용 과다
체중	NC-3-1	저체중
	NC-3-2	비의도적 체중감소
	NC-3-3	과체중/비만
	NC-3-4	비의도적 체중증가

표 4

국제임상영양표준용어(행동-환경영역 관련)

지식과 신념	NB-1-1	식품 및 영양관련 지식 부족
	NB-1-2	식품 및 영양관련 사항에 대한 유해한 신념·태도
	NB-1-3	식사/생활양식 변화에 대한 준비 부족
	NB-1-4	자기모니터링 부족
	NB-1-5	잘못된 식사패턴
	NB-1-6	영양관련 권장사항에 대한 순응도 부족
	NB-1-7	바람직하지 못한 식품선택
신체활동과 기능	NB-2-1	신체활동 부족
	NB-2-2	신체활동 과다
	NB-2-3	자기관리의욕 부족 또는 능력 부족
	NB-2-4	식품/식사 준비능력 장애
	NB-2-5	영양과 관련된 삶의 질 저하
	NB-2-6	자가섭취 곤란
식품안전과 이용	NB-3-1	안전하지 않은 식품 섭취
	NB-3-2	식품이용의 제한

표 5

단백결합률 90% 이상인 약물

분류	약물	단백결합률(%)
혈액응고방지제	Wafarin Bishydroxycoumarin	90 99
항생물질	Dicloxacillin Cloxacillin Oxacillin Doxycycline Nafcillin Sulfadimethoxine	98 95 94 93 90 90
항염증제	Phenylbutazone Indomethacin	99 97
심혈관계 작용약	Propranolol Digitoxin	94 90
중추신경 작용약	Diazepam Imipramine Chlordiazepoxide Chlorpromazine Diphenylhydantoin	99 96 96 96 91
당뇨병약	Tolbutamide Chlorpropamide	99 96
이뇨제	Furosemide Chlorothiazide Ethacrynic acid	97 95 90
기타	Methotrexate Nalidixic acid Clofibrate	94 93 90

찾아보기

ㅇ

ㅈ

ㅊ

ㅋ

ㅌ

ㅍ

ㅎ

저자소개
(가나다 순)

권순형
한양대학교 이학박사
현 한양여자대학교 식품영양과 교수

김성환
단국대학교 이학박사
현 중부대학교 식품영양학과 교수

윤옥현
세종대학교 이학박사
현 김천대학교 식품영양학과 교수

이애랑
단국대학교 이학박사
현 숭의여자대학교 식품영양과 교수

이정실
단국대학교 이학박사
현 경동대학교 호텔조리학부 교수

이혜숙
서울대학교 이학박사
현 한림성심대학교 식품영양과 교수

최경순
단국대학교 이학박사
현 삼육대학교 식품영양학과 교수

최향숙
덕성여자대학교 이학박사
현 경인여자대학교 식품영양과 교수

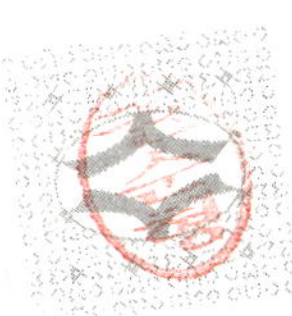

생각이 필요한 **임상영양학**

2022년 2월 10일 초판 5쇄 발행
2013년 3월 5일 초판 1쇄 발행

지은이 권순형 · 김성환 · 윤옥현 · 이애랑
이정실 · 이혜숙 · 최경순 · 최향숙

발행인 이 영 호

발행처 **수 학 사**

10881 경기도 파주시 회동길 56 기한재 1층

출판등록 1953년 7월 23일 제2020-000143호

전화번호 031) 946-4642(代) 팩스 031) 944-1457

www.soohaksa.co.kr

디자인 북큐브

정가 25,000원

ISBN 978-89-7140-238-2 93590